国家生物安全出版工程

国家生物安全出版工程

—— 总主编 李生斌 沈百荣 ——

国家出版基金项目
NATIONAL PUBLICATION FOUNDATION

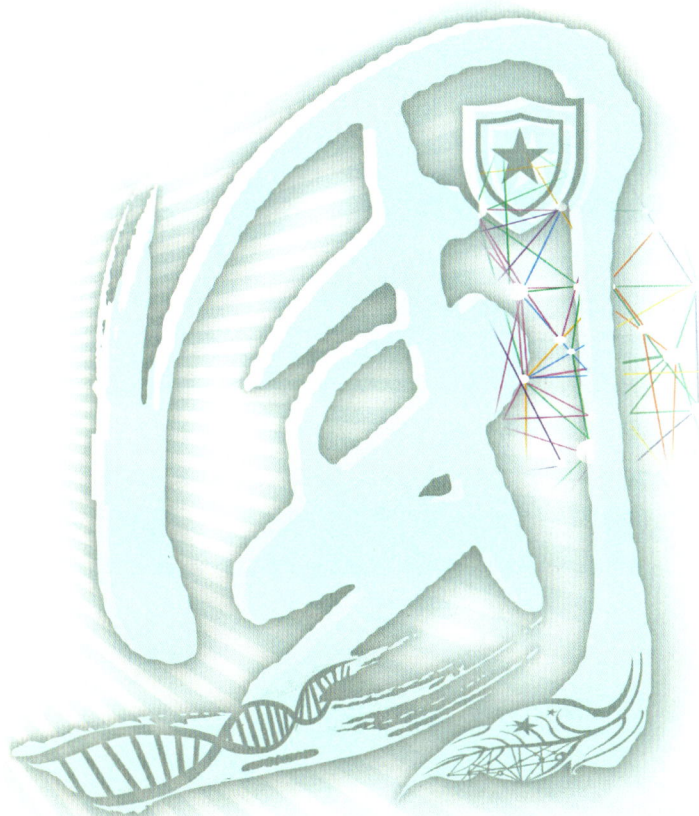

国家生物安全出版工程

生物安全相关死亡的处理与应对

主　编　成建定　刘　超

副主编　阎春霞　陈　龙　赵　东

西安交通大学出版社
XI'AN JIAOTONG UNIVERSITY PRESS

图书在版编目(CIP)数据

生物安全相关死亡的处理与应对 / 成建定,刘超主编. —
西安:西安交通大学出版社,2023.12
国家生物安全出版工程
ISBN 978-7-5693-3603-0

Ⅰ.①生… Ⅱ.①成… ②刘… Ⅲ.①生物工程—安全管理
Ⅳ.①Q81

中国国家版本馆 CIP 数据核字(2023)第 242970 号

SHENGWU ANQUAN XIANGGUAN SIWANG DE CHULI YU YINGDUI

书　　名	生物安全相关死亡的处理与应对	
主　　编	成建定　刘　超	
责任编辑	郭泉泉	
责任印制	张春荣　刘　攀	
责任校对	张永利	

出版发行	西安交通大学出版社
	(西安市兴庆南路 1 号　邮政编码 710048)
网　　址	http://www.xjtupress.com
电　　话	(029)82668357　82667874(市场营销中心)
	(029)82668315(总编办)
传　　真	(029)82668280
印　　刷	西安五星印刷有限公司

开　　本	787mm×1092mm　1/16	印张　23.5	字数　475 千字
版次印次	2023 年 12 月第 1 版	2023 年 12 月第 1 次印刷	
书　　号	ISBN 978-7-5693-3603-0		
定　　价	268.00 元		

如发现印装质量问题,请与本社市场营销中心联系。
订购热线:(029)82665248　(029)82667874
投稿热线:(029)82668803

国家生物安全出版工程

编撰委员会

顾　问

樊代明　王　辰　李昌钰　杨焕明
贺　林　刘　耀　丛　斌

主任委员

李生斌　杨焕明

副主任委员

沈百荣　胡　兰　杨万海　陈　腾　石　昕　葛百川
李卓凝　焦振华　袁正宏　张　磊　谢书阳

丛书总主编

李生斌　沈百荣

丛书总审

杨焕明　于　军　贺　林　丛　斌
张建中　闵建雄　刘　超

编委会委员

（以姓氏笔画为序）

参编单位

安徽大学	河北大学
安徽科技学院	河北医科大学
百码科技(深圳)有限公司	华大基因
北京大学	华壹健康技术有限公司
北京航空航天大学	华壹健康医学检验实验室有限公司
北京警察学院	华中科技大学
北京市公安局	济宁医学院
滨州医学院	暨南大学
长安先导集团	嘉兴南湖学院
重庆市公安局	江苏大学
重庆医科大学	精密微纳制造技术全国重点实验室
大连理工大学	空天微纳系统教育部重点实验室
复旦大学	昆明医科大学
广东省毒品实验技术中心	南京医科大学
广州市第八人民医院	南通大学
广州市公安局	宁波市公安局
广州医科大学	清华大学
贵州医科大学	山东第一医科大学
国家生物安全证据基地	山东农业大学
国家卫生健康委法医学重点实验室	山西医科大学
海南大学	陕西省司法鉴定学会
海南医学院	陕西省医学会
海南政法职业学院	陕西省医学会生物安全分会
杭州锘崴信息科技有限公司	上海交通大学

上海市公安局

深圳大学

深圳华大基因科技有限公司

深圳市公安局

司法鉴定科学研究院

四川大学

四川大学华西医院

四川省公安厅

苏州大学

西安城市发展(集团)有限公司

西安交通大学

西安交通大学学报(医学版)第九届编辑委员会

西安人才集团

西安市第三医院

西安市公安局

西安碳桢科技有限公司

西北工业大学

香港城市大学

新乡医学院

烟台大学

烟台市公安局

烟台市公共卫生临床中心

烟台业达医院

扬州大学

云南大学

云南省公安厅

浙江大学

浙江警察学院

中国电子技术标准化研究院

中国法医学会

中国疾病预防控制中心

中国科学院

中国科学院大学

中国人民公安大学

中国人民解放军军事科学院

中国人民解放军军事医学科学院

中国人民解放军空军军医大学

中国刑事警察学院

中国研究型医院学会

中国医科大学

中国医学科学院

中国政法大学

中华人民共和国公安部

中华人民共和国最高人民法院

中华人民共和国最高人民检察院

中南大学

中山大学

珠海市人民医院

国家出版基金项目
NATIONAL PUBLICATION FOUNDATION

《生物安全相关死亡的处理与应对》
编委会

主　编
成建定　刘　超

副主编
阎春霞　陈　龙　赵　东

编　委
（按姓氏笔画排序）

国家生物安全出版工程

丛书总策划

刘夏丽

丛书总编辑

刘夏丽　李　晶　赵文娟

丛书编辑

刘夏丽　李　晶　赵文娟
秦金霞　张沛烨　郭泉泉
肖　眉　张永利　张家源

序 一

生物安全关注并解决全球、国家和地方规模的相关难题。这种跨学科的生物安全政策和科学方法,建立在人类、动物、植物和环境健康之间相互联系之上,以有效预防和减轻生物安全风险影响;同时提供一个综合视角和科学框架,来解决许多超越健康、农业和环境传统界限的生物安全风险。

面对全球生物安全风险的不断演变,我国政府高度重视生物安全体系建设,将生物安全纳入国家安全战略,积极推进多学科交叉整合和相关法律法规的制定与完善。生物安全内容涵盖了人类学、动物学、微生物学、植物学、基因组学、信息学、法医学、刑事科学、环境科学、人工智能、微纳传感、生物计算以及社会学、经济学等学科领域,主要用于调查和解决与生物安全风险相关活动、生物技术、药物滥用,以及生物威胁等问题,在确保全球公共卫生和安全方面发挥着至关重要的作用。因此,由国家出版基金资助,国家卫生健康委员会法医学重点实验室和国家生物安全证据基地牵头,联合西安交通大学、四川大学、中国科学院等 90 余所知名大学、科研机构的 200 余位专家共同编写了"国家生物安全出版工程"丛书。丛书共分 10 卷,包括《生物安全证据技术》《生物安全信息学》《生物安全多元数据与智能预警》《动物、植物与生物安全》《人类遗传资源保护与应用》《生物入侵与生态安全》《生物安全相关死亡的处理与应对》《生物安全威胁防控实践与进展》《实验室生物安全及规范管理》《法医微生物与生物安全》。

丛书统筹考虑国家生物安全涉及的各个要素间的关系,以生物安全证据为核心,探索生物安全智能分析、控制与预警应用,涉及相关技术、工具、算法等领域,包括生物溯源、生物分子分型、生物安全证据技术、生物威胁、死亡机制、遗传资源等方面。本项目首次较为系统地对生物安全证据方法、技术、标准以及教育科研等方面的研究进行了梳理,跟踪国内外生物安全证据与鉴定技术、科研、实验、标准的最新动向,为国家生物安全证据相关管理政策、技术标准的制定和立法评估等提供了技术支撑,也将成为在生物安全证据、司法鉴定、法医微生物等领域的新指南;有助于解决生物安全领域的争议或者纠纷事件,提供生物证据和预警依据,提升国家生物安全的防控能力,筑牢国家生物安全的防火墙。同时,书中关于建立微生物基因组分型的方法和技术,也将为确保全球公共卫生和生物安全方面发挥至关重要的作用。

丛书的编撰和出版,对于加快国家生物安全技术创新、保障生物科技健康发展、提升国家生物防御能力、防范生物安全事件、掌握未来生物技术、竞争制高点和有效维护国家安全具有重大意义。丛书审视当前国家生物安全的新特点,汇集整理了当今相关领域重要的研究数据,为后续研究提供了权威、可靠、较为全面的数据,为国家生物安全战略布局和进一步研究提供了重要参考。

在丛书编撰过程中,编写人员充分发挥了自己的专业优势,紧密结合国内外生物安全的最新动态,借鉴国际生物安全治理的经验,探讨了我国生物安全面临的风险与挑战,提出了切实可行的政策建议和管理措施。丛书不仅反映了我国生物安全领域的最新研究成果,也凝聚了所有编写人员的心血和智慧。

"国家生物安全出版工程"丛书的出版,不仅对提高全社会的生物安全意识、加强生物安全风险管理、促进生物技术健康发展具有重要意义,而且对推动我国生物安全领域的学术交流和人才培养、提升国家生物安全科技创新能力也将发挥积极作用。

我们期待这套丛书的出版能够为政府部门、科研机构、教育机构、法律司法机关以及广大读者提供一部了解生物安全、关注生物安全、参与生物安全的权威读本，为推动我国生物安全事业的发展、构建人类命运共同体贡献一份力量。

是为序。

2023 年 12 月 30 日

樊代明，中国工程院院士，美国医学科学院外籍院士，法国医学科学院外籍院士。

生物安全是当今世界面临的重大挑战之一。它是健康－农业－环境的系统协同和演变的基础。应对生物安全的挑战，涉及人类、动物、植物、微生物、生态、科学、社会、立法、治理和专门人才等多个层面。为了应对这一挑战，我们亟须深入研究和了解生物安全及其相互作用因素之间的关联性、独立性、复杂性，并推动科学、技术和社会的协同发展，共同治理未来全球范围面临的生物安全风险。

"国家生物安全出版工程"丛书是一套包含 10 卷书的权威著作，涉及《中华人民共和国生物安全法》核心以及相关学术界的最新理论研究，旨在为读者提供全面的生物安全知识和研究成果。丛书涵盖了生物安全领域的多个层次，从遗传和细胞层面到社会和生态层面，从科学技术交叉融合到社会发展需要，凝聚了众多专家、学者的智慧贡献，致力于创新研究、跨学科和跨国合作及知识的交流和传播。

在新突发感染性疾病以及未知疾病等生物安全背景下,分子遗传和细胞层面的研究对于我们理解病原体的特性、传播途径和防控策略至关重要。"国家生物安全出版工程"丛书中的《生物安全证据技术研究》《生物安全信息学》和《生物安全多元数据与智能预警》分卷为读者提供了数据、信息和智能等最新技术在生物安全应对中的应用,帮助我们更好地预测、识别和应对生物安全威胁。在社会层面,生物安全问题不仅仅是对科学技术的挑战,更关系到社会发展,《动物、植物与生物安全》《人类遗传资源保护与应用》《生物入侵与生态安全》分卷探讨了生物安全与社会经济发展、生态平衡和人类福祉的关系,为我们建立可持续发展的生物安全框架提供理论指导和实践经验。《实验室生物安全及规范管理》《生物安全相关死亡的处理与应对》《生物安全威胁防控实践与进展》《法医微生物与生物安全》分卷则从具体的应用实践角度讨论生物安全在不同领域和社会生活中的具体问题及其应对措施。

科学技术交叉融合是推动生物安全领域创新的重要动力。"国家生物安全出版工程"丛书的编撰涉及生物学、信息学、医学、法学等多个学科的交叉,旨在促进不同领域之间的合作与交流,推动科学技术在生物安全领域的应用与发展。生物安全问题既是挑战,也是机遇。解决生物安全问题需要培养专业人才,提升国家的科技创新能力,推动新质生产力形成生物安全国家战略科技力量。

"国家生物安全出版工程"丛书为生物安全相关领域的人才培养提供了重要的参考和教材蓝本,可帮助读者了解生物安全领域的前沿知识和技能,培养创新思维和综合能力,为国家的生物安全事业贡献人才和智慧。在国家层面,生物安全已经成为国家战略的重要组成部分。保障国家安全和人民生命健康是国家的首要任务,而生物安全作为其中的重要方面,需要得到高度重视和有效管理。"国家生物安全出版工程"丛书将为政策制定者和决策者提供科学依据和政策建议,推动国家生物安全能力的提升和规范化建设。

生物安全学科作为新时代的重要学科方向,发展迅猛、日新月异。本套丛书是国内这一领域的一次开创性努力。由于我们在这一新领域的知识和视野有限,编写方面的疏漏和不当之处在所难免,恳请广大读者提出宝贵意见和建议,以期将来再版时修正。期待"国家生物安全出版工程"丛书的问世能促进生物安全知识的传播与交流,激发科技创新和社会发展的活力,推动国家生物安全事业迈上新的台阶。希望读者能够从中受到启发和获益,为构建安全、可持续的生物安全环境而共同努力!

2023 年 12 月

李生斌,国家卫生健康委法医学重点实验室主任,国家生物安全证据基地主任,欧洲科学与艺术学院院士。

沈百荣,四川大学华西医院疾病系统遗传研究院院长。

前 言
PREFACE

　　自生命诞生及人类出现以来,有关生物安全及其相关死亡现象的认知实际上已成为人类一个古老和常新的重要命题。生物安全带来的威胁重大、影响深远。近年来,随着严重急性呼吸综合征、人感染高致病性禽流感、中东呼吸综合征、新型冠状病毒感染等多种重大突发传染病的暴发,生物安全日益受到重视。生物安全涉及领域广,事关国家核心利益。生物安全相关问题引发的死亡,不仅影响个体的健康与生命安全,还可能对国家乃至整个人类社会造成巨大损失;一旦对相关死亡事件处理不当,还会产生其他严重的不良后果。因此,研究和防范尚未发生的生物安全相关死亡是第一要务,而依法、科学、及时处理已发生的生物安全相关死亡问题也显得格外重要。

　　生物安全涉及面广泛。除了病原微生物所致传染病之外,动、植物中毒,生物技术研究与开发,遗传资源与生物资源安全管理,实验室生物安全管理,生物武器与生物恐怖等也可引起生物安全问题。生物安全相关死亡的原因复杂、涉及领域广,加上缺乏此类死亡处理与应对的全面、科学、统一、规范的指导性文件,使得对其应对难度较大。在全球范围内流行的新型冠状病毒感染在疫情暴发初期发展迅猛,感染人数与死亡人数不断增长,国内科研工作者及相关管理部门通力合作,克服困难,在全球范围内率先开展系统的病理学和死因研究,为疾病治疗和预防提供了重要的科学依据。研究过程中的探索和经验需要总结提升,暴露出的问题和不足也是需要加以关注和完善的。

生物安全是国家安全体系的重要组成部分。发达国家相继将生物安全战略纳入国家安全战略,明确发布了国家生物安全战略规划。我国政府也高瞻远瞩,颁布《中华人民共和国生物安全法》(以下简称《生物安全法》),在生物安全战略方面正在大踏步前进。在习近平新时代中国特色社会主义思想的指引下,我国把生物安全纳入国家安全体系,正在全面加强和完善公共卫生领域相关法律法规建设,推动《生物安全法》的实施,系统规划国家生物安全风险防控和治理体系建设,提高国家生物安全治理能力。为切实筑牢国家生物安全屏障,有效防范和应对生物安全相关死亡,亟须组织相关专家研究、整理、编撰与生物安全相关死亡处理与应对的国内外已有知识、技术及最新进展等,以便在生物安全相关死亡案件发生时发挥应有的价值和作用。

在众多生物安全相关死亡的处理人员中,法医工作者始终是奋斗在前线的排头兵,能够在第一时间接触到生物安全相关死亡案件。同时,生物安全相关死亡也是法医学检验中较为常见的一类检验内容,其死因类别多样、死亡机制复杂,甚至部分死因难于追溯,给法医学日常检案工作带来了巨大挑战,同时也为法医学科研和实践探索带来了契机。在法医学实践过程中可累积丰富的案例和研究素材,这也为总结生物安全相关死亡案件类别、研究生物安全相关死亡机制、探讨生物安全相关死亡应对措施提供了无可替代的实践平台和研究视角。

有鉴于此,我们在法医学实践经验的基础上,结合新近的研究进展,编撰了这本《生物安全相关死亡的处理与应对》。本书的编写者大多数为从事法医病理学鉴定和科研工作的一线教师,具有较丰富的实践经验和较成熟的专业见解。全书共分为10章,知识体系较为全面,重点突出。本书先介绍了生物安全相关死亡的概念与范畴,自然源性、实验室源性、现代生物技术源性等三大类生物安全相关死亡案件，将生物武器与生物恐怖相关死亡从现代生物技术源性生物安全相关死亡中单独提出，以强调其对国际生物安全的重大威胁；接着，从生物安全相关死亡处置的制度与法规入手，逐步介绍了生物安全相关死亡的现场处置与调查、死因鉴定与死亡机制研究，最后，根据既往实践与新近研究，总结了生物安全相关死亡的管控、防范与预警措施，包括风险评价与应急管理体系、人员培训与物资储备、检验防护等内容。本书既可作为生物安全相关人员（如法医学工作人员、临床一线工作者、卫生防疫人员、生物实验室研究人员、法律工作者等）掌握专业知识、探寻生物安全相关死亡应对策略的参考用书，又可作为非生物安全相关人士了解生物安全相关死亡问题的学习读物。

在本书架构初创和资料准备阶段，毛丹蜜、周南博士研究生及李锐、王韵怡、张凯、乐嘉诚、肖雨曦等硕士研究生付出了大量艰辛的劳动；在本书正式编撰阶段，各位编者发挥专业特长，在百忙之中分工合作、精心编写；在统稿阶段，各位编者字斟句酌地互审了文稿，侯一丁、马成栋、吴秋萍还协助审读了部分内容，提出了很好的修改意见。编审团队的敬业精神与无私奉献深深地感染了我，在此谨表衷心的谢忱！

本书虽经反复修缮，几易其稿，但因编撰时间仓促，加之编者水平所限，书中难免有挂一漏万的情况、学术争议甚至谬误存在，敬请广大读者及专家、学者不吝赐教，相互学习和交流，以便我们在本书再版时更正，并不断推进生物安全相关工作的进步。

成建定

2022 年 10 月 15 日于广州

目 录

—— CONTENTS ——

第 1 章
生物安全相关死亡的概念与范畴

人类有历史记载以来,发生过多次重大生物安全相关事件,并带来了灾难性后果,如 14 世纪的鼠疫、17 世纪的天花、20 世纪的大流感、21 世纪的严重急性呼吸综合征(severe acute respiratory syndrome,SARS)和埃博拉病毒病(Ebola virus disease,EVD),以及近几年在全球范围内流行的新型冠状病毒感染等。以上事件均属突发传染病范畴,原因为细菌或病毒等病原微生物感染人体,破坏人体正常生理功能,造成疾病甚至死亡。这些重大生物安全事件导致了大量人员感染甚至死亡,严重威胁着人类的健康和生命安全,造成了重大经济损失。此外,随着生物科技的飞速发展,除了自然界起源的病原微生物可以影响人体、国家乃至整个社会的安全外,人类科技活动(如遗传资源及生物技术开发、实验室生物安全、生物武器与生物恐怖等)引发的与生物安全相关的问题也可产生巨大影响。

生物安全相关死亡是法医学尸体检验、死因鉴定中常见的死亡案件类型,其死因类别多样、死亡机制复杂,甚至部分病因难于追溯,给法医学日常检案工作带来了巨大挑战,同时也为法医学科研和实践探索带来了契机。为全面学习、贯彻习近平总书记"要从保护人民健康、保障国家安全、维护国家长治久安的高度,把生物安全纳入国家安全体系,系统规划国家生物安全风险防控和治理体系建设,全面提高国家生物安全治理能力"的重要讲话精神,从法医学、临床医学、生物学、预防医学等多专业的角度研究生物安全相关死亡的原因、机制及应对方案迫在眉睫。

本章主要阐述生物安全相关死亡的概念,介绍不同类别的生物安全相关死亡案件,并借此探讨生物安全相关死亡问题的处理与应对策略,强调生物安全相关死亡研究的重要战略意义。

1.1 生物安全相关死亡的相关概念

1.1.1 生物安全的概念

生物安全相关问题最早于 20 世纪 80 年代中期引起国际社会的广泛关注,随后在 1992 年联合国环境与发展大会上签署的《生物多样性公约》中又被专门提到。生物安全一般是指由现代生物技术开发和应用对生态环境和人体健康造成的潜在威胁,及对其所采取的一系列有效预防和控制措施。在《生物安全法》中,生物安全被定义为"国家有效防范和应对危险生物因子及相关因素威胁,生物技术能够稳定健康发展,人民生命健康和生态系统相对处于没有危险和不受威胁的状态,生物领域具备维护国家安全和持续发展的能力"。生物安全是国家安全体系的重要组成部分,内容涵盖生物资源和人类遗传资源的安全,毒品与药品滥用,防控重大新发突发传染病、动植物疫情,应用生物技术安全,实验室生物安全,防范外来物种入侵与保护生物多样性,防范生物恐怖袭击与防御生物武器威胁等方面。

1.1.2 生物安全相关死亡的概念

死亡,泛指由自然因素、外界因素等引起的人体生命活动的永久停止与丧失,包括自然死亡(即衰老死亡、疾病死亡)、非自然死亡(如意外死亡、他人谋杀死亡等)。生物安全相关问题导致的死亡多为疾病死亡,即由于病原微生物感染导致人体生理功能受损,或由于基因工程 DNA 改变导致遗传性状改变、生理功能缺失,或生物材料不相容排斥等原因造成的死亡。

瘟疫,即指恶性传染病,多由一些强烈致病性细菌、病毒等引起,每一次暴发都会造成重大经济损失与大量人员死亡。14 世纪欧洲发生鼠疫,使当时总人数不到 1 亿的欧洲有 1/3 人口因黑死病死亡,而造成这一切的元凶是鼠疫杆菌。17 世纪和 18 世纪由天花病毒引起的天花,造成了大量儿童夭折。19 世纪霍乱肆虐全球,百年间 6 次大流行造成的损失难以估量。除了以上历史上著名的大疫情事件外,近十年来,也出现了不少严重威胁人体健康与生命的重大突发流行病。2012 年 6 月,在中东地区沙特阿拉伯暴发由新发冠状病毒导致的中东呼吸综合征(Middle East respiratory syndrome,MERS),随即扩散至其他国家,最后造成 936 人死亡(截至 2023 年 7 月 26 日)。2014 年,在西非暴发的由埃博拉病毒(Ebola virus,EBOV)导致的出血热疫情,致死率极高,截至疫情结束共死亡 7000 余人。我国近二十年来也多次暴发不同严重程度的疫情,2003 年暴发的严重急性呼吸综合征导致国内死亡 829 人;2013 年的人感染高致病性禽流感(highly pathogenic avian influenza A infection in human)导致国内死亡 180 人[1]。

除了重大突发传染病可造成死亡外,生物安全所涉及的其他方面对环境、人体也具有重大威胁,包括但不限于实验室病原微生物意外泄漏、生物材料植入后排斥、生物恐怖等。1967 年,德国 26 名实验室人员因接触黑尾长猴的血液和组织而感染马尔堡病毒(Marburg virus,MARV),最终导致 9 人死亡;2014 年,美国疾病预防与控制中心(CDC)生物安全实验室因处理程序不当导致 86 人接触致命炭疽杆菌。另外,生物恐怖袭击也是生物安全相关死亡的重要原因[2]。2001 年美国"9·11"事件后出现多起生物恐怖袭击事件,如利用含炭疽杆菌的信件致 17 人感染,其中 5 人死亡。

综上所述,生物安全相关死亡一般是指在自然生产与生活中或者在现代生物技术开发与应用的过程中,由重大突发传染病、实验室病原微生物感染、生物技术与生物恐怖袭击等导致的人体健康受损、生命功能衰弱直至死亡。

1.2　生物安全相关死亡的分类

生物安全相关死亡事件的原因较多,种类繁杂,可由突然暴发的病原微生物感染导致,也可由实验室操作不当致病原体意外暴露或相关人员被实验动物抓伤、咬伤感染导致,还可由基因改造、生物材料不相容导致等。生物安全相关死亡根据其涵盖的内容与涉及的来源大致可分为以下三类,即自然源性生物安全相关死亡、实验室源性生物安全相关死亡和现代生物技术源性生物安全相关死亡。其中,生物技术源性生物安全相关死亡还包括了生物武器与生物恐怖相关死亡,其在生物安全相关死亡事件中占有较大比重。

1.2.1　自然源性生物安全相关死亡

自然源性生物安全相关死亡,即来源于自然界的病原微生物、动物、植物等生物致病因子导致人体因突发疾病、器官功能障碍而死亡。其中以病原微生物(包括细菌、病毒、寄生虫等)感染人体为主,通过炎症、出血、坏死等一系列病理生理过程造成细胞、组织、器官病变,最终因生命机能终止而死亡。

1.2.1.1　细菌相关生物安全死亡

细菌是原核生物界的一类单细胞微生物。细菌根据其形态可分为球菌、杆菌和螺旋菌;根据对氧气的需求可分为需氧菌和厌氧菌;根据细胞壁结构和化学组成的不同可分为革兰氏阳性菌和革兰氏阴性菌。细菌可经呼吸道、消化道、泌尿生殖道或破损的皮肤感染人体,严重时可引起全身感染,进而发生毒血症、菌血症、败血症、脓毒血症和内毒素血症等。人类历史上暴发的重大传染病多数与细菌有关。14 世纪大流行的鼠疫(又称黑死病)的病原体是鼠疫杆菌;19 世纪的"世界病"霍乱的病原体是霍乱弧菌;流行于发展中国家的高发病率肠道疾病痢疾的病原体是痢疾杆菌;2011 年发布的全国第五次结核病流行病学抽样调查结果显示,国内感染结核分枝杆菌(Mycobacterium tuberculosis,MTB)约有 5.5 亿人,占全国总人数的 45%。以上致病性细菌可以直接来源于自然界或通过中间媒介感染动物进行传播。

1.2.1.2　病毒相关生物安全死亡

病毒个体微小、结构简单,是一类必须在活细胞内寄生并以复制方式增殖的非细胞型生物。病毒根据核酸的类型可分为 RNA 病毒和 DNA 病毒;根据传染途径分为呼吸道病毒、肠道病毒、肝炎病毒等。病毒主要通过对宿主细胞的直接作用(如杀细胞效应、诱发细胞凋亡等方式)导致机体细胞裂解、死亡。病毒还可通过免疫病理、基因整合等作用造成机体细胞转向恶化。

呼吸道病毒是最常见的一种病毒,历史上的多次"大流感"事件均由呼吸道病毒种属下的流感病毒引起。除了流感病毒外,呼吸道病毒还包括由副流感病毒、腮腺炎病毒、麻疹病毒等组成的副黏病毒、冠状病毒、腺病毒等。21 世纪以来,全球发生过 3 次严重的冠状病毒感染事件,这些事件均造成了不同程度的经济损失和人员伤亡[3]。上述几种冠状病毒(coronavirus),即 SARS－CoV、MERS－CoV 及 SARS－CoV－2,据研究很有可能来源于蝙蝠这一自然宿主[4]。

属于 RNA 病毒的逆转录病毒(retrovirus,RV)也较为常见。进入宿主细胞后,病毒 RNA 经逆转录酶合成双链 DNA,再整合至宿主 DNA 上形成前病毒,随宿主细胞的分裂传递给子代细胞,建立起终生感染。对人体致病的逆转录病毒有人类免疫缺陷病毒(human immunodeficiency virus,HIV)和人类嗜 T 细胞病毒(human T－cell lymphotropic virus,HTLV)两类。HIV 是人类艾滋病(acquired immune deficiency syndrome,AIDS)的病原体。自 1981 年第 1 例 HIV 感染患者被发现至今,全球 HIV 感染人数已达几千万人,每年 AIDS 相关死亡人数高达几十万人。AIDS 已成为重大的公共卫生问题和社会问题。研究发现,HIV 是由黑猩猩携带的猴免疫缺陷病毒感染人类细胞而来,最早的感染可能是由非洲猎人猎杀黑猩猩时被割伤所致[5]。

1.2.1.3　真菌相关生物安全死亡

真菌是一类具有真正细胞核、细胞壁,产生孢子,不含叶绿素,以寄生或腐生等方式吸取营养的异养生物。真菌包含霉菌、酵母、蕈菌以及其他菌菇类,不仅可引起动物与植物的多种病害,还可感染人体,造成健康损害甚至死亡。医学上的致病性真菌几乎都是霉菌,根据侵犯人体部位的不同,临床上将真菌分为浅部真菌与深部真菌两类。浅部真菌一般仅侵犯人体的皮肤、毛发及指甲等,而深部真菌能侵犯人体的皮肤、黏膜及深部组织等,甚至引起全身播散性感染。近年来,由于免疫抑制剂、高效广谱抗生素的广泛应用,使得机体免疫、炎症反应受抑制,淋巴细胞功能受损,从而导致深部真菌感染(包括由白色念珠菌引起的婴儿念珠菌肠炎、AIDS 并发全身真菌感染等疾病)的发生率上升。

1.2.1.4　立克次氏体相关生物安全死亡

立克次氏体是一类严格细胞内寄生的原核细胞型微生物,一般以节肢动物为传播媒介,通过人虱、鼠蚤、蜱等节肢动物叮咬而感染人体。被称为"战争伤寒"的斑疹伤寒就是由斑疹伤寒立克次氏体导致的,一战时期造成了上百万士兵感染死亡。此外,斑点热、恙虫病、Q 热、战壕热等也是由立克次氏体感染引起的。

1.2.1.5　寄生虫相关生物安全死亡

寄生虫泛指具有致病性的低等真核生物,可作为病原体,也可作为媒介传播疾病。寄生虫一般在宿主体内或附着于宿主体外,以获取维持其生存、发育和繁殖所需的营养或者庇护。寄生虫包括原虫、蠕虫、节肢动物三类,其中蠕虫又可细分为线虫、吸虫、绦虫等。寄生虫感染的类型包括带虫者、慢性感染和隐性感染等。寄生虫主要通过夺取营养、机械性损伤、毒性作用与免疫病理损伤对机体造成损害。我国曾经流行的五大寄生虫病(包括疟疾、血吸虫病、丝虫病、利什曼病和钩虫病)在 1949 年前危害严重,造成了大量感染者死亡。

1.2.1.6　其他病原体相关生物安全死亡

除了细菌、病毒、真菌、立克次氏体等病原微生物外,还有支原体、衣原体等也可致病,部分感染人体后可导致严重后果甚至死亡。支原体感染中最常见的为呼吸道感染与泌尿道感染,前者由肺炎支原体引起,后者可由人型支原体、解脲支原体和生殖器支原体引起。其中,支原体肺炎又称原发性非典型肺炎,病程较长,肺部病变较重,炎症吸收较慢。衣原体感染中最常见的为肺炎衣原体感染,它被认为是肺炎、支气管炎及其他呼吸道感染的常见病因,多数感染者症状较轻,少数老年人或慢性患者可合并胸腔积液甚至死亡。

1.2.1.7　动植物相关生物安全死亡

部分有毒动、植物也可致人死亡。有毒动物分布广泛、种类繁多,中毒原因常为咬伤、误食以及药用过量,其主要毒性成分为该动物特有的毒素,如河豚毒素(tetrotodoxin,TTX)、蛇毒、斑蝥毒、蜂毒等。蛇毒中毒后可导致溶血、中枢麻痹及心脏抑制;误食河豚内脏仅需 10 g 即可麻痹中枢神经并导致死亡。有毒植物中毒常见于医源性或非法行医用药、误食等,其主要毒性成分为生物碱类、胺类、甙类等。其中乌头及乌头碱中毒、钩吻及钩吻碱中毒、毒蕈中毒等致死的报道较多。

1.2.2　实验室源性生物安全相关死亡

1.2.2.1　产生原因

实验室源性生物安全相关死亡是指在病原微生物实验室、临床实验室等进行实验操作时,因意外接触或操作不当等因素而感染病原体,或接触危险化学品、过量辐射而导致的死亡。现代生物实验室根据其生物安全防护水平可分为四个等级,即一级、二级、三级和四级生物安全实验室(依次对应为 P1、P2、P3 及 P4 实验室)。根据《病原微生物实验室生物安全管理条例》规定,不同类别的病原微生物应在不同等级的实验室安全级别下进行操作及包装运输,其中第一类和第二类病原微生物应在三级、四级生物安全实验室内进行操作。在处理过程中,因实验样本管理不当而泄漏或意外接触病原体会造成实验人员感染,若为高致病性病原体(如炭疽杆菌等),则可能会造成人员死亡。此外,在处理实验动物时,实验人员被动物咬伤、抓伤,动物的唾液、血液等体液接触伤口,也可导致实验人员感染相关病原体。在临床诊疗、检验甚至尸体解剖检验的过程中,当处理各种人体标本(包括血液、穿刺液、分泌物、组织标本等)时,也可因意外接触而感染未知病原体。实验室中危险化学品使用不当、使用不慎,或意外受到辐射、防护不充分等,均可对人体造成各种化学损伤、辐射损伤甚至死亡。

1.2.2.2　主要分类

实验室源性生物安全相关死亡主要分为病原微生物生物安全相关死亡、实验动物生物安全相关死亡、临床实验室生物安全相关死亡、危险化学品及辐射实验室生物安全相关死亡。

病原微生物生物安全相关死亡,即在从事与病原微生物有关的研究、教学、检测、诊断等活动时因接触到病原体而感染所导致的死亡。1979 年,俄罗斯的斯维尔德洛夫斯克武器实验室,因实验人员忘记在排气装置上安装过滤器,直接导致 64 人死于炭疽病,这是有记载的造成伤亡最大的生物实验室源性感染事件。

实验动物生物安全相关死亡,即在生产和使用实验动物时,因实验动物存在感染病原体的可能,或存在向环境扩散致病性病原微生物的危险,相关人员被实验动物咬伤、抓伤而导致的死亡。1967 年秋,在联邦德国马尔堡、法兰克福和南斯拉夫贝尔格莱德几所医学实验室的工作人员中同时暴发了一种严重出血热,有 31 人发病,其中 25 人为直接感染(7 人死亡),另外 6 人为二次感染。直接感染的原因为实验人员用带有 MARV 的猴子进行小儿麻痹症疫苗的研制时接触了 MARV。

临床实验室生物安全相关死亡,即临床上为预防、诊断、治疗疾病或损伤,或对人体进行(生物、微生物、血清化学、血液、生物物理、细胞或者其他类型)检验的过程中接触并感染病原体而导致的死亡。比如在处理临床样品时被尖锐物品刺破手套而意外感染,或手术过程中吸入骨屑气溶胶而感染,以及因接触血液制品感染人类免疫缺陷病毒等,均可造成相关感染并导致死亡。

除了以上三类实验室源性生物安全相关死亡外,还有两类非典型实验室源性"生物"安全相关死亡,即危险化学品及辐射实验室生物安全相关死亡。《生物安全法》中所规定的生物安全所涉领域为"7 + X",其中的 X 项即包括其他与生物安全相关的活动。危险化学品及辐射实验室可涉及环境污染导致的短期直接损害和破坏生物多样性、损害生物体遗传物质等长期间接的生物安全隐患,故也与生物安全相关。

危险化学品生物安全相关死亡,即实验过程中因危险化学品使用不当、使用不慎而造成化学事故,导致实验相关人员伤亡、财产损失或环境污染等。危险化学品对人体造成伤害的方式主要有 3 种:危险化学品引起火灾、爆炸,进而造成死亡;引起中毒、致癌,进而造成死亡;化学废弃物产生毒气造成死亡。2015 年 8 与 12 日,天津某公司危险品仓库发生火灾爆炸事故,造成 165 人遇难、8 人失踪、798 人受伤,其原因为集装箱内硝化棉局部干燥而自燃,导致邻近其他堆放区的硝酸铵等危险化学品发生爆炸。

辐射实验室生物安全相关死亡,即因防护不当或缺少有效防护体系而意外暴露于辐射源中,导致辐射蓄积人体,进而造成损害甚至死亡。急性辐射损伤以造血系统损害为主,慢性辐射损伤可造成皮肤损伤、造血障碍等,对胚胎与胎儿可诱发发育畸形。1986 年,切尔诺贝利核电站事故中由于核辐射泄漏,相关人员中有 203 人被诊断为放射病,死亡人数达 31 人。

1.2.3　现代生物技术源性生物安全相关死亡

1.2.3.1　产生原因

随着基因编辑技术、合成生物学、生命组学等生物高新技术的不断发展,人工合成、改造出新型病原体的难度降低,更多新的基因改造产品、生物材料被制造投入使用(图 1.1)。然而,科学技术是一把双刃剑,一方面,合成生物体在环境中的释放可引发预想不到的后果,甚至可对全球生物多样性造成威胁[6];另一方面,某些转基因食品、药品、生物材料进入人体也可能存在着潜在威胁。除此之外,生物武器的研发屡禁不止,生物技术门槛不断降低,一些非法组织或极端分子更容易获取生物材料制备、传播病原体并实施生物恐怖袭击[7]。

1.2.3.2　主要分类

1. 基因工程相关死亡

基因工程是利用 DNA 重组技术对生物基因进行改造和重新组合,使重组基因在受体细胞内表达,产生出人类所需要的新的生物类型和生物产品(包括转基因动物、植物、基因改造药物等)的技术。转基因生物也被称为基因修饰生物,是应用基因工程技术按照预期方向改变其遗传物质而产生的生物;基因改造药物(或称基因工程药物)是应用微生物发酵法、动物细胞培养法获得,如乙肝疫苗、干扰素等。这些基因工程的产物可能会对环境、人体造成潜在威胁,例如,基因治疗在治疗疾病的同时也可导致人体死亡。最新研究发现,在人类胚胎中进行 *CRISPR* 基因编辑,会引起大量的 DNA 缺失和重组,从而造成基因组永久可遗传的改变[8]。另外,根据相关媒体报道,2 名患有罕见神经肌肉疾病的儿童在接受高剂量基因疗法 AT132 的临床试验后死亡,死因为细菌感染和败血症。

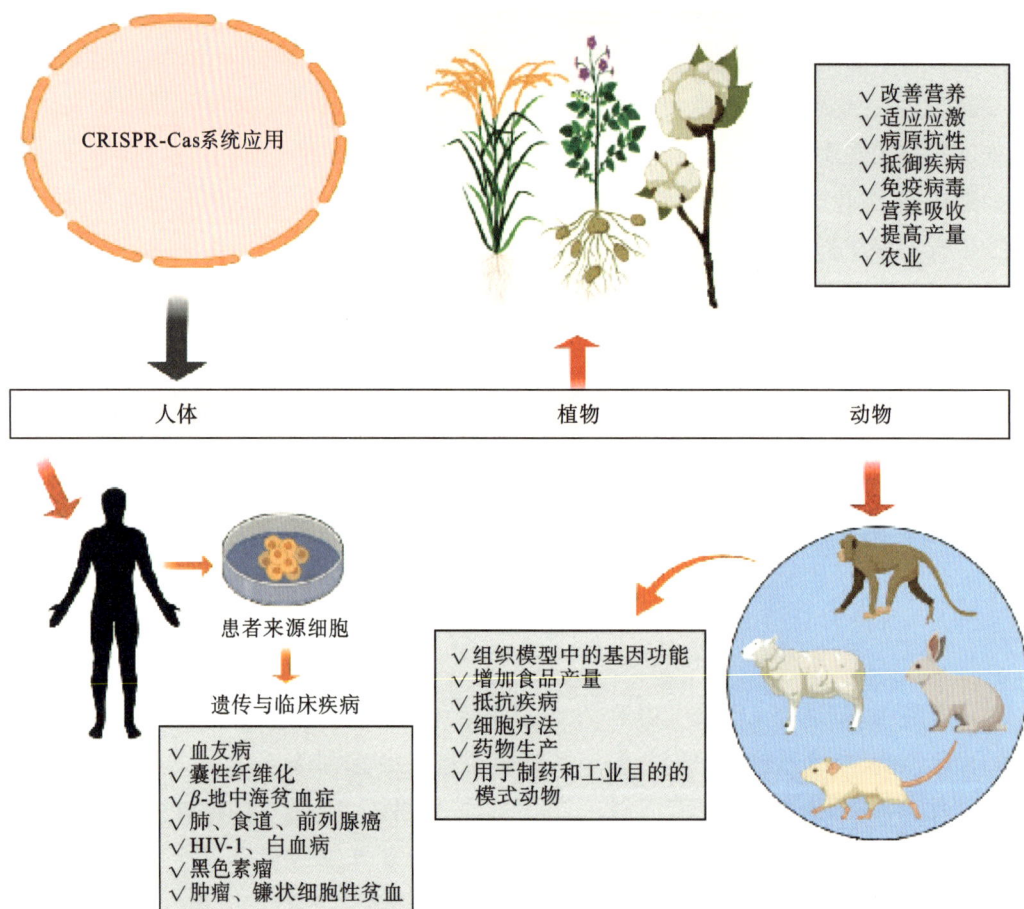

CRISPR-Cas系统应用

人体　　　　植物　　　　动物

改善营养
适应应激
病原抗性
抵御疾病
免疫病毒
营养吸收
提高产量
农业

患者来源细胞

遗传与临床疾病

血友病
囊性纤维化
β-地中海贫血症
肺、食道、前列腺癌
HIV-1、白血病
黑色素瘤
肿瘤、镰状细胞性贫血

组织模型中的基因功能
增加食品产量
抵抗疾病
细胞疗法
药物生产
用于制药和工业目的的模式动物

图 1.1　CRISPR – Cas 系统在动植物临床、遗传疾病和性状改良中的应用[9]

2. 生物材料相关死亡

生物材料,又称生物医用材料,是指用于与生命系统接触和发生相互作用的,并能对其细胞、组织和器官进行诊断治疗、替换修复或诱导再生的一类天然或人工合成的特殊功能材料。生物材料可以由不同类型的材料(包括固体、液体和凝胶物质)制成。随着生物材料及其预期功能的发展,生物材料的内涵变得更加丰富。当生物材料被植入人体内后,它可对局部组织和全身产生作用和影响,包括引起局部排斥、感染、肿瘤、全身免疫反应甚至造成死亡,例如利用生物工程制作的人体组织、器官与宿主产生不适性、引起免疫排斥,或利用纳米材料制作的生物支架等进入人体后产生毒副作用,导致死亡。

3. 生物武器与生物恐怖相关死亡

该类死亡主要指恐怖分子利用传染病病原体或其产生的毒素的致病作用实施的反

社会、反人类活动，导致目标人群死亡。炭疽杆菌、产气荚膜梭菌、霍乱弧菌、野兔热杆菌、伤寒杆菌、天花病毒、黄热病毒等都有可能被利用为生物武器。生物恐怖最早可追溯到古罗马、古希腊和波斯文明时期及中世纪时期。当时人们在战争中将腐败有恶臭的动物尸体扔入水中，企图通过污染敌对方的饮水系统而导致敌对方患病。二战期间，日军第 731 部队对中国等国人民进行活体试验、细菌武器研制，并对我国多座城市实施细菌战试验，造成巨大的人员伤亡。

1.3　生物安全相关死亡的处理与应对概述

生物安全相关问题引起的死亡案件种类繁多，包括但不限于重大突发传染病引起的死亡、遗传资源破坏引起的死亡、实验室病原体泄漏感染导致的死亡、基因工程药物导致的死亡、生物材料引起的死亡等。面对如此繁多的死亡案件类型，如何正确、安全地应对与处理显得格外重要。

新型冠状病毒感染暴发后，伴随着大量人员的感染，因新型冠状病毒感染死亡的人数也逐步增加。在《传染病病人或疑似传染病病人尸体解剖查验规定》《新型冠状病毒感染的肺炎患者遗体处置工作指引》等文件指引下，华中科技大学同济医学院法医学系的解剖团队开展了全球首例新型冠状病毒感染的肺炎患者尸体的系统解剖工作，随后其他具备病理解剖能力的机构也迅速开展新型冠状病毒感染的肺炎患者尸体的相关查验与处理。在有效避免二次感染、交叉感染的前提下，通过尸体检验获得了宝贵的第一手资料，为新型冠状病毒感染疾病机制的研究、疫情的科学防控作出了巨大贡献。除了对重大突发传染病相关死亡需着重注意与处理外，对生物技术安全、遗传资源安全、实验室病原微生物安全等其他生物安全死亡也需要做出科学、及时的处理与应对。

1.3.1　生物安全相关死亡的处理与应对策略

以总体生物安全战略方针为指引，建立健全生物安全相关死亡的处理制度，推动生物安全相关死亡机制的基础研究，完善生物安全相关死亡的科学防控体系，是应对生物安全相关死亡事件的总目标。正确、安全、科学地应对和处理生物安全相关死亡案件，对于防止感染事件的扩散、预防此类事件的重现、阐明死亡机制、救治伤亡和保障公共安全均具有十分重要的战略意义。以下将对生物安全相关死亡的应对原则和措施进行探讨，包括生物安全相关死亡的案情调查与流行病学研究、死因鉴定、死亡机制研究等。

1.3.1.1　一般原则

1.遵循法律法规，坚持联防联控

以《中华人民共和国传染病防治法》（以下简称《传染病防治法》）与《生物安全法》为

基石,构建以生物安全相关死亡的应对为核心的制度框架,完善突发生物安全相关死亡事件的应急预案方案体系、法制体系、管理体系、运行机制,为组织、协调、实施、管理和控制重大疫情防控实践提供基本遵循。同时,通过建立生物安全相关死亡联防联控机制,协调地方医疗机构、尸体查验机构、生物医学相关企业与地方及中央卫生健康行政部门之间关系,在生物安全相关死亡案件发生时联合防控,保证各项防控措施及时落实到位。

2. 充分调查案情,分级分类处理

调查死亡经过、病史与案情是防疫期间法医学尸检的首要和最为关键的工作环节。应对案件委托方、医院、家属、目击者、初检者等相关人员进行调查,获取病史及与死亡相关的所有案情材料,必要时邀请临床专家,综合研判死者是否与生物安全有关。一旦确认涉及生物安全,就应依照其病原体来源、对应生物安全级别,以及是否涉及生物技术、生物恐怖袭击等情况进行分级分类处理。

3. 严格采取防护措施,确保人员安全

重大传染病死亡是生物安全相关死亡中的一大类别,也是尸体检验工作中常见的检验内容。防疫期间,尸体检验与处理人员应加强该传染病相关知识的学习,严格执行操作规程,加强个体防护和环境保护,避免检验者在工作中发生感染,严格预防感染扩散。对确诊或疑似传染病死者进行尸检的解剖室或场所,应具备相应的安全防护条件,以确保个人及公共安全。

4. 科技实力支撑,全面准确检验

尸体检验对死亡原因的鉴定、死亡机制的研究以及后续治疗及预防起着重要作用,而与生物安全相关科技的发展、基础研究的推进是支撑的主要动力。从 P3、P4 实验室的建立到正压防护服、新型消毒剂的产生,从基础病原体的研究到生物检测试剂、抗体、疫苗的研发,都是对生物安全相关死亡处理的支持。同时,检验人员在具备充足的生物安全理论知识与实践经验的前提下,检验时需掌握全局并侧重观察病原体主要感染侵袭部位及病变特征,力争做到科学、全面、准确鉴定。

1.3.1.2 现场处置与案情调查

涉及生物安全相关的死亡案件,首先需要应对的问题是死亡现场的处置,尸体的转运、存放与处置。

当现场存在确认或疑似生物安全相关死亡案件时,应采取先消毒后勘验的模式。在保证消毒防护的同时,应尽可能减少对现场物证的破坏和实验室检验的影响。同时,拉上警戒带,对现场进行保护,禁止非专业人员进入,以免破坏现场。转运尸体时,用含氯消毒剂或 0.5% 过氧乙酸棉球或纱布填塞死者的口、鼻、耳、肛门、阴道等所有开放性孔道,用双层布单包裹尸体,将尸体装入双层尸体袋中,由专用车运送至指定的解剖场所查验或火化。对尸体袋与车辆表面进行消毒,以清除污染物。对尸体暂放区也需进行消毒处理。

生物安全相关死亡案件的案情与现场的调查以及流行病学的研究,对整个案件的控制与防范起着至关重要的作用。生物安全相关死亡案情的调查主要来源于死者病史与死者家属、目击者的陈述。死者病史包括其临床病史、临床医师的直接信息、实验室检查(如阳性感染血清等)、医院感染控制信息、体表检查(如身体消瘦或不寻常的皮疹提示可能感染 HIV,注射针孔提示吸毒和感染风险增加)等。而死者家属与目击者来源的信息可佐证死者生前的临床表现、行动轨迹等,可为疾病的感染与传播时间线的构建提供证据。对于死亡现场进行调查包括记录现场的布局、物证的提取(如针头、可疑植物、药粉)等。结合现场与案情调查的初步结果,一旦确定为生物安全相关死亡或疑似生物安全相关死亡案件,则应当立即上报当地卫生健康行政部门。

生物安全相关死亡流行病学研究主要包括病原体研究与整体流行趋势调查。对于烈性传染病的流行病学调查应着重追查传染源、传播途径、易感(接触)人群,必要时应综合利用调查走访、视频监控调取、通信技术运用等方式开展严密的流行病学研究。在进行病原体研究时,首先要确定病原体的种类(如细菌、病毒、寄生虫或其他生物),再利用既往案例与研究进行对比或类比,初步得出其致病性、传播方式、临床症状等。然后收集该流行区域确诊或疑似案例,统计死者人数、年龄、性别、临床症状等信息,调查每一位死者生前活动范围,构建疫情传播路线图,并对病原体基因组进行测序,以分析其进化史,得出疫情整体的时间与空间的流行趋势。

这里以 EBOV 与 SARS – CoV – 2 为例进行说明。EBOV 是一种能引起人类和其他灵长类动物产生 EVD 的烈性传染病病毒,生物安全等级为 4 级,感染后表现为恶心、呕吐、腹泻、出血等症状,死亡率不低于 50%,主要由野生动物(特别是果蝠)传播给人类。2014 年,几内亚暴发了一种以发热、严重腹泻、呕吐和高死亡率为特征的传染病,经病毒学调查为 EBOV 所致,且最初来源被认定为 2013 年 12 月被携带病毒的蝙蝠传染的一名 2 岁男孩。经过全基因组测序和系统发育分析,发现病毒为刚果境内已知 EBOV 毒株的一个独立分支。研究人员通过采访疑似 EBOV 感染的患者及其接触者、受影响家庭、发生死亡的村庄居民、公共卫生当局和医院工作人员,收集了有关传播链的数据,得出了时间空间流行趋势图[10]。

1.3.1.3　死因鉴定与死亡机制研究

1. 死因鉴定

生物安全相关死亡的死因鉴定是对单一案件的定性,对整体生物安全局势防控起着关键作用,包括但不限于尸体检验、病理组织学检验、病原微生物检验、实验室辅助检验、虚拟解剖、分子解剖等多个环节。

原则上要求具有高级职称任职资格的法医病理学专业人员或临床病理医师担任尸

体检验人员。尸体检验人员应具有良好的生物安全意识,检验时应具有健全的规章制度和规范的技术操作规程、尸体解剖查验和职业暴露的应急预案等制度保障。尸体检验包括尸表检验与尸体解剖。在进行尸表检验时,尤其应注意检查脚尖、脚踝、小腿、肘窝、前臂、手和腹股沟等隐蔽部位有无注射针孔,如性病、慢性肛门损伤等提示有 HIV、乙型肝炎病毒(hepatitis B virus,HBV)感染可能。进行胸、腹腔穿刺,心血抽取等操作时,务必戴上防护面罩或护目镜,以免体液溅射到皮肤、结膜等,在使用锐器时,应注意避免刺破手套及刺伤皮肤。另外,根据生物安全防护等级要求,应在不同级别生物安全解剖实验室中进行尸体解剖,如对重症急性呼吸综合征案件应在生物安全三级及以上解剖室进行解剖。进行尸体解剖时,检验人员应明确分工、密切配合,规范、谨慎、轻柔操作,根据传染病的临床表现、传播途径、发病机制,除做好常规检验和样本提取外,对病原体易侵袭部位需着重观察、检验、取样,如对 SARS – CoV、SARS – CoV – 2 等呼吸道病毒感染者,应着重观察其呼吸系统(如鼻腔黏膜、口腔黏膜、咽喉部、气管、主支气管、叶支气管、细支气管、各肺叶及呼吸道分泌物等)。

组织病理学检验的对象包括尸体解剖时提取的检材与穿刺检查提取的样本。解剖过程中应尽可能完整、全面地提取病理检材。涉及病原学检测的检材,每采集一个部位需更换消毒器械,避免提取过程中的污染。针对不同系统的传染病,提取检材的侧重点不同。再根据不同用途(如病原学、电镜检验、冷冻切片等)进行固定和保存。送检时,需用专用容器或包装袋,并在外标记委托或送检单位、部位、时间、案件号,以及生物安全相关死亡类别、病原体种类等。在解剖条件受限或者不能进行解剖的情况下,尤其是当死者存在全身广泛性感染时,可进行穿刺,提取必要的组织、体液样本并进行检验。虽然此项技术微创、简便,但很难识别区域性或局灶性感染,需要结合虚拟解剖等其他检验结果综合分析[11]。

病原微生物检验是指利用微生物学的基础理论和技能以及临床微生物学的基本知识,在掌握各类与感染性疾病密切相关的致病性细菌、病毒等微生物检验方法的基础上,通过系统的检验(包括病原微生物的形态学、免疫学试验以及分子生物学等检验)方法,及时而准确地对感染性疾病做出病原学诊断报告。形态学检查即通过肉眼或显微镜检出病原体而明确诊断,如从血液或骨髓涂片中检出疟原虫、利什曼原虫等,从粪便涂片中检出寄生虫卵,从脑脊液离心沉淀的墨汁涂片中检出新型隐球菌等。核酸检测即利用基因探针技术和聚合酶链式反应技术检测呼吸道标本、粪便或其他感染病灶的病原体的特异性基因片段。免疫学检查的常用方法有乳胶凝集试验、酶联免疫吸附试验(enzyme linked immunosorbent assay,ELISA)、被动血凝集试验、免疫荧光法、免疫磁珠法、酶免疫荧光法等,用于检测血清中的特异性抗原或特异性抗体,粪便、呼吸道标本或其他病灶的分泌物病原等。

实验室辅助检查是指利用多种实验室检测试剂与仪器对活体样本、尸体标本进行检验分析，如临床生化指标检查、毒物分析等检验手段。临床生化检查包括常见的血常规、便常规、血生化、凝血功能等，根据样本（如血液、粪便、尿液等）中各项指标的变化分析机体感染细菌、病毒等病原体的类型，局部与全身免疫系统、肝功能、肾功能的变化。而毒物分析则是对检材中的有关毒物进行分析鉴定，判明有无毒物、毒物类型、毒物剂量及其与死亡的关系等。生物安全相关死亡中特殊的一类，即动植物中毒相关生物安全死亡，对此需要依赖毒物分析技术进行鉴定。

虚拟解剖是指采用数字成像技术，包括计算机断层扫描（computed tomography，CT）和磁共振成像（magnetic resonance imaging，MRI）等主要技术，获取人体或尸体体表及体内器官、组织的二维图像数据，然后进行三维重构，以取得影像数据并进行检验分析。虚拟解剖对于确定损伤与死亡原因尤为重要，尤其是对生物安全相关死亡或疑似相关死亡尸体进行虚拟解剖，可以避免检验者与尸体的直接接触，给法医人员提供直观影像学证据。针对呼吸系统传染病，CT 有助于观察胸部的影像学改变，如肺部斑片影、磨玻璃影、浸润影、肺实变改变等；针对中枢系统传染病，CT 与 MRI 有助于观察脑部的影像学改变，如脑水肿、脑出血、脑脓肿等。新型冠状病毒感染患者生前与死后的胸部 CT 图见图 1.2。

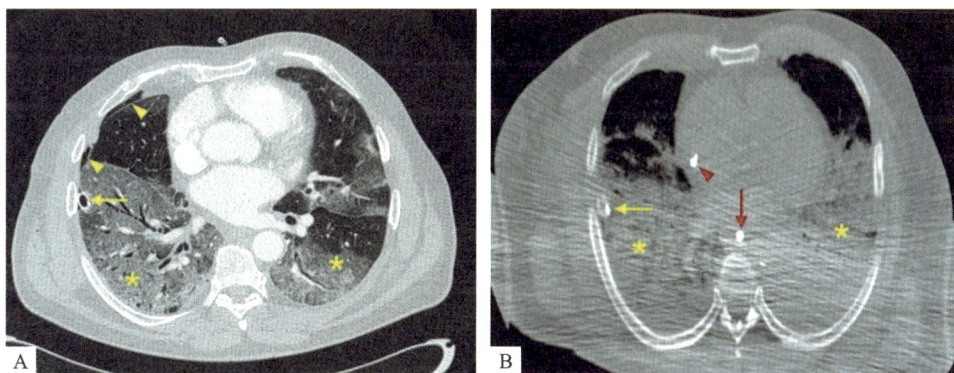

A. 生前胸部增强 CT 示双肺下叶有毛玻璃样影（黄色星号）、胸管（黄色箭头）、气胸（三角箭头）；B. 死后胸部 CT 与生前胸部 CT 一致，示双肺下叶有毛玻璃样影（黄色星号），胸管（黄色箭头），中心静脉线（三角箭头），胃管（红色箭头）。

图 1.2　新型冠状病毒感染患者生前与死后胸部 CT[12]

分子解剖也称尸体基因检测，是指利用现代分子生物学技术研究并鉴定基因遗传与死亡之间关联的新技术手段。通过对有基因遗传病家族史的人群进行基因筛查，可以检测出其是否携带疾病易感基因，以便预防疾病的发生，降低死亡风险。当传染病暴发时，对病原体感染人群进行遗传筛查可以提示病原体的易感性特征。

2. 死亡机制研究

死亡机制指由损伤、中毒或疾病等因素导致死亡的病理生理过程。常见的死亡机制有心脏停搏、心室颤动、代谢性酸中毒或碱中毒等。生物安全是国家安全的重要组成部分，对生物安全相关死亡进行死亡机制的研究不仅对死亡案件本身有指导作用，还可据此指导对患者的综合防治，对相关死亡的发生可起到预防作用，从而对社会稳定、国家安全起重要作用。

对生物安全相关死亡的死亡机制的研究需由表及里、从大体改变到分子机制全面进行，包括死者生前的临床表现、流行病学研究、组织病理学研究、基因遗传学研究、疾病模型研究、病理进程研究等。

首先，从死者生前的临床症状（即病原体感染、基因工程等因素影响下的呼吸系统、循环系统、中枢神经系统等各大系统的改变）入手。同一病原体在不同个体、同一个体不同阶段的临床表现可以不同，而不同的病原体的表现更是多样，例如以 SARS、SARS - CoV - 2、H1N1 为代表的病毒性肺炎的临床表现就有所不同，呼吸系统的症状最为明显，但也可伴有消化系统、心血管系统、神经精神系统等症状。因此，对临床表现的研究需要结合多项检查结果并排除其他类别可能后进行综合分析判断。

其次，对生物安全相关死亡案件（尤其是突发的传染病案件）来说，流行病学研究对调查病原体在人群中的感染分布、追根溯源、进化变异起着关键作用。在通过病原学检查手段初步确定病原体后，对案件的整体流行趋势进行统计学调查与研究，可尽早控制传染病的进一步暴发，减轻疫情损害。

再次，对临床表现及流行病学有所掌握后，寻找临床症状对应的靶器官及靶组织的病理改变，包括用活检、解剖等手段获取检材并进行组织学检验。通过尸体解剖，可以最为直观地观察器官组织的大体改变，若当下情况不允许进行尸体解剖，则可采用穿刺活检的手段进行取材。先从大体肉眼检查病原感染下的器官组织形态、结构的改变，再通过组织学检查手段，在显微镜下观察组织学的改变，包括组织炎症、纤维化及细胞坏死等。

另外，基因遗传学手段对探明生物安全相关死亡案件的可能死亡机制中起着关键作用。在收集临床数据的同时，可对样本进行测序，筛选病原体易感基因、致病的分子通路等。结合流行病学研究，对不同地域、不同家系背景进行分析，可发现潜在的与生物安全相关死亡有关的遗传学机制。

最后，由临床案例转入基础科研，建立体内与体外疾病模型，进行病理进程研究。体内模型即小鼠、大鼠等常用动物模型；体外模型包括细胞培养模型、离体人体组织模型、生物工程组织模型等。体内模型可以验证相同条件下是否可重现该类生物安全相关死亡，并对整体症状、局部病理组织学改变进行研究；体外模型更加可控，可以模拟重现各种外界环境对病原体感染条件的影响，也能探究细胞凋亡、坏死、炎症等具体的病理进程，体外器官模型可以应用于组织病变过程的研究以及体外药物的筛选。

1.3.2 生物安全相关死亡的防范与预警措施

生物安全相关死亡案件的处理与应对固然重要,但只有进一步强化对于突发生物安全事件的日常防范与及时预警,才能防患于未然,才有可能实现生物安全领域的长治久安。如对于像新型冠状病毒感染这种重大突发传染病疫情的暴发,应充分评估病原体的致病性、传播方式及感染者的病理特征、死亡机制,以做好患者救治、后续防控工作。此外,还应注重生物安全高危行业人员防护意识提升与防护技能培训,加强生物安全防护专业人才培养,加大生物安全防范和预警的基础设施建设与战略物资储备,畅通生物安全相关死亡信息传递渠道与统计数据共享。

1.3.2.1 总体原则

1.准确识别,科学预防

对生物安全相关死亡案件的处理与应对非常重要,及时、准确地识别出生物安全死亡能够为整体局势的控制、预防发挥关键作用。通过对此类死亡案件的收集与研究,归纳其一般特点,制定专业规范的指南,可及时制止二次暴发,预防再次感染。

2.观察研究,临床转化

在处理应对生物安全相关死亡案件时,不仅要对其进行死因鉴定,透过外在分析本质,还要对其死亡机制进行研究,这样才能真正掌握生物安全相关死亡的信息,以防患于未然。通过死亡机制研究由基础向临床的转化,有助于为临床救治提供依据。

3.规范培训,物资保障

对从事生物安全相关工作人员进行全面、及时、科学的生物安全知识及防护工作的理论与实践培训,可以有效避免或尽量减少工作过程中可能造成的二次感染、交叉感染等。另外,也要从生物安全防范的基础设施、防护物品等硬件条件入手,为相关工作人员提供坚实的物质保障。

4.统筹规划,全面协调

生物安全相关死亡不只是单一案件或现象,其背后涉及整个社会安全、国家安全。应对、处理生物安全相关死亡案件时,需要联合多个机构乃至多个国家构建全球防控体系,共享生物安全相关死亡数据,筑起全球预警防线,全面协调管理。

1.3.2.2 基本内容

1.构建风险评估与应急管理体系

《生物安全法》指出,中央国家安全领导机构负责国家生物安全工作的决策和议事协调,研究制定、指导实施国家生物安全战略和有关重大方针政策,统筹协调国家生物安全的重大事项和重要工作,建立国家生物安全工作协调机制,分析、研判国家生物安全形势,组织协调、督促推进国家生物安全相关工作。通过国家生物安全工作协调机制建立生物安全风险监测预警制度与风险调查评估制度,根据风险监测的数据、资料等信息,定期组织开展生物安全风险调查评估。

当生物安全相关死亡案件发生时,需要进行紧急风险评估,包括致病病原体的生物安全等级划分、发生起源地、潜在传播范围与传播能力、致死率评估等。全面、科学、精确的风险评估体系与风险评估手段可在生物安全死亡案件扩散之初进行有效控制,同时也可有效避免或减少经济损伤与人员伤亡。

除了风险评估体系,生物安全相关死亡应急管理体系也是复杂的系统工程。它由国家建立统一领导、协同联动、有序高效的生物安全应急制度,国务院有关部门、县级以上地方人民政府以及中国人民解放军、中国人民武装警察部队共同组织参与实行。根据发生时间序列,可将生物安全死亡案件的应急管理分为应急管理前期、应急管理期、应急管理后期,分别对应预防与准备阶段、响应阶段、恢复阶段,以此在生物安全相关死亡案件发生的不同阶段实施不同策略,实现动态管理,统筹组织全过程、全要素,控制关键环节[7]。在应急管理前期,需要进行监测预警、风险评估、启动预案、应急演练、物资筹备等;在应急管理期,需要进行决策指挥、综合防控、资源调度、信息共享与传递等;在应急管理后期,需要进行系统总体评估、信息更新、反馈完善等。

2. 生物安全相关人员培训与物资储备

生物安全相关人员泛指生活、工作中可涉及生物安全相关内容的人员,包括高校中实验室科研人员、医院科研与临床工作者、生物制药与医疗企业的科研人员等。随着生命科学的不断发展与进步,生物安全死亡案件的发生率也逐步上升,案件种类、严重程度也逐年增加。对生物安全相关人员进行理论与实践培训至关重要,不仅可有效减少生物安全相关死亡案件的发生,减少由此带来的经济与人员损失,随着安全意识的提高也可推动科研事业的进步与发展。各级人民政府及其有关部门应当加强生物安全法律法规和生物安全知识宣传普及工作,相关科研院校、医疗机构以及其他企业事业单位应当将生物安全法律法规和生物安全知识纳入教育培训内容,加强学生、从业人员生物安全意识和伦理意识的培养。

《生物安全法》指出,国家加强重大新发突发传染病、动植物疫情等生物安全风险防控的物资储备,既要储备实物,也要储备产能,包括但不限于加强生物安全应急药品、装备等物资的研究、开发和技术储备,落实生物安全应急药品、装备等物资研究、开发和技术储备的相关措施,保障生物安全事件应急处置所需的医疗救护设备、救治药品、医疗器械等物资的生产、供应和调配,对从事高致病性病原微生物实验活动、生物安全事件现场处置等高风险生物安全工作的人员提供有效的防护措施和医疗保障等。具体实施,如在生物安全死亡应急管理前期保障生物安全死亡事件暴发阶段的基本物资供给,水、电等基础需求备用,临床诊疗人员与法医学检验人员的防护用品,如防护服、手套、口罩等;做好应急管理期物资储备管理、收发等工作,根据储存物资的特点做到无损失、无丢失、无隐患,严格保障物资管理的安全;加强满足相关生物安全要求的尸体解剖和病理学检验实验室的建设。

3.临床诊疗及法医学检验防护措施

生物安全相关案件的发生多呈暴发性、聚集性、高死亡率等特点,在进行诊疗工作、检查尸体时,需格外注意自身防护与环境消毒,避免二次感染发生以及疫情二次暴发。根据国内外相关文献的报道,因参与、观摩或学习传染病尸体解剖而导致感染的案例时有发生。诺尔特(Nolte)等报道,在传染病死者的尸体解剖中,操作人员感染病原体的可能性极高,如碎骨、解剖器械、针头等锐利物品会刺破手套、划伤皮肤等,导致感染的发生;对脑膜炎球菌感染死者解剖时,可能会导致解剖人员感染上脑膜炎球菌,原因可能是尸检过程中产生了气溶胶[13]。另外,近期的新型冠状病毒感染疫情(以下简称新冠疫情)中,不可避免地会接触到许多可能未被确诊但感染了病毒的无症状死者,这部分死者的尸体也存在传播病毒的风险,进行尸体检验时也需格外注意防护[14]。

在临床诊疗过程中,医护人员、临床检验人员等处理生物安全相关案件时,严格进行个体防护不仅可有效保护自己,而且可避免二次感染、交叉感染的发生。个体防护的内容主要包括手卫生,采用个体防护设备,以避免直接接触患者血液、体液、分泌物以及不完整的皮肤等,预防针刺伤或者切割伤,做好医疗废物处理、设备清洁和消毒,以及环境清洁。

在生物安全相关死亡的处理过程中,法医工作者的工作至关重要。法医工作者不仅需要在生物安全死亡案件发生时及时处理尸体,同时也需要在日常尸检中关注异常死亡,识别是否存在生物安全相关死亡,以达到生物安全防控目的。若发现存在疑似生物安全相关死亡问题,则应立即上报上级有关卫生健康行政部门,组成生物安全防控小组,第一时间隔离现场疏散人群,及时确认是否为生物安全相关死亡及其具体类型。再在卫生健康行政部门指定下,由具备独立病理解剖能力的医疗机构或者具有病理教研室或者法医教研室的普通高等学校进行尸体查验。查验时应做好充分的生物安全防护,以避免二次感染的发生。

主要的生物安全防护措施包括两方面,即硬件要求和软件要求。

硬件要求包括解剖室条件、解剖设备、病理实验室设备、个体防护装备等。不同类别的生物安全死亡需在不同级别的生物安全解剖室内进行检验,包括生物安全二级解剖实验室、生物安全三级解剖实验室和生物安全四级解剖实验室。同样,个体防护装备也需分级选择,包括二级生物安全防护设备、三级生物安全防护设备和四级生物安全防护设备。其中涉及的防护服应确保防水、防血液渗透,护目镜应具有防雾、放液体溅射等功能。解剖设备包括有解剖台、常规解剖器械、称量用具、标本固定液、检材存放容器(供组织学、电镜、毒物分析、微生物学、血清学等检查)、防渗漏尸体袋等。病理实验室设备包括存放尿液、血液等样品的冰箱、离心密封管、生物安全柜等。

软件要求包括检验人员要求、手卫生、环境消毒等。所有参与尸检的工作人员都应进行免疫接种和体内抗体状况检查,或服用可有效预防感染的药物,并定期进行血液检测、胸部 X 线筛查等。如有必要,则应保存一份活动日志,包括所有参与尸检和清理尸检室的人员的姓名、日期和活动,以方便日后进行追踪与跟进。正确洗手、勤洗手是有效减少传染病传播的防护手段,尤其在接触了死者尸体、体液及在死者周围环境内脱掉个体防护装备后,都要及时做好手卫生。科学、全面的环境消毒(包括预防性消毒、工作消毒、器械仪器消毒、空气消毒等)可以有效避免病原体感染。

4. 死因与死亡机制研究成果转化

近年来,转化医学逐渐成为新的医学研究模式,它将基础研究与临床医疗联系起来,尤其集中在分子基础医学研究向最有效和最合适的疾病预防、诊断和治疗模式的转化。除基础医学研究外,法医学研究同样可以与临床医学进行转化。对生物安全死亡的死因及死亡机制进行观察与研究,可为生物安全相关问题的临床救治提供依据及思路。另外,对于涉及重大传染病的死亡案件,对病原体的研究工作可为后续治疗、预防提供帮助。在进行死因鉴定时,可将尸体器官的大体改变、组织学改变与临床症状相对照,以辅助诊断与靶向治疗。在病原生物学诊断中进行的药敏试验、毒力试验可为治疗药物的研究提供依据,也可方便研究人员利用免疫学方法获取血清抗体或制作疫苗。

5. 生物安全大数据分析及死亡风险预警

数据库的建立是当今信息化时代的必然趋势,也是生物安全预警不可或缺的一个环节。生物安全数据库是将病原学诊断技术、免疫学诊断技术、分子生物学诊断技术与计算机网络传输技术、大型数据库管理技术、人工智能等数字技术相结合而建立起来的,对各类生物安全相关病原体生物核酸、蛋白质、脂肪酸和其他表型成分等数据及相关案件信息或相关人员信息进行储存,并且实现远程快速比对、查询、溯源以及监测分析等的数据智能分析的共享信息系统。生物安全数据库的组成有基础病原体数据库、实验源性生物安全死亡案件数据库、现代生物技术源性生物安全数据库、遗传资源安全数据库等。同时,生物安全数据库建立后,应注意质量控制,明确入库标准,随时更新相关数据。数据库的建立不仅可为全球生物安全相关死亡案件提供信息,而且通过全球监测与数据分析可起到生物危害溯源、资源调配、防控预警等作用。结合生物安全大数据分析技术,对已发生的生物安全相关死亡案件进行调查,提取致病病原体信息进行筛查与比对,可准确评估该案件的死亡风险,为全球生物安全进行预警。

脊髓灰质炎是一种可造成严重瘫痪的疾病。为根除脊髓灰质炎,世界卫生组织(WHO)提出了脊髓灰质炎病毒控制计划,然而,这一计划既导致许多国家的脊髓灰质炎研究实验室关闭,又导致非脊髓灰质炎肠道病毒检测能力的降低。非脊髓灰质炎肠道病毒是脑膜炎最为常见的病因之一,也与急性弛缓性脊髓炎和脑炎等其他严重神经系统疾病有关。为了解决诊断能力与监测能力差距日益扩大的问题,费希尔(Fischer)等建立了欧洲非脊髓灰质炎肠道病毒网络(European non - poliovirus enterovirus network,ENPEN)。作为一个跨国家、非商业性的核心监控联盟,ENPEN 可以在超国家层面整理监测数据,提供有关检测病毒的方法和病毒表征的专家诊断建议,制定并应用有效的监测协议,确保全球公共卫生界拥有同一个诊断平台和病毒监测系统,以便及早发现病毒暴发并做出快速反应,防止病毒进一步传播。同时,由 ENPEN 开发的强大的创新监控平台,具有检测和控制跨国家、跨大洲的新兴病毒(包括 SARS - CoV - 2)的潜力。

建立生物安全数据库(如 ENPEN)不仅可为已发生的生物安全相关死亡案件提供信息支持,实现全球信息共享,而且可实时监测、评估生物安全风险,在生物安全相关死亡案件暴发前做出防范策略。

1.4　生物安全相关死亡研究的战略意义

新冠疫情严重危害了公众健康和生命安全。在严峻的疫情形势下,生物安全问题再次被高度重视起来,对于生物安全相关死亡的死因鉴定、死亡机制的研究、死亡应对策略的研究也迫在眉睫。生物安全相关死亡研究作为生物安全研究的关键环节,同样是国家安全的重要组成部分,对贯彻落实总体国家安全观、统筹发展和安全具有重要的战略意义。

新冠疫情发生以来,习近平总书记多次谈到国家生物安全的理念,把生物安全纳入国家安全体系。2020 年 2 月 14 日,在中央全面深化改革委员会第十二次会议中,习总书记发表重要讲话。他强调,要强化公共卫生法治保障,全面加强和完善公共卫生领域相关法律法规建设,认真评估《传染病防治法》《中华人民共和国野生动物保护法》(以下简称《野生动物保护法》)等法律法规的修改完善。要从保护人民健康、保障国家安全、维护国家长治久安的高度,把生物安全纳入国家安全体系,系统规划国家生物安全风险防控和治理体系建设,全面提高国家生物安全治理能力[15]。2020 年 10 月 17 日,《生物安全法》正式颁布。2021 年 4 月 15 日,《生物安全法》开始实施。2021 年 9 月 29 日,中共中央政治局就加强我国生物安全建设进行第三十三次集体学习,会上习近平总书记再次提出,要加强国家生物安全风险防控和治理体系建设,提高国家生物安全治理能力,切实筑牢国家生物安全屏障。中国科学院上海巴斯德研究所、军事科学院军事医学研究院王小理、周冬生等[16]在《面向 2035 年的国际生物安全形势》一文中指出,生物安全关系到国家公共卫生、社会稳定、经济发展和国家战略安全,是国家安全体系的重要组成部分。另外,北京协和医学院王辰院士指出:"新冠疫情既改变着世界形势和国际格局,也会对人类未来的思维方法、行为模式产生深刻影响。"以上无不体现出生物安全的重要战略意义。然而,相较于已将生物安全战略纳入国家安全战略,明确发布了国家生物安全战略规划的美国、英国等发达国家,我国虽已颁布《生物安全法》,但在生物安全战略方面尚需继续加强。

自 2001 年发生炭疽生物恐怖事件以来,美国对生物安全的关注提升到了前所未有的高度,发布了多个国家战略,包括 2004 年的《21 世纪生物防御》、2009 年的《应对生物威胁国家战略》以及 2018 年美国政府发布的《国家生物防御战略》。其中,《国家生物防御战略》是迄今为止最为全面、系统地应对各类生物安全威胁的战略性文件,代表了美国对国内、国际生物安全能力建设的新方向。该战略将自然发生、意外事故或人为故意造成的生物威胁并重,突出传染病和生物武器威胁,提出增强生物防御风险意识、提高生物防御单位的防风险能力、做好生物防御准备工作、建立迅速响应机制和促进生物事件后的恢复工作五大目标[17],同时提出建立一个联邦政府级生物防御指导委员会,并建立更加弹性有效的生物防御机制等。为响应以上战略方针,美国部署了一系列长期稳定的生物安全科技计划,即"生物盾牌""生物监测""生物感知"三大计划。"生物盾牌"针对用于生物恐怖袭击的病原体,研发疫苗、药物、诊断与治疗方法;"生物监测"重点资助生物监测预警关键技术;"生物感知"旨在缩短从探测危险病原体到开始反应的时间。

英国政府长期以来将公共卫生列为国家安全问题的优先事项,将流行病和新发传染病列为最高风险事件,将使用生物、化学、放射性和核武器的攻击列为二级风险。2018 年7 月,英国发布《英国国家生物安全战略》[18]。该战略首次将整个英国政府为保护国家及其利益免受重大生物风险损害而开展的工作结合在一起,明确认识、预防、探测、响应四大应对生物威胁的方针策略,强调了生物安全在英国生物经济中的重要性。该战略的具体表现:加强信息的广泛收集、共享、评估以及国际合作;加强各政府部门之间的协调,以及国际双边和多边接触与合作;在政府所有层面综合处理生物风险监测信息,保障和加强政府的信息分析能力;针对全国风险评估中可能影响最大的风险制定应对计划,定期评估应对植物和动物疾病威胁的能力,以及根据其需要采取行动管理的风险等。

我国作为发展中国家,生物安全形势依旧严峻复杂,生物安全治理体系和治理能力亟待加强。2003 年暴发的 SARS 疫情造成了重大人员损失和经济损失;2019 年年底暴发的新型冠状病毒感染也迅速蔓延全国,累计死亡五千余人。若非国家及时建立统一、高效的指挥体系,构建全民参与的严密防控体系,依法、及时、公开发布疫情信息,实施物理隔离等措施,集中优势医疗资源打响疫情阻击战,则难以在不足 2 个月时间内将疫情迅速控制下来[19]。此次的新冠疫情防控虽为应对重大突发公共卫生事件积累了宝贵经验,但也暴露出国家公共卫生应急管理方面存在的不足,更凸显出生物安全战略的重要性。

因此,一要继续加强国家生物安全风险防控和治理的顶层设计,统筹考虑国家生物安全所涉及的各个要素间的关系;二要健全国家生物安全风险防控和治理的体制机制,包括领导体制、制度保障机制、队伍建设机制等多个方面;三要完善国家生物安全风险防控和治理的法律法规,以《生物安全法》为政策基石,建立生物安全相关法律制度体系,为生物安全防范、生物恐怖主义防范与打击、生物安全药物研发、公共卫生防御等领域提供法律保障;四要加强国家生物安全风险防控和治理的装备技术保障,尤其是生物安全领域的基础研究,加快推进生物科技创新和产业化应用,推进生物安全领域科技自立自强,为国家生物安全战略提供关键科学支撑;五要积极参与全球生物安全治理,同国际社会携手应对日益严峻的生物安全挑战,加强生物安全政策制定、风险评估、应急响应、信息共享、能力建设等方面的双向多边合作交流[20-21]。

针对生物安全相关死亡研究,倡议管理部门、科研机构、实战单位、学术团体及相关专家学者在充分落实国家生物安全战略方针的同时,进一步建立健全生物安全相关死亡的应对与处理体系,充分发挥生物安全相关死亡应对的协同、联动机制,深入研究国内外生物安全相关死亡处置的现状与形势,制定生物安全相关死亡案件临床诊疗、现场勘验、法医学检验等法律制度与规范,构筑应对生物安全死亡的国家协同创新体系,加强生物安全相关死亡领域的基础研究,完善突发重大生物安全相关死亡事件的应急预案和应急管理机制,重视流行病学数据收集与信息共享,加强生物安全死亡大数据监测信息平台体系建设,及时为生物安全相关死亡事件的再次发生提供预警。

凡事预则立,不预则废。生物安全相关死亡研究的战略意义,无论是对国家生物安全战略,还是对全球生物安全战略,都是极为重大的。加强加快生物安全相关死亡研究,顺应了全球健全完善生物安全体系的趋势,必将在国家生物安全战略全局中发挥关键作用。

(成建定　毛丹蜜　刘　超)

参考文献

[1] 孙梦. 永不停歇的战疫——近百年来,我国经历过哪些重大疫情[J]. 中国卫生,2020,3:101-102.

[2] WILLIAMS M,SIZEMORE D C. Biologic, Chemical, and Radiation Terrorism Review [M]. StatPearls,Treasure Island(FL):StatPearls Publishing,2020.

[3] GUARNER J. Three Emerging Coronaviruses in Two Decades[J]. Am J Clin Pathol, 2020,153(4):420-421.

[4] ZHOU P,YANG X L,WANG X G,et al. A pneumonia outbreak associated with a new coronavirus of probable bat origin[J]. Nature,2020,579(7798):270-273.

［5］RUPP S,AMBATA P,NARAT V,et al. Beyond the Cut Hunter:A Historical Epidemiology of HIV Beginnings in Central Africa［J］. Ecohealth,2016,13(4):661 – 671.

［6］邱明昊,黄越,张洁清,等.《生物多样性公约》框架下合成生物学谈判新进展及我国对策［J］.生物多样性,2016,24(1):114 – 120.

［7］刘东峰,孙岩松.重大传染病疫情应急防控实践总结与思考［J］.武警医学,2016,27(12):1189 – 1192.

［8］LEDFORD H. CRISPR gene editing in human embryos wreaks chromosomal mayhem［J］. Nature,2020,583(7814):17 – 18.

［9］ZHANG D,HUSSAIN A,MANGHWAR H,et al. Genome editing with the CRISPR – Cas system:an art,ethics and global regulatory perspective［J］. Plant Biotechnol J,2020,18(8):1651 – 1669.

［10］KAMORUDEEN R T,ADEDOKUN K A,OLARINMOY A O. Ebola outbreak in West Africa, 2014 – 2016:Epidemic timeline,differential diagnoses,determining factors,and lessons for future response［J］. J Infect Public Health,2020,13(7):956 – 962.

［11］HANLEY B,LUCAS S B,YOUD E,et al. Autopsy in suspected COVID – 19 cases［J］. J Clin Pathol,2020,73(5):239 – 242.

［12］WICHMANN D. Autopsy findings and venous thromboembolism in patients with COVID – 19［J］. Ann Intern Med,2020,173(12):1030.

［13］BROOKS E G,UTLEY – BOBAK S R. Autopsy Biosafety:Recommendations for Prevention of Meningococcal Disease［J］. Acad Forensic Pathol,2018,8(2):328 – 339.

［14］LACY J M,BROOKS E G,AKERS J,et al. COVID – 19:Postmortem Diagnostic and Biosafety Considerations［J］. Am J Forensic Med Pathol,2020,41(3):143 – 151.

［15］习近平.完善重大疫情防控体制机制　健全国家公共卫生应急管理体系［N］.人民日报,2020 – 02 – 15(1).

［16］王小理,周冬生:面向2035年的国际生物安全形势［N］.学习时报,2019 – 12 – 20(2).

［17］田德桥,王华.基于词频分析的美英生物安全战略比较［J］.军事医学,2019,43(7):481 – 487.

［18］U. K. Department for Environment,Food & Rural Affairs,Department of Health and Social Care, and Home Office. UK Biological Security Strategy［R］. London:The Home Office,2018.

［19］国务院新闻办公室.《抗击新冠肺炎疫情的中国行动》白皮书［R/OL］.(2020 – 06 – 07)［2023 – 12 – 31］. http://www. xinhuanet. com/politics/2020 – 06/07/c_1126083364. htm.

［20］陈方,张志强,丁陈君,等.国际生物安全战略态势分析及对我国的建议［J］.中国科学院院刊,2020,35(2):204－211.

［21］程炜.推动国家生物安全风险防控和治理体系建设［N］.学习时报,2020－06－26(3).

第2章
自然源性生物安全相关死亡

自然源性生物安全一般包括病原体、有毒动物、有毒植物等相关的生物安全。病原体是最常见的一类,其主要包括细菌、病毒、真菌、立克次氏体、寄生虫、支原体、衣原体等。

在自然界中,病原体无处不在。多数情况下,因为人体自身免疫系统的功能健全,所以大部分可感染人体的病原体毒力较弱,当人体感染这些病原体时,一般仅引起一些普通的症状,通过正常治疗即可达到痊愈。而当人体免疫功能降低时,或被少数毒力较强的病原体感染时,就可能引发较为严重的病变甚至导致死亡。此外,当出现全新的病原体或已存在的病原体基因组发生新的突变时,也可引起人体感染并可因治疗手段不足而导致死亡。因此,需要对自然源性生物安全相关死亡给予重视。本章主要介绍细菌、病毒、真菌、立克次氏体等病原体感染及有毒动、植物所导致的自然源性生物安全相关死亡。

2.1 细菌相关生物安全死亡

细菌的致病性与其侵入人体的数量、部位、自身毒力以及宿主的生理状态、免疫系统功能有关。细菌主要通过其毒力因子,即细菌的特殊结构组分和相关生物大分子、细菌合成的一些侵袭性酶类和侵袭素、细菌毒素(内、外毒素),引起人类机体病变甚至死亡。其中外毒素包括神经毒素、细胞毒素和肠毒素;内毒素则是革兰氏阴性菌细胞壁中的一种脂多糖。内毒素能引起人弥漫性血管内凝血(disseminated intravascular coagulation,

DIC)、内毒素血症和内毒性休克等[1]。

病原菌的感染类型包括隐性感染、潜伏感染、显性感染和携带状态,其中显性感染(包括急性感染和慢性感染,或局部感染和全身感染)相较其他 3 种更容易导致死亡结局。全身感染是病原菌或是其毒性代谢产物向全身扩散引起的全身性症状,常见于以下几种情况。

(1)毒血症:产生外毒素的病原菌仅在局部繁殖而不入血,而其外毒素进入血液循环,如白喉、破伤风等。

(2)菌血症:病原菌仅一过性地通过血液循环到达靶器官进行繁殖,临床症状轻微,如伤寒早期。

(3)败血症:病原菌入血后在其中大量繁殖并产生有毒物质,引起全身严重的中毒症状,如鼠疫耶尔森杆菌、炭疽芽孢杆菌等。

(4)脓毒血症:化脓性细菌进入血液循环,在多个部位形成化脓性病灶,如金黄色葡萄球菌等。

(5)内毒素血症:由病灶内的革兰氏阴性菌在死后释放的内毒素入血,或革兰氏阴性菌直接进入血液循环崩解后释放内毒素,严重可导致 DIC、肾上腺皮质坏死、全身广泛出血、休克甚至死亡,如小儿急性中毒性菌痢等。

以上情况除菌血症外临床表现均较为严重,危害性极大。

2.1.1　化脓性细菌

2.1.1.1　链球菌

根据溶血性的不同,可将链球菌分为甲型溶血性链球菌、乙型溶血性链球菌和丙型(非溶血性)链球菌,其中乙型溶血性链球菌容易引起败血症。根据抗原结构的不同,可将链球菌分为 A ~ H、K ~ V 共 20 个群,其中对人致病的链球菌 90% 属于 A 群,且 A 群多呈乙型溶血[1]。这里重点介绍 A 群链球菌和 B 群链球菌。A 群链球菌对人的致病作用最强,具有较强的侵袭力,其细胞壁成分可致病(如 M 蛋白可引起风湿热和急性肾小球肾炎等超敏反应)外,其产生的毒素和侵袭性酶类物质也是重要的致病源(如 A 群链球菌产生的猩红热毒素可导致猩红热和毒性休克综合征,且链球菌引起的毒性休克综合征常伴发呼吸系统和其他多脏器功能的衰竭,易致死亡)。A 群链球菌主要通过飞沫和皮肤伤口感染传播,可侵及人体任何组织、器官,以上呼吸道感染最常见,其次是皮肤的化脓性感染。B 群链球菌,即无乳链球菌,经产后感染可引起新生儿败血症、脑膜炎等,感染后死亡率极高,存活者可产生神经系统后遗症。猪链球菌属于动物源性细菌,其 Ⅱ 型最常造成人类发病,感染后可引起脑膜炎、心内膜炎、败血症及中毒性休克等,过去猪链球菌曾在我国引发相关疫情。

在细菌相关生物安全死亡案件中,以链球菌引发肺部感染最常见(肺炎链球菌)。肺炎链球菌通常存在于正常人的呼吸道中,正常情况下多数菌株不致病或仅少数菌株致病,致病力弱,主要引起大叶性肺炎(图2.1)、支气管肺炎等。肺炎链球菌所致肺炎轻症患者可出现发热、头痛、胸痛、呼吸不畅、咳铁锈色痰等,重症患者可出现中毒性脑病症状。如果不加以治疗,则死亡率接近30%;即使采取了积极的抗生素治疗,肺炎链球菌所致肺炎个体的死亡率仍接近10%。全世界每年因肺炎链球菌感染死亡的人数为150万~180万,多数是5岁以下的儿童。肺炎链球菌除引起肺炎外,其感染后还可继发胸膜炎、脑膜炎、关节炎和败血症等,可危及生命。近年来多重耐药菌逐渐增多,医院内细菌感染暴发性流行增多,这对婴幼儿、老年体弱或免疫缺陷者危害严重,致死率较高。

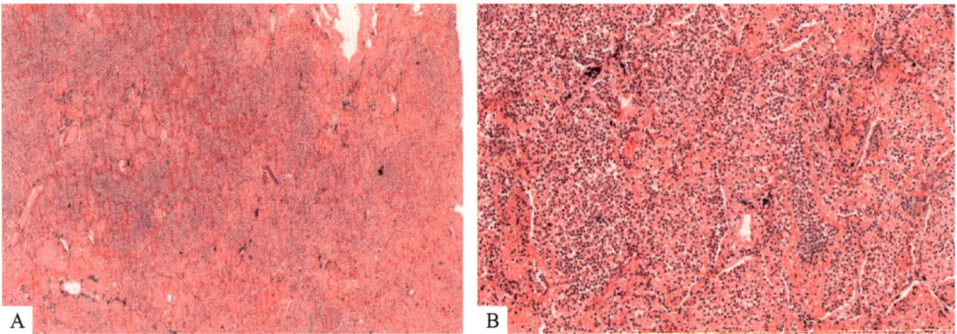

A. 低倍(5×)视野, HE 染色;B. 高倍(20×)视野,HE 染色。

图 2.1　肺炎链球菌引起的大叶性肺炎死亡案例的肺部病理变化

患者,男,29 岁,急性起病,高热、寒战、咳铁锈色痰、气促后死亡,肺部病理示弥漫性肺泡内急性炎症细胞浸润。

2.1.1.2　脑膜炎奈瑟菌

该菌主要引起流行性脑脊髓膜炎,在发生严重败血症时,其产生的内毒素可导致中毒性休克及 DIC。流行性脑脊髓膜炎在临床上可分为普通型、暴发型和慢性败血症型,少数患者可能发展为暴发性脑膜炎,表现为起病急骤、发展迅速、病情凶险、伴有严重的中枢神经系统症状,死亡率高达 40% ~60%,有的患者发病后 24 h 内即可死亡。

2.1.1.3　葡萄球菌

葡萄球菌可引起败血症和脓毒血症等,其产生的毒性休克综合征毒素 -1 可导致毒性休克综合征,严重时可导致死亡。特别是葡萄球菌耐药菌的出现,导致临床上葡萄球菌感染的发病率和死亡率极高,如耐甲氧西林金黄色葡萄球菌是临床常见的超级细菌之一,极易感染术后免疫低下者,导致肺脓肿(图2.2),引起死亡。

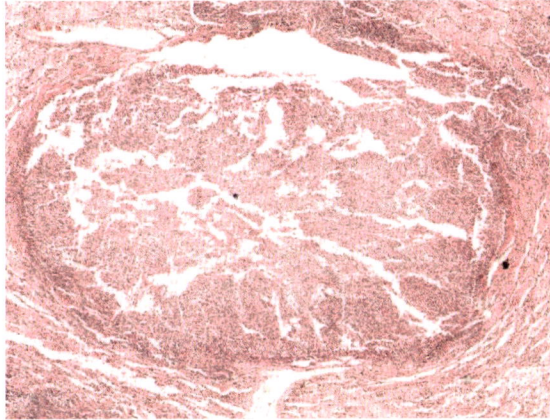

图 2.2　1 例金黄色葡萄球菌感染患者出现的肺脓肿(HE 染色,4×)。

2.1.2　消化道感染细菌

2.1.2.1　霍乱弧菌

霍乱弧菌是霍乱的病原体,其引起的死亡率极高。霍乱弧菌有耐热的 O 抗原和不耐热的 H 抗原[1]。H 抗原无特异性。根据 O 抗原不同,霍乱弧菌现已有 155 个血清群,其中 O1 群、O139 群引起霍乱,其余的血清群主要存在于地表水中,可引起人类胃肠炎等疾病,但从未引起霍乱流行。自 1817 年以来,人类社会已发生过 7 次世界性的霍乱大流行,其中前 6 次均由霍乱弧菌古典生物型引起,1961 年开始的第 7 次霍乱大流行则由霍乱弧菌 E1 Tor 生物型引起。1992 年,一个新的流行株 O139 在印度和孟加拉国沿孟加拉湾的一些城市出现,并很快传遍亚洲,这是首次由非 O1 群霍乱弧菌引起的霍乱的流行。霍乱弧菌可产生霍乱肠毒素(外毒素),它是目前已知致泻毒素中最强烈的毒素。当人感染霍乱弧菌后,一般 2～3 d 后出现剧烈腹泻和呕吐,严重时可出现米泔水样粪便,导致机体失水量骤增。水分和电解质的大量丧失,会导致严重脱水、代谢性酸中毒、电解质紊乱,患者最后会因低容量性休克、心律不齐和肾衰竭而死亡。随着科技水平的逐渐提升,霍乱患者的死亡率有所降低。根据国家卫生健康委员会公布的全国法定传染病疫情概况,2019 年和 2020 年我国报告的霍乱确诊病例分别为 16 例和 11 例,均无死亡情况。

2.1.2.2　志贺菌属

志贺菌属,俗称痢疾杆菌,是细菌性痢疾的病原体。根据抗原的不同,可将志贺菌属分为 4 个群:A 群(痢疾志贺菌)、B 群(福氏志贺菌)、C 群(鲍氏志贺菌)、D 群(宋氏志贺菌)。其中痢疾志贺菌感染的病情较重。志贺菌属释放的外毒素称为志贺毒素,它可引起上皮细胞损伤,少数可导致溶血性尿毒综合征甚至死亡。在志贺菌属的急性感染中存在一种中毒性痢疾,其多见于小儿,主要表现为内毒素引起的 DIC、多器官功能衰竭、脑水肿,临床表现为高热、休克、中毒性脑病,可引发循环衰竭和呼吸衰竭,若抢救不及时,多可造成死亡。

2.1.2.3　沙门菌属

沙门菌属种类繁多,仅少数的沙门菌属(如伤寒沙门菌、甲型副伤寒沙门菌、肖氏沙门菌和希氏沙门菌等)对人直接致病,可引起肠热症、胃肠炎和败血症等,一般情况下胃肠炎可在 2～3 d 内自愈,但婴儿、年老体弱者可能会发生迅速脱水,导致休克、肾衰竭甚至死亡。少数败血症患者可能出现脑膜炎、心内膜炎等。肠热症早期可出现二次菌血症,若无并发症,则可在 3～4 周后好转,而严重者会出现肠出血或肠穿孔等并发症。未经治疗的伤寒患者的死亡率约为 20%。

2.1.2.4　埃希菌属

埃希菌属最常见的临床分离菌为大肠埃希菌,俗称大肠杆菌。多数大肠杆菌在肠道不致病,但可引起肠道外感染,如泌尿道感染、败血症和新生儿脑膜炎,其中大肠杆菌败血症具有较高的致死率,特别是对婴幼儿、老年人或免疫功能低下者。而能引起人类胃肠炎的大肠杆菌主要有 5 种,分别是肠产毒性大肠埃希菌、肠侵袭性大肠埃希菌、肠致病性大肠埃希菌、肠出血性大肠埃希菌、肠集聚性大肠埃希菌。其中肠致病性大肠埃希菌是婴幼儿腹泻的主要病原菌,严重者可导致死亡。而肠出血性大肠埃希菌释放的 Vero 毒素可引起出血性结肠炎,在少数小于 10 岁的患儿身上可并发急性肾衰竭、溶血性尿毒综合征、血栓性血小板减少性紫癜,死亡率近 10%。

2.1.2.5　其他菌属

1. 变形杆菌属

变形杆菌属为机会致病菌属,部分菌株可以引起食物中毒、肺炎、心内膜炎、脑膜炎、新生儿败血症等,医院感染较为常见。

2. 肠杆菌属

肠杆菌属为环境中最常见的肠杆菌科细菌,少数为致病菌,部分为机会致病菌,其中坂崎肠杆菌引起的新生儿脑膜炎和败血症的死亡率可高达 75%。

3. 幽门螺杆菌

幽门螺杆菌感染在人群中非常普遍,感染者大多无症状,或出现慢性胃炎和消化性溃疡。相关研究发现,幽门螺杆菌感染是胃癌发生的主要致病因素,根除幽门螺杆菌可明显降低胃癌的发病率。

4. 李斯特菌属

李斯特菌属有 10 个菌种,在自然界中广泛存在,其中仅产单核细胞李斯特菌对人类致病。健康成年人在食用被李斯特菌污染的食品后可造成肠道感染，一般不发病，大约几十万分之一的人会出现脑膜炎和败血症，引起李斯特菌病，在多数感染者家中冰箱内可找到这种细菌。李斯特菌对健康成人感染概率低，但对孕妇和胎儿、婴儿、老年人和免疫力低下人群杀伤力很强，其中孕妇感染的概率比普通人高 20 倍左右，感染后流产的比例大约为 30%。新生儿感染李斯特菌分为早发型和晚发型。前者为宫内感染，常导致胎儿败血症，病死率极高；后者可在出生后 2~3 d 引起脑膜炎和败血症等，新生儿死亡率高达 30%~70%。

2.1.3　呼吸道感染细菌

2.1.3.1　MTB

MTB 可分为人型、牛型、鸟型、鼠型和鱼型，引起人类结核病的病原菌为人型，偶可由牛型（如儿童肠结核）、鸟型（如 AIDS 患者）所致。MTB 形态细长，呈杆状，属需氧菌，在培养基中生长缓慢。其菌体中含有丰富的复合性脂质（约占细胞壁的 60%），使其对外界环境中的干燥、酸、碱具有较强抵抗力[1]。该菌侵入人体后，可在巨噬细胞中寄生，存活较长时间，达数十年甚至终生存活。机体一旦被感染抵抗力降低，病原菌即可迅速生长、繁殖，导致原来静息的病灶复发，形成开放性、活动性结核病。结核病在人群中的传播主要由排菌的肺结核患者引起，后者在谈话、咳嗽、打喷嚏时可从呼吸道排出大量含有 MTB 的微滴（内含细菌），当微滴被健康人吸入后，即可造成感染。少数患者可因食入带菌食物或被污染的牛奶而引起消化道感染，经皮肤伤口感染者极为少见。

MTB 引起的炎症常呈慢性迁延性，根据机体反应性（免疫和超敏反应）、细菌量与毒力和组织特性的不同，可出现渗出病变、肉芽肿病变及干酪样坏死病变。肉眼可见结核结节呈淡黄色，状似奶酪（图 2.3A、图 2.3B）。除肺外，其他部位，如消化道（图 2.3C）、骨、关节等，也常可见结核病灶。其中消化道结核可由咽下含菌的食物或痰液引起，其余部位结核病常由原发病灶经血源播散引起。

2.1.3.2　棒状杆菌属

该属细菌中多为条件致病菌，其中白喉棒状杆菌致病性最强，通常感染部位为鼻咽喉部的黏膜上皮细胞，其产生的主要致病物质是白喉毒素。在白喉毒素和细菌的作用下，发生炎性渗出和组织坏死，局部形成灰白色点状或片状假膜。当这种假膜脱落和咽喉气管黏膜出现水肿时，可导致呼吸道阻塞，进而窒息、死亡，这是白喉棒状杆菌感染者早期死亡的最主要原因。另外，其外毒素可入血，引起毒素性心肌炎、膈肌麻痹、肾上腺功能障碍等全身中毒症状，约 2/3 患者心肌受损，多发生在发病 2~3 周后，此为白喉晚期致死的主要原因。

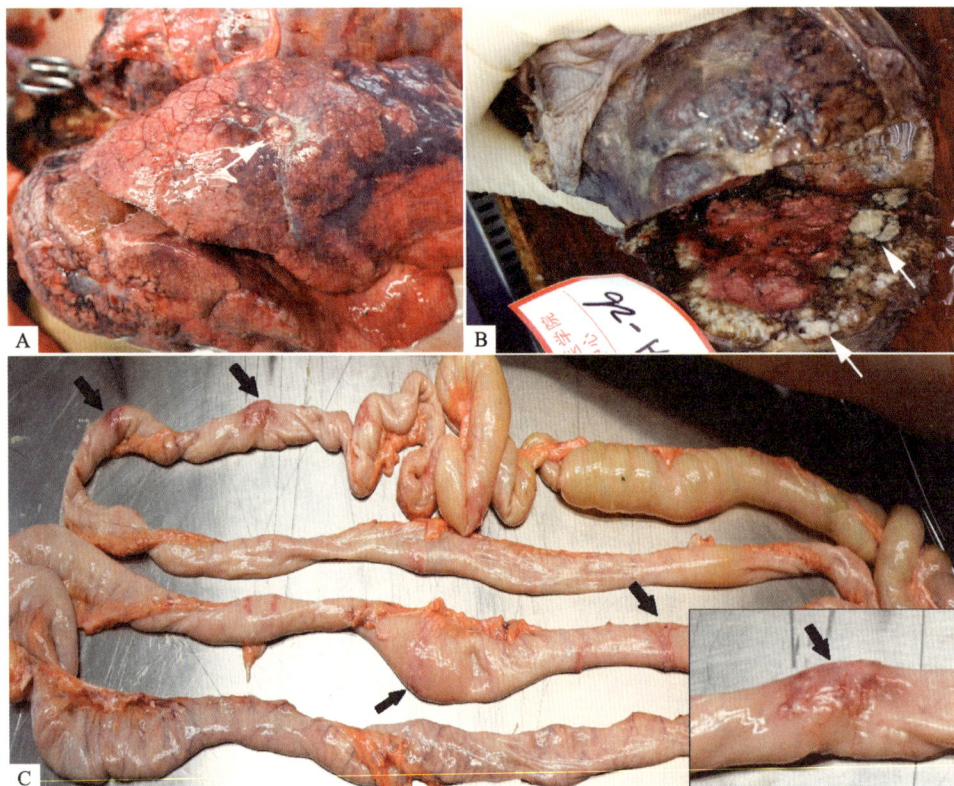

A. MTB 累及肺部时,肺表面可见散在乳白色病灶(白色箭头);B. 肺结核在组织固定后,切面可见散在黄白色结核灶(白色箭头);C. 肠结核患者。可见整个肠道散在多处结核灶,中央呈坏死样改变。

图 2.3　结核病累及肺、肠的大体表现

2.1.3.3　嗜肺军团菌

嗜肺军团菌感染类型分为 3 种:轻症型(流感样型)、重症型(肺炎型)和肺外感染型。肺炎型发病急,常表现为寒战、高热、胸痛,逐渐出现以肺部感染为主的多器官损伤,最后发展为呼吸衰竭,若不及时治疗,则可导致死亡。而肺外感染型为继发感染,可引起菌血症、多器官感染症状,如未及时治疗,则死亡率可达 15% 以上。

2.1.3.4　百日咳鲍特菌

百日咳鲍特菌是人类百日咳的病原菌,主要侵犯婴幼儿呼吸道。感染早期出现轻度咳嗽,1～2 周后出现阵发性痉挛性咳嗽,持续数周,病程长达数月。严重者可出现肺部继发感染、癫痫发作、脑病,甚至死亡。

其他一些常见的呼吸道感染细菌(如流感嗜血杆菌)等虽一般不致死,但若肺部病变范围广泛,则也可引起呼吸衰竭并导致死亡。

2.1.4 厌氧芽孢梭菌属

厌氧芽孢梭菌属均为革兰氏染色阳性,能形成芽孢,致病性强,对外界抵抗力也较强。

2.1.4.1 破伤风梭菌

破伤风梭菌经伤口感染,其产生的致病物质主要为破伤风痉挛毒素(神经毒素)和破伤风溶血毒素,患者可出现苦笑面容、角弓反张等体征,还可产生心律不齐、血压波动和脱水等,其感染部位离中枢神经系统越近,潜伏期越短,死亡率高达52%。分娩时使用不洁净器械剪脐带或脐部消毒不合格也可引起该菌侵犯新生儿的脐部,导致新生儿破伤风,新生儿感染后,一般在出生 3～7 d 出现哭闹、张口和吃奶困难等症状,死亡率为3%～88%。

2.1.4.2 产气荚膜梭菌

根据5种主要毒素的不同抗原特性可将产气荚膜梭菌分为 A、B、C、D、E 5 种血清型。其中 A 型可引起气性坏疽,其产生的侵袭酶可导致组织分解坏死,形成气肿,其毒性产物被吸收入血后可引起毒血症、休克等,该病病情进展迅速、恶化快,死亡率为40%～100%。C 型产生的 β 毒素可引起坏死性肠炎,出现腹痛、腹泻和血便,甚至肠穿孔,导致腹膜炎、休克、周围循环衰竭,死亡率高达40%。

2.1.4.3 肉毒梭菌

该菌产生的肉毒毒素是已知毒性最强烈的神经毒素。成人多因进食含有肉毒毒素或肉毒梭菌芽孢的食物而引起食物中毒,食物中毒后胃肠道症状较少见,主要出现神经末梢麻痹,起初表现为斜视、眼睑下垂等眼肌麻痹症状,继而会出现吞咽困难、咀嚼困难等咽部肌肉麻痹症状,接着会出现膈肌麻痹、呼吸困难,最后会因呼吸停止而导致死亡。婴幼儿食入被肉毒梭菌芽孢污染的食品后,肉毒梭菌能在肠道增殖,肉毒梭菌产生的毒素可以入血,导致婴儿便秘、吸吮无力,甚至出现弛缓性麻痹,死亡率为1%～2%。

2.1.5 动物源性细菌

2.1.5.1 鼠疫耶尔森菌

鼠疫由鼠疫耶尔森菌(简称鼠疫杆菌)感染引起,是我国法定传染病中的甲类传染病,在法定传染病中位居第1位。我国各地近年来仍有鼠疫散发病例,以2019年为例,我国内蒙古自治区多人先后被确诊为肺鼠疫或腺鼠疫。国家卫生健康委员会公布的全国法定传染病疫情概况显示,2019年我国报告鼠疫病例5例,死亡1人;2020年我国报告鼠疫病例4例,死亡3人(其中1例为2019年报告病例)。鼠疫是一种古老的自然疫源性烈性传染病,曾在人类历史上因卫生条件落后、诊断能力及防控消杀经验不足而发生3次大流行。如今鼠疫疫情主要以散发为主,大流行已罕见,但动物鼠疫仍可流行。

鼠疫主要在啮齿动物中循环流行,鼠、旱獭等都是鼠疫杆菌的自然宿主,鼠蚤为传播媒介[1]。人类一般只是偶然感染,但如罹患肺鼠疫,则可出现人与人之间的传播。鼠疫杆菌经皮肤进入人体后,首先到达局部淋巴结,引起出血坏死性淋巴腺炎,皮质与髓质界限不清,髓内淋巴细胞坏死,多个淋巴结融合,包膜消失,累及周围组织。随着病情的进展,鼠疫杆菌可进入血液循环,引起菌血症、败血症及 DIC。鼠疫杆菌也可经血液到达肺部,引起出血坏死性肺炎(肺鼠疫)。鼠疫杆菌除引起局部出血坏死性病变外,还常引起全身严重的中毒症状,如严重的皮肤、黏膜出血。因皮肤和黏膜发绀、瘀斑,故鼠疫患者死后皮肤常呈黑紫色,这也是鼠疫被称为黑死病的原因。鼠疫的 3 种临床类型如下。

1. 腺鼠疫

腺鼠疫由鼠蚤或人蚤叮咬引起,病原菌通过人体内的吞噬细胞随淋巴经过局部淋巴结,多发生于腋窝或腹股沟淋巴结,可引起严重的淋巴结炎,使受累淋巴结肿大、出血、坏死,若早期不及时治疗,则死亡率可高达 50%。

2. 肺鼠疫

病原菌通过呼吸道感染引起,患者皮肤常出现黑紫色,表现出严重的支气管肺炎症状、高热、寒战、咳嗽、胸痛、咯血、呼吸困难、全身衰竭,无论是否早期应用抗生素治疗,患者多在 2 ~ 4 d 内死亡。

3. 败血症型鼠疫

病原菌在血液中大量繁殖,血涂片即可检出病原菌。病原菌几乎播散至所有器官,引起高热、寒战、神志不清、昏迷,进而发生感染性休克、DIC 及广泛皮肤出血和坏死,导致低血压、肾衰竭和心力衰竭,最后出现脑膜炎、肺炎,死亡率接近 100%。

2.1.5.2 炭疽杆菌

该菌可产生炭疽毒素,炭疽毒素是导致感染者致病和死亡的主要原因。炭疽毒素可因抑制、麻痹呼吸中枢而引起呼吸衰竭,最终导致死亡,也可通过巨噬细胞诱导细胞因子失调,突发致死性休克。近年来,自然疫源性炭疽病已属罕见,实验室源性或生物恐怖源性炭疽病更容易引发恐慌。1979 年,俄罗斯斯维尔德洛夫斯克武器实验室的实验人员因忘记在排气装置上安装过滤器而导致 64 人死于炭疽病,这是生物实验室有记载的死亡人数最多的感染事件。2014 年,美国 CDC 生物安全实验室因处理程序不当致 84 人接触炭疽杆菌。2001 年,美国"9·11"事件后出现多起生物恐怖袭击事件,其中利用含炭疽杆菌信件的事件致 17 人感染,5 人死亡。

炭疽杆菌一般可导致 3 种临床类型:①皮肤炭疽,最多见,通过直接接触患病动物感染,伤口发生坏死、溃疡,最终形成特有的中央黑色焦痂,重症者可死于败血症;②肺炭疽,由通过呼吸道吸入炭疽杆菌芽孢所致,患者出现肺炎症状,最终导致全身中毒症状而死亡;③肠炭疽,由通过消化道食入被污染的食物所致,以全身中毒症状为主,出现连续性呕吐、肠麻痹及血便等,2~3 d 可死于毒血症。上述 3 种类型的炭疽病均可引发败血症,导致急性出血性脑膜炎,死亡率极高。

2.2　病毒相关生物安全死亡

病毒是一类必须在活细胞内寄生,改变宿主细胞生命活动,并以复制方式增殖的非细胞型生物[1]。病毒体积微小,必须用电子显微镜放大几万甚至几十万倍后方可观察;结构简单,表现为无完整的细胞结构,仅有一种类型核酸(RNA 或 DNA)作为其遗传物质[1]。因此,可根据核酸类型将病毒分为 RNA 病毒和 DNA 病毒。另外,病毒的核酸物质通常由蛋白衣壳或包膜包裹,这样不仅可保护其核酸不被核酸酶降解,而且可借助病毒衣壳蛋白与宿主细胞表面受体互作而进入宿主细胞。

在引起人类传染病的病原微生物中,病毒占 75% 以上。病毒感染的途径主要包括经呼吸道感染、经消化道感染、经皮肤(虫媒)感染、经血感染、经泌尿生殖道感染、经胎盘或产道感染等,其传播方式包括水平传播和垂直传播 2 种。当病毒进入体内并入血后,可直接播散,或经过血流和神经系统进行体内播散。病毒主要通过对宿主细胞的直接作用,如杀细胞效应、诱发细胞凋亡等方式,导致机体细胞裂解、死亡。在杀细胞效应中,病毒一般通过酶或毒性蛋白使细胞自溶或坏死,或令细胞的新陈代谢功能紊乱。病毒还可通过基因整合等使机体细胞转向恶化。另外,病毒在感染宿主的过程中,通过与免疫系统的相互作用,诱导机体的免疫病理损伤,抑制免疫应答,影响机体的免疫功能。病毒除了直接作用于宿主细胞和引起免疫病理损伤外,还可通过逃避免疫防御、防止免疫激活等方式来逃脱免疫应答[1-2]。

根据有无临床症状可将病毒感染分为隐性感染和显性感染;根据病毒感染过程和滞留体内时间可将病毒感染分为急性病毒感染和持续性病毒感染。根据疾病过程中的表现可将持续性病毒感染分为潜伏感染、慢性感染和慢发病毒感染。

2.2.1　呼吸道感染病毒

呼吸道感染病毒是最常见的病毒类型之一,人类历史上的多次"大流感"事件均是由呼吸道感染病毒种属下的流行性感冒病毒引起。除流感病毒外,呼吸道感染病毒还包括由副流感病毒、腮腺炎病毒、麻疹病毒等组成的副黏病毒、冠状病毒、腺病毒等。其中,21 世纪以来,冠状病毒已引发全球 3 次严重的感染事件,每次均造成了不同程度的人员伤亡和经济损失。

2.2.1.1　流行性感冒病毒

流行性感冒病毒简称流感病毒,分为甲、乙、丙、丁 4 型。甲型流感病毒是引起人类流行性感冒(简称流感)的最重要的病原体,因其可经历抗原转换,变异幅度大,发生基因重配,出现新亚型,故可造成大流行。1918 年,西班牙曾暴发的甲型流感大流行波及当时约 30% 的世界人口,死亡人数近 5000 万。而乙型流感病毒仅出现抗原漂移,变异幅度小,多为点突变的累积,产生新的变异株,主要引起局部的中、小流行。丙型流感病毒抗原稳定,不曾出现过抗原转换,极少引起流行,一般主要侵犯婴幼儿和免疫力低下的人群。丁型流感病毒主要感染牛和小型反刍动物,暂未发现对人致病。目前感染人的流感病毒主要有甲型流感病毒中的 H1N1、H3N2 亚型和乙型流感病毒中的 Victoria 和 Yamagata 系。一般秋冬季节是流感高发期。

流感病毒主要依靠包膜表面带有的血凝素和神经氨酸酶 2 种刺突糖蛋白致病,其中血凝素可导致红细胞凝集。流感属于自限性疾病,通常 5 ~ 7 d 可逐渐恢复,但婴幼儿、老年人、慢性病(心肺功能不全等)患者、肥胖者和妊娠及围产期妇女容易发展为重症病例。严重者可诱发细胞因子风暴,导致感染性中毒,引起急性呼吸窘迫综合征、休克、脑病及多器官功能不全等多种并发症,危及生命。最常见的并发症为肺炎(图2.4),肺炎由流感病毒本身或继发细菌感染所致,其他并发症有神经系统损伤、心脏损伤、肌炎和横纹肌溶解、休克等。

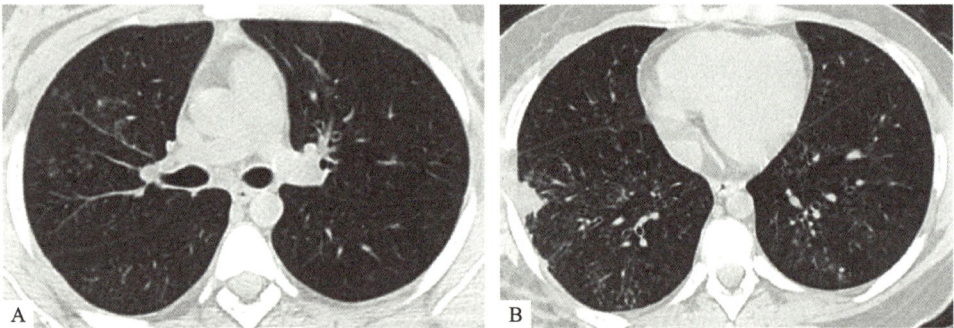

肺上叶(A)和下叶(B)水平轴位 CT 示多个小叶有中心结节,其中一些具有"树芽征","树芽征"主要分布在中叶和下叶,同时可见支气管壁增厚,以及小面积的肺外周实变。

图 2.4　高分辨率胸部 CT 示 H1N1 病毒感染性肺炎[3]

2.2.1.2　副黏病毒

副黏病毒是儿童呼吸道感染最重要的病原体。以下是较为常见的副黏病毒。

1. 麻疹病毒

麻疹病毒传染性极强,是麻疹的病原体。麻疹是儿童时期最为常见的急性传染病,在疫苗前时代因并发症导致的死亡人数较多。麻疹病毒进入机体后可引发 2 次病毒血症,形成多核巨细胞,造成自身免疫反应。临床表现有高热、畏光、眼结膜炎、鼻炎、口颊黏膜 Koplik 斑以及全身皮肤的红色斑丘疹等,若患者抵抗力低下、护理不当,则死亡率可高达25%。最常见的并发症为肺炎,因并发肺炎而死亡者占该病死亡病例的60%。最严重的并发症为脑炎,并发脑炎者死亡率为5%～30%。此外,极少数的患者在恢复后5～15年间,可出现亚急性硬化性全脑炎,亚急性硬化性全脑炎属于麻疹病毒急性感染后的迟发并发症,表现为渐进性大脑衰退,出现精神异常、运动障碍,最终在发作后1～3年内昏迷甚至死亡。

2. 腮腺炎病毒

该病毒可引起流行性腮腺炎,少部分患者感染病毒后可累及中枢神经系统,常见为无菌性脑膜炎。该病毒所致的脑膜炎或脑膜脑炎的死亡率约为1%。

3. 呼吸道合胞病毒

呼吸道合胞病毒是1岁以下婴幼儿严重呼吸道感染的最重要病原体,可引起细支气管炎和肺炎等下呼吸道感染。该病毒不形成病毒血症,但可引起婴幼儿严重呼吸道疾病,出现咳嗽、呼吸困难等症状,严重者可发生心力衰竭,导致死亡,这可能与免疫病理作用有关。

4. 尼帕病毒

尼帕病毒主要通过密切接触方式传播,是人畜共患的副黏病毒。主要引起人和猪的神经系统和呼吸系统感染,患者表现为病毒脑炎,初期症状类似流感,症状轻微,随后出现高热、头痛、视力模糊和昏迷,成年男性患者多见,致死率高,部分患者可能留下不同程度的脑损伤。

5. 人偏肺病毒

该病毒引起的症状与呼吸道合胞病毒的类似,但病情更缓和、病程更短。人群普遍易感,但在幼儿、老年人和免疫功能低下人群中发病率较高,可造成致死性感染。

2.2.1.3 其他呼吸道病毒

1. 冠状病毒

目前从人分离的冠状病毒主要有普通冠状病毒229E、OC43、NL63、HKU1、SARS病毒、MERS冠状病毒和严重急性呼吸综合征冠状病毒2型(SARS-CoV-2)7个型别。前4种主要感染成人或较大儿童,引起普通感冒、咽喉炎或成人腹泻,病症较轻。

根据科学研究,SARS病毒可能来源于蝙蝠这一自然宿主,经过媒介,引起人类感染。SARS病毒主要借助衣壳刺突蛋白(简称S蛋白)与人宿主细胞表面的血管紧张素转化酶2(angiotensin converting enzyme 2,ACE2)结合并进入宿主细胞,实现增殖、复制并引起宿主细胞大量死亡[4]。SARS病毒引起的SARS临床主要表现为突发高热、畏寒、干咳,严重者可出现呼吸窘迫、肺实变及大量肺部透明膜形成(图2.5)。SARS病毒具有高传染性,死亡率可达9.6%。

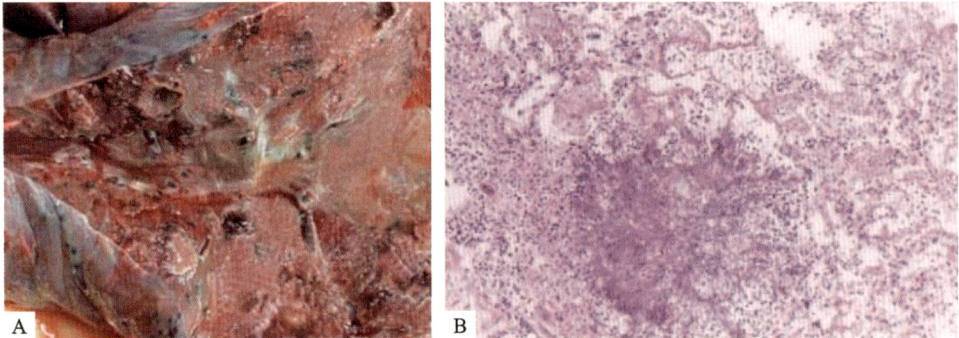

A. 肺部大体改变；B. H&E 染色（10×）下可见肺部大量透明膜形成，局部形成肺脓肿。

图 2.5　2003 年 SARS 病毒引起的肺部病理改变[5]

MERS 冠状病毒于 2012 年首次被鉴定，是一种由单峰骆驼传播至人的动物源性病毒。MERS 冠状病毒主要引起类似 SARS 的重症急性呼吸综合征，腹泻、呕吐等胃肠道表现较为常见，部分患者随病情进展可出现肾衰竭，但肺纤维化较为少见。MERS 患者具有较高的传染性，死亡率可高达 34.4%。

SARS - CoV - 2 引起的疫情在 2019 年底暴发，2020 年开始引起国际大流行，该病毒感染导致的新发传染病被 WHO 正式命名为"corona virus disease 2019（COVID - 19）"，即新型冠状病毒肺炎（现已更名为新型冠状病毒感染）。我国国家卫生健康委员会于 2020 年 1 月 20 日将新型冠状病毒肺炎纳入《传染病防治法》规定的乙类传染病，并采取甲类传染病的预防、控制措施。WHO 于 2020 年 1 月 30 日将本次疫情列为"国际关注的突发公共卫生事件"。

与 SARS 病毒、MERS 冠状病毒一样，SARS - CoV - 2 也属于 β 属冠状病毒。SARS - CoV - 2 颗粒呈圆形或椭圆形，属于包膜病毒。与 SARS 病毒入侵机制类似，SARS - CoV - 2 包膜上含有基质蛋白和刺突蛋白（S 蛋白），其中 S 蛋白主要通过结合 ACE2 蛋白进入细胞，实现感染[4]。新型冠状病毒疫苗的研发原理主要是以协助新型冠状病毒入侵细胞的 S 蛋白为靶点，通过表达 S 蛋白，诱导人体免疫系统产生能够结合新型冠状病毒的中和抗体，从而实现预防感染的目标。SARS - CoV - 2 主要通过飞沫传播和密切接触传播，在相对封闭的环境中也可能存在气溶胶传播，人群普遍易感。感染 SARS - CoV - 2 早期毒株时，大多数患者以下呼吸道症状为主，出现肺部病理改变（图 2.6），部分患者也可出现肺外感染，如心肌炎（图 2.7）。危重患者在病程中可出现多种并发症，如急性呼吸窘迫综合征、脓毒性休克、难以纠正的代谢性酸中毒、急性心肌损伤及 DIC 等，多数病例都呈现出了多器官功能障碍，甚至还有中枢神经系统受累的临床表现。值得注意的是，根据文献报道[6-8]，10%～30% 的新型冠状病毒感染患者有后遗症（又被称为"长期新型冠状病毒感染"），如疲劳或肌肉无力、焦虑或抑郁、睡眠障碍、味觉和嗅觉失调、肺部气体弥散障碍和影像学异常等。长期新型冠状病毒感染的原因和发病机制尚不清楚,可能是由新型冠状病毒、治疗药物或者心理和精神因素造成。

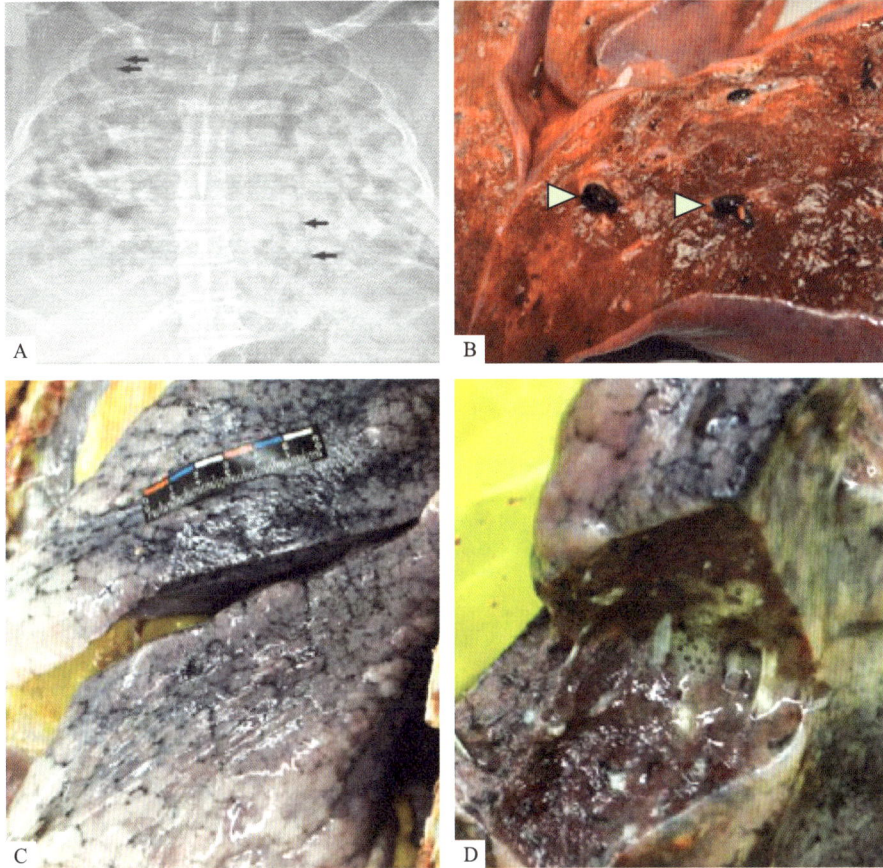

A.胸片示患者"白肺",肺实变伴大量支气管充气征(箭头);B.肺表面白色斑片状病灶;C.肺切面见散在微血栓形成;D.肺切面灰白色黏稠液体溢出,并可见纤维条索。

图 2.6　2019 年底至 2020 年全球暴发新型冠状病毒感染引起的人体肺部改变[9~11]

值得注意的是,自新冠疫情席卷全球以来,SARS - CoV - 2 在人群中大肆传播。病毒在传播过程中会对其遗传基因组进行复制,因其难以避免复制错误,病毒基因组会发生改变,故可产生变异毒株。这些变异毒株成为疫情难以控制、疫苗抗性的重要因素。WHO 根据危险程度将 SARS - CoV - 2 变异毒株分成了令人担忧的变异毒株(variant of concern,VOC)和值得关注的变异毒株(variant of interest,VOI)两类。前者在全球引发的病例多、范围广,并有数据证实其传播能力、毒性强,导致疫苗和临床治疗的有效性降低;后者在世界范围内出现社区传播病例,在多个国家被发现,但尚未形成大规模传染。目前,VOC 是对新冠疫情影响最大、对全球威胁最大的变异毒株。目前,在全球各区域鉴定出的 VOC 变异毒株包括 Alpha、Beta、Gamma 和 Delta 等。其中 Delta 于 2020 年底在印度被首次发现,是引起 2021 年 4 月印度第 2 波疫情大暴发的主要变异毒株,并迅速遍布全球,在印度、英国、中国、新加坡及日本等均引起重大疫情。2021 年 8 月 31 日,WHO 报告称,正在对一种名为"Mu"的 SARS - CoV - 2 变异毒株进行监测,因为该毒株具有对疫苗的抗药性风险,需要进一步研究观察,所以将该毒株列为待观察变种。变异毒株的出现使得原本较少感染 SARS - CoV - 2 的人群(如儿童)出现了感染病例,并引起死亡。据报道,一名来自德国的 4 岁女孩因呼吸窘迫就诊,入院次日被检测到 SARS - CoV - 2 的 Alpha变种(原变异名为 B.1.1.7),其家庭成员中也同样检测出了该变异毒株。入院第 22 天,即体外膜肺氧合术治疗 17 d 后,该儿童死于严重肺衰竭、肺出血、心力衰竭。尸体检验可见肺表面及切面由大量脓肿性肺炎,伴肺透明膜形成及纤维蛋白性心包炎(图 2.8)。

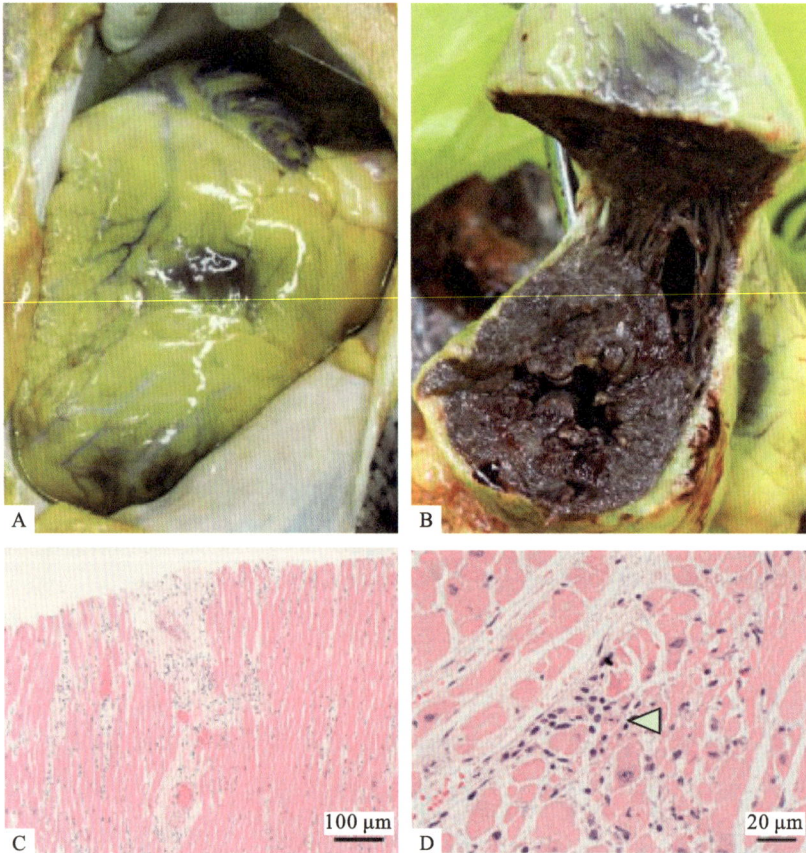

A. 心包腔内见淡黄色清亮液体,右心耳充盈饱满;B. 心肌切面呈灰红色鱼肉状;C. 心肌见大量淋巴细胞浸润(HE 染色);D. 心肌间质大量淋巴细胞浸润,伴心肌细胞坏死(三角箭头)(HE 染色)。

图 2.7　新型冠状病毒感染引起的心脏病理改变[9,11]

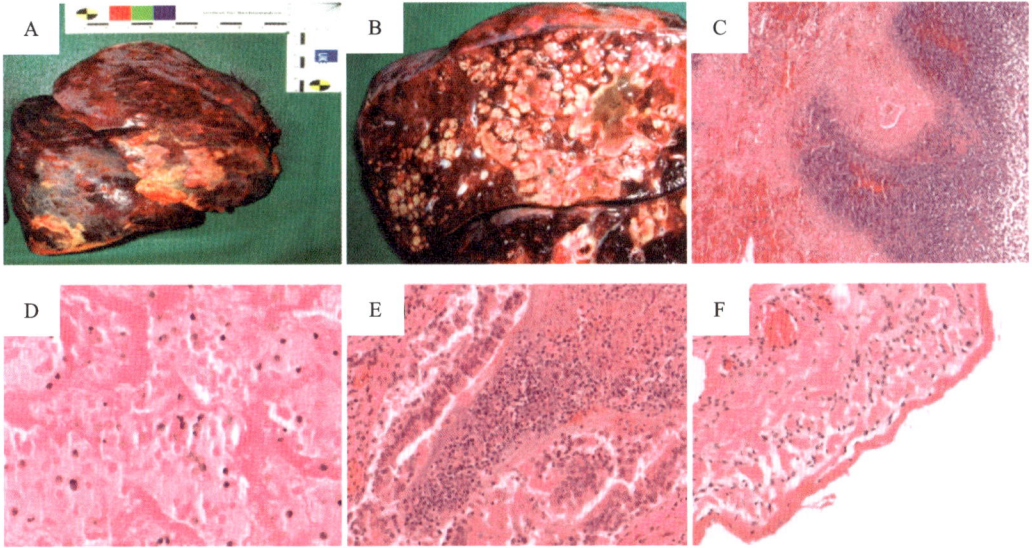

A. 肺表面纤维蛋白性化脓性胸膜炎。B. 肺切面可见大量脓肿性肺炎。C. 化脓性支气管肺炎,伴有充血和密集的白细胞浸润(HE 染色,50×)。D. 肺透明膜形成(HE 染色,100×)。E. 肺泡及细小支气管内可见红细胞以及炎细胞浸润(HE 染色,80×)。F. 纤维蛋白性心包炎(HE 染色,80×)。

图 2.8　SARS - CoV - 2 变异株引起的 1 例儿童感染性死亡案例[12]

2. 腺病毒

腺病毒(adenoviruses,AV)可以引起眼、耳、鼻、喉、心脏、肝脏、呼吸道、消化道、泌尿道等多脏器感染,是导致儿童急性呼吸道感染的重要原因之一。健康人感染腺病毒通常表现为轻度感染,症状类似普通感冒,临床表现不明显,可自愈。少数患者(特别是 2 岁以下幼儿、患慢性病和免疫低下人群)可出现重症和危重病症,如重度肺炎、肝大、意识障碍、心率加快等,甚至死亡。

3. 风疹病毒

风疹病毒经呼吸道传播,在呼吸道局部淋巴结增殖后,经病毒血症播散至全身,引起风疹,多见于儿童,成人感染后的症状更严重。与该病毒相关的死亡多集中于婴幼儿,原因在于风疹病毒感染最严重的危害是通过垂直传播引起胎儿先天性感染。孕妇在怀孕后感染风疹病毒的时间越早,对胎儿的危害越大,特别是在孕期 20 周内感染该病毒对胎儿危害最大,可导致流产或死胎。除此之外,风疹病毒还可引起先天性风疹综合征(包括先天性心脏病、白内障和耳聋等三大主症),患者可表现为智力发育障碍、肺炎、脑膜脑炎等,患该病的婴儿出生 1 年内的死亡率为 20%。

2.2.2 消化道感染病毒

2.2.2.1 肠道病毒

1. 脊髓灰质炎病毒

该病毒主要侵犯脊髓前角运动神经元,导致急性弛缓性肢体麻痹,引起脊髓灰质炎,多见于儿童,故又称小儿麻痹症。1~5岁儿童是脊髓灰质炎病毒的主要易感人群。90%以上的感染者在感染脊髓灰质炎病毒后不出现症状,为隐性感染或亚临床型感染。约5%的感染者因体内有中和抗体,只表现为不侵入中枢神经系统的顿挫感染,出现发热、头痛、咽痛等症状。1%~2%的感染者因抵抗力弱,病毒侵入中枢神经系统,表现为无菌性脑膜炎或非麻痹型脊髓灰质炎。0.1%~2%的患者发展为暂时性肢体麻痹或永久性弛缓性肢体麻痹,以下肢单侧麻痹多见,可出现跛行、非对称性肌肉萎缩的特征性后遗症;极少数患者发展为延髓麻痹,可导致呼吸肌麻痹、心脏功能衰竭而死亡[1]。脊髓灰质炎是WHO通过计划免疫进行控制的重点传染病。我国从1965年在开始全国范围内接种口服脊髓灰质炎减毒活疫苗,之后病例数开始下降。2000年,我国通过WHO认证,实现了无脊髓灰质炎的目标。因为全球仍有国家存在脊髓灰质炎流行的情况,所以尽管我国一直维持无脊髓灰质炎状态,但是仍存在脊髓灰质炎野病毒输入的危险和发生与疫苗病毒相关病例的情况。

2. 柯萨奇病毒

柯萨奇病毒分为A、B两组,以隐性感染多见,可侵犯多种器官、组织,临床表现多样化。在我国成人及婴幼儿病毒性心肌炎中,多数为柯萨奇病毒感染所致,尤以B组病毒引起的新生儿病毒性心肌炎较为多见(图2.9),且死亡率高。B组病毒经粪-口途径传播,在全球广泛流行,可感染婴幼儿、青少年及成人。因为柯萨奇病毒的受体在组织和细胞中分布广泛(包括中枢神经系统、心、肺等),所以其引起的疾病谱较为复杂,可引起发热、手足口病、腹泻、脑炎、脑膜炎、心肌炎、胰腺炎、急性弛缓性肢体麻痹等严重疾病,甚至死亡。相关研究发现,B组病毒主要通过直接作用和免疫病理机制而引起心肌细胞等的损伤,与近年来发病率不断上升的病毒性胰腺炎、病毒性心肌炎存在密切联系,是导致1型糖尿病和青少年心源性猝死的主要原因之一,具有严重的危害性[13]。目前该类疾病的确诊依赖于微生物学检查,尚无有效的疫苗用于预防,也没有特效的治疗药物。

3. 新型肠道病毒

新型肠道病毒主要包括68、69、70和71等多种型别,经消化道传播,可引起多种神经系统疾病和其他系统疾病。肠道病毒71型是引起手足口病、无菌性脑膜炎等感染的重要病原体,多发生于学龄前儿童,一般表现为发热,咽喉疼痛,手、足、口腔等部位的皮肤黏膜出现小红斑、水疱、溃疡等损害,少数患儿可发生无菌性脑膜炎、心肌炎和急性弛缓性肢体麻痹等并发症,病后可能导致后遗症。重症患儿病情进展迅速,可因心肺功能衰竭和急性呼吸道水肿而死亡。

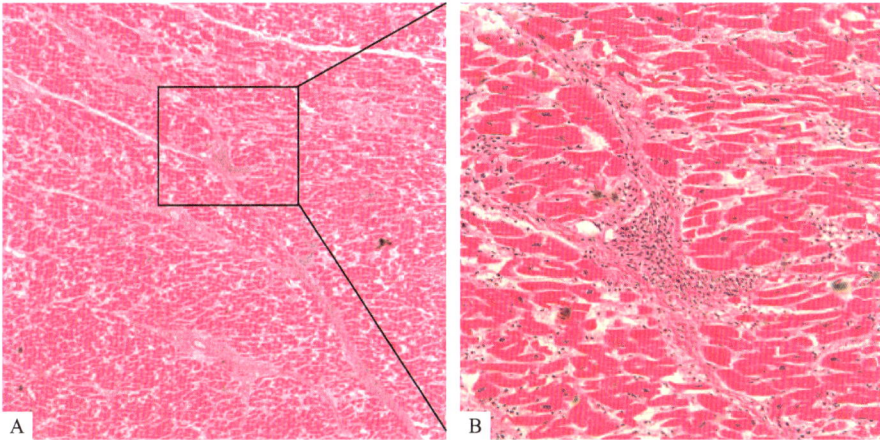

A. HE 染色,4 × ;B. HeI 染色,20 × 。

图 2.9 柯萨奇病毒感染引起的病毒性心肌炎

2.2.2.2 急性胃肠炎病毒

1. 轮状病毒

轮状病毒属于急性胃肠炎病毒,是婴幼儿急性胃肠炎最重要的病原体。腹泻是 5 岁以下儿童仅次于下呼吸道感染的全球第二大死因,而轮状病毒则是导致腹泻的第一位病原体,5 岁以下儿童由轮状病毒导致腹泻而死亡的占 35% 。根据抗原差异可将轮状病毒分为 A ~ G 组,其中 A 组轮状病毒感染呈世界性分布,最常感染 6 个月至 2 岁的婴幼儿,是导致婴幼儿死亡的主要原因之一,好发于秋冬季节。该病毒的 NSP4 具有不耐热肠毒素样作用,可引起小儿呕吐、水样腹泻、腹痛和脱水等症状,若治疗不及时,则患儿可因严重脱水和电解质紊乱而死亡。

2. 杯状病毒

杯状病毒包括 4 个属,其中引起人类急性病毒性胃肠炎的是诺如病毒属和札幌病毒属。诺如病毒的传染性极强,是引起散发性和全球暴发性流行性胃肠炎的主要病原体之一,诺如病毒感染高发于秋冬季。全世界每年有超过 6 亿人因感染诺如病毒而发病,多数病情较轻,主要表现为恶心、呕吐和腹泻,为自限性疾病;但少数婴幼儿、老年人和免疫缺陷者会发展成重症,每年有 7 万 ~ 20 万人死亡,主要发生在发展中国家。值得注意的是,近年来国内多地报道了诺如病毒感染疫情,呈现高发态势,而且还存在与其他病原体合并感染而加重病情的现象,需引起重视。

2.2.3　肝炎病毒

目前公认的人类肝炎病毒有 5 种,即甲型肝炎病毒(hepatitis A virus,HAV)、HBV、丙型肝炎病毒(hepatitis C virus,HCV)、丁型肝炎病毒(hepatitis D virus,HDV)和戊型肝炎病毒(hepatitis E virus,HEV)。2020 年全国法定传染病报告发病死亡统计显示,HBV 导致的死亡人数为 464 人,HCV 导致的死亡人数为 106 人,HEV 导致的死亡人数为 12 人,HAV 导致的死亡人数为 3 人,由此可见,最易导致死亡的肝炎病毒为 HBV。这里主要阐述 HBV、HCV、HEV。

2.2.3.1　HBV

HBV 主要有 HBsAg、HBcAg、HBeAg 和 HBxAg 4 种抗原,其中 HBxAg 为致癌蛋白。HBV 的临床类型多样,包括无症状携带者、急性肝炎、慢性肝炎、重症肝炎、肝硬化(图 2.10A、图 2.10B)等,且与肝细胞癌(图 2.10C、图 2.10D)的发生密切相关。

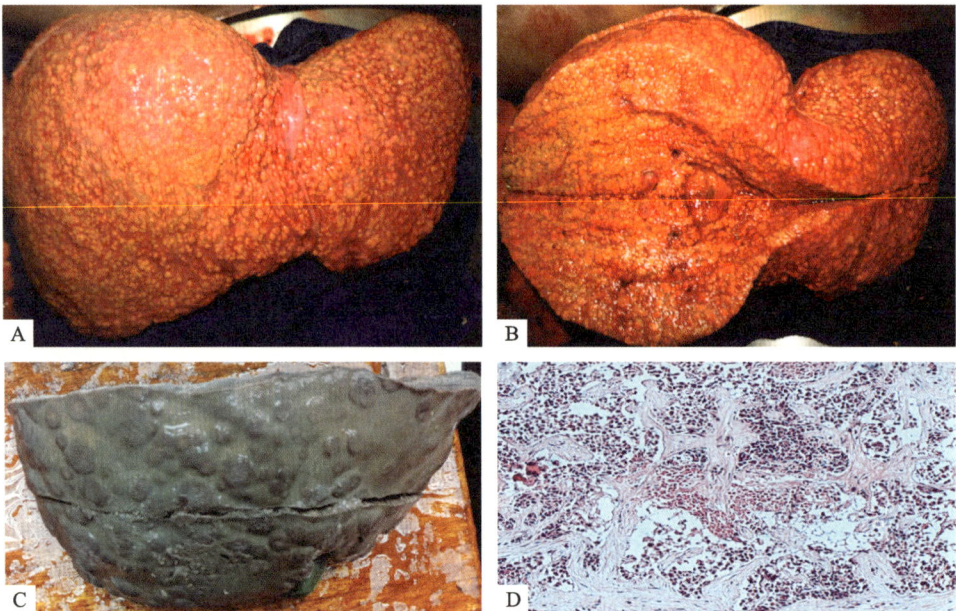

A. 大体观可见肝表面有大量散在的结节性硬化灶;B. 肝切面可见大量灰黄色结节灶;C. 经福尔马林固定后,肝表面可见大量突起的癌结节灶;D. 肝细胞癌光镜下观(HE 染色,20×)。

图 2.10　1 例乙型肝炎病毒引起的肝细胞癌

急性肝炎表现为典型的黄疸,伴有恶心、呕吐等,约 1% 的黄疸型肝炎可发展为重症肝炎,死亡率较高;约 10% 的慢性肝炎可发展成肝硬化和肝衰竭;肝细胞癌,HBV 基因组与肝细胞整合、感染病毒后肝细胞损伤和肝组织的不断修复以及 HBxAg 的反式激活作用等可导致肝细胞过度增生,进而导致癌变。

2.2.3.2 HCV

据 WHO 统计，目前全世界大约有 1.85 亿人感染了 HCV，其中每年大约有 35 万人死于 HCV 感染的相关疾病。HCV 的临床类型主要包括无症状携带者、急性肝炎和慢性肝炎。HCV 感染极易慢性化，且急性感染的临床表现不明显或无症状，发现时多已呈现为慢性感染。一般人群感染 HCV 20 年后发生肝硬化的比例为 5% ~ 15%，在感染 30 年后发生 HCV 相关肝细胞癌的比例为 1% ~ 3%。肝硬化和肝细胞癌是慢性丙肝患者的主要死因。

2.2.3.3 HEV

HEV 感染的致死率也相对较高。戊型肝炎的临床类型包括急性黄疸型、急性无黄疸型、淤胆型和重型。虽然戊型肝炎与甲型肝炎一样，不会进展为慢性肝炎，但是戊型肝炎可呈迁延或反复发作倾向。重型戊型肝炎占比相对较高，其病死率为 1% ~ 2%，高出甲型肝炎约 10 倍。孕妇感染 HEV 常出现流产、死胎、产后出血或急性重型肝炎，尤其在妊娠的后 3 个月发生感染者，病死率在 20% 左右。

2.2.4 虫媒病毒和出血热病毒

2.2.4.1 虫媒病毒

虫媒病毒的储存宿主为节肢动物，对节肢动物不致病并将其作为传播媒介，所致人类疾病具有自然疫源性疾病的特点，具有明显的季节性和地区性，多为人畜共患病，致病力强，起病急。

1. 乙型脑炎病毒

乙型脑炎病毒是流行性乙型脑炎（简称乙脑）的病原体，以三带喙库蚊为主要传播媒介和储存宿主，而幼猪则是最重要的传染源和中间宿主。2020 年全国法定传染病报告发病死亡统计显示，流行性乙型脑炎的发病人数为 288 人，其中 9 人死亡。乙型脑炎病毒具有膜蛋白 M、衣壳蛋白 C 和包膜蛋白 E 3 种结构蛋白。包膜蛋白 E 具有血凝活性。病毒经带毒蚊虫叮咬皮肤而侵入人体，在皮肤巨噬细胞和局部淋巴结等处增殖，经淋巴管或毛细血管入血，引起 2 次病毒血症。临床上多数感染者出现发热、头痛等流感样症状后逐渐恢复，少数免疫力低下的患者体内病毒可突破血脑屏障，在脑组织内增殖，引起脑实质和脑膜炎症，重型和极重型患者可出现高热、惊厥、抽搐、头痛、昏睡、颈项强直、脑膜刺激征等症状，进一步发展为昏迷、中枢性呼吸衰竭或脑疝等，病死率高达 10% ~ 40%。

2. 登革病毒

登革病毒是登革热（dengue fever，DF）、登革出血热/登革休克综合征（dengue hemorrhagic fever/dengue shock syndrome，DHF/DSS）的病原体，以伊蚊为传播媒介，可引起人体 2 次病毒血症，临床上表现为发热、头痛、肌肉和关节酸痛、淋巴结肿大、皮疹等。临床上，DF 多为自限性疾病;DHF/DSS 则较为严重,初期为典型登革热的病症,随后症状突然加重,发生严重出血,表现为皮肤出现大片紫癜及瘀斑、消化道和泌尿生殖道出血等,并进一步发展为出血性休克,病死率达 6% ~30%,这可能与二次感染或抗体依赖的增强作用等免疫病理反应有关。

3. 发热伴血小板减少综合征病毒

目前学术界认为,经蜱叮咬可能是发热伴血小板减少综合征病毒主要的传播途径。患者感染发热伴血小板减少综合征病毒后临床表现为发热、白细胞减少、血小板减少和多器官功能损害等。重症患者可因严重的血小板减少以及凝血功能异常而出现皮肤、肺、消化道等出血表现,如不及时救治,则可因 DIC 和多脏器功能衰竭而死亡。

4. 森林脑炎病毒

森林脑炎病毒是一种由蜱传播的病毒,其储存宿主为蜱,主要引起中枢神经系统的病变,人感染森林脑炎病毒后多数表现为隐性感染,少数经潜伏期后突然发病,出现高热、头痛、昏睡、肌肉麻痹/萎缩等症状,其中重症患者可出现呼吸、循环衰竭等延髓麻痹症状,病死率约为 30%。

2.2.4.2　出血热病毒

1. 汉坦病毒

汉坦病毒主要引起以发热、出血、急性肾功能损害和免疫功能紊乱为主要特征的流行性出血热(epidemic hemorrhagic fever,EHF)以及以肺浸润和肺间质水肿,迅速发展为以呼吸衰竭为特征的汉坦病毒肺综合征(hantavirus pulmonary syndrome,HPS),在我国主要是 EHF 的病例。该病毒主要以黑线姬鼠和褐家鼠为主要宿主动物和传染源,可经多种传播途径感染人,如动物源性传播、垂直传播、虫媒传播,其中动物源性传播是主要途径。汉坦病毒可直接靶向血管内皮细胞,引起全身小血管和毛细血管损伤、血管通透性增加和微循环障碍。患者起病急,初期症状为发热、头痛、咳嗽、流涕等,极易与感冒混淆,临床上容易因误诊而延误治疗,有较高的病死率。EHF 严重者可出现多脏器出血及肾衰竭,病死率一般为 3% ~5%,在某些地区病死率可高达 10% ~20%。

2. EBOV

EBOV 是一种非常致命的丝状病毒,为不分节段的单股负链 RNA 病毒,病毒呈长丝状体,可呈杆状、丝状、"L"形等多种形态。该病毒首次发现于 1976 年的苏丹南部和刚果(金),主要在乌干达、刚果、加蓬、苏丹、科特迪瓦、南非、几内亚、利比里亚、塞拉利昂、尼日利亚等非洲国家流行。自 1976 年以来,EBOV 感染已在非洲暴发数次大流行,病死率为 50% ~90%,是人类迄今为止所发现的致死率最高的病毒之一。EVD 是由 EBOV 引起的一种急性出血性传染病。目前学术界认为,EBOV 的自然宿主为果蝠,尤其是锤头果蝠、富氏前肩头果蝠和小领果蝠,但其在自然界的循环方式尚不清楚。EBOV 的传播方式是与患者体液直接密切接触,其中患者的血液、排泄物、呕吐物感染性最强,在患者的乳汁、尿液、精液中也能发现病毒,唾液与眼泪有一定的传染风险,不过在患者汗液样本中从未检测出完整的活体病毒。人群对 EBOV 普遍易感,病毒侵袭多种组织细胞,可导致细胞变性、坏死,使毛细血管通透性增加、广泛性出血。血管内皮细胞坏死是导致低血容量性休克的主要原因。患者急性起病,发热并快速进展至高热,伴乏力、头痛、肌痛、咽痛等症状,随后病情迅速恶化,出现呕吐、腹泻、黏膜出血、呕血、黑便等症状。病程第 3 ~ 4 天后可进入极期,出现持续高热、感染症状、中毒症状及消化道症状,有不同程度的出血,包括皮肤黏膜出血、呕血、咯血、便血、血尿等;严重者可出现意识障碍、休克及多脏器受累,多在发病后 2 周内死于出血、多脏器功能障碍等。

3. MARV

MARV 属于丝状病毒。人通过直接接触 MARV 感染者或动物的体液或组织而被感染,其发病快、传染性强,致死率高达 90%。MARV 引起的症状类似 EBOV,首先出现高热和肌肉酸痛,随后体内多个器官变形、坏死,进而内出血、七窍流血不止,最后因为广泛内出血、脑部受损等而死亡。

2.2.5　人类疱疹病毒

目前已知的与人相关的人类疱疹病毒(human herpes viruses,HHV)有 8 种,可分为 α、β、γ 3 个亚科,感染类型包括急性感染、潜伏感染、整合感染和先天性感染等[1-2]。

2.2.5.1　单纯疱疹病毒

单纯疱疹病毒(herpes simplex virus,HSV)可分为 HSV - 1 型和 HSV - 2 型。HSV - 1 型主要以腰部以上感染为主,可导致龈口炎、唇疱疹、疱疹性角膜结膜炎甚至脑炎,可引起神经系统后遗症,病死率较高。HSV - 2 型主要以腰部以下感染为主,可导致生殖系统疱疹、新生儿疱疹。新生儿疱疹表现为疱疹性脑膜炎或全身播散性感染,预后差,病死率高达 80%。孕妇体内的病毒还可经垂直传播给胎儿,诱发流产、早产、死胎等。除此之外,HSV - 2 型与宫颈癌的发生有密切关系,可促进高危型人乳头瘤病毒所致宫颈癌的概率。

2.2.5.2　水痘 - 带状疱疹病毒

水痘 - 带状疱疹病毒(varicella - zoster virus,VZV)可引起 2 种不同的临床疾病,即水痘和带状疱疹。水痘通常是一种儿童期的良性疾病,出现发疹性水疱性皮疹,为初次感染 VZV;随着潜伏病毒的再激活,带状疱疹表现为皮肤节段水疱性皮疹,伴有剧烈疼痛。VZV 感染对于健康儿童来说是一种良性疾病,主要表现为低热、皮疹和不适;但对免疫功能低下者则易引发内脏并发症,在没有及时治疗的情况下,死亡率约为 15%。水痘肺炎是水痘后最严重的并发症,在孕妇尤为严重,围生期水痘的死亡率高达 30%。带状疱疹是一种散发性疾病,各年龄均有发生,多见于 60 岁以后,其中免疫功能受损者较正常者更为严重。在器官、干细胞等移植患者感染 VZV 的病例中,约 45% 出现了皮肤或内脏播散,并发肺炎、脑膜脑炎、肝炎等,死亡率为 10%。

2.2.5.3　EB 病毒

少数 EB 病毒(Epstein – Barr virus,EBV)感染者的 B 细胞在不断分裂、增殖的过程中因某些因素的影响而发生染色体异常改变,转变为肿瘤细胞。与 EBV 感染有关的疾病主要有伯基特(Burkitt)淋巴瘤、鼻咽癌和传染性单核细胞增多症等。传染性单核细胞增多症的临床表现为发热、咽炎、肝大、脾大、血单核细胞和异形淋巴细胞增多等,预后较好,病死率低,但对于 AIDS、器官移植等免疫低下人群来说,病死率较高。

2.2.5.4　人巨细胞病毒

人巨细胞病毒(human cytomegalovirus,HCMV)是巨细胞包涵体病的病原体,HCMV 多为潜伏感染或隐性感染,但对于免疫功能低下者来说,HCMV 原发感染或潜伏病毒的激活均可引起肺炎、肝炎和脑膜炎等重症,是器官移植、肿瘤、AIDS 患者死亡的重要原因。HCMV 感染的临床表现差异较大,可从无症状感染到致命性感染,如 HCMV 的先天性感染的少数严重者可造成早产、流产、死胎或生后死亡。

2.2.5.5　新型人疱疹病毒

人类疱疹病毒 6 型(human herpes virus 6,HHV – 6)的潜伏感染在人体抵抗力低下时可被重新激活,形成急性感染,造成间质性肺炎、脑炎/脑膜炎、肝炎及多器官功能衰竭等,并且可引起骨髓抑制和骨髓衰竭,还具有致癌潜能。人类疱疹病毒 7 型(human herpes virus 7,HHV – 7)可能与幼儿玫瑰疹、神经损伤和器官移植并发症有关,这一点尚待证实。人类疱疹病毒 8 型(human herpes virus 8,HHV – 8)1994 年发现于一名 AIDS 患者的卡波西肉瘤组织中。健康人感染后终生无症状携带,免疫缺损患者则易发生显性感染。目前学术界认为,HHV – 8 与卡波西肉瘤的发生密切相关,常可造成致死性后果。

2.2.6　逆转录病毒

逆转录病毒是指含有逆转录酶的单正链 RNA 包膜病毒。逆转录病毒感染细胞后,在逆转录酶的催化下可将病毒核酸 RNA 反转录为 DNA,随后整合到宿主基因组中形成前病毒,建立终生感染,随宿主细胞分裂传递给子代细胞。按致病作用可将逆转录病毒分为慢病毒亚科、RNA 肿瘤病毒亚科以及泡沫病毒亚科。如导致 AIDS 的人类免疫缺陷病毒属于慢病毒亚科,引起白血病的人类嗜 T 细胞病毒属于 RNA 肿瘤病毒亚科。泡沫病毒亚科因感染细胞后可诱导产生类似泡沫的大量空泡、多核细胞而得名,至今尚未发现这类病毒具有明显的致病性。

2.2.6.1　HIV

HIV 是 AIDS 的病原体,分为 HIV - 1 和 HIV - 2 两型。两型病毒的核酸序列只有 40% ~ 60% 的同源性,而且两者在传播和疾病进展方面是显著不同的。世界上的 AIDS 多数是由 HIV - 1 型所致,呈全球流行,而 HIV - 2 型则呈区域性(主要在西非)流行。我国以 HIV - 1 型为主,HIV - 2 型感染为少数。目前我们对 HIV 的了解主要来自对 HIV - 1 型的研究。

AIDS 是目前威胁人类健康和生命安全的主要传染病之一。自 1981 年世界上发现首例 AIDS 患者以来,AIDS 在全球以惊人的速度蔓延。根据联合国艾滋病规划署(UNAIDS)统计,自该流行病开始以来,已有 7930 万人(95% 可信区间:5590 万 ~ 1.1 亿)感染了 HIV 并且已有 3630 万人(95% 可信区间:2720 万 ~ 4780 万)死于与 AIDS 相关的疾病。目前在全球范围内,2020 年就有 3770 万人(95% 可信区间:3020 万 ~ 4510 万)为 HIV 携带状态,其中有 2750 万人(95% 可信区间:2650 万 ~ 2770 万)正在接受抗逆转录病毒治疗, 150 万人(95% 可信区间:100 万 ~ 200 万)为新增感染以及 68 万人(95% 可信区间:48 万 ~ 100 万)死于与 AIDS 相关的疾病。据全国法定传染病疫情概况,2013—2020 年,AIDS 患者的报告死亡人数均居我国乙类传染病死亡人数的首位。

HIV 的主要传播途径包括性接触传播、血液传播和母婴传播,其中性传播主要为男性同性恋及异性之间性接触,女性同性恋少见。性别方面,女性对 HIV 的易感性高于男性 4 倍。血液传播主要为被 HIV 污染的注射器具、血液以及血制品等感染;而母婴传播则包括宫内、分娩及产后。美国 CDC 调查结果显示,在小于 13 岁的小儿 HIV/AIDS 中, 70% 以上都是在围生期由母亲传给婴儿的。若 HIV 感染的母亲接受抗逆转录病毒治疗, 则可显著减少母婴间的传播。UNAIDS 发布的《直面不平等——2021 全球艾滋病防治进展报告》表明,每周约 5000 名年轻女孩感染 HIV。除非洲地区外,93% 的 HIV 新发感染发生在重点人群及其性伴侣中,可见性接触是主要的传播方式。人一旦通过以上方式感染 HIV,HIV 就会选择性侵犯 CD4 + 细胞,通过直接杀伤和诱导特异性细胞毒作用、抗体依赖细胞介导的细胞毒作用或细胞凋亡途径造成以单核 - 巨噬细胞损伤、CD4 + T 细胞损伤和其他免疫细胞损伤为中心的严重免疫缺陷。人类免疫系统具有免疫防御、免疫监视、免疫自稳三大功能,一旦免疫防御功能缺损,就会导致各种机会性感染;而免疫监视功能缺损则会导致各种恶性肿瘤的发生。因此,AIDS 患者最终往往死于因免疫系统缺陷导致的各种严重的致死性机会性感染(如 HCMV 感染、EBV 感染、MTB 感染、卡氏肺孢子菌感染等)或恶性肿瘤,如卡波西肉瘤(图 2.11)及恶性淋巴瘤等。

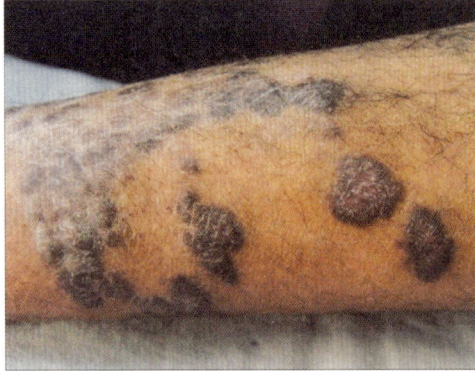

图 2.11　AIDS 患者左下肢卡波西肉瘤[14]

2.2.6.2　HTLV

HTLV 共分离出 4 种亚型,即 HTLV - 1、HTLV - 2、HTLV - 3、HTLV - 4,其中 HTLV - 1 可引起成人 T 细胞白血病(adult T - cell leukemia,ATL),HTLV - 2 可引起多毛细胞白血病,而 HTLV - 3 和 HTLV - 4 尚未见报道与之相关的疾病。HTLV - 1 感染后,可潜伏于人体 20 年以上,2% ~4% 的感染者可发展为 ATL,1% ~2% 的感染者可发展为相关性脊髓病或热带痉挛性瘫痪。ATL 临床表现多样,可分为急性型、淋巴瘤型、慢性型和隐匿型,其中急性型 ATL 和淋巴瘤型 ATL 病情进展快,预后不良,急性型 ATL 的平均生存期仅为 6 个月。

2.2.7　其他病毒

2.2.7.1　狂犬病毒

狂犬病毒是一种嗜神经性病毒,是人畜共患传染病——狂犬病的病原体。因尚无有效的治疗方法,故一旦发病,死亡率接近 100%。狂犬病的典型临床表现为极度兴奋、狂躁不安、吞咽或饮水时喉部肌肉因受刺激而发生痉挛,对水声或其他轻微刺激也异常敏感,容易导致患者出现恐水、呼吸困难和吞咽困难等症状。狂犬病发作可分为潜伏期、前驱期、兴奋期和麻痹期等 4 个时期,如无生命支持治疗,则多数患者在出现临床症状的 7 ~14 d 内可因麻痹昏迷、循环衰竭而死亡。

2.2.7.2　人乳头瘤病毒

人乳头瘤病毒(human papilloma virus,HPV)属于性传播疾病(sexually transmitted diseases,STD)的病原体之一,HPV 有 100 余型,不同型别和感染部位的不同可导致不一样的疾病类型,如皮肤疣、尖锐湿疣、喉部乳头瘤和宫颈癌等。低危型 HPV(如 HPV - 6 和 HPV - 11)可引起尖锐湿疣和儿童喉乳头状瘤病,喉乳头状瘤病严重者可因阻塞气道而危及生命。高危型 HPV(如 HPV - 16、HPV - 18 型)与生殖器癌(如宫颈癌、阴茎癌)、喉癌、食道癌的发生密切相关,其 E6、E7 蛋白可使抑癌蛋白失活,诱导细胞发生恶性转变。此外,皮肤癌、肺癌、直肠癌等也与 HPV 的感染有关。

2.2.7.3　天花病毒

天花病毒是古老的烈性传染性疾病天花的病原体,曾在全世界各地广泛流行。人类有记载的与天花斗争的历史就有 3000 多年,最早可追溯至公元前 1156 年,当时古埃及法老疑似感染天花。人是天花病毒感染的唯一宿主,主要通过呼吸道和密切接触传播,导致高热、面部及全身皮肤出现水疱或脓疱等症状,传染性强、病死率高,重症型天花的病死率约为 25.5%。历史上,天花造成的有证可考的死亡人数在数亿以上。天花即使痊愈,患者也会因为全身红疹而留下明显的疤痕,因此得名"天花"。新中国成立初期,天花仍是我国死亡率最高的急性传染病之一,直至 1961 年我国最后 1 例天花患者痊愈。经WHO 检查证实,我国从那时起消灭了天花。1966 年,WHO 第 19 届大会通过全球性大规模扑灭天花运动的决议,并投入大量人力、物力、财力,提高疫苗接种密度。至 1980 年5 月 8 日,WHO 正式宣布,人类已经彻底消灭天花,而天花则成为人类迄今为止唯一的一个由于计划免疫而彻底消灭的传染病。目前,全世界只有俄罗斯维克多实验室和美国亚特兰大疾病控制中心保存着天花病毒。

2.2.7.4　猴痘病毒

猴痘(monkeypox,MPX)由猴痘病毒(monkeypox virus,MPXV)感染导致,主要发生在非洲中西部雨林中的猴类身上,偶见于人类感染,是一种罕见但严重的病毒性疾病。MPX 的临床表现与天花的类似,但病情比较轻,初期主要表现为高热、头痛、肌肉酸痛等流感样症状,继而局部淋巴结肿大,最后发展为全身水疱或脓疱,并伴有出血,病死率可高达 10%。MPXV 可通过直接密切接触动物传染给人,也可通过呼吸道飞沫和体液在人际间传播。自 1980 年全球消灭天花后,天花已经不存在了,但猴痘依旧在非洲的部分地区散发。

2.3　真菌相关生物安全死亡

真菌属于真核细胞型微生物,在自然界中广泛分布、种类繁多,绝大多数对人类有益,仅少数有害。目前临床常见的致病性真菌有 50~100 种,它们主要引起人类中毒性、感染性以及超敏反应性疾病。对人致病的真菌主要有浅部感染真菌、皮下组织感染真菌和深部感染真菌。其中浅部感染真菌主要侵犯表皮、毛发、指甲,为慢性感染疾病,对身体影响不大;皮下组织感染真菌主要经伤口侵入皮下,一般感染只限于局部;而深部感染真菌可侵犯全身内脏,引起全身系统性感染,严重的可引起死亡[1]。随着免疫功能低下人群的不断增多,深部感染真菌病例日益增加,可严重威胁患者的生命健康。

2.3.1　浅部感染真菌

浅部感染真菌可分为皮肤癣菌和角层癣菌。皮肤癣菌寄生于皮肤角蛋白组织,可引起皮肤癣菌病;角层癣菌主要寄生于皮肤角层或毛干表面,可引起角层型病变和毛发型病变。浅部感染真菌仅引起皮肤角质层的浅表感染,对身体健康影响不大,暂未见死亡相关病例的报道。

2.3.2　皮下组织感染真菌

皮下组织感染真菌主要包括孢子丝菌和着色真菌,主要经外伤侵入皮下,感染一般限于局部,严重时也可扩散至周围组织。

2.3.2.1　孢子丝菌

孢子丝菌为双相型真菌,在不同温度条件下可产生不同的形态学特征,在自然环境中以菌丝相生长,而在人体内或 37 ℃ 培养时可转化为酵母相生长。孢子丝菌病除皮肤受累外,致病菌尚可进入淋巴系统并播散至全身,引起多系统损害,严重者可导致患者死亡。孢子丝菌病呈全球性分布,在热带及亚热带地区最高发病率可达 2.5%,我国东北地区及山东地区为孢子丝菌病的高发地带。

2.3.2.2　着色真菌

着色真菌多为腐生菌,一般由外伤侵入机体,多发生于颜面、下肢等部位,伤口呈现鲜明的暗红色区或黑色区。

2.3.3　深部感染真菌

2.3.3.1　假丝酵母

白假丝酵母菌也被称为白色念珠菌,是假丝酵母属中最常见的致病菌,可侵犯全身多个组织、器官,主要引起皮肤、黏膜和内脏的急、慢性感染,危害性大,病死率高。临床表现为湿疹样皮肤白假丝酵母病、指间糜烂、鹅口疮、阴道炎、肺炎、肠炎、败血症,甚至侵犯中枢神经系统(图2.12),导致脑膜炎、脑脓肿等,致死率及致残率很高。在过去的几十年中,白假丝酵母菌一直是威胁人类生命的侵袭性感染的主要病原性真菌,尽管进行了临床治疗,其病死率仍接近 40%,在免疫功能低下的宿主中病死率可高达 50%。

2.3.3.2　隐球菌属

隐球菌属种类多,广泛分布于土壤、鸟粪(尤其是鸽粪)中,也存在于人体皮肤、口腔和粪便中。其中新生隐球菌是本属引起人类感染最常见的病原菌,它由呼吸道侵犯人体,初始感染病灶多位于肺部,继而从肺部扩散至全身其他部位,导致全身系统性感染,最易侵犯的是中枢神经系统,可引起慢性脑膜炎,预后不良,若治疗不及,则常导致患者死亡,多见于幼儿和免疫力低下者。每年新生隐球菌感染可导致超过 20 万人死亡,其致死率为 20% ~70% 。

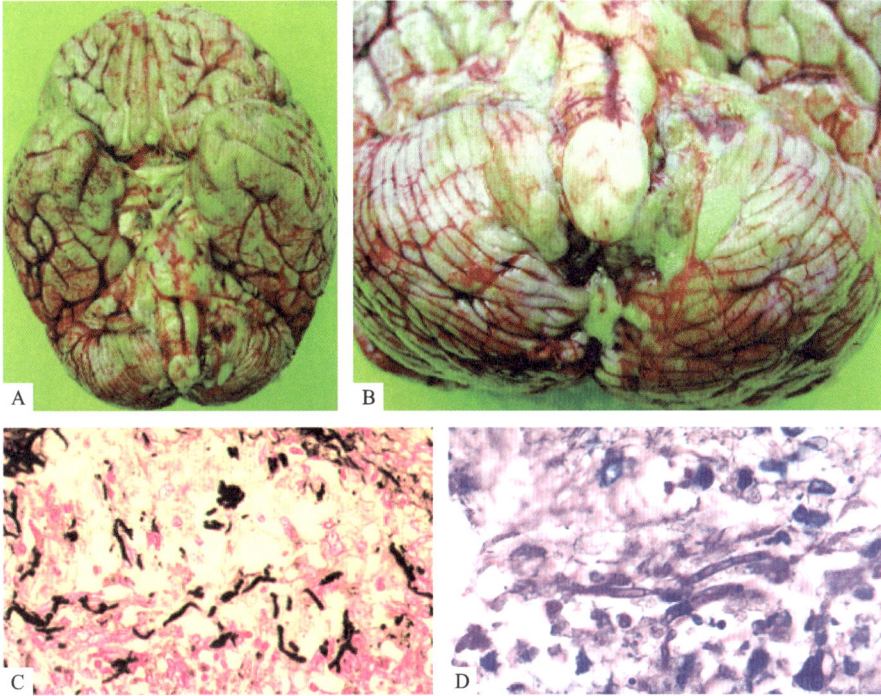

A、B. 脑桥、延髓和小脑区域的黄色脓液薄膜;C、D. 苏木精-伊红染色示有白色念珠菌菌丝(120×)和甲胺银染色示有白色念珠菌菌丝(120×)。

图 2.12　白色念珠菌病感染引起的中枢神经系统病变

2.3.3.3　曲霉

曲霉分布广泛,种类繁多,仅少数属于机会致病菌,如烟曲霉、黄曲霉、黑曲霉、构巢曲霉以及土曲霉,其中烟曲霉感染最常见。该菌属于丝状真菌,能侵犯机体多种组织器官,导致肺曲霉病、全身性曲霉病,而且有些曲霉产生的毒素可引起人和动物中毒,甚至致癌,特别是黄曲霉毒素与人类肝癌密切相关。近年来,侵袭性肺曲霉病的发病率逐渐增高,已经成为免疫功能低下患者致死率高的主要原因,尤其是放化疗后的肺癌患者,极易发生曲霉菌感染,由于耐药强,临床治疗困难,致死率可达 50% 以上。

2.3.3.4　毛霉

毛霉分布广泛,常引起食物霉变。毛霉感染通常发生于重症疾病患者的晚期,即免疫力低下时合并感染,可导致全身系统性感染。因毛霉感染诊断困难、发病急且病情进展迅速、临床无特效治疗方法,故死亡率较高。

2.3.3.5 肺孢子菌

肺孢子菌分布于自然界、哺乳动物肺部,常见的有卡氏肺孢子菌和伊氏肺孢子菌。肺孢子菌较为特殊,兼具原虫和酵母菌的特点,曾因其形态被归于原虫。肺孢子菌经呼吸道侵入肺部,多为隐性感染,但对于免疫缺陷或免疫功能低下者,可导致肺孢子菌肺炎。肺孢子菌肺炎是 AIDS 患者常见的并发症,发病初期为间质性肺炎,疾病发展迅速,重症患者可在 2~6 周内因窒息而死亡。

此外,肺孢子菌还可侵犯深部组织,甚至可侵犯中枢神经系统,导致脑内感染,发生脑内感染的患者预后不佳,可发生死亡。

2.4 立克次氏体相关生物安全死亡

立克次氏体是一类以节肢动物为传播媒介、严格细胞内寄生的原核细胞型微生物,常以啮齿类动物、家畜等作为寄生宿主和储存宿主,通过节肢动物(如人虱、鼠蚤、蜱或螨等)的叮咬而传播。其主要致病物质是脂多糖和磷脂酶 A。1909 年,美国微生物学家霍华德·泰勒·立克次(Howard Taylor Ricketts)首次发现该菌,因他在研究期间不幸感染而去世,故科学界以他的名字命名这一类微生物。1934 年,我国学者谢少文应用鸡胚首次成功培养出立克次氏体,为人类认识立克次氏体作出了重大贡献。发生立克次氏体感染后,病程前期的急性临床表现相似,主要表现为发热、头痛、肌痛、有或无恶心、呕吐及咳嗽,随着病程进展,临床表现各异。鉴于节肢动物传播媒介的地理分布不同,各种立克次氏体病的流行具有明显的区域性,且疾病表现各不相同,需将立克次氏体病作为一个整体来阐述。

2.4.1 立克次氏体

2.4.1.1 普氏立克次氏体

普氏立克次氏体,由人虱叮咬传播,少见经呼吸道或眼结膜途径感染,主要导致流行性斑疹伤寒或称虱传斑疹伤寒。人虱叮咬患者后,立克次氏体在人虱的肠管上皮细胞繁殖。健康人被受感染的人虱叮咬后,人虱粪便中的立克次氏体从皮肤破损处侵入,在宿主细胞中生长、繁殖,可引起立克次氏体血症。立克次氏体裂解释放的脂多糖等毒性物质,可刺激单核巨噬细胞,使之产生白介素 -1、肿瘤坏死因子 -α 等细胞因子,进而损伤血管内皮细胞,造成血管通透性增加、血浆渗出、有效循环血容量减少,最终引起微循环障碍、中毒性休克甚至 DIC。因此,普氏立克次氏体感染主要导致的病理改变为血管内皮细胞增生、坏死,造成多脏器血管周围组织的广泛性病变。流行性斑疹伤寒的临床表现为急性高热、剧烈头痛、肌痛、皮疹,伴有神经系统、心血管系统或其他脏器损伤,危及人类生命。

2.4.1.2　斑疹伤寒立克次氏体

斑疹伤寒立克次氏体的主要传染源和储存宿主为啮齿类动物,传播媒介为鼠蚤和鼠虱。鼠蚤叮咬人后,将斑疹伤寒立克次氏体传播给人,导致地方性斑疹伤寒或鼠型斑疹伤寒。该病的临床表现类似于流行性斑疹伤寒,但症状更轻,少见中枢神经系统和心肌损伤,死亡病例少见。

2.4.2　东方体

东方体是恙虫病的主要病原体。恙虫病属自然疫源性疾病,主要在啮齿类动物间传播,鼠类感染后虽无症状,但可携带病原体。携带病原体的恙螨幼虫叮咬人后可使人感染东方体。人被叮咬后的临床特征主要为伤口处有焦痂或溃疡、发热、淋巴结肿大及皮疹等。如果没有得到及时治疗,则患者会出现心肌炎、胸膜炎、脑炎和多器官功能衰竭等,甚至会导致死亡。恙虫病主要流行于东南亚、西南太平洋岛屿、日本和我国的东南与西南地区。

2.4.3　无形体

无形体主要指嗜吞噬细胞无形体。嗜吞噬细胞无形体主要寄生在哺乳动物的中性粒细胞中,主要通过硬蜱叮咬传播给人,引起人粒细胞无形体病,也可通过直接接触危重患者或带菌动物的体液导致传播。患者起病急,主要表现为发热伴白细胞、血小板减少和多脏器功能损伤,甚至死亡,重症患者可伴有间质性肺炎、肺水肿、急性呼吸窘迫综合征以及继发其他病原体的感染。

2.4.4　埃里希氏体

埃里希氏体以查菲埃里希氏体为主。查菲埃里希氏体的形态结构类似于嗜吞噬细胞无形体,通过硬蜱叮咬传播给人,主要感染单核细胞和巨噬细胞,引起急性高热、头痛,偶见消化道、呼吸道或骨关节症状。重症患者可出现多脏器功能损害、肺水肿、消化道出血以及继发其他病原体感染。少数患者可因呼吸衰竭、急性肾衰竭等多脏器衰竭及 DIC 而死亡。

2.5　寄生虫相关生物安全死亡

寄生虫对人类的危害包括对人类健康的危害和对社会经济发展的危害。在世界范围内,特别是在热带和亚热带地区,寄生虫所引起的疾病一直是普遍存在的公共卫生问题。传统上认为寄生虫病属于热带病范畴,但事实证明,经济和社会条件对寄生虫病流行的影响远大于气候的影响。由于社会和经济的原因,历史上我国出现过血吸虫病、疟疾等多种传染病流行。近年来,随着我国经济的发展、城市化的深入和人口结构的改变,人群寄生虫感染谱不断发生变化,一些机会致病原虫病、旅游者疾病、宠物和食物引起的人兽共患寄生虫病等时有发生,甚至造成群体感染和局部流行。因此,提高对突发公共卫生事件和原因不明疾病的应急反应和处理能力至关重要。

2.6　有毒动植物相关生物安全死亡

全球每年死于各类中毒的人数超过 50 万,中毒事件带来了人潜在寿命年数的损失以及对家庭和社会的巨大影响。有毒动植物指凡有中毒实例或实验证实通过食入、接触或其他途径进入人体,造成人、动物死亡或机体功能损害的生物。自然界中很多动物、植物含有对人体有毒的成分,可引起人类中毒、死亡。2000—2011 年,我国共有 890 起有毒动植物食物中毒事件,致 19709 人中毒,890 人死亡[16]。频繁发生的有毒动植物中毒已成为我国突出的公共卫生问题之一。

2007 年,我国启动了有毒生物标本库项目(包括有毒动物实物、有毒植物实物及有毒真菌实物标本库),以提高我国的有毒生物中毒控制水平。我国常见的有毒动物有蛇、河豚、斑蝥、蜂、蟾蜍等[17];常见的有毒植物有毒蕈、乌头、雷公藤、钩吻、夹竹桃等[18]。

2.6.1　有毒动物

有毒动物是指动物本身或其代谢产物能够导致人或其他有机体生理机能异常并影响正常生理活动的动物,即指体内含有对人体有毒成分的动物。

有毒动物引起人中毒的原因[17,19-20]具体如下。

(1)意外:最多见,如意外被毒蛇咬伤、被蜂类蜇伤、被海蜇刺伤等。

(2)误食:误食有毒动物或误食含有毒成分的动物食品。

(3)药用过量:有些作为药用的有毒动物,使用不当或过量,可导致中毒死亡。

(4)自杀与他杀:少见,如口服斑蝥虫体自杀、用蛇咬人他杀等。

有毒动物的毒性成分复杂,有些尚不清楚,有些尚无特殊的检测方法,有时需进行动物实验比对中毒症状,并请动物学家进行动物品种识别。

2.6.1.1　毒蛇

世界上蛇类约有 2700 种,其中毒蛇 600 余种。全世界每年有 170 多万人被毒蛇咬伤中毒,4 万多人死亡。我国有蛇类 165 种,其中毒蛇 47 种。对人类危害最大的有 10 种,即眼镜蛇、眼镜王蛇、银环蛇、金环蛇、蝰蛇、蝮蛇、尖吻蝮、竹叶青、烙铁头及海蛇[19]。

毒蛇中毒占有毒动物中毒的首位,多数因意外被毒蛇咬伤。蛇毒含多种生物活性物质,如毒性蛋白质、多肽及多种酶(如磷脂酶 A、抗凝血酶、透明质酸酶、蛋白酶等),毒性蛋白质和多肽是主要的有毒成分。

1. 蛇毒类型

蛇毒包括神经毒素、血液循环毒素、细胞毒素和混合毒素(包含神经毒素、血液循环毒素)。神经毒素主要存在于眼镜蛇、金环蛇、银环蛇及海蛇的毒液中。血液循环毒素主要存在于蝰蛇、尖吻蝮的毒液中。眼镜蛇、眼镜王蛇及蝮蛇毒素为混合毒素。

(1)神经毒素:可选择性阻断神经肌肉间的信号传导,进而引起横纹肌麻痹。此机制尚未完全明了。神经毒素可兴奋肾上腺髓质,使之释放肾上腺素,使血压升高;可抑制胃肠平滑肌,产生肠麻痹;可作用于中枢神经,引起意识障碍及脑神经损害等。

(2)血液循环毒素:具体如下。①凝血毒:如蝰蛇毒、眼镜蛇毒及银环蛇毒能激活凝血因子X,使凝血酶原变成凝血酶。五步蛇、蝮蛇及竹叶青蛇毒可直接使纤维蛋白原变成纤维蛋白,引起血液凝固。②抗凝血毒:蛇毒可溶解纤维蛋白原或抑制纤维蛋白活性,抑制凝血因子V活性,抑制凝血酶形成,导致出血。③出血毒素:蝰蛇毒和蝮蛇毒含有出血毒素,可导致出血。④溶血毒:蝰蛇毒和眼镜蛇毒中的磷脂酶 A2 可使卵磷脂变成溶血卵磷脂,溶解红细胞。⑤心脏毒:眼镜蛇毒可使心搏骤停。

(3)细胞毒素:某些蛇毒素可直接引起细胞溶解、组织坏死,如海蛇毒素主要破坏横纹肌细胞,引起肾衰竭和高钾血症致死[19]。

2. 毒蛇咬伤后的症状与尸体变化

(1)毒蛇咬伤中毒后出现的症状与毒蛇种类及毒液吸收量有关。①局部症状:被含神经毒素毒蛇(如银环蛇)咬伤后,局部症状较轻,仅有微痛、麻木感;被含血液循环毒素毒蛇(如蝰蛇)及含混合毒素毒蛇(如眼镜蛇)咬伤后,局部症状较重,有明显红肿、疼痛、组织坏死、变紫黑色并迅速蔓延。②全身症状:被含神经毒素毒蛇咬伤后,可出现头痛、腹痛、眼睑下垂,视、听、嗅、味觉异常,声音嘶哑,言语不清,舌麻痹,吞咽困难,共济失调或瘫痪,昏迷甚至死亡;被含血液循环毒素毒蛇咬伤后,可出现畏寒、发热、恶心、呕吐、肌肉酸痛、心悸、胸闷、全身多发性出血、尿血、休克等,重者可因心力衰竭、肾衰竭而死亡。混合毒类毒蛇咬伤具有上述双重中毒症状。

(2)毒蛇咬伤致死后的尸体变化因毒蛇种类而异。①尸体检查:咬伤局部皮肤常见毒蛇牙痕。被含血液循环毒素及混合毒素毒蛇咬伤后,局部病变较重,皮肤及皮下组织肿胀、广泛坏死伴出血、水肿,呈紫黑色,严重时无法辨认毒蛇牙痕;被含神经毒素的毒蛇咬伤后,局部病变较轻。内部器官病变无特异性改变,表现为细胞变性、坏死,灶性出血及炎症细胞浸润等。②死亡原因鉴定:意外咬伤致死,注意寻找皮肤毒蛇牙痕,采取毒蛇咬伤部位组织、血液及器官,利用免疫学方法检测蛇毒抗原。在咬人现场、装蛇袋及利用毒蛇作案的工具上,检查是否有蛇衣、蛇鳞或蛇血等[17,19]。

【案例】患者,男,43岁,某日17时被蛇咬伤右脚背,局部疼痛、肿胀。次日,出现全身疼痛、烦躁、呕吐、头昏、视力下降等。第5日10时许加重。检查:神志清楚,四肢湿冷,血压测不出,心律不齐,叹气样呼吸,双肾区叩痛。12时许死亡。解剖见:右脚背有2对细条状小裂创,右脚有瘀斑(图2.13A);神经细胞变性、坏死;肺泡内有透明膜形成;肾近端小管上皮变性、坏死,远端小管内有蛋白管型和色素管型(图2.13B);脑、肺、心淤血、水肿。经当地蛇医辨认咬痕特征,结合中毒症状和病理变化,符合蝮蛇咬伤中毒死亡(黄光照提供)。

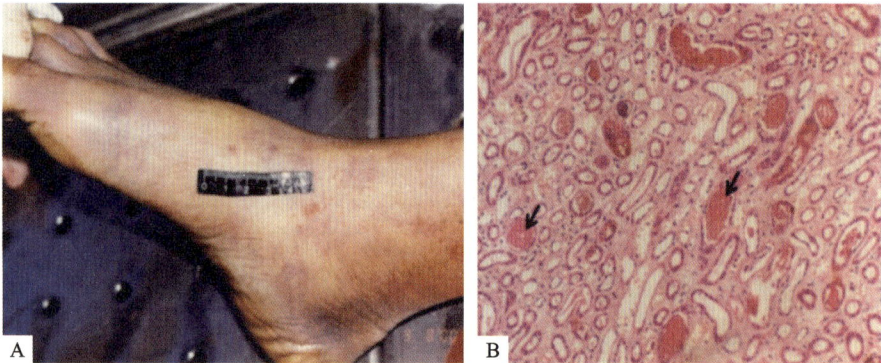

A.右足有蛇咬伤痕,右脚有瘀斑,足背有2对小裂创;B.蛇咬伤后中毒性肾病,肾近端小管上皮变性、坏死,远端小管内有管型形成。

图2.13　1例蝮蛇咬伤中毒而死亡病例

2.6.1.2　河豚

河豚为有毒鱼类,含有TTX、河豚素、河豚酸、河豚肝毒素等。其中的致死性毒素主要为TTX,其结构稳定,日晒、盐腌和烧煮均不能破坏。河豚中毒死亡均由食用处理不当的河豚或不新鲜的河豚鱼肉所致。TTX是一种天然剧毒毒素,具有独特的分子结构和对Na^+通道专一的阻断作用,是毒性最强的非蛋白类神经毒素之一。TTX进入人体后可产生类似箭毒样作用,可进行性麻痹呼吸肌等。TTX可选择性地与神经和肌细胞膜表面Na^+通道上的蛋白质结合,阻断Na^+进入细胞,影响神经肌肉间的信号传导,使肌肉麻痹。TTX还可麻痹中枢神经及末梢神经,先使感觉神经麻痹,如舌尖、口唇发麻,继而使运动神经麻痹,如肢体无力、瘫痪,最后使延髓麻痹,导致死亡。

河豚中毒后轻者多有恶心、呕吐或腹泻、面色苍白、舌尖或口唇麻木、眼睑下垂、四肢麻痹以致步态蹒跚、瘫痪,重者多有体温下降、言语不清、呼吸不规则、心律失常、血压下降、昏迷等,最终会死于呼吸、循环衰竭[17,19]。

(1)尸体检查:无特征性改变。尸体外表呈窒息征象,颜面、口唇发绀。解剖见多器官显著淤血,胃、肠扩张,充满气体。

(2)死亡原因鉴定:河豚中毒较特殊的中毒症状为舌尖、口唇及肢端发麻,肢体无力、瘫痪。尸体解剖见胃肠道扩张明显。可提取中毒者的呕吐物、胃内容物及吃剩的鱼组织,进行毒物检测、定性、定量。可进行动物实验,观察是否存在典型的 TTX 毒性反应。如将检材的提取液注入小白鼠体内,观察小白鼠是否出现口唇发绀、步态蹒跚、共济失调、瘫痪等征象[17]。

【案例】患者,男,3 岁半,吃市售的"河豚鱼干"1 h 后出现呕吐,口唇、舌及四肢发麻,呼吸困难等。予以洗胃;3.5 h 后突然心跳加快、面色及口唇发绀、瞳孔散大、四肢肌张力降低;4.5 h 后死亡。死后 19 h 解剖。尸重 15 kg。口唇、指甲明显发绀(图 2.14A),胃及肠管胀气(图 2.14B),胃黏膜小灶出血,急性肠炎,多器官淤血、水肿。毒物分析测得吃剩的"河豚鱼干"中 TTX 含量为 7.1 μg/g,根据该幼儿体重测得仅需吃 3～5 g 该食物即可致死。小鼠生物实验:将"河豚鱼干"提取液分别给小白鼠灌服及腹腔注射,发现中毒小白鼠均出现呼吸急促、口唇及尾巴发绀、步态蹒跚,直至死亡。

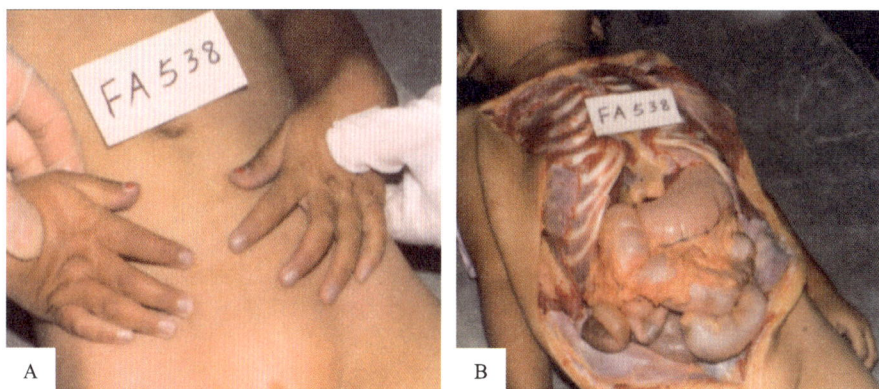

A. 指甲发绀;B. 胃及肠管胀气。

图 2.14　1 例河豚中毒死亡病例

2.6.1.3　蜂

蜂类中毒常见蜜蜂、黄蜂蜇伤,多为不慎触动蜂窝或采集野蜂蜜时操作不当等激惹蜂群所致。此外,亦有注射纯蜂毒杀人的报道。

蜂毒属神经和血液毒素,含有 40 余种成分,包括肽类、酶类和生物胺。肽类主要为溶血毒肽和蜂毒神经肽。蜂毒肽类进入人体后,可引起过敏反应,导致过敏性休克或急性喉头水肿甚至死亡;而酶类(如磷脂酶 A、磷脂酶 B)作用于细胞膜可导致溶血,引起急性肾小管坏死、急性肾衰竭,进而导致死亡[19]。

蜂蜇伤的症状主要为局部剧烈疼痛、红肿、出血及组织坏死。毒素吸收后,可引起发热、畏寒、血压下降、头痛、呼吸困难、昏迷等;溶血者可出现黄疸、血红蛋白尿、少尿等,常因急性肾衰竭而死亡。发生过敏性休克者可出现荨麻疹、口舌麻木、眼睑及喉头水肿、呼吸困难、心率增快,最终会死于休克或呼吸衰竭。

(1)尸体检查:蜂蜇伤者局部充血、肿胀,解剖可见多器官淤血、水肿、出血;有溶血者,可见大量的血红蛋白管型阻塞肾小管腔;过敏性休克死亡者,可见急性喉头水肿,脾、肝、肾等可见嗜酸性粒细胞浸润。

(2)死亡原因鉴定:尸体解剖检查,可在头面、肢体等裸露部位见蜂蜇伤痕及其周围红肿改变。目前尚无特异的检测方法检验进入人体内的蜂毒素[17]。

【案例】患者,男,47岁,被黄蜂蜇伤头枕部,迅速昏迷,半小时后死亡。死后40 h解剖。左枕部小片皮下出血、水肿,咽喉部、声门高度水肿,声门堵塞(图2.15)。双肺淤血、水肿,心肌间质高度淤血,脑水肿。心血免疫球蛋白 E(immunoglobulin E, IgE)值为1384.32 ng/mL(正常值<800 ng/mL)。死亡原因:黄蜂蜇伤致过敏性休克、喉头急性水肿。

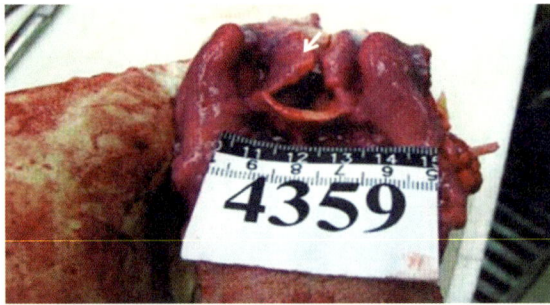

图2.15　蜂蜇伤后喉头及声门高度水肿,声门堵塞

2.6.1.4　斑蝥

斑蝥主要毒性物质为斑蝥素。临床上有用斑蝥及其制剂治疗肝炎、癌症、皮肤病等。滥用、误用或超大剂量食用斑蝥及其制剂可引起中毒、死亡。

斑蝥中毒常见于将斑蝥及其制剂误作偏方治病引起的意外。如误作堕胎药或治疗月经不调、误作偏方预防狂犬病或治疗癌症、口服或在皮肤涂抹含斑蝥或斑蝥素的中成药、用斑蝥壮阳等引起中毒死亡等。此外,亦有用斑蝥自杀或他杀的报道。

斑蝥素对皮肤、胃肠道及膀胱黏膜有较强的刺激作用。在皮肤涂抹斑蝥素可引起局部红斑、水疱、坏死及溃疡;口服斑蝥素可引起急性胃肠炎而腹痛、呕吐,甚至发生休克、死亡。人体吸收斑蝥素后,可引起肝、肾细胞变性、坏死,肝功能损害,中毒性肾病,中毒者常死于急性肝、肾衰竭。

口服斑蝥中毒者常出现剧烈胃肠道症状,呕吐物中有时可见斑蝥残躯碎翅,口腔、咽喉出现水疱及溃疡,吞咽困难,伴有恶心、呕吐、流涎、腹痛、腹泻等,重者可发生心律失常、血压下降,最终会死于循环衰竭。口服斑蝥中毒者泌尿系统症状主要有腰痛、尿频、排尿困难,尿内出现蛋白和红细胞,最终死于急性肾衰竭。斑蝥中毒者可出现生殖器官兴奋,如阴茎勃起、子宫收缩致流产等。

(1)尸体检查:无特征性改变。接触斑蝥的局部皮肤出现红斑、水疱和溃疡。口服斑蝥中毒者表现为胃肠道损害及中毒性肾病;口腔、食管、胃及小肠上段黏膜点状出血、糜烂及溃疡,呈急性卡他性或坏死性胃肠炎,有时胃肠道内见斑蝥残躯碎翼;肾小管上皮细胞变性、坏死,膀胱黏膜点状出血,肝细胞灶性坏死等。

(2)死亡原因鉴定:对斑蝥中毒致死者,注意寻找其衣服口袋及胃肠内容物中的斑蝥残躯碎翼,提取其肝、肾、胃肠内容物,现场呕吐物,吃剩的残渣,利用气相色谱法、高效液相色谱法及气质联用法等检测斑蝥素。

【案例】患者,女,18岁,未婚。因停经怀疑受孕,服斑蝥堕胎,出现腹痛、腹泻、呕吐;次日呕吐剧烈;第3日死亡。尸体解剖见肾近曲小管上皮坏死,胃肠黏膜点状出血,阴道内有少量淡红色液体,子宫腔内有小凝血块,肝细胞轻度脂肪变性伴炎症细胞浸润。在其裤子口袋内发现斑蝥碎片。在其胃内容物中检出斑蝥素。该患者为斑蝥中毒致中毒性肾病而死亡(黄光照提供)。

2.6.1.5　蟾蜍

蟾蜍的蟾酥是一种强心中药,可通过收集蟾蜍耳后腺及皮肤腺中含有蟾蜍毒素的分泌液加工制成。含蟾酥成分的中成药有六神丸、蟾酥丸、金蟾丸等。

蟾蜍分泌液中含有30多种化学成分,如蟾蜍毒素、蟾蜍配质、蟾蜍精、蟾蜍胺、肾上腺素以及去甲肾上腺素等,其中蟾蜍毒素和蟾蜍配质是主要毒性成分。蟾蜍分泌液可兴奋迷走神经,引起心律失常,如心动过缓、室性心动过速及心室颤动等;还可刺激胃肠道、催吐、局部麻醉及导致惊厥;蟾蜍分泌液中的肾上腺素及去甲肾上腺素等可收缩血管、升高血压。

蟾蜍中毒多因误食,此外,亦有内服蟾蜍治病及小儿服六神丸过量导致中毒的报道。蟾蜍中毒的症状包括:恶心、呕吐、腹痛、腹泻;头晕、头痛、口唇及四肢麻木、抽搐、嗜睡、惊厥;胸闷、呼吸困难、口唇发绀;心悸、心律不齐、心房或心室纤颤、血压下降等。心电图示 ST 段下垂、T 波低平或倒置,与洋地黄中毒相似。

(1)尸体检查:无特征性改变。尸体解剖可见内脏器官淤血、水肿或点状出血。

(2)死亡原因鉴定:有误食蟾蜍或服用过量蟾酥中成药史。死前有洋地黄中毒样症状及心电图改变。通过提取死者呕吐物、胃内容物及吃剩药渣或药丸进行毒物化验,可检出蟾蜍毒素。通过动物实验可观察其对心脏的洋地黄样作用[17]。

【案例】4名儿童(7岁男、7岁女、9岁女、11岁女)喝了蟾蜍汤后半小时内,出现呕吐、舌麻、腹胀、腹痛、腹泻等症状,经抢救无效于4 h内先后死亡。死后5 h进行尸体检验。4名儿童尸体解剖所见基本相同:鼻腔内有血性液体,口唇、甲床发绀。肺浆膜下、心浆膜下有散在的点/片状出血,气管内有血性泡沫液体;胃黏膜有点/片状出血,肠管胀气;心肌、肝及肾小管上皮细胞变性。毒物分析:在4名儿童食剩的食物残渣中检出蟾蜍毒素(黄光照提供)。

2.6.2 有毒植物

有毒植物是指植物的根、茎、叶中含有对人体有毒成分的植物。世界上有毒植物约有2900种,随着自然资源的开发,人类发现有毒植物的种类会越来越多。

我国习惯使用有毒植物防治疾病。具有药用价值的有毒植物400余种。据我国医学文献记载,约有150种有毒植物和蘑菇可导致中毒[18]。

有毒植物和蘑菇中毒多数属于意外中毒,常见原因有以下几种。

(1)医源性、使用偏方治病或非法行医:如用药剂量过大或不规范;用夹竹桃叶煮水喝,以治疗精神病;用栝楼等塞入阴道,以进行堕胎等。

(2)误食:与食用植物外形相似的有毒植物,如误食毒蕈。

(3)食物污染和加工处理不当:如食用含雷公藤、钩吻、博落回的花粉酿造的蜂蜜;进食未煮熟的含秋水仙碱的鲜黄花菜以及饮用生豆奶等。

(4)自杀、他杀:自杀多见于自己食用乌头、雷公藤、钩吻、夹竹桃等;他杀是将乌头、雷公藤、钩吻、曼陀罗等混入食物给他人食用以致命等。

有毒植物和蘑菇种类繁多且毒性成分复杂,很多有毒成分尚不清楚,有些尚无特殊的分析方法以确定是何种有毒植物或蘑菇中毒。某些有毒植物由于名称相同而容易混淆,如在我国不同地区有16种被称断肠草的草药。因此,需进行尸体解剖检查,通过观察死者中毒器官的改变有助于提示系何种植物或蘑菇中毒,也有助于区别中毒症状及由疾病引起的类似症状[18]。必要时,可进行动物实验,以比对中毒症状及器官变化,并会同当地的草药医生或相关植物学家进行植物的品种识别。

2.6.2.1 毒蕈

毒蕈又称毒蘑菇。我国毒蕈类有80多种,其中10种最毒的毒蘑菇有毒伞、白毒伞、鳞柄白毒伞、褐鳞小伞、残托斑毒伞、肉褐鳞小伞、毒粉褶菌、秋生盔孢伞、包脚黑褶伞及鹿花菌。这些品种与欧洲和美洲的品种外观不同[18]。

毒蕈与食用蕈形态相似,易因误食毒蕈而中毒、死亡。

毒蕈内所含的有毒成分较为复杂,常常一种毒蕈中含有几种毒素,一种毒素也可存在于数种毒蕈中。毒蕈中所含毒素的种类及含量可因毒蕈的生长时间、发育阶段、生长地区等的不同而有差异。毒蕈对人的毒性大小根据食用毒蕈的量、烹调方法及个体情况的差异而不同。

1.毒蕈的主要毒性成分

毒蕈中的毒素尚未完全清楚,其主要毒性成分有以下几类。

（1）毒肽类：主要作用于肝细胞内质网。

（2）毒伞肽类：毒性强于毒肽，主要作用于肝细胞核。毒肽类和毒伞肽类这两类毒素属极毒且毒性稳定，一般烹调加工不能破坏。

（3）毒蕈碱：兴奋副交感神经系统引起心率减慢、血管扩张、胃肠蠕动增强、瞳孔缩小、各种腺体分泌增多等。一般烹调对该生物碱毒性无影响。

（4）异噁唑类衍生物：如毒蝇母、蜡子树酸、麦萨松和白蘑酸等，主要作用于中枢神经系统，引起幻觉、色觉和位置觉错乱等。

（5）色胺类化合物：如光盖伞素、蟾蜍素等，可引起幻觉、听觉和味觉改变等。

（6）鹿花菌素：有溶血作用，可溶于热水，弃去汤汁后可去除大部分毒素。

（7）幻觉原：具有致幻觉作用，可导致视物不清、视物变形等。

（8）落叶松蕈酸和胍啶：可引起胃肠炎症状。

2. 毒蕈主要的毒物类型

毒蕈主要的毒物类型有原浆毒素、肝毒素、胃肠毒素、神经毒素、溶血毒素。毒蕈中毒在临床上可分为四型，即肝肾损害型、胃肠炎型、神经精神型、溶血型。

（1）肝肾损害型：最常见，占毒蕈中毒致死的95%以上。误食毒伞、白毒伞、鳞柄白毒伞、褐鳞小伞、肉褐鳞小伞、秋生盔孢伞及包脚黑褶伞等毒蕈后，其中所含的毒肽类和毒伞肽类物质可导致人体中毒、死亡。食用毒蕈后，主要表现为恶心、呕吐、腹痛、腹泻，部分患者可因脑损害而出现烦躁、惊厥、昏迷、中毒性脑病；2~3 d后，有些患者可出现肝、肾、心等器官损害，如黄疸、肝坏死或肝昏迷、全身出血，少尿、无尿或血尿及尿毒症，部分患者可伴发中毒性心肌炎。

（2）胃肠炎型：误食毒粉褶菌等毒蕈，其中的类树脂物质、落叶蕈酸和胍啶可刺激胃肠道，导致呕吐、腹泻、腹痛，重者可出现消化道出血、休克等。

（3）神经精神型：误食毒蝇伞、豹斑毒伞和残托斑毒伞等毒蕈后，其中的毒蕈碱、异噁唑类衍生物、色胺类化合物及幻觉原等可作用于中枢神经系统，引起谵妄、动作不稳，甚至杀人或自杀；部分患者有迫害妄想、幻觉、幻视、幻听、精神错乱等类似精神分裂症表现，严重者可出现惊厥、昏迷甚至死亡。

（4）溶血型：误食鹿花菌后，其内所含的鹿花菌素可导致溶血，患者先有胃肠道症状，后可出现溶血性黄疸、肝大、血红蛋白尿等，重者可死于休克、急性肾衰竭[19]。

3. 尸体检查和死亡原因鉴定

（1）尸体检查：毒蕈中毒死亡者的尸检结果中较为特征性的改变为肝、肾损害明显，呈典型的中毒性肝坏死样表现，肝体积缩小。显微镜下见肝细胞变性、坏死，肝小叶周边有残存的肝细胞脂肪变性，汇管区有中性粒细胞浸润，亦可见中毒性肾病、心肌细胞变性或坏死、急性胃肠炎等改变。

（2）死亡原因鉴定：死者有明确的毒蕈进食史。可提取吃剩下或未吃的毒蕈与野外同种毒蕈进行比对，必要时可请植物学家共同鉴定。目前尚不能对毒蕈的各种毒素进行准确的毒物分析检测，多为排除性诊断。可进行动物毒性实验，以观察中毒症状是否与毒蕈中毒者一致。应注意与暴发性重症病毒性肝炎相鉴别。

【案例】患者，女，57岁，某日18:00时许与7人食用自采野生鲜蕈，食后8 h中毒，5人死亡。该患者食后12 h发生呕吐、腹痛及腹泻，后发热、黄疸、昏迷、抽搐，于食后第7日死亡。尸体解剖：中毒性肝病，肝细胞广泛性脂肪变性及坏死伴出血；中毒性肾病；心肌变性；胃肠充血及出血；脑与肺淤血、水肿。其女21岁，食后15 h发病，于食后第10日死亡。解剖可见类似病变。当地医生采集所食鲜蕈并对照相关资料，辨认为白毒伞（李朝辉提供）。

2.6.2.2　乌头

我国乌头属植物有167种，其中约有40种可作为药用。乌头属植物全株有毒。乌头含有剧毒的双酯类生物碱，包括乌头碱、中乌头碱、次乌头碱、新乌头碱及乙酰乌头碱等，其中以乌头碱毒性最大、含量最高。

乌头意外中毒致死主要由于用药过量、不规范或滥用。乌头碱在消化道及皮肤破损处易于吸收，主要作用于神经系统和心脏。乌头碱可使中枢及周围神经先兴奋、后抑制，阻断神经肌肉接头信号传导；可通过麻痹延髓而致死。乌头碱对心脏有直接毒性，可使心肌细胞膜上的 Na^+ 通道开放，加速 Na^+ 内流，促进细胞膜去极化，导致室性心动过速及心室纤颤。

口服乌头属植物后，乌头碱被快速吸收，患者常出现：口唇、舌及咽喉部麻木，胃烧灼感，干渴，有流涎、呕吐、腹痛、腹泻等；全身皮肤发麻，手足刺痛，面部和四肢痛性痉挛，言语困难；气促、呼吸困难、心慌、心律不齐、血压下降、抽搐、昏迷、死亡。心电图显示频发多源性期前收缩、室性心动过速和房室传导阻滞等[19]。

（1）尸体检查：无特征性改变。尸体外表窒息征象明显，口唇和指甲发绀，胃及十二指肠壁充血、水肿，黏膜皱襞内有时可发现乌头块根碎屑。

（2）死亡原因鉴定：乌头碱容易被破坏，在体内代谢迅速并可较快地由肾脏排泄。可提取涎液、尿液、呕吐物、胃内容物、肝、肾等检材，冷藏或加入酒精保存，尽快采用高效液相色谱检测乌头碱。检测结果阴性不能完全排除乌头属中毒。

2.6.2.3　雷公藤

雷公藤全株有毒，所含成分复杂，主要为二萜类、三萜类、倍半萜类、生物碱类及苷类等，其中生物碱类、二萜类及苷类是主要的毒性成分。雷公藤有抗炎、抗肿瘤、进行免疫调节及抗生育等作用，可治疗多种自身免疫性疾病。研究发现，雷公藤醋酸乙酯提取物对大鼠下丘脑-垂体-肾上腺轴有刺激作用，是临床治疗自身免疫性疾病的基础。一次使用大剂量的雷公藤后可发生急性中毒,或小剂量长期使用可发生蓄积性、亚急性和慢性中毒。

雷公藤可刺激胃肠道,引起胃部烧灼感、呕吐、腹泻伴腹痛,可损害心、肝、肾等多种实质器官,引起心慌、气短、心率增快、血压下降、心节律不齐等,早期死亡者多与心肌受损有关;病程迁延者多出现水肿、少尿、蛋白尿、管型尿等,多死于急性肾衰竭,或出现肝、生殖系统或免疫系统损害而死亡[19]。

(1)尸体检查:无特征性改变。尸体有心、肝、肾等实质细胞损害表现,可见心肌细胞水变性,肾小管上皮变性、坏死,肝细胞变性、坏死,脾淋巴小结萎缩、淋巴细胞数目减少。

(2)死亡原因鉴定:可提取呕吐物、胃肠及其内容物、肝和未吃完的药物等检材,通过毒物分析检测雷公藤生物碱类。

【案例】患者,男,52 岁,某日 23:00 时许,他人以解酒为名,将雷公藤干根约 50 g 煎煮成浓缩液让其服下,约 20 min 后其出现呕吐、腹泻等,经抢救无效,于 4 d 后死亡。尸体解剖:心、肺、脑淤血,肝细胞脂肪变性,脾小结淋巴细胞轻度坏死,肾近曲小管上皮细胞变性。胃及胃内容物、肝组织的提取液经薄层层析法均检出雷公藤成分。对犯罪嫌疑人从山区现场指认的植物标本进行鉴定后确认为雷公藤(万波提供)。

2.6.2.4　钩吻

钩吻具有祛风、攻毒、消肿、止痛等功效,临床用于治疗湿疹、跌打损伤、风湿痹痛等。钩吻全株有剧毒,根毒性最大,内含钩吻碱,其中主要成分为钩吻碱子,但钩吻碱寅毒性最强。钩吻碱为极强的神经毒,可抑制延脑中枢,引起呼吸麻痹死亡;亦可抑制脑及脊髓运动中枢,并作用于迷走神经或直接刺激心肌,引起心律失常。钩吻碱有类似箭毒、烟碱、士的宁及抗胆碱药样作用。

钩吻中毒者,主要表现包括:消化道症状,如口咽及腹部灼痛、恶心、呕吐、腹泻、吞咽困难;神经系统症状,如眩晕、言语不清、烦躁、眼睑下垂、四肢麻木、共济失调、肌肉震颤抽搐、角弓反张、昏迷;眼部症状,如瞳孔散大、复视等;循环、呼吸系统症状,如心慌、心率不稳、呼吸困难等[19]。

(1)尸体检查:无特征性改变。尸体口唇、甲床发绀,瞳孔散大,胃黏膜充血、出血,肺淤血、水肿及漏出性出血,肝、肾、脑等淤血。

(2)死亡原因鉴定:钩吻碱在尸体内较稳定,可提取胃肠内容物、呕吐物、喝剩的药液、药渣、未煎的药草、肝、血等检材,通过毒物分析进行检测。

2.6.2.5　夹竹桃

夹竹桃全株有毒。民间偏方有服用较大量夹竹桃,以治疗精神病或堕胎的情况。患者可因服用过量而引起中毒、死亡。夹竹桃所含的毒性成分为强心苷类,易被胃、肠吸收,中毒反应出现较快。强心苷可选择性抑制心肌细胞膜上的 $Na^+ - K^+ - ATP$ 酶,导致该酶活性下降,引起细胞内 Ca^{2+} 超载及细胞内缺 K^+,导致各种心律失常(如心动过速、心室纤颤)、心脏停搏、血压下降、昏迷甚至死亡。心电图示房室传导阻滞、室性心动过速、心室颤动及 T 波倒置等,与洋地黄中毒相似。强心苷可刺激胃肠道,引起恶心、呕吐、腹痛、腹泻;可刺激子宫平滑肌,使之收缩,引起孕妇流产等[19]。

(1)尸体检查:无特征性改变。若中毒迁延,则可见中毒性心肌炎改变。

(2)死亡原因鉴定:可提取胃内容物、呕吐物、心、血液、未服完的药汁等,通过毒物分析检测强心苷。可抽取死者心血与现场采集未煮的夹竹桃叶,分别做离体蛙心实验,可见两者均呈洋地黄样作用。

【案例】患者,男,31 岁,患精神病 10 余年,游医将约 170 片新鲜夹竹桃叶切碎后水煎给其口服,不久其出现恶心、呕吐、头晕、胸闷等,30 h 后死亡。尸检见心外膜点状出血、左心室内膜下广泛条纹状出血、胃黏膜广泛出血、多器官淤血(李朝辉提供)。

2.7　自然源性生物安全相关死亡案例剖析

2.7.1　结核病

2.7.1.1　案例

1. 案情

患者,女,41 岁。死亡前 1 个月出现咳嗽症状,死亡前 3 d 出现发热症状,死亡当天出现胸闷、气促、呕吐症状,就医后发现呼吸急促,双肺呼吸音粗,双肺闻及大量湿啰音。初步诊断考虑为肺部感染。入院后突发心跳、呼吸骤停,经抢救无效死亡。

2. 尸体检验

双肺表面呈灰白色,与胸壁无粘连。左肺重 700 g,右肺重 800 g,双肺切片见数个干酪样坏死灶(图 2.16)。支气管及肺门淋巴结无肿大。肺动脉及分支未见血栓栓塞。

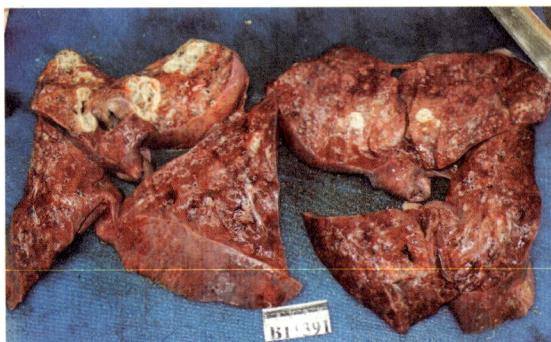

图 2.16 双肺切面见干酪样坏死灶

3. 组织学检验

　　肺实质内见大量干酪样坏死灶(图2.17),部分肺泡腔内见朗汉斯巨细胞(图2.18)。大部分肺泡腔内充满中性粒细胞(图2.19)或见纤维素渗出(图2.20),部分肺泡腔内壁见透明膜形成(图2.21)。支气管黏膜脱落,部分支气管管腔内见干酪样坏死物。

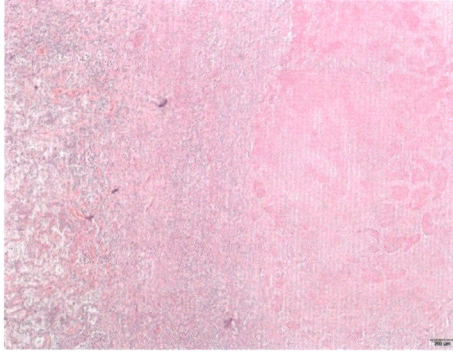

图 2.17　肺实质内见干酪样坏死灶(HE 染色,40×)

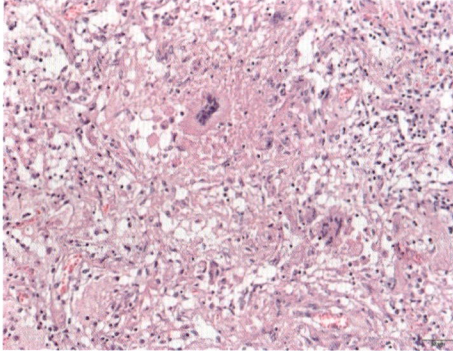

图 2.18　部分肺泡腔内可见郎汉斯巨细胞(HE 染色,200×)

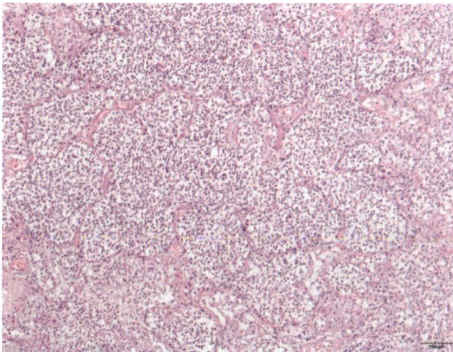

图 2.19　肺泡腔内充满中性粒细胞(HE 染色,100×)

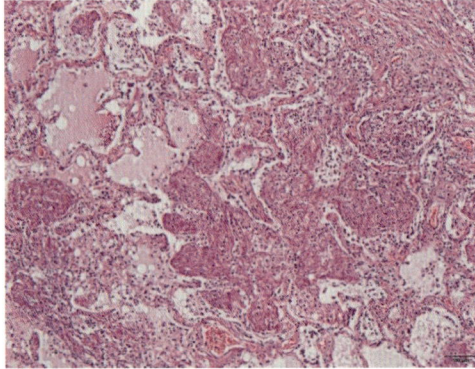

图 2.20　部分肺泡腔内见纤维素渗出(HE 染色,100×)

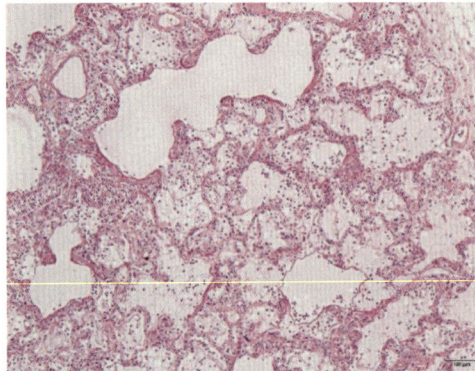

图 2.21　肺泡腔内壁见透明膜形成(HE 染色,100×)

4. 鉴定意见

死者符合因浸润型肺结核病并重症肺炎致急性呼吸功能障碍而死亡的病理学特征。

2.7.1.2　死亡机制

结核病患者在伴有基础疾病的情况下,治疗难度大,病程迁延,死亡率升高。基础病变包括慢性支气管炎、肺气肿、肺癌、糖尿病、矽肺、肝病(含乙肝标志物阳性)、脑血管意外、冠心病、高血压、肺心病、肺部霉菌感染、原发性支气管扩张、肾病及网状内皮系统疾病(如类风湿等)。

结核病患者合并细菌、霉菌感染,感染是常见结核病死亡的主要诱因,冬春季节气候多变,老年患者免疫力下降,容易感染。在霉菌感染病例中,以白色念珠菌为主。病程中均有大量使用广谱抗生素的记录,而出现霉菌感染后,患者的病情往往急转直下,可在短期内死亡。

死亡原因:结核病的死亡机制主要有窒息、消化道出血、感染性休克等。

2.7.1.3　法医学鉴定要点

（1）详细了解死者生前病史，确定有无结核病病史及临床诊疗经过。

（2）通过尸体解剖及组织学观察确定结核的病理改变及其对机体的影响程度。

（3）排除损伤、窒息等因素，并与其他相关疾病进行鉴别诊断。

（4）结合死者的年龄、基础病变、临床诊疗等情况对死亡原因做出综合判断。

2.7.2　伤寒

2.7.2.1　案例

1. 案情

患者，女，1 岁，死亡前 2 d 因呕吐、腹泻在当地医院以胃肠炎就诊，输液治疗后病情无好转，次日转诊至上级医院进行治疗，入院查体体温 39.7 ℃，脉搏 91 次/分，呼吸 62 次/分，血压 99/55 mmHg，血氧饱和度 82%，昏迷，对疼痛刺激无反应，格拉斯哥昏迷量表评分 4 分（1 + 2 + 1），反应差，重度脱水。入院后给予补液、扩容、改善循环、抗感染、丙种球蛋白中和病毒等抢救措施，次日经抢救无效死亡。

2. 尸体检验

甲床轻度发绀。肝脏重 320 g，被膜完整，质地中等，表、切面未见结节。脾重 30 g，包膜完整无皱缩，实质无液化。大、小肠内见淡褐色水样内容物，黏膜水肿、皱襞消失，表面有弥漫性散在点状出血；小肠内壁可见散在多个肿大的淋巴结，呈梭形、暗红色、局部见溃疡形成，溃疡表面见少量黄白色脓点（图 2.22）。近回盲部处空肠肿大的淋巴结融合成片状，大小为 4.5 cm × 2.5 cm。肠系膜淋巴结肿大，最大为 2.0 cm × 1.0 cm × 1.0 cm。

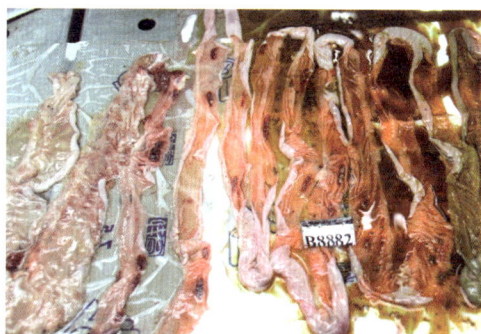

图 2.22　肠内壁有散在点状出血，淋巴结呈梭形肿大、暗红色、见溃疡形成

3. 组织学检验

大、小肠黏膜上皮大部分脱落，黏膜层有散在小灶性出血（图 2.23）。黏膜层和黏膜下层见较多巨噬细胞呈团块状浸润，部分巨噬细胞内可见吞噬小体，形成伤寒小结（图

2.24、图2.25)。黏膜下淋巴结明显增生、局部融合成片状,淋巴结内亦可见巨噬细胞呈团块状浸润(图2.26)。肠系膜淋巴结见淋巴组织增生,间质血管淤血;淋巴结内可见巨噬细胞呈团块状浸润。

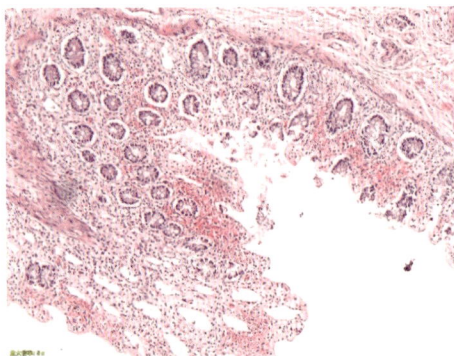

图 2.23　小肠黏膜层小灶性出血(HE 染色,100×)

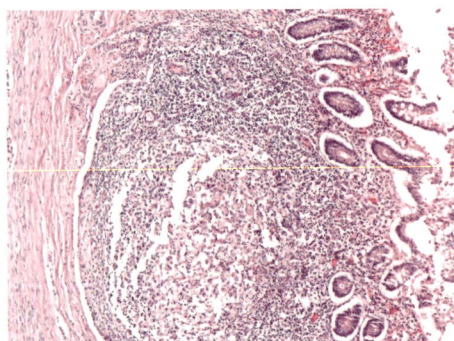

图 2.24　肠黏膜层见巨噬细胞团块状浸润(HE 染色,100×)

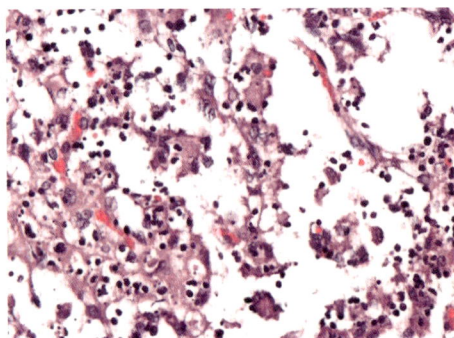

图 2.25　小肠黏膜下巨噬细胞呈团块状浸润,部分
巨噬细胞内可见吞噬小体(HE 染色,400×)

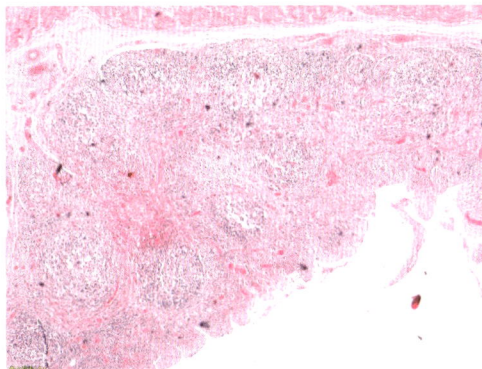

图 2.26 小肠黏膜下淋巴结增生、融合成片（HE 染色,40×）

4.鉴定意见

死者符合因患伤寒并发腹泻脱水及感染性休克致呼吸、循环功能障碍而死亡的病理学特征。

2.7.2.2 死亡机制

老年人、婴幼儿、营养不良者、明显贫血者预后差,如伴有严重肠出血、肠穿孔、心肌炎、严重毒血症,则病死率较高。

(1)暴发型肠伤寒起病急,毒血症状严重,有畏寒、高热、腹痛、腹泻、中毒性脑病、心肌炎、肝炎、肠麻痹、休克等表现。常有显著皮疹,也可并发 DIC。

(2)老年伤寒患者体温多不高,症状多不典型,虚弱现象明显;易并发支气管肺炎与心功能不全,常有持续的肠功能紊乱和记忆力减退,病程迁延,恢复不易,病死率较高。

(3)若伤寒患者伴有肠出血、肠穿孔、中毒性心肌炎、中毒性肝炎和溶血性尿毒综合征等严重的并发症,则病死率较高。

2.7.2.3 法医学鉴定要点

(1)查明伤寒病史,明确既往临床表现及其各项实验室检查结果。

(2)尸检时,检验到伤寒的特征性病理学改变及其相应并发症。

(3)排除损伤、窒息、中毒及其他疾病致死。

2.7.3 病毒性肝炎

2.7.3.1 案例

1.案情

患者,男,38 岁,死亡前 20 余天无明显诱因出现上腹部闷痛、腹胀,于当地就诊后无明显好转。死亡前 15 d 发现皮肤、巩膜黄染,并进行性加重,死亡前 10 d 以"肝衰竭"收入上级医院进行治疗,死亡前 7 d 出现意识障碍,表现为浅昏迷,后经抢救无效死亡。

2.尸体检验

全身皮肤黄染,巩膜黄染。全脑重1500 g,双侧大脑半球对称,脑回增宽,脑沟变浅,小脑扁桃体未见明显压迹。大、小脑及脑干切面未见明显出血。脑室未见扩张、积液。基底动脉未见异常。腹腔内有淡黄色半透明液体300 mL,大网膜未见粘连、移位,各脏器位置正常。肝脏重1000 g,体积缩小,变形可扭曲,被膜完整,质地软,表、切面见弥漫性2~3 mm 大小的小结节(图2.27、图2.28)。胆囊内充满胆汁,胆道外观无异常。胃内有黄褐色水样液体280 mL,黏膜无出血,浆膜面光滑。大、小肠及阑尾管壁无穿孔。

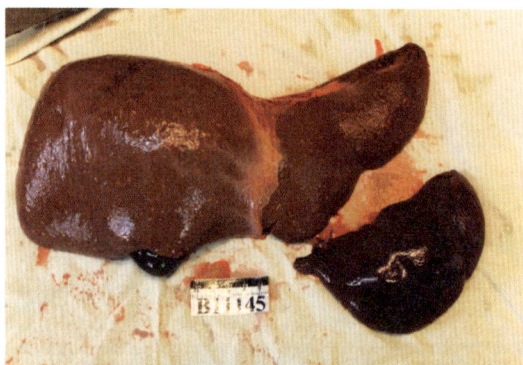

图2.27　肝脏体积缩小,变形可扭曲,表面见弥漫性小结节

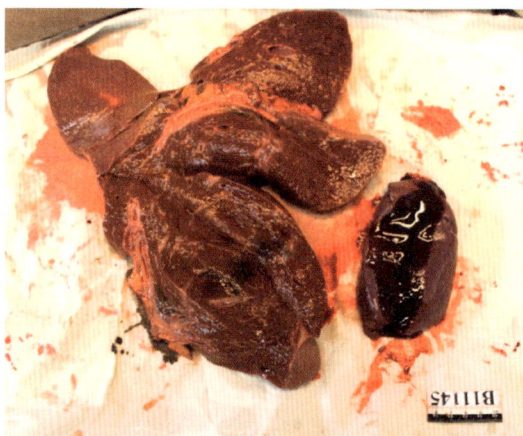

图2.28　肝脏切面见弥漫性小结节

3.组织学检验

肝索解离,肝细胞弥漫性变性、坏死(图2.29),伴较多淋巴细胞浸润(图2.30);汇管区胆管增生,胆汁淤积;肝血窦扩张、出血。

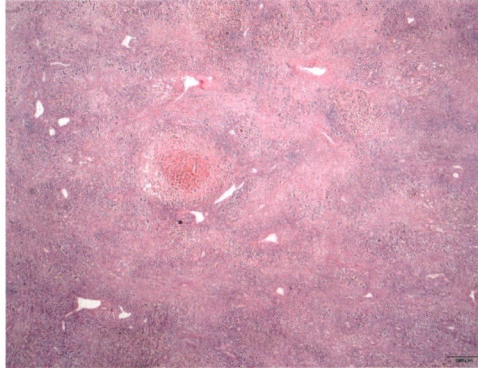

图 2.29 肝索解离,肝细胞弥漫性变性、坏死（HE 染色,20×）

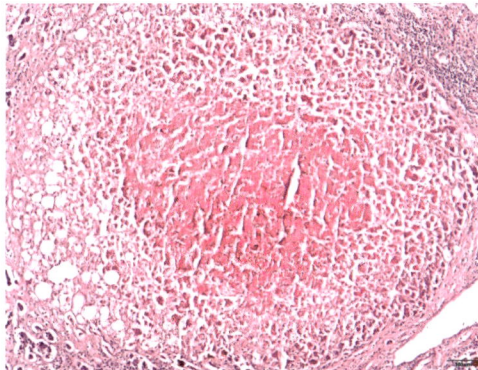

图 2.30 肝细胞弥漫性变性、坏死,伴较多淋巴细胞浸润(HE 染色,100×)

4. 鉴定意见

死者符合因急性重型肝炎导致多器官功能障碍而死亡的病理学特征。

2.7.3.2 死亡机制

病毒性肝炎病情危重,可表现为急性、亚急性和慢性重型肝炎。重型病毒性肝炎病情重、复杂多变、并发症多、死亡率高,特别是急性重型病毒性肝炎死亡率可高达 70% 以上。重型病毒性肝炎患者死亡的直接原因是肝衰竭后,机体出现的一系列并发症,主要并发症有肝性脑病、肝昏迷、上消化道出血、肝肾综合征、合并感染、多器官功能衰竭等,因此死亡病例中最常见的直接死亡病因为脑水肿、脑疝致呼吸衰竭,其次为出血倾向。有些患者在肝衰竭前已因并发症死亡。

2.7.3.3 法医学鉴定要点

(1)了解是否有肝炎病史、既往临床表现及其各项实验室检查结果。

(2)尸检时,检验到肝脏大小、重量、质地变化以及外形的改变,是否存在脑疝、胃肠道出血等并发症。病理学检查要看到相应的肝炎病理变化。

（3）排除损伤、中毒及其他疾病致死。

2.7.4 狂犬病

2.7.4.1 案例

1. 案情

患者,男,21岁,平时喜与猫、狗等动物玩耍,5年前有被猫抓伤史,死亡前2 d开始出现发热、寒战、乏力、干呕不适,至卫生院门诊就诊治疗。死亡前半天开始出现气促、怕风、怕水、怕光、流涎、惧怕喝水,当地卫生院考虑可能为狂犬病,并将患者转至上级医院。入院查体:体温38.5 ℃,精神紧张,四肢间有抽搐,怕光、怕风、怕水,全身冒汗,全身蜷缩在一角落,吐词欠清,双侧瞳孔等大、等圆,直径约3.00 mm,对光反射灵敏,用电筒照眼有躲开动作,头面部、四肢见散在抓痕、伤疤。入院检查过程中,出现昏迷不醒,心跳、呼吸停止,双侧瞳孔散大、固定,对光反射消失,颈动脉及股动脉未触及搏动,经抢救无效死亡。

2. 尸体检验

甲床重度发绀。全脑重1500 g,双侧大脑半球对称,脑回轻度增宽,脑沟稍变浅,小脑扁桃体未见明显压迹。大、小脑及脑干切面未见出血。脑室无扩张、积液。基底动脉未见畸形或明显粥样硬化。脑垂体未见异常。

3. 组织学检验

大、小脑及脑干病理改变基本一致,脑膜及脑内间质血管扩张、充血。脑组织较疏松,神经细胞及血管周隙增宽,神经细胞尼氏体消失,胶质细胞未见明显增生,脑实质未见出血、坏死及炎症细胞浸润。小脑浦肯野细胞的细胞质内偶见病毒包涵体形成(图2.31)。

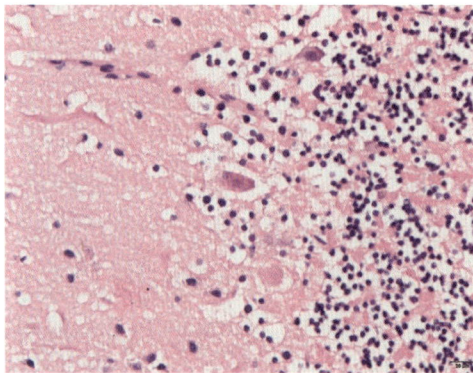

图2.31　小脑浦肯野细胞的细胞质内偶见病毒包涵体形成(HE染色,400×)

4. 鉴定意见

死者符合因狂犬病致急性中枢性呼吸、循环衰竭而死亡的病理学特征。

2.7.4.2　死亡机制

病毒在入侵部位的肌肉和结缔组织细胞中增殖,经神经肌肉接头侵入周围神经,以细胞间传递的方式传入神经末梢,上行至中枢神经系统,侵入神经细胞内大量增殖并引起细胞功能紊乱和退行性病变,然后又沿传出神经扩散到唾液腺及其他组织。患者发病后,可出现颅内压增高、呼吸功能紊乱、尿崩症、自主神经功能紊乱,引起高血压、低血压、心律失常(如室上性心动过速、心动过缓甚至停搏)或体温过低、肌肉痉挛等表现,最终因呼吸及循环衰竭而死亡。

2.7.4.3　法医学鉴定要点

(1)了解死者生前是否有病犬或病猫接触史或咬伤史。

(2)发病过程中有无典型的狂犬病的临床表现。

(3)尸检时,检验到相应的动物所致损伤以及中枢神经系统急性弥漫性脑脊髓膜炎的病理改变。

(4)排除其他损伤、中毒及中枢神经系统疾病。

2.7.5　疟疾

2.7.5.1　案例

1. 案情

患者,男,53 岁,被发现在家中死亡,死亡前 14 d 与家人失去联系。死者死亡前 8 个月至死亡前 2 个月间曾在塞拉利昂工作,期间感染疟疾并在当地医院进行治疗,医院所开具的药物有注射类青蒿素、青蒿素哌喹片(口服),回国后一直在服用青蒿素哌喹片。

2. 尸体检验

尸体高度腐败,脑组织腐败、自溶。心脏重 200 g,外观未见明显异常。肝脏重 850 g,被膜完整,质地软,表、切面未见结节。脾脏重 60 g,包膜皱缩,实质液化。双肾重量均为 80 g,肾包膜光滑、易剥离,双肾切面皮、髓质分界尚清,小动脉管壁无增厚,肾盂、肾盏未见异常。双侧肾上腺未见异常。胃空虚,黏膜无出血,浆膜面光滑。大、小肠及阑尾管壁无穿孔,小肠和大肠及直肠腔内空虚,部分肠段出血。

3. 组织学检验

脑组织自溶,未见出血。心肌自溶,结构不清。间质未见明显炎症细胞浸润。肝小叶结构不清,组织自溶。脾小梁结构尚存。组织自溶。肾小球结构不清,肾小管自溶,未见明显管型。间质未见明显炎症细胞浸润,血管扩张。黏膜层结构尚清,细胞自溶,黏膜下血管扩张、部分肠段出血,肌层及浆膜层组织自溶。颈髓实质自溶,未见明显异常。个别硬膜下血管内见有疟原虫感染的红细胞黏附在血管壁上。肠组织及肝脏 Giemsa 染色发现部分肠黏膜下血管内可见散在的被染成深紫红色的类疟原虫寄生的红细胞碎片,肝血窦内见被染成深蓝色的类疟原虫寄生的红细胞碎片(图2.32)。

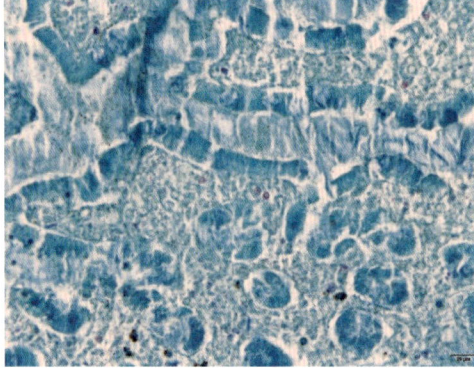

图2.32　肝血窦内见被染成深蓝色的类疟原虫寄生的红细胞碎片(Giemsa染色,400×)

4.鉴定意见

死者符合疟疾死亡的病理学特征。

2.7.5.2　死亡机制

1.凶险型疟疾

在疟疾发作中,凶险型疟疾病情危重,预后差。凶险型疟疾主要见于恶性疟。其他3种疟疾极少见到凶险型。

(1)脑型多见于无免疫力又未及时治疗者。起病急剧,高热、剧烈头痛、呕吐,继而烦躁、抽搐、昏迷。大多数患者有脑膜刺激征和阳性病理反射。部分患者可因严重脑水肿、呼吸衰竭而死亡。

(2)超高热型以起病较急、体温迅速上升至41 ℃以上并持续不退为特点。皮肤绯红与干燥、呼吸急促、谵妄、抽搐、昏迷。患者可在数小时内死亡。

(3)厥冷型患者软弱无力,皮肤湿冷、苍白或轻度发绀,可有阵发性上腹剧痛,常伴有顽固性呕吐或水样便,很快虚脱以至昏迷,多因循环衰竭而死亡。

(4)胃肠型患者除高热、寒战外,还有明显的腹痛、腹泻、呕吐和里急后重感,类似于急性胃肠炎、痢疾或急腹症,可因休克或肾衰竭死亡。

2.婴幼儿疟疾

起病较缓慢,热型不规则,症状不典型,可有嗜睡、厌食、烦躁、惊厥等症状,极易发展为凶险型疟疾,特别是对断奶婴儿,症状更为严重,死亡率较高。

3.伴有严重并发症

(1)黑水热或黑尿热:有的疟疾患者突发寒战、高热,继以全身酸痛、腰痛、头痛、呕吐,尿呈茶色至黑色,皮肤灼热而干燥,肝、脾大伴有压痛,贫血,病情发展迅速,数小时内出现溶血性黄疸,尿量少,重者可在几天内死亡,这被称为黑水热或黑尿热。黑水热或黑尿热多见于恶性疟疾,偶见于间日疟和三日疟。

（2）疟性肾病:多见于严重恶性疟疾及长期未愈的三日疟患儿。患儿可出现全身性水肿、腹水、蛋白尿和高血压。此致病机制属于 I 型超敏反应,病变红细胞的淤积和肾组织缺氧可导致肾小管硬化,最后出现肾衰竭。

2.7.5.3　法医学鉴定要点

（1）了解死者生前是否曾到疟疾疫区工作或旅行,是否存在疟疾病史,是否有疟疾相关临床表现。

（2）病原学检查及显微镜下红细胞内检查到疟原虫。

（3）尸检时,检验到相应的疟疾导致的病理改变,如肝、脾大,脑组织充血、水肿,毛细血管内见疟原虫及疟色素等。

（4）排除其他中毒及其他各系统疾病。

（陈　龙　李立亮　赵乾皓）

参考文献

［1］李凡,徐志凯.医学微生物学［M］.北京:人民卫生出版社,2018.

［2］李明远,徐志凯.医学微生物学［M］.北京:人民卫生出版社,2015.

［3］AMORIM V B,RODRIGUES R S,BARRETO M M,et al.Influenza A（H1N1）pneumonia: HRCT findings［J］.J Bras Pneumol,2013,39(3):323 － 329.

［4］YAN R,ZHANG Y,LI Y,et al.Structural basis for the recognition of SARS － CoV － 2 by full － length human ACE2［J］.Science,2020,367(6485):1444 － 1448.

［5］WANG H,DING Y,LI X,et al.Fatal aspergillosis in a patient with SARS who was treated with corticosteroids［J］.New Engl J Med,2003,349(5):507 － 508.

［6］HUANG C,HUANG L,WANG Y,et al.6 － month consequences of COVID － 19 in patients discharged from hospital:a cohort study［J］.Lancet,2021,397(10270):220 － 232.

［7］MAZZA M G,DE LORENZO R,CONTE C,et al.Anxiety and depression in COVID － 19 survivors:Role of inflammatory and clinical predictors［J］.Brain Behav Immun,2020,89: 594 － 600.

［8］LEBEL C,MACKINNON A,BAGSHAWE M,et al.Elevated depression and anxiety symptoms among pregnant individuals during the COVID － 19 pandemic［J］.J Affect Disord,2020, 277:5 － 13.

［9］BENJAMIN T B,HEATHER M,ROBERT J,et al.Histopathology and ultrastructural findings of fatal COVID － 19 infections in Washington State:a case series［J］.The Lancet,2020, 396(10247):320 － 332.

［10］FANG H,HE R,CHIU A,et al. Genetic Factors in Acute Myeloid Leukemia With Myelodysplasia – Related Changes ［J］. Am J Clin Pathol. 2020,153(5):656 –663.

［11］刘茜,王荣帅,屈国强,等. 新型冠状病毒肺炎死亡尸体系统解剖大体观察报告［J］. 法医学杂志,2020,36(1):21 –23.

［12］MENGER J,APOSTOLIDOU S,EDLER C,et al. Fatal outcome of SARS – CoV – 2 infection (B1.1.7) in a 4 – year – old child［J］. Int J Legal Med,2021,12;1 –4.

［13］XU L,ZHENG Q,ZHU R,et al. Cryo – EM structures reveal the molecular basis of receptor – initiated coxsackievirus uncoating［J］. Cell Host Microbe,2021,29(3):448 –462.

［14］MEHTA S,GARG A,GUPTA L K,et al. Kaposi's sarcoma as a presenting manifestation of HIV［J］. Indian J Sex Transm Dis AIDS,2011,32(2):108 –110.

［15］KOCH S,RUDEL B,TIETZ H – J,et al. Lethal otogenic Candida meningitis［J］. Mycoses, 2004,47(9 –10):450 –453.

［16］黄文垒,张沛. 有毒动植物食物的中毒现状及预防措施［J］. 安徽预防医学杂志, 2010,16(5):405 –407.

［17］CHEN L,HUANG G Z. Poisoning by toxic animals in China – 18 autopsy case studies and a comprehensive literature review［J］. Forensic Sci Int,2013,232(1 –3):e12 –e23.

［18］ZHANG Y G,HUANG G Z. Poisoning by toxic plants in China. Report of 19 autopsy cases ［J］. Am J Forensic Med Pathol,1988,9(4):313 –319.

［19］刘良. 法医毒理学［M］. 北京:人民卫生出版社,2016.

［20］张益鹄,黄光照. 有毒动物中毒4例尸检报告［J］. 中国法医杂志,1987,(2):114 –116.

第3章
实验室源性生物安全相关死亡

实验室是科学研究的基地,对科技发展、社会进步有着重要作用;实验室也是培养各种专业人才的摇篮,不同年龄、级别的学生、研究人员在实验过程中,可探索科学问题,激发和培养科研兴趣,促进科学发展和进步。科技人员在实验室从事各类科研探索活动中存在诸多不安全因素,尤其是生物医学教学或科研实验室,存在很多危害等级不同的生物体、危险化学品及辐射等,可导致相关人员损伤和死亡,并对环境造成一定危害。本章主要阐述微生物、实验动物、危险化学品、辐射等引起的实验室源性生物安全相关死亡。

3.1 实验室微生物生物安全相关死亡

科学研究或临床检测微生物引起实验室相关人员感染及实验周围人群感染,称为实验室获得性感染(laboratory acquired infection)或实验室相关感染(laboratory associated infection),严重的感染可导致人体功能损害、重要器官组织损伤和死亡[1-2]。如果与这些研究或检测人员在同一实验室工作,但并未从事微生物研究,或在同一实验室建筑中其他空间工作,或只是接触实验室工作人员而发生感染,并传染给周围人群,此外,从患病者体内也分离到上述微生物,也属于实验室获得性感染。

微生物广泛存在于自然界中,具有体形微小、结构简单、繁殖迅速、代谢快、容易变异及适应环境能力强等特点。微生物种类繁多,在生物分类学上一般分为8大类,包括细菌、病毒、真菌、放线菌、立克次氏体、支原体、衣原体、螺旋体。根据其细胞特征,可将微生物分为原核细胞微生物(包括细菌、放线菌、螺旋体、支原体、立克次氏体、衣原体)、真核细胞微生物(包括真菌和藻类)、非细胞类微生物[包括病毒、亚病毒(如朊病毒、类病毒等)]。

微生物在自然界中广泛存在，在物质的分解、转化、结合和循环中起巨大作用，如土壤中的固氮菌、硝化菌、亚硝化菌等，是植物氮素营养供应的重要来源。微生物在工业、医药、农业和畜牧方面也被广为利用，尤其是在酿造、抗生素和疫苗制造等方面的作用最为突出。有少数微生物对人和动物有害，可引起各种传染病，称为病原微生物（pathogenic microorganism）。从事与病原微生物菌种、毒种、样本有关研究、教学、检测、诊断等活动的实验室为病原微生物实验室。对所有的病原生物实验室均需要进行安全防护，生物安全防护实验室通过防护屏障和管理措施，能够避免或调控实验室的有害生物因子对人体和环境产生危害。

3.1.1　微生物危害等级与实验室生物安全分级

实验室是进行生物技术研究、试验、检测的重要场所，具有较高的潜在的安全风险。实验室生物危害是指在实验室进行感染性致病因子的科学研究过程中，对实验人员造成危害或对环境造成污染；而生物安全正是为避免生物危险因子造成实验人员暴露、向实验室外扩散导致周围环境损害的综合性措施。

最近 20 年，我国先后制定出台了一系列关于实验室生物安全的法律法规以及行业规范，包括《微生物和生物医学实验室生物安全通用准则》（卫生部，2002）、《实验室生物安全通用要求》（GB 19489—2008）、《生物安全实验室建筑技术规范》（GB 50346—2011）、《人间传染的病原微生物菌（毒）种保藏机构管理办法》（卫生部，2009）、《病原微生物实验室生物安全管理条例》（国务院，2004 年颁布，2018 年修订）等相关的生物实验室安全的标准、法律法规等，保证实验室仪器设备、实验室清洁和消毒、废弃物处置及工作人员等方面的生物安全管理得到强化和规范，预防实验微生物感染导致人体损害与死亡。以上规范标志着我国逐渐与世界先进的生物安全管理制度和体系接轨，推动我国生物安全理论与实践进入一个崭新的发展阶段。

1983 年，WHO 根据实验室所处理的生物危害物质的风险程度首次将生物实验室安全分为 1~4 级，WHO 联合美国 CDC 出版了世界第 1 部关于实验室生物安全的指导规范——《实验室生物安全手册》（*Laboratory Biosafety Manual*），到 2020 年，《实验室生物安全手册》已更新到第 4 版，进一步促进了实验室生物安全防护。

欧盟在高等级生物安全实验室的建造、管理、运营等方面积累了丰富的经验并位居世界先进水平。欧洲标准化委员会（CEN）于 2011 年发布了关于实验室生物安全专业人员能力要求的指导性文件《生物安全专业人员能力》，使生物安全领域专业人员所应具备的知识、技能、应急能力以技术指南的形式得以确定下来。

3.1.1.1　微生物分类和危害等级

1. 微生物分类

依据病原微生物的传染性、感染后对个体或者群体的危害程度，我国《病原微生物实验室生物安全管理条例》中将病原微生物分为以下 4 类。

第一类病原微生物,是能够引起人类或者动物患非常严重疾病的微生物,以及我国尚未发现或者已经宣布消灭的微生物,如口蹄疫病毒、高致病性禽流感病毒、新型冠状病毒、致牛海绵状脑病的朊病毒等。其中朊病毒是一类能侵染动物并在宿主细胞内无免疫性的疏水蛋白质,朊病毒颗粒的直径仅有 30 ~ 50 nm,比已知的最小的常规病毒还小;电镜下观察不到病毒粒子的结构,且不呈现免疫效应;但具有常规病毒的传染性、致病性、对宿主的特异性等;可导致人类和家畜患中枢神经系统退行性病变,目前无法治疗,最终可导致死亡。

第二类病原微生物,是能够引起人类或者动物患严重疾病,比较容易直接或者间接在人与人、动物与人、动物与动物间传播的微生物。如炭疽芽孢杆菌、布鲁氏菌、兔病毒性出血症病毒等。

第三类病原微生物,是能够引起人类或者动物患病,但一般情况下对人、动物或者环境不构成严重危害,传播风险有限,实验室感染后很少引起严重疾病,并且具备有效治疗和预防措施的微生物。如低致病性流感病毒、伪狂犬病毒、MTB 等。

第四类病原微生物,是在通常情况下不会引起人类或者动物患病的微生物。

目前,第一类和第二类病原微生物已经特别明确是高致病性病原微生物。实验室高致病性病原微生物丢失、被盗,发生高致病性病原微生物相关感染,并造成病例扩散和感染者死亡的,属于重大实验室感染事故。

2. 微生物危害等级

根据微生物等生物因子对个体和群体危害程度,我国《实验室生物安全通用要求》(GB 19489—2008),将微生物等生物因子危害程度分为 4 级。

(1)危害等级 I :指低个体危害,低群体危害,不会导致健康工作者和动物致病的细菌、真菌、病毒和寄生虫等生物因子。

(2)危害等级 II :指中等个体危害,有限群体危害,一般情况下对健康工作者、群体、家畜或环境不会引起严重危害的病原体。实验室感染不导致严重疾病,具备有效治疗和预防措施,并且传播风险有限。

(3)危害等级 III :指高个体危害,低群体危害,能引起人或动物严重疾病,或造成严重经济损失,但通常不因偶然接触而在个体间传播,或能用抗生素、抗寄生虫药治疗的病原体。

(4)危害等级 IV :指高个体危害,高群体危害,能引起人或动物患非常严重的疾病,一般不能治愈,容易直接、间接或因偶然接触在人与人,或动物与人,或人与动物,或动物与动物之间传播的病原体。

3.1.1.2　微生物实验室生物安全分级

我国根据实验室对病原微生物的生物安全防护水平并依照生物安全实验室国家标

准的规定,将实验室生物安全防护水平(biosafety level,BSL)分为 4 级,即 BSL - 1、BSL - 2、BSL - 3 和 BSL - 4 实验室。其中 BSL - 1 级最低,BSL - 4 级最高。

我国生物安全实验室既往较多沿用美国国立卫生研究院(NIH)的实验室安全分级标准,即美国 P1、P2、P3 和 P4 实验室分别对应我国目前的 BSL - 1、BSL - 2、BSL - 3、BSL - 4 实验室。NIH 实验室安全分级标准中的字母"P"表示物理防护或物理封闭(physical containment)水平。

BSL - 1 是对实验室工作人员和动物无明显致病性的、对环境危害程度微小的、特性清楚的病原微生物的生物安全水平。实验室工作人员能够安全操作。

BSL - 2 是对实验室工作人员和动物致病性低的、对环境有轻微危害的病原微生物的生物安全水平。实验室工作人员能够安全操作。

BSL - 3 是能够安全地从事国内和国外的可能通过呼吸道感染、引起严重或致死性疾病的病原微生物的生物安全水平,对与上述相近的或有抗原关系的、但尚未完全认识的病原体,也应在此水平条件下进行操作,直到取得足够的实验证据后,才能决定是继续在此安全水平下进行研究和检测,还是在其他等级生物安全水平下进行研究或检测工作。

BSL - 4 是能够安全地从事国内和国外的能通过气溶胶传播的、实验室感染高度危险的、严重危害人体和动物生命的、严重危害环境的、目前尚无特效预防和治疗方法的微生物的生物安全水平。对与上述相近的或有抗原关系的、但尚未完全认识的病原微生物,也应在此安全水平条件下进行操作,直到取得足够的实验和检测证据后,才能决定是继续在此安全水平下工作,还是在低一级生物安全水平实验室中进行工作。

实验室生物安全除物理防护和物理封闭外,还包括一系列生物安全设备、安全操作规程,代表实验室生物安全处理能力和生物安全水平,与 NIH 水平有明显差别。目前,美国 CDC 和全球许多国家已逐步采用多维度安全概念下的 BSL 分级取代既往的单一物理概念的 P 分级。2021 年,在 WHO 发布的《实验室生物安全手册》(第 4 版)中,将实验室生物安全防护要求分为"核心要求(core requirements)""加强要求(strengthening requirements)"和"最高要求(maximum requirements)",基本相当于 BSL - 2、BSL - 3、BSL - 4 级别的要求。

3.1.2　实验室相关微生物感染与人体损害和死亡

尽管传染性疾病导致的死亡人数在全球范围内呈下降趋势,但据 WHO 统计,全球每年因病原微生物感染导致的死亡人数仍超过 1700 万,约占全球死亡人数的1/3。

病原微生物不仅感染人群,部分病原微生物还引起禽流感、鸡霍乱、牛炭疽、疯牛病等动物性疾病,继发人类感染。在发展中国家,因传染性疾病而死亡的人数要远高于因非传染性疾病而死亡的人数,如腹泻病、疟疾、肺结核和 AIDS 等。病原微生物在公共空间引起人群感染的同时,在人类对病原微生物研究和检测的实验室中也不断出现相关感染,并引起人体损害和死亡。

3.1.2.1　实验室相关微生物感染概述

在实验室工作场所引起的病原微生物感染为实验室获得性感染或者实验室相关感染[1-5]。有研究者对1930—1976年期间报道的实验室获得性感染案例进行统计分析,在10种最常见的微生物感染中,细菌感染占84.3%,病毒感染占18.9%;对1979—1999年期间报道的实验室获得性感染案例进行统计分析,在10种最常见的微生物感染中,细菌感染占39.75%,病毒感染占41.4%。1930—1999年(不包括1977年和1978年)实验室获得性感染最常见的10种致病菌(微生物)类型见表3.1。

表3.1　实验室获得性感染最常见的10种微生物

时期	感染疾病	致病菌	感染病例数	合计
1930—1976年	布氏杆菌病	布鲁氏菌	426	2186
	Q热	Q热立克次氏体	280	
	乙型肝炎	乙型肝炎病毒	268	
	伤寒	伤寒杆菌	258	
	兔热病(土拉杆菌病)	土拉热弗朗西丝菌	225	
	结核	结核分枝杆菌	194	
	皮肤癣菌病	毛癣菌、小孢子菌	162	
	委内瑞拉马脑脊髓炎	委内瑞拉马脑脊髓炎病毒	146	
	鹦鹉热	鹦鹉热衣原体	116	
	球孢子菌病	球孢子菌	93	
1979—1999年	结核	结核分枝杆菌	223	1074
	Q热	Q热立克次氏体	176	
	出血热(肾综合征)	汉坦病毒	169	
	登革热、森林脑炎等	登革病毒、森林脑炎病毒	164	
	乙型肝炎	乙型肝炎病毒	84	
	布鲁氏菌病	布鲁氏菌	81	
	沙门菌感染(胃肠炎)	沙门菌	66	
	痢疾	痢疾杆菌、痢疾志贺菌	56	
	非甲非乙型肝炎病毒	丙型肝炎病毒	28	
	隐孢子虫病	隐孢子虫	27	

有研究者对1980—2015年报道的不同病原体引起实验室获得性感染的情况进行了统计分析,结果发现,在BSL-3和BSL-4实验室发生细菌性感染死亡81人,病毒感染死亡138人;相对细菌而言,病毒往往具有极强的传染性及扩散能力,且致病性、致死性

较高;除此以外,针对病毒的特异性药物及治疗手段匮乏,导致相关人员易受感染且病死率较高。

3.1.2.2 细菌类微生物实验室获得性感染所导致的人体损害和死亡

有记载的首例实验室感染死亡病例发生在 1849 年,维也纳一名病理学医生在解剖 1 例因产褥热、败血症死亡的患者尸体时,被手术刀划破手指,发生感染,经治疗无效死亡。

1886 年,德国科学家罗伯特·科赫(Robert Koch)发表关于霍乱弧菌实验室感染的报告。

1898 年,维也纳一名实验动物技术员因处理患皮肤鼠疫的豚鼠而发生肺鼠疫并死亡,最终导致 2 名医护人员感染且死亡。目前,抗生素能杀死鼠疫杆菌并挽救早期诊断的感染者。

1899 年,伯特(Birt)和拉姆(Lamb)报道了 3 例实验室感染布鲁氏菌病患者。

1949—1951 年,有学者对实验室相关性感染问题进行了问卷调查。通过对 5000 名实验人员进行问卷调查发现,1342 个感染病例中仅有 1/3 曾被报道过;其中布鲁氏菌病是最常见的实验室相关性感染,与结核病、土拉杆菌病、伤寒和链球菌感染共占到细菌性感染的 72%,占病原性传染病的 31%,总病死率达 3%。

1976 年,哈灵顿(Harrington)和香农(Shannon)调查发现,在英国医学实验室工作的人员 MTB 感染的危险比普通人群高 5 倍。1976 年,有研究显示,在新增的 3821 例实验室获得性感染中,布鲁氏菌病、伤寒、土拉杆菌病、结核病、肝炎是最常见的感染性疾病,其中 80% 以上病例的发生与接触传染性气溶胶有关。

1979 年 4 月 3 日,苏联某生物武器实验室发生爆炸,数千克的炭疽芽孢粉剂泄漏,释放出含有大量炭疽杆菌的菌雾,估计含有炭疽芽孢杆菌气溶胶的质量从数毫克到数克不等,造成附近数百人发病,受害者分散在斯维尔德洛夫斯克生物实验室周围半径 4 公里多的范围内;其中 66 人感染后死亡。

2001 年,美国发生炭疽邮件事件,导致 5 人死亡,多人受伤。相关人员在之后的调查中发现,这些炭疽邮件来自美国本土的陆军生物研究实验室,而使用的正是多年前美国就禁止研究的武器级炭疽孢子组成的干燥粉末。

2010 年底,我国东北某大学实验室暴发过一起布鲁氏菌病感染事件,导致该校 28 名师生确诊布鲁氏菌病。2019 年 12 月,兰州某研究所感染布鲁氏菌病,经检测 317 人,抗体阳性 96 人,均为该所的工作人员,其中主要以实验人员为主。布鲁氏菌病又称地中海弛张热或马耳他热,是由布鲁氏菌引起的人畜共患性全身传染病,其临床特点为长期发热、多汗、关节痛、肝大、脾大等。人感染布鲁氏菌后,病菌在人体中引发菌血症和毒血症,累及各个器官,慢性期多侵及脊柱、骶髂关节、髋关节等。布鲁氏菌属分为羊、牛、猪、鼠、绵羊及犬布鲁氏菌 6 个种,20 个生物型。我国流行的主要是羊、牛、猪 3 种布鲁氏菌,其中以羊布鲁氏菌病最为多见。

细菌类微生物实验室获得性感染所导致的死亡典型案例具体如下。

案情资料:患者,男,25 岁,系美国加利福尼亚州某微生物学实验室研究人员。2012 年 4 月 27 日,开始出现头痛、发热、颈项部僵硬;4 月 28 日,在其被送往医院途中出现意识丧失、昏迷;到达医院时,急诊科医生发现其皮肤出现淤血点,马上怀疑系脑膜炎球菌感染,给予头孢曲松钠治疗;其很快出现呼吸骤停,医生立即进行心肺复苏,但抢救无效,其临床死亡。

死因确定:死者的血液和组织标本被送往卫生防疫部门的微生物实验室,开展细菌培养和血清型鉴定。检测人员通过引物特异性聚合酶链反应(polymerase chain reaction, PCR),在死者生前采集的临床检验标本中检测到 B 组奈瑟脑膜炎球菌(neisseria meningitidis, NM)核酸特征扩增片段,结合死者在几周前曾开展 B 组 NM 培养和研究工作的病史、发病过程、临床症状、体征、实验室检查,可以明确死者系因实验室获得性奈瑟脑膜炎球菌感染导致急性脑功能障碍而死亡。

实验室获得性感染报告与处置:接诊医生在向陪护人员询问病史的过程中了解到,该患者生前在微生物实验室从事奈瑟脑膜炎球菌的研究,死亡当日,医院向当地卫生部门报告了疑似脑膜炎球菌病(meningococcal disease, MD)病例;4 月 29 日,医院向联邦职业安全和卫生管理局报告了疑似 MD 病例。医院同时对急诊科医护人员和实验室检验人员的 MD 接触和暴露风险情况进行了评估,对所有接触该患者或者患者生物样本的工作人员进行排查,以判断是否出现 MD 症状,并开展预防性服药。当地卫生部门同时调查和确定实验室和家庭环境中其他密切接触者,确保密接者接受预防性服药。4 月 30 日,该患者生前工作的微生物学实验室关闭。经过连续的观察,在医院急诊科和实验室医护人员、死者工作实验室密接者中未再发现 MD 病例。

虽然职业获得性 MD 非常罕见,但是对从事 NM 培养、检测的微生物学科科学家和相关工作人员来说是一个已知职业风险。对实验室获得性 MD 的调查研究表明,微生物学家的感染率是普通人群的数倍,病死率高达 50%,是普通人群病死率(12% ~ 15%)的 3 倍。

3.1.2.3　病毒类微生物实验室获得性感染所导致的人体损害和死亡

1949 年,苏雷金(Sulkin)等报道实验室工作人员感染黄热病和脑炎,经过检验分别由黄热病毒和马脑炎病毒引起。

1956 年,苏联某医学实验室装有委内瑞拉马脑炎病毒感染的鼠脑组织的试管破裂,在几天内造成 24 名工作人员感染。

1967 年,研究人员收集了 38 个国家虫媒病毒引起的实验室获得性感染病例 428 例,其中死亡 16 例;在感染血液样本中分离到 36 种病毒,其中科萨努尔森林病毒的感染率最高。在很多情况下,某一特定虫媒病毒在人体中引起疾病的能力,是通过在实验人员中引起意外感染而首先被鉴定出来的。

1967 年,德国马尔堡实验室为研制脊髓灰质炎疫苗,从非洲东部的乌干达进口了一批非洲长尾黑颚猴;这些实验用长尾黑颚猴后来被检测到携带 MARV;它们造成实验室工作人员、医务人员及其家属在内共 37 人感染,其中 9 人感染后引起出血热死亡;MARV 与 EBOV 为同一病毒家族,感染力高,传播性强,是导致马尔堡病毒病(Marburg virus disease,MVD)的致病源。

1974 年,斯金霍尔(Skinhol)等的调查报告表明,丹麦临床生化实验室工作人员的肝炎感染率高出普通人群 7 倍。临床生化实验室通常检验肝炎患者血、尿等含有肝炎病毒的样本。肝炎感染是临床医学实验室常见的感染。

1981 年,全球报道了首例 AIDS 患者,目前全世界约有 3800 万人感染了 HIV;约有 1000 个病例是在工作环境中被感染。

痘苗病毒常被用作实验室研究工具,英国、巴西和美国等地区曾先后发生了多起实验室内因为操作意外而引起的痘苗病毒感染事件。

2002 年,美国发生了 2 例西尼罗河病毒实验室感染病例。

2003 年 9 月,在全球控制 SARS 流行的 3 个月后,新加坡 1 名实验室工作人员感染 SARS 病毒,并被确诊为 SARS。2003 年 12 月,我国台湾地区 1 名研究人员被确诊为 SARS。2004 年 4 月,我国某研究室采用未经证实的灭活方法处置 SARS 病毒后,将病毒从 BSL－3 实验室带至普通实验室内操作,从而导致 2 人感染 SARS 病毒,其中 1 例又引起另外 2 人感染,成为二代病例,继而又传染给 5 例三代病例,共 9 人发病,1 人死亡。

2014 年,美国一个禽类研究实验室 2 次出现实验人员装备的空气净化过滤装置故障,导致研究人员直接暴露在致命的 H5N1 禽流感病毒毒株中并被感染。

2021 年初,日本科学家发现了一种此前未知的、可传染给人类的新病毒。至 2021 年 9 月,日本至少有 7 人感染了这种病毒。日本北海道大学的病毒学家随后分析了这种病毒的血液样本基因组,证实它是一种新病毒;该病毒可以导致高烧、血小板和白细胞数量减少、肝功能异常的改变[6]。

随着病毒检测技术的发展,研究人员发现病毒引起实验室感染的比例高于细菌引起实验室感染的比例。最常见的实验室获得性病毒感染有汉坦病毒、登革病毒、森林脑炎病毒、HBV、HCV、HIV 感染等。近年来,实验室获得性感染新发现或再现病原微生物有甲型流感病毒 H1N1、高致病性禽流感病毒、HIV、EBOV、SARS－CoV－2 等,成为实验室获得性感染和生物安全关注的重点。

实验室获得性微生物感染是一个感染链,该过程包括微生物病原体从储器中逃逸、通过特定媒介和通道播散,借助于一定的途径进入人体;进入人体的病原体能否形成感染,取决于病原体的毒力、侵蚀力,病原体的数量,机体的免疫状态、易感性。

3.1.3　实验微生物相关感染原因调查分析

3.1.3.1　实验操作形成含有病原菌气溶胶引起的实验室工作人员感染

几乎所有的常规细菌学和病毒学技术操作均能产生气溶胶。无论是手工操作,还是机械性实验操作,均会产生不同大小微粒的气溶胶,如用火焰烧灼灭菌带有菌落的接种环、使用吸管稀释或混合菌液、注射器排气、将传染性液体由一个容器移入另一容器、使用离心机和振荡器、打开冻干培养物等操作。吸入含有病原体的气溶胶,就有引起感染的可能。因气溶胶引起的感染有 Q 热、斑疹伤寒、委内瑞拉马脑炎、鹦鹉热、SARS、COVID - 19 等。

3.1.3.2　实验操作意外事故引起的感染

生物医学实验室含有传染性病原菌液体的漏溅出容器之外、针头或注射器、破损玻璃或刀剪等器械割(刺)伤等所致感染并非罕见事故。有许多关于实验室操作意外事故造成工作人员感染的报道。1938 年,韦尔克(Welcker)报道了 1 例由于针刺皮肤而发生的钩端螺旋体病。1940 年,海威格(Helwig)报道了 1 例因感染鸡胚所致的事故性接种,引发西方马型脑炎。1953 年,博根(Borgen)报道了 1 例实验室人员因破碎的 MTB 培养管割破手指而患结核病。1977 年,埃蒙(Emond)等报道了 1 例实验室人员因小指刺破而导致 EBOV 感染,发生 EVD。

在法国,约有 100 名科学家和技术员从事朊病毒研究,该领域在过去 10 年中曾发生了 17 起实验室操作事故,其中 5 人被受污染的针头或刀具刺伤,2 人因感染朊病毒而死亡。

3.1.3.3　实验动物引起的实验源性微生物感染

实验动物是指经人工饲养或人工改造,对其携带的微生物和遗传、营养、环境实行控制,遗传背景明确或者来源清楚,用于科学研究、教学、生产、检定及其科学实验的动物。因频繁与实验动物接触,实验室工作人员常可被其咬伤或抓伤而引起感染。1976 年,在派克(Pike)报道的 703 例实验室事故造成的感染中,95 例是由实验动物及其携带微生物感染所致。如非洲长尾黑颚猴携带有 MARV,实验室工作人员在疫苗实验时若感染该病毒,则可引起出血热和脏器功能衰竭甚至死亡。因此,对实验动物也必须十分重视,应采取相应的生物安全措施,以减少由此引起的感染。

3.2　实验动物相关生物安全死亡

目前,常用的实验动物有小鼠、大鼠、家兔、豚鼠、比格犬、恒河猴、小型猪等。由于实验动物学学科的发展以及其他相关学科的推动作用,科学研究中使用的实验动物的种类及品系越来越多,除了常规的实验动物外,还有利用模式生物技术进行遗传工程改造的各种模型动物。这些实验动物在生产、使用的过程中,存在感染、繁殖和传播病原体的可能及向环境扩散的危险,对人和环境产生生物安全威胁。因此,我们在大量开展实验动物相关实验与研究的同时,不可避免地会涉及实验动物生物安全问题。

3.2.1 生物安全动物实验室分级

根据所研究病原微生物的危害评估结果和危害程度,可将动物生物安全实验室划分为以下 4 个级别,级别越高,设备与防护要求越高。

3.2.1.1 生物安全 1 级动物实验室

在生物安全 1 级动物(animal biosafety level – 1,ABSL – 1)实验室内能够安全地进行没有发现肯定能引起健康成人发病的,对实验室工作人员、动物和环境危害微小的,特性清楚的病原微生物感染实验动物的使用工作。

3.2.1.2 生物安全 2 级动物实验室

在生物安全 2 级动物(animal biosafety level – 2,ABSL – 2)实验室内能够安全地进行对工作人员、动物和环境有轻微危害的病原微生物(这些病原微生物可通过消化道和皮肤、黏膜暴露而产生危害)感染实验动物的使用工作,适用于进行对人及环境有中等潜在危险的微生物和实验动物实验工作。

3.2.1.3 生物安全 3 级动物实验室

生物安全 3 级动物(animal biosafety level – 3,ABSL – 3)实验室的实验室结构和设施、安全操作规程、安全设备适用于主要通过呼吸途径,使人传染上严重甚至是致死疾病的致病微生物及其毒素(通常已有预防传染的疫苗及治疗药物)的使用工作。

3.2.1.4 生物安全 4 级动物实验室

生物安全 4 级动物(animal biosafety level – 4,ABSL – 4)实验室的实验室结构和设施、安全操作规程、安全设备适用于对人体具有高度危险性、通过气溶胶途径传播或传播途径不明、目前尚无有效疫苗或治疗方法的致病微生物及其毒素的使用工作。与上述情况类似的不明微生物,也必须在 BSL – 4 级生物安全防护实验室中才能进行实验。待有充分数据后再决定此种微生物或毒素应在 BSL – 4 级还是在较低级别的实验室中处理。

3.2.2 实验动物自身的生物安全问题——人畜共患病

实验动物不同种属间具有不同的解剖、生理特点,不同品种、品系的动物有不同的易感病原体。有些病原体在动物体内呈隐性感染,不但可以造成实验动物质量的下降和死亡,而且极易造成疾病的暴发和流行,引发实验动物大规模感染,更重要的是某些动物体内可能携带可以向人类传播的病原体。人畜共患病是在脊椎动物与人类之间自然传播感染的疫病。人与脊椎动物的人畜共患病由共同的病原体引起,有密切相关的流行病学特征。人畜共患病病种繁多、表现多样、变化多端。目前,WTO 已证实约有 200 种传染病可由动物直接或间接传播给人类,造成人体严重感染,其中较重要的有 89 种(细菌病20 种、病毒病 27 种、立克次氏体病 10 种、原虫病和真菌病 5 种、寄生虫病 22 种、其他疾病5 种)。以下为几种重要的人畜共患病。

3.2.2.1　EHF

本病是由汉坦病毒引起的、主要发生在大鼠的烈性传染病,也是一种人畜共患的自然疫源性传染病。汉坦病毒感染的自然宿主主要是田鼠,小鼠、大鼠、仓鼠、家鼠亦可携带病毒,它们主要通过尿液、大便、唾液等排泄物向外排毒,大鼠是实验动物中最主要的传染源,咬伤和空气传播是实验室工作人员感染的主要途径。动物感染后无明显症状,人感染后潜伏期可达 14 d,主要表现有高热、头痛、肌肉痛、结膜水肿、充血(点状),最后发生肾衰竭,出现尿毒症,严重的可导致死亡。2000 年以来,我国发生过多起 EHF 实验室感染。

3.2.2.2　淋巴细胞脉络丛脑膜炎

本病是由淋巴细胞脉络丛脑膜炎病毒引起的一种急性传染病,也是一种人畜共患的地方性传染病。小家鼠和叙利亚地鼠是该病毒的自然宿主,它们可终身携带病毒,通过尿液、大便、精液、唾液、鼻腔分泌物及乳汁向外排毒;人类、小鼠、大鼠、豚鼠、犬、猴、鸡、马和兔均易感;鼠类是本病毒的主要传播者。动物感染后可有 3 种病变类型,即大脑型、内脏型和迟发型。人类最常见的感染原因是吸入鼠类污染的尘埃和摄取被污染的食物,发病后主要表现为中枢神经系统(尤其是脉络丛和脑膜)的病变,呈现脑脊髓炎的症状。

3.2.2.3　狂犬病

本病是由狂犬病毒引起的以急性直接接触性为主的人畜共患病。所有温血动物都能感染狂犬病毒,人和各种畜禽对本病具有易感性。犬是狂犬病毒最主要的染病动物,也是感染人和其他动物的主要传播媒介。狂犬病毒主要通过被咬伤的皮肤黏膜感染。狂犬病毒感染潜伏期 2～8 周,最短 4 d,最长可达数年。狂犬病临床表现为特有的恐水、恐声、怕风、恐惧不安、咽肌痉挛、进行性瘫痪等,至今没有特异性的治疗方法,病死率极高。被咬者需尽快处理伤口、接种疫苗,否则可因中枢神经系统衰竭而死亡。

3.2.2.4　猴 B 病毒病

本病是由猴 B 病毒(又称猴疱疹病毒)引起的人和猴共患的一种传染病。恒河猴是猴 B 病毒的自然宿主。猴 B 病毒可间歇性地从猴的唾液、尿液和精液中排出而污染环境。人类感染猴 B 病毒主要是通过直接接触猴的感染性分泌物或组织培养物,如被感染猴咬伤、抓伤而直接接触了猴的组织或体液,人体破损的皮肤沾染了猴的唾液,或实验室操作污染等。人被感染猴 B 病毒的猴咬伤或抓伤后,感染部位可出现典型的皮肤损害,伴全身淋巴结炎及流感样综合征症状,甚至并发病毒性脑炎或脑脊髓炎。据报道,目前人类感染猴 B 病毒的案例仅出现在欧洲和美国,我国尚未见猴 B 病毒感染人的确切报道,而在印度和东南亚的一些国家,即恒河猴自然栖息的地区,尽管有一群体从事与恒河猴相关的动物实验工作,或者有过反复暴露(咬伤和抓伤)的经历,但并未有过猴 B 病毒感染的报道。

3.2.2.5　沙门菌病

沙门菌属肠道细菌科,该菌属的细菌有 2500 多种血清型。猪霍乱沙门菌、鼠伤寒沙门菌、肠炎沙门菌等对人和动物均能致病,为人畜共患病的病原菌。人类可因食用被沙门菌污染的食品(如肉、乳、蛋类)而感染,水源被粪便污染是造成沙门菌病暴发流行的主要原因。人体被沙门菌感染后,潜伏期为 6~24 h。沙门菌病起病急,胃肠炎是其最常见的临床表现,主要症状为发热、恶心、呕吐、腹痛、水样便,偶有黏液或脓性腹泻。一般沙门菌胃肠炎多在 2~3 d 自愈。婴儿、老年人和体弱者可迅速脱水,导致休克、肾衰竭甚至死亡。

3.2.2.6　志贺菌病

本病是由志贺菌引起人和实验动物肠道感染的一种细菌性疾病。志贺菌在适宜的温度下可在水及食品中繁殖,引起水源或食物型的暴发流行。实验动物均易感,尤以灵长类动物最为典型。志贺菌感染潜伏期一般为 1~3 d,人和猴患病后以细菌性痢疾为主要症状。急性感染中有一种中毒性痢疾,以小儿多见;无明显的消化道症状,主要表现为全身中毒症状,此时内毒素致使微血管痉挛、缺血和缺氧,导致 DIC、多器官功能衰竭、脑水肿,死亡率较高。

3.2.2.7　MTB 病

由 MTB 引起的人和动物共患的一种细菌性疾病称为 MTB 病。人感染 MTB 后可引发结核病,猴、犬、豚鼠、兔和猫等均可感染 MTB,以猴发病率最高。MTB 有人型、牛型及禽型,其中对实验动物危害最大的是牛型和禽型。MTB 可通过呼吸道、消化道或皮肤损伤侵入易感人群,引起多种组织、器官的结核病,其中以通过呼吸道引起肺结核为最多。

3.2.2.8　钩端螺旋体病

由致病性钩端螺旋体引起人和动物的疾病称为钩端螺旋体病。全球已发现 200 多种动物可携带致病性钩端螺旋体。我国也从 50 余种动物中检出致病性钩端螺旋体,其中以黑线姬鼠、猪和牛为主要储存宿主。钩端螺旋体在感染动物的肾脏中长期存在,并随尿液持续排出体外。致病性钩端螺旋体能迅速通过破损或完整的皮肤、黏膜侵入人体,引起菌血症,出现毒血症症状,如高热、乏力、头痛、腓肠肌疼痛等,也可有眼结膜充血、浅表淋巴结肿大等体征。临床上根据患者受损脏器的不同,将钩端螺旋体病分为肺出血型、流感伤寒型、黄疸出血型、肾型和脑膜脑炎型等病型。多数患者为流感伤寒型,病情较轻,肺弥漫出血型患者死亡率可高达50%以上,黄疸出血型、肾型和脑膜脑炎型患者也常因肾衰竭或呼吸衰竭而死亡。

3.2.2.9　弓形虫病

本病是由弓形虫引起的一种世界性分布的人畜共患原虫病。弓形虫的传染源主要是病畜和带虫动物,人、畜、禽以及许多野生动物对弓形虫都有易感性。实验动物中以小鼠、地鼠最敏感,豚鼠、家兔等也能通过人为方式感染。弓形虫可经口、胎盘、皮肤、黏膜感染。弓形虫在人群中具有高感染率和低发病率的特征。人感染弓形虫后,多数是无症状的隐性感染。临床上将弓形虫病分为先天性和获得性两类。先天性弓形虫病指母亲在孕期感染弓形虫后,虫体经胎盘感染胎儿而导致死产、流产、早产、无脑儿、脑积水和小脑畸形等。获得性弓形虫病指出生后由外界获得的感染,此类在临床上占绝大多数,表现为淋巴结肿大,伴有长期低热、乏力、不适、肝大、脾大或全身中毒症状。弓形虫常侵犯其他器官,导致脑炎、视网膜脉络膜炎、心肌炎、肺炎等。

3.2.3　动物实验过程中造成生物安全问题的环节

实验动物携带的病原体能造成人体感染必须具备以下3个环节,即感染性病原体必须能从实验动物体内释放出来、感染性病原体必须传播给工作人员、感染性病原体必须能侵入工作人员的身体。

3.2.3.1　释放方式

感染性病原体可通过天然或人为方式从实验动物体内释放。天然释放方式包括经尿液、唾液和大便排出或从皮肤损伤部位释放。人为方式有很多,包括用针头和注射器从病毒血症动物身上抽取血样、活组织检查或尸体解剖等。受到污染的手术器械、从动物体内取出的各种组织和体液、新购入实验动物体表的虫媒或新侵袭的虫媒,都可能带有感染性病原体。

3.2.3.2　传播方式

感染性病原体可通过多种途径传播给动物或者动物实验室工作人员。最常见的传播方式是气溶胶的形成及其造成的广泛传播。气溶胶是能较长时间悬浮在空气中的固态或液态微粒。感染性气溶胶是含有从实验动物体内或某些体外容器(如组织培养瓶)中逸散的或附着于尘埃粒子上的单个或成团生物微粒。气溶胶微粒越小,在空气中停留时间越长,越容易随气流运动,也越可能被吸入体内。

3.2.3.3　感染途径

病原体侵入人体后,会在一定部位定居并生长繁殖,引起人体的一些病理反应,这个过程就是感染。人体遭病原体感染后是否发病,一方面与人体自身免疫力有关,另一方面也取决于病原体致病性的强弱和病原体侵入数量的多少。常见的感染途径有以下几种。

1. 吸入传播

大多数实验室获得性感染都是由吸入感染性气溶胶引起的。被感染动物的排泄物,如粪、尿、唾液等,常含有大量病原体,清除动物笼内垫料、粗暴操作或突发响声而导致动物惊慌逃窜等会产生大量感染性气溶胶,导致病原体飞扬扩散。感染实验时用的感染接种液和解剖感染动物时的血液、体液的飞溅,也有可能产生感染性气溶胶。

2. 通过黏膜传播

实验人员由于捕捉或固定动物时被动物抓伤、咬伤,操作不慎被注射器刺伤,解剖动物时被手术器械划伤后可由创伤处发生感染。此外,感染性物品、材料飞溅,被污染的手和表面接触眼、鼻、口腔等部位也是引起感染的途径。许多病毒都可经黏膜感染人体而致病,有些病毒感染可能局限于黏膜,有些病毒感染可扩散至邻近组织和淋巴管并进入血流,引起病毒血症,再经血流扩散至靶器官,引起典型病变及临床表现。

3. 食入传播

在动物饲育室和实验室内饮水、进食、吸烟,或用被污染的手接触口、鼻等行为,均可能吞入病原体,造成感染。结核病、布鲁氏菌病、沙门菌病等的病原体均可借粪便污染人的食品、饮水和物品而传播。大多数寄生虫虫卵就存在于粪便内,钩端螺旋体病的病原体则是经由尿液传播。

4. 虫媒传播

病原体以虫媒进行传播包括两种方式:一是病原体在虫媒体内没有发育和繁殖,只是通过昆虫的口器、消化道机械传播,如肠道细菌性感染等;二是病原体在虫媒体内经过发育和繁殖,再感染宿主,如森林脑炎、乙脑。

3.2.4　动物实验过程中可能导致死亡的生物安全问题

实验动物生物安全是对实验动物可能产生的潜在风险或现实危害的防范和控制。由实验动物造成的各种风险和危害包括生产和使用实验动物中的各个环节,如实验动物的引种、保种、繁育、运输、进口、出口,使用实验动物(包括感染实验动物和非感染实验动物)进行动物实验、从事科研活动,在实验操作和结束实验后废弃的动物组织、尸体处置等过程中实验动物造成的各种实验室安全事故。可能导致实验动物生物安全相关死亡的有以下几种情况。

(1)若不同等级的实验动物在运输或实验过程中混合装运、饲养在同一笼盒、同一实验间内,则可能导致实验动物之间发生交叉感染;若实验人员未在相对应的防护下进行实验操作,则可能发生意外感染,从而导致死亡。

（2）引进实验动物后，未经过足够的隔离检疫期，消毒不充分、不彻底，或引进一些无实验动物质量合格证明的动物，这些动物可能被野生动物体内病原体感染而不被实验人员所知，后续可能引起实验操作者感染甚至死亡。

（3）实验动物隔离措施不当，导致生产、繁育、饲养过程中实验室外野生动物进入设施内污染实验动物或被污染，严重情况下可引起实验室内感染和实验室外感染。

（4）饲养管理人员未定期进行健康检查，可能会发生交叉感染和实验室外传。

（5）动物实验人员在实验操作过程中防护不全，未穿戴工作衣、帽、口罩、手套或护目镜，导致感染。

（6）未按标准操作规程进行操作，可能因此发生感染。如进行实验时未能正确、合理地抓取、固定实验动物，导致被动物咬伤或抓伤。

（7）实验动物误伤实验人员后未及时对伤口进行消毒处理并接种疫苗，易感染狂犬病或 EHF 导致死亡。

（8）实验结束后未及时清理消毒地面、桌面、工具等，或离开实验室前未进行彻底的个人清洁、消毒，可引发病原体污染而感染。

（9）在实验室内进食可能会一并摄入污染尘埃、气溶胶，引起感染。

（10）污染的动物未经严格包装、灭菌处理而带出污染区，进入洁净区甚至设施外，可能引起实验室外感染。

（11）对动物的血液及组织标本未按照实验要求进行冻存等正确处理就存放，可引发污染。

（12）带菌实验动物使用的废弃物未按照要求进行分类、收集、包装、高压蒸汽灭菌等操作处理便扔弃，可能会造成实验室外人员感染。实验动物使用的废弃物分为 5 类，具体包括：①感染性废弃物，如动物血液、体液污染的物品；②病理性废弃物，如实验动物尸体等废弃物；③损伤性废弃物，如废弃的锐器等；④药物性废弃物，如变质或被污染的废弃的药品；⑤化学性废弃物，即具有毒性、腐蚀性、易燃易爆性的废弃的化学物品。

（13）实验动物使用废弃物暂时贮存设施、设备不完善，无专人管理和严密的封闭措施，无防渗漏、防雨水冲刷、防蚊蝇、防蟑螂、防盗以及预防儿童接触的安全措施，或消毒清洁不到位，可能导致环境污染和虫媒、接触的传播。

3.3　临床实验室生物安全相关死亡

临床实验室是指以提供人类疾病诊断、治疗、预防、管理和健康评估的相关信息为目的，对来自人体的各种标本进行检验的实验室。

临床实验室生物安全是指保证临床实验室的生物安全条件和状态不低于容许水平，

避免实验室人员、来访人员、社区及环境受到不可接受的损害,符合相关法规、标准等对临床实验室保证生物安全责任的要求。主要内容包括实验室设计、环境、感染性物质管理、人员、设施设备、理化危险因素、应急处置等环节。

临床实验室安全主要包括操作者、操作对象、设施设备以及周围的环境等方面的安全。由于临床实验室涉及多种临床标本的处理,且对于"未知疾病标本"难以预先判断标本的危险程度,这些均加大了临床实验室面临的生物安全风险。

3.3.1　临床实验室生物安全防护及其事故的常见原因

3.3.1.1　临床实验室生物安全防护

临床实验室安全防护体系包括硬件防护和软件防护。硬件是指实验室设施以及个体防护装备和设施。软件是指实验室的管理体系,包括组织机构、管理制度、操作规程、人员素质等。

1. 临床实验室风险评估与控制

临床实验室应建立并维持风险评估和风险控制程序,以持续进行危险识别、风险评估和实施必要的控制措施。风险评估需要考虑的内容包括以下几个方面。

(1)生物因子风险评估:对于致病性生物因子,应进行生物风险评估,如生物因子的种类、来源、传染性、传播途径、易感性、潜伏期、剂量 – 效应(反应)关系、致病性(包括急性与远期效应)、变异性、在环境中的稳定性、与其他生物和环境的交互作用、相关实验数据、流行病学资料、预防和治疗方案等。根据《医学实验室安全要求》,生物因子被分为4 个风险等级。处理Ⅲ和Ⅳ级风险生物因子的医学实验室还应符合其他要求,以确保安全。

(2)其他风险评估:除对上述生物因子的评估外,还应包括标本危险度、辐射、火灾、水灾等风险的评估。

2. 实验室生物安全防护水平分级

由于临床实验室的特殊环境,不可避免地会造成不同程度的生物污染。按照《实验室生物安全通用要求》(GB 19489—2008)的规定,将实验室生物安全防护水平分为 BSL – 1、BSL – 2、BSL – 3、BSL – 4。实验室的安全防护级别与其可能受到的生物危害程度相互对应[7]。医疗机构临床实验室主要是 BSL – 1、BSL – 2 实验室,按照《人间传染的病原微生物名录》的要求,在临床实验室内不得从事高致病性病原微生物的实验活动。

3. 临床实验室的安全设备及个体防护设备

二级标准的临床实验室必须配备生物安全柜,一些可能引起感染性气溶胶或液体飞溅的操作应当在生物安全柜内进行。临床实验室应划分污染区、半污染区和清洁区。个体防护设备有护目镜、防护服、口罩、帽子、鞋套、洗眼装置和紧急喷淋装置等。

4.临床实验室操作规范

（1）对来自患者的所有标本都应当视为具有污染性的，应当放入防破损、防渗漏的容器内，以防止标本泄漏。

（2）禁止非工作人员进入实验室、参观实验室等，如有特殊情况，则须经实验室负责人批准后方可进入。

（3）接触微生物或含有微生物的物品、接触患者黏膜或损伤皮肤、进行静脉采血、手指或脚背穿刺等，均应戴手套操作。脱下手套后，离开实验室前，接触患者前、后，接触血液、体液或其他污染物后，均应消毒、清洗手部。

（4）所有培养物和废弃物在运出实验室前必须灭活（如高压灭活）。对需运出实验室灭活的物品必须放置在专用密闭容器内。

（5）禁止在工作区饮食、吸烟、化妆或储存食物。

（6）用移液器吸取液体，禁止用口吹吸。

（7）实验室入口处及内部须张贴生物危险标志，标注负责人的姓名及联系电话。

（8）当人员暴露于感染性物质时，应及时向实验室负责人报告，并记录事故经过和处理方案。

（9）每天应至少消毒 1 次工作台面。

（10）工作人员要接受潜在危险知识的培训，掌握预防暴露以及暴露后的处理程序。每年要接受 1 次最新的培训。

（11）在利器使用方面，对用过的针头禁止折弯、剪断、折断、重新上帽或从注射器取下，应连同注射器放入防穿透的利器盒中。对非一次性利器，必须放入厚壁容器中并运送至特定区域消毒。对盛装过污染利器的容器经消毒后方可丢弃。

（12）对医疗废物应进行分类处理。

3.3.1.2　临床实验室生物安全事故的常见原因

1.临床实验室主要危害源

临床实验室中主要的危害源有病原微生物、危险化学品、电离辐射等，此外，还存在火、电、噪声等危害源。按性质可将危害源分为生物危害源、化学危害源和物理危害源。

（1）生物危害源：主要是微生物，尤其是病原微生物，包括细菌、病毒、真菌、寄生虫等。依据《病原微生物实验室生物安全管理条例》，按照传染性和感染后对人体的危害程度，可将病原微生物分为 4 类。

（2）化学危害源：指易燃、易爆、强酸、强碱、有毒、腐蚀性等性质的危险化学品。人员可能会通过吸入、吞入、接触等方式暴露于危险化学品中。

（3）物理危害源：主要是指电离辐射、紫外线、噪声、电流、明火等。

2. 临床实验室生物污染的种类

根据被污染的对象可将临床实验室的生物污染分为空气污染、水污染、物体表面污染、人体感染等。

(1)空气污染:实验室平面布局、气流方向不合理,实验区内气流严重受限等因素可导致实验室内空气污染。在实验操作过程中难免产生气溶胶,当气溶胶不能被安全、有效地限定在一定范围内时,便可导致实验室内空气污染。受污染空气的排出和扩散是造成室外空气污染的原因之一。

(2)水污染:在临床实验过程中会产生大量污水,尤其是来自传染源的污水中可能不同程度地含有细菌、病毒、寄生虫卵等致病微生物。若未经过彻底处理直接排放,则可严重污染环境和水源。人接触或饮用被污染的水后就可能发病,甚至引起传染病的暴发、流行。

(3)物体表面污染:实验室清洁、消毒不彻底,污物处理或放置不当等可造成实验室墙壁、台面、仪器等物体表面的污染。

(4)人体感染:病原微生物可通过呼吸道、消化道、皮肤黏膜等进入人体而引起感染,主要见于工作接触、气溶胶吸入及其他实验室意外事故。

3. 临床实验室人员获得性感染的途径

临床实验室人员获得性感染的生物因子包括细菌、病毒、真菌、寄生虫、生物毒素等,主要来自于感染者的各种标本,传播途径为经口、鼻、皮肤、黏膜等。

(1)通过呼吸道途径进入人体引起感染,如气溶胶的吸入。容易产生气溶胶的操作有使用接种环、移液、采集标本、离心等。

(2)通过消化道途径进入人体并引起感染,通过在实验室内进食、吸烟,以及将被污染的物品放入口腔等不良习惯引起。

(3)通过皮肤、黏膜接触进入人体而引起感染。

(4)直接接种,多见于针头、刀片、玻璃器皿等锐器损伤以及昆虫咬伤等。

3.3.2　临床实验室生物安全相关死亡的原因

临床实验室是院内感染的多发地带。不同类型的病原微生物致病性各异,机体暴露于病原微生物产生的后果取决于病原微生物的致病力、数量以及个体的抵抗力。在临床实验室人员获得性感染中,志贺菌和伤寒沙门菌占主导地位,此外还有 MTB、布鲁氏菌、肝炎病毒、HIV、SARS 病毒等。

3.3.2.1　伤寒杆菌和志贺菌感染

伤寒杆菌和志贺菌主要通过消化道传播,伤寒杆菌可从感染者的血液、粪便、尿液、胆汁等标本中分离到,而志贺菌主要存在于粪便中。伤寒杆菌是肠道沙门菌类的常见种,是伤寒的病原体[8]。伤寒的潜伏期为 7 ~ 23 d,平均为 10 ~ 14 d。伤寒杆菌经口入胃后,未被胃酸杀死的再进入小肠,经肠黏膜侵入集合淋巴结、孤立淋巴滤泡及肠系膜淋巴结中增殖,再经门静脉或胸导管进入血流,引发菌血症。伤寒的自然病程可分为 4 期,在病程的第 2 ~ 3 周,经胆道进入肠道的伤寒杆菌,部分再度侵入肠壁淋巴组织,产生严重的炎症反应,引起肠壁肿胀、坏死、溃疡等。若病变波及血管,则可引起出血,若溃疡深达浆膜,则可导致肠穿孔。伤寒的并发症为肠出血、肠穿孔、中毒性肝炎、中毒性心肌炎等。重症者可能因感染性休克、失血性休克、心源性休克等而死亡。

志贺菌的致病作用主要是内毒素,个别菌株能产生外毒素。志贺菌进入大肠后,由于菌毛的作用而黏附于大肠黏膜的上皮细胞上,继而侵入上皮细胞,增殖,扩散至邻近细胞及上皮下层。毒素破坏肠道黏膜,形成炎症和溃疡,引起腹泻和脓血便;毒素还可引起肠道通透性增高,从而促进毒素的吸收,引起毒血症症状。感染后的临床表现为发热、恶心、呕吐、里急后重和腹泻,腹泻常呈血性,重症者可因严重脱水、电解质紊乱、循环衰竭而死亡。

3.3.2.2　MTB 感染

临床实验室工作人员的结核病患病率为其他职业从业人员的 3 ~ 9 倍。MTB 可从痰液、尿液、粪便和其他体液标本中分离到。实验室获得性结核病最重要的传播途径是处理感染者标本引起的气溶胶,也可通过皮肤伤口接触感染。其致病物质为荚膜、脂质和蛋白质。经飞沫吸入的 MTB 被巨噬细胞吞噬,活化肺泡巨噬细胞,形成早期感染病灶,进一步形成中心呈固态干酪样坏死的结核灶。MTB 感染主要破坏肺及淋巴系统,严重者可因发生呼吸衰竭或炎症风暴而死亡。

3.3.2.3　布鲁氏菌感染

布鲁氏菌感染可由牛布鲁氏菌、羊布鲁氏菌和猪布鲁氏菌引起。实验室意外暴露感染率为 30% ~ 100%。布鲁氏菌可从血液、组织、脑脊液、精液和尿液等标本中分离,常通过吸入感染性气溶胶传播,也可通过直接接触传播。布鲁氏菌病的临床表现包括发热、乏力、关节痛、肌痛、肝大、脾大等全身症状,但往往缺乏特异性,可能持续几天到 1 年以上,经常被误诊,因此导致治疗不足。病菌自皮肤或黏膜侵入人体后,在机体各种因素的作用下,部分病菌被杀灭破碎,释放出内毒素及菌体其他成分,造成菌血症、败血症,还可进一步引发脊柱炎、脑膜炎和心内膜炎等并发症。感染者通常死于心内膜炎或严重的中枢神经系统并发症。

3.3.2.4　HBV 感染

在肝炎病毒引起的感染中,以 HBV 最为常见,临床实验室检验人员感染 HBV 的风险大约为普通人群的 10 倍。HBV 主要通过血液或体液传播,感染后血清中的特异性抗体可直接清除血液循环中的游离病毒,抗原 - 抗体免疫复合物沉积于肝细胞内可引起肝毛细血管栓塞,导致急性重症肝炎。此外,HBV 感染后,机体为彻底清除病毒发生过度的细胞免疫反应可引发大面积的肝细胞损伤,同样可导致重症肝炎。HBV 感染最常见的临床表现为恶心、呕吐、食欲不振、腹胀、腹泻等消化道症状。慢性肝炎以及重症肝炎存活者可发展为肝硬化,长期并发症有消化道出血、肝衰竭、肝性脑病、肝癌等。其死亡原因主要是肝衰竭、上消化道出血、肝性脑病及肾衰竭。

3.3.2.5　HIV 感染

临床实验室获得性 HIV 感染主要由暴露于 HIV 患者的血液或体液引起。HIV 感染潜伏期长、死亡率高。HIV 病毒主要攻击和破坏人体的 CD4 + T 淋巴细胞,造成免疫功能缺陷。当激活免疫反应的 CD4 + T 淋巴细胞被 HIV 耗竭后,抑制免疫反应的细胞数量剧增,从而导致感染者的免疫功能衰竭,继发条件性感染。HIV 携带的致癌基因可使细胞发生癌性转化,特别是在感染者的细胞免疫遭到破坏,当丧失免疫监视作用时,细胞癌变更易发生。影响感染者生存期的因素有确诊年限、是否接受抗病毒治疗、CD4 + T 淋巴细胞水平等。

3.3.2.6　SARS 病毒感染

SARS 病毒存在于感染者的鼻咽抽取物、痰液、漱口液、肺泡细支气管灌洗液、气管抽取物、胸膜腔积液、粪便、尿液、血液及组织等标本中。SARS 病毒具有高传染性和严重的致病性,可通过气溶胶、飞沫、黏膜暴露等途径传播。其造成肺损伤的机制主要有两方面:病毒对于肺泡、支气管上皮细胞、巨噬细胞的直接损伤;病毒诱导机体产生的炎症因子带来的间接损伤[9]。临床表现有发热、咳嗽、呼吸困难、乏力、腹泻等,以呼吸系统受累为主,可引发急性呼吸窘迫综合征,是造成死亡的主要原因。

3.3.3　临床实验室生物安全相关死亡的处理与应对

临床实验室感染与伤害主要由操作失误、仪器使用不当等造成。临床实验室应当制定实验室生物安全事故防范、预警、处理和应对的程序和制度。

3.3.3.1　人员感染或病原微生物泄漏事故的处理与应对

医疗机构若发现由实验室感染引起的与高致病性病原微生物相关的传染病患者、疑似传染病患者或者患有疫病、疑似患有疫病的动物,应当在 2 h 内报告所在地的县级人民政府卫生主管部门;接到报告的卫生主管部门应当在 2 h 内通报实验室所在地的县级人民政府卫生主管部门。

卫生主管部门接到关于实验室发生人员感染事故或者病原微生物泄漏事件的报告,或者发现实验室从事病原微生物相关实验活动造成实验室感染事故的,应当立即组织疾病预防控制机构、动物防疫监督机构和医疗机构以及其他有关机构依法采取下列预防、控制措施:封闭被病原微生物污染的实验室或者可能造成病原微生物扩散的场所;开展流行病学调查;对病人进行隔离治疗,对相关人员进行医学检查;对密切接触者进行医学观察;进行现场消毒;对染疫或者疑似染疫的动物采取隔离、扑杀等措施;其他需要采取的预防、控制措施。

3.3.3.2 感染性物质溢出或溅出的处理与应对

当发生传染性标本、菌种或培养物外溢、溅泼或器皿打破等事故时,应当立即覆盖受污染的物体,采用2000 mg/L含氯消毒剂消毒30~60 min,清理后,再用消毒剂从溢出区域的外围向中心擦拭。如防护服受到污染,则应立即进行手消毒,脱下被污染的防护服并用消毒液浸泡或高压灭菌处理。

3.3.3.3 锐器伤的处理与应对

受伤人员应当脱下防护服,清洗双手和受伤部位,在伤口旁轻轻挤压,尽可能挤出损伤处的血液,再用肥皂液和流水冲洗伤口。冲洗伤口后,采用75%乙醇或0.5%碘伏消毒,包扎;对被暴露的黏膜用生理盐水反复冲洗。记录受伤原因和相关微生物,保留医疗记录,随即向负责人报告。

3.3.3.4 火灾的处理与应对

临床实验室应配备消防设备,具备能有效协助人员撤离的消防通道。一旦发现火情,则应立即引导室内人员有序疏散,并迅速利用室内的消防器材控制火情,争取消灭火灾于初级阶段。如不能及时控制、扑灭火情,则在场人员应立即采取措施妥善处理(如切断电源等),以防止火势蔓延,并视火情拨打“119”求救。向消防安全负责人汇报,负责人根据火情发生的位置、扩散情况及威胁的严重程度逐个区域通知人员撤离。每年进行1次全员消防安全培训及演练。

3.3.3.5 触电的处理与应对

当发现人员触电时,应立即切断电源。当无法切断电源时,可用绝缘物品使触电者脱离带电物体。切勿用手直接接触带电的人和物。当伤员脱离危险地方后,立即拨打“120”急救电话。在等待急救人员的过程中应组织人员进行抢救,若发现触电者呼吸、心跳停止,则应立即使其仰卧于平板上,进行心肺复苏。

3.4 危险化学品生物安全相关死亡

3.4.1 危险化学品的定义

化学品是指各种元素组成的纯净物和混合物,无论是天然的还是人造的。据美国化学文摘登录,全世界已有的化学品多达700万种,其中已作为商品上市的有10万余种,经常使用的有 7 万多种,每年全世界新出现的化学品有 1000 多种。

根据《危险化学品安全管理条例》(2002 年 1 月 26 日中华人民共和国国务院令第 344 号公布 2011 年 2 月 16 日国务院第 144 次常务会议修订通过,自 2011 年 12 月 1 日起施行)第三条,危险化学品是指是指具有毒害、腐蚀、爆炸、燃烧、助燃等性质,对人体、设施、环境具有危害的剧毒化学品和其他化学品。危险化学品具有以下性质:经急性、重复或长期暴露,能导致健康风险的极高毒性或毒性、有害性、腐蚀性、刺激性、致癌性、生殖毒性、能引起非遗传的出生缺陷以及致敏性;燃烧和爆炸危险性,包括爆炸性、氧化性、极易燃、高度易燃性;危害环境特性,包括对生物毒性、环境持久性和生物蓄积性。

3.4.2 危险化学品的分类

在各种实验中使用的危险化学品种类繁多,各种危险化学品的性质、危害性存在较大差异。根据中华人民共和国国家标准《化学品分类和危险性公示　通则》(GB 13690—2009),按主要危险特性将常用危险化学品分为以下三大类。

3.4.2.1 理化危险

1. 爆炸物

爆炸物质(或混合物)是一种固态或液态物质(或物质的混合物),其本身能够通过化学反应产生气体,而产生气体的温度、压力和速度能对周围环境造成破坏。其中也包括发火物质,即使它们不放出气体。

2. 易燃气体

易燃气体是在 20 ℃和 101.3 kPa 标准压力下与空气有易燃范围的气体。

3. 易燃气溶胶

气溶胶是指气溶胶喷雾罐,系任何不可重新罐装的容器,该容器由金属、玻璃或塑料制成,内装强制压缩、液化或溶解的气体,包含或不包含液体、膏剂或粉末,配有释放装置,可使所装物质喷射出来,形成在气体中悬浮的固态或液态微粒或形成泡沫、膏剂或粉末或处于液态或气态。

4. 氧化性气体

氧化性气体是一般通过提供氧气,比空气更能导致或促使其他物质燃烧的任何气体。

5. 压力下气体

压力下气体是指高压气体在压力等于或大于 200 kPa(表压)下装入贮器的气体,或是液化气体或冷冻液化气体。压力下气体包括压缩气体、液化气体、溶解液体、冷冻液化气体。

6. 易燃液体

易燃液体是指闪点不高于 93 ℃的液体。

7. 易燃固体

易燃固体是容易燃烧或通过摩擦可能引燃或助燃的固体。

8. 自反应物质或混合物

自反应物质或混合物是即使没有氧(空气)也容易发生激烈放热分解的热不稳定液态或固态物质或者混合物。本定义不包括根据统一分类制度分类为爆炸物、有机过氧化物或氧化物质的物质和混合物。

9. 自燃液体

自燃液体是即使数量小也能在与空气接触后 5 min 内引燃的液体。

10. 自燃固体

自燃固体是即使数量小也能在与空气接触后 5 min 内引燃的固体。

11. 自热物质和混合物

自热物质是发火液体或固体以外,与空气反应不需要能源供应就能够自己发热的固体物质/液体物质/混合物;这类物质或混合物与发火液体或固体不同,因为这类物质只有数量很大(千克级)并经过长时间(几小时或几天)才会燃烧。

12. 遇水放出易燃气体的物质或混合物

遇水放出易燃气体的物质或混合物是通过与水作用,容易具有自燃性或放出危险数量的易燃气体的固态物质/液态物质/混合物。

13. 氧化性液体

氧化性液体是本身未必燃烧,但通常因放出氧气可能引起或促使其他物质燃烧的液体。

14. 氧化性固体

氧化性固体是本身未必燃烧,但通常因放出氧气可能引起或促使其他物质燃烧的固体。

15. 有机过氧化物

有机过氧化物是含有二价—O—O—结构的液态或固态有机物质,可以看作是 1 个或 2 个氢原子被有机基替代的过氧化氢衍生物。该术语也包括有机过氧化物配方(混合物)。有机过氧化物是热不稳定物质或混合物,容易放热并加速自身分解。另外,它们可能具有下列 1 种或几种性质:易于爆炸分解;迅速燃烧;对撞击或摩擦敏感;可与其他物质发生危险反应。

16. 金属腐蚀剂

腐蚀金属的物质或混合物是通过化学作用显著损坏或毁坏金属的物质或混合物。

3.4.2.2　健康危险

1. 急性毒性

急性毒性是指在单剂量或在 24 h 内多剂量口服或皮肤接触一种物质,或吸入接触 4 h 之后出现的有害效应。

2.皮肤腐蚀/刺激

皮肤腐蚀是对皮肤造成不可逆损伤,即施用试验物质达到 4 h 后,可观察到表皮和真皮坏死。腐蚀反应的特征是溃疡、出血、有血的结痂,而且在观察期 14 d 结束时,皮肤、完全脱发区域和结痂处可因漂白而褪色。应考虑通过组织病理学来评估可疑的病变。皮肤刺激是施用试验物质达到 4 h 后对皮肤造成的可逆损伤。

3.严重眼损伤/眼刺激

严重眼损伤是在眼前部表面施加试验物质后,对眼部造成在施用 21 d 内并不完全可逆的组织损伤,或严重的视觉物理衰退。眼刺激是在眼前部表面施加试验物质后,于眼部产生在施用 21 d 内完全可逆的变化。

4.呼吸或皮肤过敏

呼吸过敏物是吸入后会导致气管超过敏反应的物质。皮肤过敏物是接触皮肤后会导致皮肤过敏反应的物质。

5.生殖细胞致突变性

本危险类别涉及的主要是可能导致人类生殖细胞发生可传播给后代的突变的化学品。但是,在本危险类别内对物质和混合物进行分类时,也要考虑活体外致突变性/生殖毒性试验和哺乳动物活体内体细胞中的致突变性/生殖毒性试验。

6.致癌性

致癌物是指可导致癌症或增加癌症发生率的化学物质或化学物质混合物。在实施良好的动物实验性研究中诱发良性肿瘤和恶性肿瘤的物质也被认为是假定的或可疑的人类致癌物,除非有确凿证据显示该肿瘤形成机制与人类无关。

7.生殖毒性

生殖毒性包括对成年雄性和雌性性功能和生育能力的有害影响,以及在后代中的发育毒性。

8.特异性靶器官系统毒性——一次接触

本条款的目的是提供一种方法,用以划分由单次接触而产生特异性、非致命性靶器官/毒性的物质。所有可能损害机能的、可逆和不可逆的、即时和(或)延迟的且在条款 1~7 中未具体论述的显著健康影响都包括在内。

9.特异性靶器官系统毒性——反复接触

本条款的目的是对由于反复接触而产生特定靶器官/毒性的物质进行分类。所有可能损害机体功能的、可逆和不可逆的、即时和(或)延迟的显著健康影响都包括在内。

10.吸入危险

(1)本条款的目的是对可能对人类造成吸入毒性危险的物质或混合物进行分类。

(2)吸入指液态或固态化学品通过口腔或鼻腔直接进入或者因呕吐间接进入气管和

下呼吸系统。

（3）吸入毒性包括化学性肺炎、不同程度的肺损伤或吸入后死亡等严重急性效应。目前，吸入危险性在我国还未转化成为国家标准。

3.4.2.3　环境危险

危害水生环境。

3.4.3　危险化学品的生物安全问题

危险化学品的生物安全问题主要体现在有毒化学品对实验人员的危害、危险化学品引发的火灾与爆炸危害和危险化学品造成的环境污染 3 个方面。

3.4.3.1　有毒化学品对人体的危害

有毒化学品通过不同途径进入体内，与人体组织发生物理化学作用或生物化学作用，破坏人体正常的生理功能，引起某些器官和系统发生功能性或器质性病变，这种病变称为中毒。按照中毒发生的时间和过程，可将中毒分为急性中毒、亚急性中毒和慢性中毒。这种中毒对健康的影响从轻微的皮疹到一些急、慢性伤害甚至癌症。有毒化学品对人体的毒害作用，随着侵入人体剂量（或吸入浓度×时间）的增加而增强。在相同剂量条件下，不同有毒化学品对人体的毒害作用不同。化学结构不同，则毒害反应也不同。

1. 有毒化学品进入人体的途径

（1）呼吸道吸入：是最常见、最危险的一种侵入方式。毒物经肺部吸收，进入体循环，可不经肝脏的解毒作用而直接遍及全身，产生毒性作用，从而引起急、慢性中毒。

（2）皮肤吸收：二硫化碳、汽油、苯等能够溶解于皮肤脂肪层，通过皮脂腺及汗腺侵入人体。当皮肤破损时，各种毒物只要接触患处，就均可顺利侵入人体。

（3）消化道摄入：毒物随进食、饮水或吸烟等进入消化道，使人中毒。

2. 有毒化学品对人体的毒性效应

（1）窒息性化学品：窒息性气体（如 HCN、CO）取代正常呼吸空气，使氧浓度无法达到维持生命所需要的量而引起窒息。窒息分为物理窒息和化学窒息。化学窒息更危险，如氧气浓度低于 16% 时，人会感觉眼花；氧气浓度低于 12% 时，会造成永久性脑损伤；氧气浓度低于 5% 时，6～8 min 人就会死亡。

（2）刺激性化学品：氯、氨、二氧化硫等气体作用于上呼吸道黏膜，导致气管痉挛和支气管炎。当病情严重时，可发生呼吸道机械性阻塞而窒息死亡。水溶性较大的刺激性气体对局部黏膜产生强烈的刺激作用而引起充血、水肿。吸入大量的水溶性刺激性气体或蒸气常引起中毒性肺水肿。

（3）麻醉或神经性化学品：锰、汞、苯、甲醇、有机磷等亲神经性毒物作用于人体，使神经系统发生不良反应，会出现头晕、呕吐、幻视、视觉障碍、昏迷等。二硫化碳、砷、铊等可造成慢性中毒,引起指(趾)触觉减退、麻木、疼痛、痛觉过敏,甚至会造成下肢运动神经瘫痪和营养障碍。

(4)致癌化学品:目前已基本确认有致癌作用的化学物质有砷、镍、铬酸盐、亚硝酸盐、石棉、3,4-苯并芘类多环芳烃、蒽和菲衍生物、联苯氨、氯甲醚等。此外,还有大量被怀疑有致癌作用或有潜在致癌作用的化学品。

(5)强腐蚀性化学品:氢氟酸是腐蚀性最强的试剂,受氢氟酸伤害后,起初没有明显征兆,随着时间的延长痛感会慢慢出现并逐渐加剧,时间长且治愈难。因此,应尽量避免使用氢氟酸。在工作中所有可能接触氢氟酸的地方均应准备好葡萄糖酸钙。一旦皮肤接触氢氟酸,应立即用大量流动水冲洗 5 min,敷上葡萄糖酸钙,然后尽快接受医生的检查和处理。

3.4.3.2 危险化学品引发的火灾与爆炸危害

火灾与爆炸都会造成实验室仪器设备的重大破坏和人员伤亡,但两者的发展过程显著不同。火灾是起火后火场逐渐蔓延扩大,随着时间的延续,损失数量迅速增长。爆炸则是猝不及防的,可能仅在 1 s 内爆炸过程已经结束,设备损坏、人员伤亡等损失也将在瞬间发生。爆炸通常伴随发热、发光、压力上升、真空和电离等现象,具有很强的破坏作用,它与爆炸物的数量和性质、爆炸时的条件以及爆炸位置等因素有关。爆炸物的危害主要有以下几种。

1. 直接破坏作用

机械设备、装置、压力容器等爆炸后可产生许多碎片,碎片飞出后会在相当大的范围内造成危害。

2. 冲击波的破坏作用

当物质爆炸时,产生的高温、高压气体以极高的速度膨胀,像活塞一样挤压周围空气,把爆炸反应释放出的部分能量传递给附近的空气层,空气因受冲击而发生扰动,使其压力、密度等产生突变,这种扰动在空气中的传播称为冲击波。冲击波的传播速度极快,在传播过程中,可以破坏周围环境中的设备及建筑物,造成人员伤亡。同时,冲击波还可以在它的作用区域内产生震荡作用,使物体因震荡而松散甚至破坏。冲击波的破坏作用主要是由其波阵面上的超压引起的。在爆炸中心附近,空气冲击波波阵面上的超压可达几个甚至十几个大气压,在这样高的超压作用下,建筑物、设备、管道等会受到严重破坏。

3. 造成火灾

爆炸时可产生高温、高压,使实验室内遗留大量的热或残余火苗,会将从破坏的设备内部不断流出的可燃气体、易燃或可燃液体的蒸气点燃,也可能引燃其他易燃物并引起火灾。当盛装易燃物的容器、管道发生爆炸时,爆炸抛出的易燃物有可能引发大面积火灾。

3.4.3.3 危险化学品造成的环境污染

进入环境的危险化学品会引起实验室内外的环境污染,进而威胁周边人员的生命健康。危险化学品主要通过以下途径进入环境:①作为化学污染物以废水、废气和废渣等形式排放到环境中;②由于着火、爆炸、泄漏等突发性化学事故,致使大量有害化学品外泄进入环境。

3.4.4 危险化学品生物安全相关死亡事故

在危险化学品的生命周期,即生产、经营、运输、储存、使用危险化学品和处置废弃危险化学品6个环节,都存在着火灾、爆炸、中毒等重大事故的危险性。

3.4.4.1 危险化学品安全生产事故导致死亡

2014年8月,昆山某金属制品有限公司抛光车间发生粉尘爆炸特别重大事故,造成75人死亡,185人受伤。经调查发现,该公司生产过程中的问题和隐患长期没有解决,粉尘浓度超标,粉尘遇到火源,发生爆炸。

3.4.4.2 危险化学品经营不当导致死亡

1993年8月,深圳市某危险化学品库发生爆炸,引起大火,1 h后着火区又发生第二次强烈爆炸,造成更大范围的破坏和火灾。这次事故造成15人死亡,200多人受伤,其中重伤25人,直接经济损失2.5亿元。该次事故是由仓库里违规存放的大批量化学原料导致的特大型爆炸。

3.4.4.3 危险化学品储存事故导致死亡

危险化学品的储存情况与引起危险化学品生物安全相关死亡的事故有密切关联。2015年8月,天津滨海新区发生特重大安全生产责任事故、重大爆燃事故。事故直接原因:某公司危险品仓库运抵区南侧集装箱内的硝化棉由于湿润剂散失出现局部干燥,在高温(天气)等因素的作用下加速分解放热,积热自燃,引起相邻集装箱内的硝化棉和其他危险化学品长时间大面积燃烧,导致堆放于运抵区的硝酸铵等危险化学品发生爆炸。事件造成165人遇难、8人失踪,798人受伤住院治疗。

3.4.4.4 危险化学品运输事故导致死亡

运输危险化学品的运输过程是最易发生危险化学品安全事故的环节。危险化学品对运输车辆要求较高,承运危险化学品的运输车辆是流动的重大危险源,相比普通车辆更易发生事故,而且事故具有突发性、复杂性和更大危害性。危险化学品运输事故不同于一般运输事故,往往会衍生出燃烧、爆炸、泄漏等更严重的后果,造成经济损失、环境污染、生态破坏、人员伤亡等一系列的社会问题。如在2005年京沪高速江苏某段"3·29事故"中,一辆装运40.44吨液氯(核载15吨)罐式半挂货车因左前轮突然爆胎,方向失控,撞毁中央护栏,冲入对向车道并发生侧翻,与对向驶来的半挂车碰撞,液氯罐车所载液氯泄漏。事故造成29人中毒死亡,456人中毒住院治疗,1867人门诊留治。

3.4.4.5　危险化学品使用不当导致死亡

2003年2月,哈尔滨市某酒店发生特大火灾事故。酒店起火前,服务人员向取暖用煤油炉内注入的是溶剂汽油,而不是煤油。服务员明火加油已属违规操作,而注入的溶剂汽油更加快了这场火灾的形成。事故造成33人死亡。

3.4.4.6　危险化学品废弃物处理不当导致死亡

20世纪50年代,日本水俣市发生了震惊世界的公害事件,当地的许多居民出现了运动失调、四肢麻木、疼痛等症状,而且这种病还能遗传给子女。经考察发现,一家工厂排出的废水中含有甲基汞,使鱼类受到污染。人们长期食用含高浓度有机汞的鱼类后引起中毒,此次事件造成1246人死亡。

近年来,国内危险化学品废弃物随意排放导致的严重事故也时有发生。2015年10月20日,山东章丘4名男子被化工厂雇佣偷埋危险化学品废料,在排放过程中,排入的碱和已排入的废酸发生化学反应,4人疑因吸入过量有毒挥发气体而中毒身亡。

3.4.4.7　高校化学实验室安全事故

近年来,高校科研化学实验室火灾爆炸、实验室药品中毒等安全事故时有发生。以下为近年来造成人员死亡的高校化学实验室安全事故。

1. 南京某大学实验室爆炸

2013年4月30日,南京某大学校内一废弃实验室拆迁施工时发生意外爆炸,造成1人死亡,3人受伤。据悉,该实验室早已废弃,其中的化学品早已搬走,施工人员是学校请来拆除实验室空调的,他们发现实验室内有一些值钱的铁废料,于是进行了切割,而旁边放着煤气罐和氧气瓶,操作时引发了事故。

2. 徐州某大学爆炸事件

2015年4月5日,徐州某大学化工学院一实验室发生爆炸事故,造成5人受伤,其中1人经抢救无效身亡。发生爆炸的直接原因是违规配置试验用气,气瓶内甲烷含量达到爆炸极限范围,开启气瓶阀门时,气流快速流出引起的摩擦热能或静电使瓶内气体发生爆炸,导致事故发生。实验人员在实验时操作不当是该事故发生的间接原因。

3. 北京某大学一实验室爆炸事件

2015年12月18日,北京某大学化学系实验室发生一起火灾爆炸事故,一名正在做实验的博士后当场死亡。根据安监部门通报,爆炸是死者在使用氢气做化学实验时发生的。

4. 北京某大学实验室爆炸事故

2018年12月26日,北京某大学市政环境工程系学生在环境工程实验室进行垃圾渗滤液污水处理科研实验期间,实验现场发生爆炸,事故造成 3 名参与实验的学生死亡。经查明,该起事故直接原因为:在使用搅拌机对镁粉和磷酸搅拌、反应过程中,料斗内产生的氢气被搅拌机转轴处金属摩擦、碰撞产生的火花点燃爆炸,继而引发镁粉粉尘云爆炸,爆炸引起周边镁粉和其他可燃物燃烧,造成现场 3 名学生死亡。

5. 某科学院化学研究所爆炸事故

2021 年 3 月 31 日,某科学院化学研究所实验室因反应釜高温高压发生爆炸,导致一名研究生当场死亡。

6. 南京某大学实验室爆燃事故

2021 年 10 月 24 日,南京某大学材料科学与技术学院材料实验室发生爆燃事故。事故造成 2 人死亡,9 人受伤。爆炸实验室位于 3 楼的粉末冶金实验室,爆炸原因或与镁铝粉爆燃有关。

有研究人员对 2010—2015 年 46 起高校实验室安全事故的类型、发生地点等进行了统计,结果发现,火灾、爆炸事故共计 42 起,占事故总数的 91% ,是高校实验室安全事故的主要类型。事故发生地点集中在化学、生物、电气、医学实验室以及危险化学品库房。其中,发生在化学实验室的安全事故共计 37 起,占事故总数的 80% ,可见,化学实验室是高校安全监管的重点。

此类事故的发生对师生身心、财产安全造成了重大损失,对科研工作的顺利开展产生了消极影响,乃至影响到了社会的安全和稳定。高校化学实验室安全问题应当引起实验人员和管理人员的高度重视。

3.5　辐射实验室生物安全相关死亡

辐射是物体以电磁波或粒子流的形式自发向外发射能量的过程,其中高能辐射可引起被辐射物质激发电离,称为电离辐射。α 射线(α 粒子流)、β 射线(β 粒子流)、中子流等高能粒子流和 γ 射线、X 射线等波长(λ)小于 150 nm 的电磁波都是电离辐射。

放射是指元素从不稳定的状态自发衰变成稳定状态,同时放出射线(即衰变产物,如 α 射线、β 射线、中子射线、γ 射线等)的现象。原子序数在 83(铋)或以上的元素都具有放射性,但某些原子序数 83 以下的元素(如锝)也具有放射性。由放射性核素自发产生的射线称为核辐射。

放射性核素和现代射线装置已被广泛应用于医疗、工业、农业、地质、能源和军事等行业。由于电离辐射对生物体具有破坏作用,当发生放射性物质保存或使用不当等事故时,就可能对生命健康和环境产生严重危害。

3.5.1　放射源和射线装置的分类

3.5.1.1 放射源的分类

根据《放射性同位素与射线装置安全和防护条例》,参照国际原子能机构的有关规定,按照放射源对人体健康和环境的潜在危害程度,从高到低将放射源分为Ⅰ、Ⅱ、Ⅲ、Ⅳ、Ⅴ类,Ⅴ类放射源的下限活度值为该种核素的豁免活度。

(1)Ⅰ类放射源为极高危险源:在没有防护的情况下,接触这类放射源几分钟到1 h就可致人死亡。

(2)Ⅱ类放射源为高危险源:在没有防护的情况下,接触这类放射源几小时至几天就可致人死亡。

(3)Ⅲ类放射源为危险源:在没有防护的情况下,接触这类放射源几小时就可对人造成永久性损伤,接触几天至几周也可致人死亡。

(4)Ⅳ类放射源为低危险源:基本不会对人造成永久性损伤,但对长时间、近距离接触这些放射源的人可能会造成可恢复的临时性损伤。

(5)Ⅴ类放射源为极低危险源:不会对人造成永久性损伤。

3.5.1.2 放射装置的分类

根据射线装置对人体健康和环境的潜在危害程度,从高到低将射线装置分为Ⅰ类、Ⅱ类、Ⅲ类。

(1)Ⅰ类射线装置:发生事故时短时间照射可以使受到照射的人员产生严重的放射损伤,其安全与防护要求高。

(2)Ⅱ类射线装置:发生事故时可以使受到照射的人员产生较严重的放射损伤,其安全与防护要求较高。

(3)Ⅲ类射线装置:发生事故时一般不会使受到照射的人员产生放射损伤,其安全与防护要求相对简单。

辐射事故又称放射源事故,是指因放射性核素丢失、失盗、失控引起的环境放射性污染,或因射线装置或放射性核素使用不当导致人员受到意外异常照射的事故。

3.5.2 辐射实验室生物安全防护及其事故的常见原因

3.5.2.1 辐射实验室生物安全防护

辐射防护的基本原则为实践的正当化、防护的最优化、个人剂量限值。个人剂量限值是指放射性职业人员和广大居民个人所受的当量剂量的国家标准限值,是个人在一年内受到的辐射总剂量,包括外照射和内照射。职业照射人员全身均匀照射限值为20 mSv/a,公众照射人员全身均匀照射限值为1 mSv/a。若由各种原因导致一年内辐射量大于0.1 Sv,则癌症发生率增高;若超过1 Sv,则各类辐射疾病会显现并致命。

外照射是指电离辐射源发出的射线从体外对人体的照射,外照射防护的基本原则包括以下 4 条。

（1）时间防护：缩短受照射的时间。

（2）距离防护：增大与放射源之间的距离。

（3）屏蔽防护：设置防护屏蔽物。

（4）用量防护：降低放射性制剂的活度。

内照射是指进入人体的辐射源从体内对人体产生的照射，比如通过口、鼻、伤口等摄入，或接触到含有放射性核素的气体、粉尘、液体等，使辐射源进入体内产生照射。内照射的防护基本原则包括环境控制、阻塞放射性核素进入人体的通道（如隔离、通风等）、个体防护用具的穿戴及遵守操作规程。还可以通过药物进行防护，或加速辐射源从体内排出。

3.5.2.2　辐射实验室生物安全事故的常见原因

辐射实验室生物安全事故的常见原因包括防护不当或缺少有效防护体系、放射源丢失或摄入、放射性废弃物处置不当等。

（1）实验室使用放射源时操作不规范、未在盛有吸水纸的托盘上进行放射性核素相关操作、使用挥发性试剂时未在通风橱内进行、工作期间未完成相应的防护条件、在同一实验室内操作不同的放射源、实验过程中进入无关实验室、戴沾染放射源的工作手套触碰无关物品、不严格区分放射性与非放射性用具及设备、实验后未按要求清理实验用品和环境污染物等，均可能导致辐射生物安全事故。

（2）若辐射源操作人员未对辐射源进行屏蔽、减少照射剂量，则可能引起人体受辐射剂量超标。

（3）在辐射工作场所进食、吸烟或进行任何口吸法操作、使用鼻嗅放射性制剂，都可能发生误食、误吸入放射性物质，导致内照射。

（4）辐射工作场所通风不佳也可引起人员吸入含放射性物质并引发相关疾病。

（5）若各种意外或失误使得辐射源进入体内而未及时发现、处理，则可能使辐射源在体内长期蓄积，导致严重后果。

（6）若发生放射性污染而未及时、正确去污，或去污后未进行安全检测和控制，则可能引起污染扩散，导致人员意外受到照射。

（7）对放射性废物未按照相关法规集中管理和处置，贮存衰变时间不足、未严格检测活度浓度是否小于豁免值，或未经有效稀释即排放等，受放射性物质污染的动物尸体不经福尔马林浸泡、固结、衰变贮存、冷冻、破碎、干燥、焚烧、灰固化而直接丢弃等行为，均可能造成放射性污染，导致人员意外受到照射。

3.5.3　辐射损伤的机制

电离辐射的生物效应：自细胞水平上通过能量吸收开始，能量通过直接或间接作用攻击 DNA 等生物大分子,造成分子失活、碱基改变、DNA 单链或双链断裂;DNA 双链断裂可能进一步造成染色质断裂、畸变等,且不能被细胞成功修复。损伤不能修复且仍存活的细胞或将发生改变,逃过免疫监视后可能产生远期癌变或遗传效应,使受照射者罹患癌症或使其后代发生出生缺陷,这称为随机性效应。随机性效应的发生没有剂量阈值,效应的严重程度与剂量无关,但发生的概率与剂量呈正相关。随着辐射剂量的增加,死亡细胞的数量也增加,当剂量达到一定阈值时,组织细胞大量死亡,器官就表现出功能或结构的异常,这种由电离辐射引起的以细胞大量损失为病理基础的临床效应称为确定性效应。剂量越大,确定性效应越严重。确定性效应达到一定程度将致人死亡。例如,过量电离辐射引起的白内障即为确定性效应。不同组织发生确定性效应的辐射阈值不同。

细胞分裂更新旺盛的组织比细胞分裂更新缓慢的组织对电离辐射的敏感性高,发生随机性效应和确定性效应的可能性高,因此,生殖腺、造血系统等对辐射更敏感,胎儿、婴幼儿比成年人更易受辐射损害。若电离辐射源的使用不当,当发生超剂量照射时,则可能引起确定性效应的发生和随机性效应发生率的提高,导致组织急性损伤或远、后期效应。辐射相关实验室需加强规范化防护,防止确定性效应的发生,将随机性效应的发生概率降至可接受的尽可能低的水平。

3.5.4 辐射生物安全相关死亡

辐射相关的死亡主要是由急性辐射综合征(acute radiation syndrome, ARS)所致。ARS 又称急性放射病,是指机体因短时间内遭受剂量不低于 1 Gy 的电离辐射而发生的全身性综合征[10]。全身受照时可引发多器官功能障碍甚至衰竭,其病理生理学机制包括细胞损失造成的直接后果和全身性炎症反应综合征。根据临床表现及损伤程度不同,可将 ARS 分为骨髓型、肠型、脑型和心血管型,严重者可在辐射后数小时或数月内死亡。

骨髓型 ARS 以造血系统损害为主,主要表现为白细胞数量减少、形态异常、严重感染、反复出血等。骨髓型 ARS 吸收辐射剂量一般在 1~10 Gy,可分为轻度、中度、重度和极重度;中度和重度具有较明显的临床分期,可分为初期、假愈期、极期和恢复期;当剂量达到 6 Gy 以上时,可发生极重度骨髓型 ARS,难以治愈,将导致死亡;中、重度骨髓型 ARS 患者也可能在极期发生死亡。

肠型 ARS 较骨髓型 ARS 更严重,一般在剂量达到 10 Gy 以上时可发生,主要表现为呕吐、腹泻、血水便等胃肠道症状。因病程短,当其造血系统损伤的临床表现尚未显现时,消化道症状已出现。患者肠黏膜发生广泛性坏死脱落,受辐射后约 1 周可出现小肠危象。肉眼可见肠黏膜光滑,皱襞消失,肠壁变薄。镜下隐窝减少或消失,细胞坏死,绒毛裸露,可见畸形细胞;黏膜固有层和下层充血、水肿、可见粒细胞浸润。肠型 ARS 病情发展快、病程短,初期症状重,假愈期短或不出现,极期突出表现为胃肠道症状。受辐射剂量近肠型 ARS 剂量下限者,经救治若渡过肠型死亡期,即表现出骨髓衰竭,造血功能一般不能自行恢复。死亡早者,出血不及重度骨髓型 ARS 严重;经治疗而延长生存期者,可发生严重出血。由于造血功能严重破坏、免疫力低下且肠道失去屏障,细菌和有害物质侵入血液,体液大量丢失,败血症、脱水、电解质紊乱等并发症很快发生并导致死亡。

脑型 ARS 以中枢神经系统损伤为主要特征,发病迅速,病情凶险,进展极快,1～2 d 内即发生死亡,造血系统和肠道损伤特征往往来不及充分显露。以小脑、大脑皮层、丘脑和基底核损伤最为显著。肉眼可见脑组织充血、水肿。镜下可见小脑颗粒层细胞核固缩或肿胀,蒲氏细胞空泡变性、坏死;大脑皮层细胞变性坏死,胶质细胞包绕神经元形成"卫星"现象,神经细胞髓鞘崩解或脱失;脑血管变性,周围组织出血、水肿、炎症细胞浸润。病变引起急性颅内高压,脑缺氧,运动和意识等神经活动障碍,并快速死亡,死亡原因主要为脑性昏迷、衰竭。

心血管型 ARS 的受辐射剂量介于肠型 ARS 和脑型 ARS 之间,病程较脑型 ARS 稍长。其主要特点是心肌细胞变性、坏死或萎缩,心肌炎症细胞浸润,伴有心血管系统功能障碍,而神经细胞损伤表型较少或缺如。心血管型 ARS 主要因休克或急性循环衰竭死亡。

除剂量外,受照部位对损伤后果亦有重要影响。当机体受照射极不均匀时,虽然总剂量可能低于可成功救治的全身最大受照射剂量,但仍可造成难以治愈的后果。例如,在某 ^{137}Cs 核辐射事故中,一名受照者极不均匀地受到照射,虽全身总剂量为 4 Gy,低于无法治愈的 6 Gy,但股部受照剂量过大,于照射后 13 d 死于急性肾衰竭。

3.5.5 辐射实验室生物安全相关死亡的处理与应对

根据事故的性质、严重程度、可控性和影响范围等,从重到轻可将辐射事故分为特别重大辐射事故、重大辐射事故、较大辐射事故和一般辐射事故 4 个等级。

(1)特别重大辐射事故:指 Ⅰ 类、Ⅱ 类放射源丢失、被盗、失控造成大范围严重辐射污染后果,或者放射性同位素和射线装置失控导致 3 人以上(含 3 人)急性死亡。

(2)重大辐射事故:指 Ⅰ 类、Ⅱ 类放射源丢失、被盗、失控,或者放射性同位素和射线装置失控导致 2 人以下(含 2 人)急性死亡或者 10 人以上(含 10 人)急性重度放射病、局部器官残疾。

(3)较大辐射事故:指 Ⅲ 类放射源丢失、被盗、失控,或者放射性同位素和射线装置失控导致 9 人以下(含 9 人)急性重度放射病、局部器官残疾。

(4)一般辐射事故:指 Ⅳ 类、Ⅴ 类放射源丢失、被盗、失控,或者放射性同位素和射线装置失控导致人员受到超过年剂量限值的照射。

按照《放射性同位素与射线装置安全和防护条例》的规定和要求,县级以上人民政府生态环境主管部门应当会同同级公安、卫生、财政等部门编制辐射事故应急预案,并报本级人民政府批准;辐射源或射线装置使用单位需根据可能发生的辐射事故的风险,制定本单位的应急方案,做好应急准备。

发生辐射事故时,事故单位应当立即启动本单位的应急方案,采取应急措施,并立即向当地生态环境主管部门、公安部门、卫生主管部门报告。

生态环境主管部门、公安部门、卫生主管部门接到辐射事故报告后,应当立即派人赶赴现场,进行现场调查,采取有效措施开展医疗救治、环境监测与污染消杀,控制并消除事故影响,同时将辐射事故信息报告本级人民政府和上级人民政府生态环境主管部门、公安部门、卫生主管部门。

县级以上地方人民政府及其有关部门接到辐射事故报告后,应当按照事故分级报告的规定及时将辐射事故信息报告上级人民政府及其有关部门。发生特别重大辐射事故和重大辐射事故后,事故发生地省、自治区、直辖市人民政府和国务院有关部门应当在4 h内报告国务院;特殊情况下,事故发生地人民政府及其有关部门可以直接向国务院报告,并同时报告上级人民政府及其有关部门。禁止缓报、瞒报、谎报或者漏报辐射事故。

受辐射照射的人体处置与应对:①接触受照者之前,检查人员应当首先做好防护措施,采用射线探查工具探查受照者是否沾染放射源或存在内照射;②当受照者存在放射源沾染或内照射时,应先行消洗处理,采取措施清除体内的放射源,并妥善处置产生的放射性废物;③根据受照史信息,可采取模拟测试法估算物理剂量[11],采集外周血,根据《染色体畸变估算生物计量方法》进行生物剂量估算,以预判可能发生 ARS 的类型并尽早制订有效的救治方案;④依据《过量照射人员的医学检查与处理原则》,结合剂量估算结果和临床表现,尽早展开医学观察和医疗救治。

3.6 实验室源性生物安全相关死亡案例剖析

朊病毒是动物和人类传染性海绵状脑病(transmissible spongiform encephalopathy,TSE)的病原体,可引起感染者脑神经元变性、坏死,神经组织大体表现为海绵状,致死率为100%。朊病毒是一类不含核酸、仅由蛋白质构成的具有感染性的病源因子[12-17]。早在15世纪发现的绵羊瘙痒病就是由朊病毒所致;1986 年,在英国发生的牛海绵状脑病(也称疯牛病),其病原体也是朊病毒。人类朊病毒病被称为雅各布病(Creutzfeldt - Jakob disease,CJD),可引起脑功能障碍和痴呆症。美国学者布鲁辛纳(Prusiner)因在研究朊病毒的特征及致病机理方面所取得的突破性进展,获得了 1997 年的诺贝尔生理学或医学奖。本节将对 1 例实验室研究人员感染朊病毒死亡的典型案例进行剖析[13-15]。

3.6.1　案例简介

2010 年,24 岁的青年科学家艾米莉·朱梅茵(Émilie Jaumain)在法国国家农业食品与环境研究院(INRNE)的宿主 - 病原相互作用与免疫实验室从事研究工作。2010 年 5 月,她在使用冷冻切片机制作感染朊病毒蛋白的小鼠脑切片时,被正在使用的尖头镊子意外刺伤手指,尽管她当时带有两层乳胶手套,还是被刺破并出血;伤口并不大,她也及时对伤口进行了消毒清理,当时她并没有感觉异常,但从此以后,每天她都生活在对感染朊病毒的担忧之中[13]。

2017 年 11 月,即在实验室意外事故发生 7 年半后,艾米莉·朱梅茵感到右肩和右颈部出现难以忍受的灼痛;2018 年 4 月,她身体上的疼痛逐渐扩散到整个右半侧身体,包括面部、耳内、肩背、臀部、上肢、下肢和足部。2019 年 1 月,她开始出现抑郁和焦虑症状,并出现记忆障碍和幻视。2019 年 3 月,她被诊断为可能患有变异型雅各布病(variant Creutzfeldt - Jakob disease,vCJD)。2019 年 6 月,艾米莉·朱梅茵死亡。

3.6.2　临床病例资料和生前体液样本朊蛋白检测

2018 年 11 月,艾米莉·朱梅茵进行了第 1 次医院检查,脑脊液检验正常。脑 MRI 检查显示其尾状核和丘脑液体反转恢复序列信号轻微升高(图 3.1A、B),但被解释为正常。医生诊断怀疑为莱姆病(一种由蜱传伯氏疏螺旋体引起的自然疫源性疾病),并开始使用头孢曲松治疗,但疼痛持续存在。后因出现抑郁征象,艾米莉·朱梅茵被转到精神病科进行抗抑郁治疗。2019 年 3 月,颅脑 MRI 检查显示丘脑枕侧和背侧核两侧的信号比纹状体更强烈(图 3.1C ~ E)。在脑电图上观察到的活动则较缓慢。

2019 年 1—2 月,艾米莉·朱梅茵因出现记忆障碍而入住神经内科。医生观察到其有右侧锥体外系高张力障碍、视觉幻觉、顺行性遗忘、焦虑等躯体和精神情绪障碍问题。炎症标志物、血清学和免疫学检查未见明显异常;抗神经元、抗甲状腺过氧化物酶、抗甲状腺球蛋白、抗促甲状腺激素受体抗体的检测结果均为阴性。维生素 B_1 和 B_6 水平均在正常范围内。标准脑脊液分析结果正常,阿尔茨海默病标志蛋白(14 - 3 - 3 蛋白)检测结果呈阴性。

采用分子遗传分析技术,对位于人类基因组 20 号染色体的朊蛋白基因编码蛋白质进行分析显示,在 129 位密码子处有一个纯合子的基因型,编码蛋氨酸 - 蛋氨酸。这提示艾米莉·朱梅茵符合疑似 vCJD 的诊断标准。采用 2 种不同的朊蛋白微量检测技术检查血液和脑脊液中朊蛋白颗粒,其中实时震动诱导蛋白转化扩增(Real Time - Quaking Induced Conversion assay,RT - QuIC)检测结果为阴性;蛋白质错误折叠循环扩增(Protein misfolding cyclic amplification,PMCA)检测结果呈阳性(图 3.2)。艾米莉初步确诊为 vCJD;2019 年 6 月,尽管医生一直积极治疗,艾米莉仍不幸死亡。

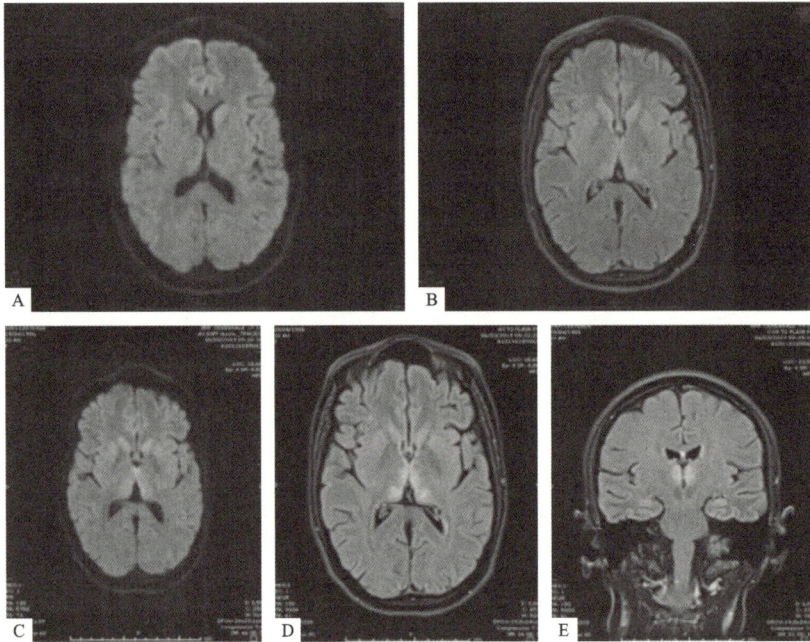

A. 弥散加权成像（diffusion weighted imaging，DWI）示尾状核和丘脑有轻微高信号；B. DWI 轴向截面；C. DWI 轴向截面示纹状体和丘脑信号强度增加；D. 轴向截面示有典型的"曲棍球棒"标志；E. DWI 冠状截面示有典型的枕窝标志。

图 3.1 2018 年 11 月艾米莉·朱梅茵颅脑 MRI（A、B）和 2019 年 3 月颅脑 MRI（C～E）[18]

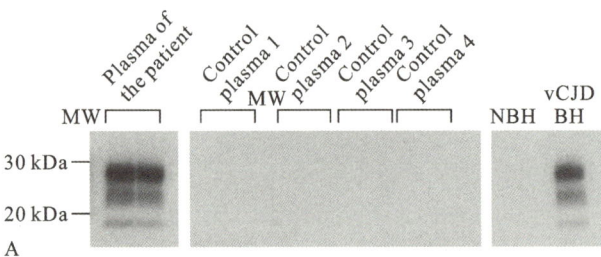
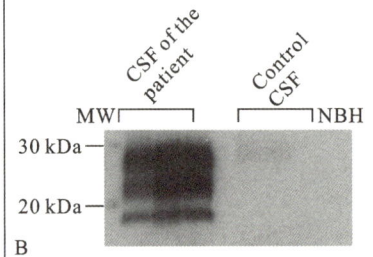

A. 采用 PMCA 检测患者血浆朊蛋白成分。实验中，以稀释 8～10 倍的 vCJD 患者脑匀浆作为阳性对照，使用涂有纤溶酶原的磁性纳米珠捕获朊病毒蛋白后进行 4 轮 PMCA 检测。将血浆样品一式两份。用 MW 表示分子量。B. 患者脑脊液样本、阴性对照和 NBH 样本，采用 PMCA 扩增，采用 3F4 单克隆抗朊病毒蛋白抗体进行蛋白质印迹（Western blot，WB），以检测蛋白酶 K 耐药朊蛋白。

图 3.2 采用 2 种不同的朊蛋白微量检测技术检查血液和脑脊液中的朊蛋白颗粒[18]

3.6.3 死后检验发现

艾米莉·朱梅茵死后，神经病理学家对其脑组织进行检查时发现，其脑组织已经呈海绵状改变,在脑皮层灰质中可见神经元坏死、消失和胶质细胞增生。对脑组织进行朊粒(proteinaceous infectious particle,PrP)免疫组织化学染色显示,脑皮层可见多发、散在的朊蛋白染色阳性物质,呈斑块、灶状沉积,胶质细胞和血管周围的 PrP 沉积尤为明显(图 3.3A ~ G)。大脑皮层和小脑组织内有典型的 PrP 染色阳性的红色斑块沉积(图 3.3H)。提取脑组织蛋白并进行电泳分离,采用 3F4 单克隆抗朊病毒蛋白抗体进行 WB 分析显示,所有样本脑区均存在 2B 型蛋白酶抗性朊蛋白(图 3 ~ 3I)。因此,研究者用过分子解剖确诊艾米莉为因 vCJD 而死亡。

3.6.4　死亡原因分析

由 PrP 导致的疾病称为朊病毒病。PrP 是一类特殊的传染性蛋白致病因子(毒粒),可引起 TSE。TSE 是一类累及人类和动物中枢神经系统的退行性脑病,其潜伏期长,临床主要表现为震颤、共济失调、运动障碍、精神神经衰退、痴呆等,呈慢性进行性发展,最终导致死亡。库鲁病、CJD、vCJD、格斯特曼综合征和致死性家族性失眠症均为 TSE 的亚型。

PrP 由 253 个氨基酸组成,分子量为 33 ~ 35 kD;其分子中甘氨酸(G)、天门冬氨酸/门冬酰胺和谷氨酸/谷氨酰胺含量最多。PrP 有 2 种异构体,分别为细胞型 PrP 和羊瘙痒症型 PrP;羊瘙痒症型 PrP 是细胞型 PrP 在蛋白酶作用下切处 67 个氨基酸的产物,是致病异构体。PrP 由染色体上一个单拷贝基因编码,人类 *PrP* 基因位于 20 号染色体短臂;人类 *PrP* 基因突变常发生在第 32、48、56、72 位密码子处,多为重复片段的插入或点突变,突变的结果使 PrP 转变成羊瘙痒症型 PrP,从而导致 CJD。PrP 缺乏核酸,能耐受煮沸、紫外线照射、电离辐射等灭活核酸的物理处理方法和核酸酶切化学处理方法;然而,蛋白酶 K 和氨基酸化学修饰剂处理可降低其感染性,尿酸、肌胺、苯酚等蛋白质变性剂可将 PrP 灭活[12,14-16]。

CJD 的主要发病机制是发生错误折叠的 PrP 以一种逆向形式运输至细胞质;即使细胞质中出现少量的这类蛋白质,也具有高度的神经毒性。PrP 的致病过程首先是经一定的传播途径(如进食患病动物肌肉、内脏)侵入机体并进入脑组织,经神经细胞轴突传递在脑组织内播散;羊瘙痒症型 PrP 可抵抗蛋白酶的消化,并按指数形式复制和增长,沉积于神经元溶酶体内,导致被感染的脑神经元变性、凋亡和坏死,释出的 PrP 又侵犯其他脑神经元,使病变不断扩散和发展。感染 PrP 坏死和消失的神经元在脑组织中留下大量的海绵状空隙,并出现相应的临床症状,这就是 TSE。PrP 有不同的亚型,可引发不同的疾病,但这些疾病大体具有类似的或共同特点的神经病理变化,如弥漫性神经元变性、坏死、消失,胶质细胞增生,淀粉样斑块形成和神经元内空泡形成,在肉眼下主要表现为脑皮质和小脑的萎缩[15-17]。

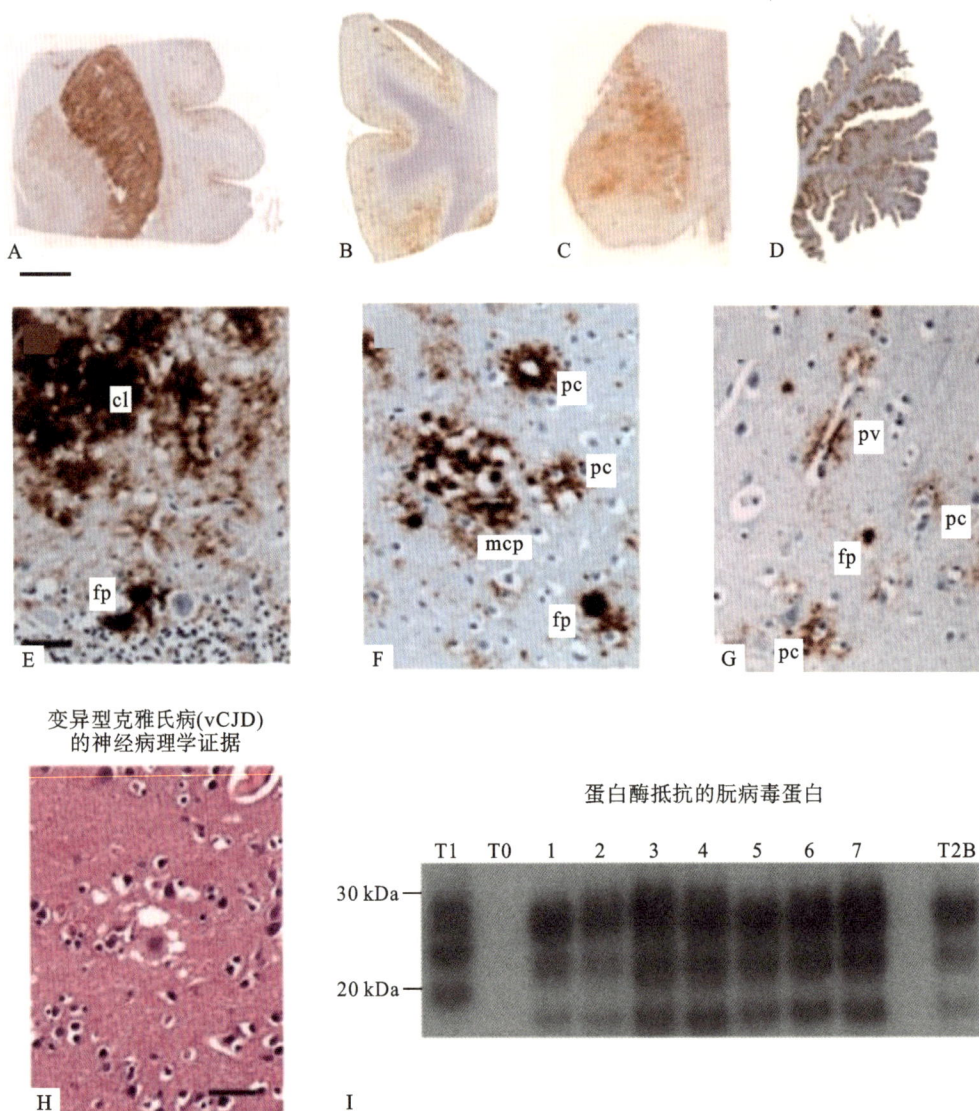

A~G. 使用 12F10 单克隆抗 PrP 抗体进行免疫组织化学染色。PrP 在壳核(A)、皮层(B)、枕部(C)和小脑(D)中 PrP 染色阳性物质沉积分布。Bar 5 mm。E~G. 红色斑块(fp)、斑块(cl)、多中心斑块(mcp)、血管周围(pv)和细胞周围(pc)PrP 在小脑分子层(E)、豆状核(F)和颞叶皮层(G)累积。Bar = 50 μm。H. 显示典型的变异型 PrP 红色斑块(HE 染色)。Bar = 50 μm。I. 显示从患者的不同部位脑组织样本中检测到的蛋白酶耐药性 PrP 的蛋白质印迹分型。脑区域包括额叶(通道 1)、枕叶(通道 5)、丘脑(通道 2)、小脑(通道 3)、枕窝(通道 4)、海马(通道 6)和尾状核(通道 7)。T1 为从散发性 CJD 患者获得的 1 型蛋白酶耐药朊病毒蛋白,T2B 为来自 vCJD 患者的 2B 型蛋白酶耐药朊蛋白,T0 为阴性对照样本。

图 3.3 艾米莉·朱梅茵死后的脑组织形态改变和分子检测(分子解剖)[18]

目前,学术界对 vCJD 的发病率尚无一致的统计结果。vCJD 的主要特点是人感染后潜伏期较长(可长达 15 年以上)且患者均较为年轻(中位年龄 29 岁,范围 14~48 岁)。其临床表现为神情恍惚、口齿不清、共济失调、幻听、幻视、生活不能自理、进展性痴呆等。患者感染后平均存活时间为 14 个月,范围为 7.5~22.5 个月,无 CJD 特征性脑电图波。vCJD 的病理改变表现为脑组织发生神经元变性、减少或消失,形成广泛的空泡样改变,使脑组织呈海绵体化,星形胶质细胞和小胶质细胞增生,大脑和小脑内出现 PrP 高密度斑块,基底节和丘脑出现较低密度斑块,有致病性蛋白积累,无炎性细胞浸润,最终脑功能全面衰退、死亡。

为确定艾米莉·朱梅茵的死亡原因,研究人员对事件进行了流行病学调查。结果显示,艾米莉·朱梅茵于 2009—2012 年在法国 INRNE 参与朊病毒的研究工作,她研究表达人 PrP 和牛 PrP 的转基因动物,可直接接触感染人 PrP 和牛 PrP 的菌株。调查发现,艾米莉·朱梅茵确实发生过意外事故。2010 年 5 月,她在处理感染绵羊疯牛病的人源化转基因小鼠的脑冷冻切片时被锋利的尖头镊子刺伤了手指。事故发生时,她处理的小鼠大脑来自含有过表达的人朊蛋白 129 位密码子编码甲硫氨酸基因的患绵羊疯牛病的转基因小鼠并进行了二次脑内传代。传染病学研究表明,感染含有人朊蛋白 129 位密码子编码甲硫氨酸基因的患绵羊疯牛病的转基因小鼠极易传播人 PrP。艾米莉·朱梅茵在发生实验室操作意外时发现手指伤口出血,她立即离开生物安全实验室,用清水冲洗受伤的手指,并在新鲜稀释的 2% 次氯酸钠溶液中浸泡了 10 min 以上。

此外,在艾米莉·朱梅茵的年龄组(1986—1996 年出生)的人群中,大多数法国人有通过饮食接触有疯牛病风险的牛产品的情况。欧洲首次报告的 vCJD 病例发生在 1994—1996 年,而 1984—1986 年,欧洲人最有可能接触受疯牛病感染的肉类,原因在于,奶牛和人类患 vCJD 的平均潜伏期约为 10 年[12,17]。

对于艾米莉·朱梅茵的病情有 2 种可能的解释。第一,不能排除受污染的牛产品经口腔传播的可能性,因为她出生在法国疯牛病暴发开始的时间段,然而,位于法国和英国的携带朊蛋白 129 位密码子编码甲硫氨酸的基因纯合子的 2 名患者分别于 2013 年和 2014 年死亡,这使得经口腔传播不太可能。第二,在法国,1969 年后出生的人群于 2019 年感染 vCJD 的风险可以忽略不计或不存在。艾米莉·朱梅茵经皮肤暴露于受朊病毒污染的实验物质是合理的,因为艾米莉·朱梅茵的尸检结果表明,其体内的朊蛋白 129 位密码子编码的是甲硫氨酸,这与其当时实验使用的改造的朊病毒一致,而与欧洲此前流行的疯牛病的朊蛋白不同。

通过艾米莉·朱梅茵的病程进展分析发现,她发生实验室事故与其临床症状之间的 7 年半的延迟与输血传播形式的疾病潜伏期一致,其临床表现也与患 vCJD 后的临床表现一致,并且该菌株通过外周途径传播的能力已被证明。综上所述,艾米莉·朱梅茵毫无疑问是在实验室工作时感染了朊病毒并导致了死亡。

本案例的死者是在研究实验室内有明确记录的 vCJD 意外传播的病例,从本次案例中我们可以总结出许多关于实验室朊病毒感染后值得注意的地方。第一,在实验室中被携带有感染物质的穿刺针刺伤,即使短时间接触也足以在人体内传播朊病毒。第二,在实验室意外感染朊病毒后将受伤部位浸泡在新鲜稀释的 2% 次氯酸钠溶液中并不足以防止感染。第三,这次的悲剧让我们更加明白,在进行实验时忽视实验室生物源性朊病毒相关的职业风险和公共卫生问题方面的预防工作会引起极其严重的后果。在研究实验室和尸检室内工作时,应加强对容易发生意外创伤的实验室工作人员的保护。临床医生在进行组织活检以探索不明原因的脑病患者时,也容易发生感染。因此,对需要接触朊病毒的专业人员应进行准确的培训。

意大利已知最近一个 vCJD 病例于 2016 年死亡,该患者生前也曾在工作中接触国感染牛海绵状脑病的脑组织[12]。

艾米莉·朱梅茵死后,她的家人和朋友成立了实验室防护和安全协会,用以呼吁加强实验室安全方面的培训、实验室监督管理和对话,从而更好地防范 vCJD 和其他能感染人类的朊病毒的传播。

(阎春霞　赵乾皓　黄二文)

参考文献

[1] 李京京,靳晓军,程洪亮,等.高等级生物安全实验室风险案例分析和思考[J].生物技术通讯,2018,29(2):271-276.

[2] BRANDEL J P,VLAICU M B,CULEUX A,et al. Variant Creutzfeldt-Jakob disease diagnosed 7.5 Years after occupational exposure[J]. N Eng J Med,2020,383(1):83-85.

[3] BLACKSELL SD,ROBINSON MT,NEWTON PN,et al. Laboratory-acquired Scrub Typhus and Murine Typhus infections:the argument for a risk-based approach to biosafety requirements for orientia tsutsugamushi and rickettsia typhi laboratory activities[J]. Clin Infect Dis. 2019;68(8):1413-1419.

[4] 刘静,李超,柳金雄,等.高等级生物安全实验室在生物安全领域的作用及其发展的思考[EB/OL].中国农业科学,2020,53(1):74-80.

[5] AHMAD T,HAROON,DHAMA K,et al. Biosafety and biosecurity approaches to restrain/contain and counter SARS-CoV-2/COVID-19 pandemic:a rapid-review[J]. Turk J Biol. 2020;44(3):132-145.

[6] KODAMA F,YAMAGUCHI H,PARK E,et al. A novel nairovirus associated with acute febrile illness in Hokkaido,Japan[J]. Nat Commun. 2021;12(1):5539-5548

［7］国家卫生和计划生育委员会.临床实验室生物安全指南:WS/T 442—2014,［S］.北京:中国标准出版社,2014.

［8］CRUMP JA. Progress in typhoid fever epidemiology［J］. Clin Infect Dis,2019,68(1):S4 – S9.

［9］MARTINES RB,RITTER JM,MATKOVIC E,et al. Pathology and pathogenesis of SARS – CoV – 2 associated with fatal coronavirus disease,United States［J］. Emerg Infect Dis,2020,26(9):2005 – 2015.

［10］ACOSTA R,STEVEN J. Warrington. Radiation Syndrome［M］. In:StatPearls［Internet］. Treasure Island（FL）:StatPearls Publishing,2021.

［11］上伟,王守正,张惠生,等. 2003 – 2018 年我院处置的辐射事故病例分析［J］.辐射防护,2021,41(01):76 – 80.

［12］WATSON N,BRANDEL JP,GREEN A,et al. The importance of ongoing international surveillance for Creutzfeldt – Jakob disease［J］. Nat Rev Neurol. 2021,17(6):362 – 379.

［13］JANKOVSKA N,RUSINA R,BRUZOVA M,et al. Human prion disorders:review of the current literature and a twenty – year experience of the national surveillance center in the Czech Republic［J］. Diagnostics（Basel）. 2021;11(10):1821 – 1827.

［14］ZANUSSO G,MONACO S,POCCHIARI M,Caughey B. Advanced tests for early and accurate diagnosis of Creutzfeldt – Jakob disease［J］. Nat Rev Neurol,2016;12:325 – 333.

［15］BOUGARD D,BRANDEL JP,BELONDRADE M,et al. Detection of prions in the plasma of presymptomatic and symptomatic patients with variant Creutzfeldt – Jakob disease［J］. Sci Translat Med,2016;8:37.

［16］BOUGARD D,BELONDRADE M,MAYRAN C,et al. Diagnosis of methionine/valine variant Creutzfeldt – Jakob disease by protein misfolding cyclic amplification［J］. Emerg Infec Dis,2018;24:1364 – 1366.

［17］JOINER S,ASANTE EA,LINEHAN JM,et al. Experimental sheep BSE prions generate the vCJD phenotype when serially passaged in transgenic mice expressing human prion protein［J］. J Neurol Sci,2018;386:4 – 11.

［18］BRANDEL J – P,VLAICU M B,CULEUX A,et al. Variant creutzfeldt – jakob disease diagnosed 7. 5 years after occupational exposure［J］. N Engl J Med,2020,383(1):83 – 85.

第4章
现代生物技术源性生物安全相关死亡

现代生物技术飞速发展,以基因工程和生物材料为代表的先进技术在人类社会中扮演的角色日益重要。利用现代生物技术,人类在降低全球粮食负担和治疗重大疾病等方面开创了新的局面,但不可否认,面对现代生物技术,我们在科学和伦理等层面仍存在盲区。本章将聚焦基因工程技术和生物材料带来的潜在死亡风险,详细讲解生物技术的相关概念、导致死亡的可能原因以及降低风险的应对方法。

4.1　基因工程相关死亡

伴随着基因工程技术的诞生,人类获得了改造物种基因的能力。尽管基因工程技术的运用给动物培育、粮食生产和疾病治疗等领域带来了曙光,但是相比于生物进化的自然过程,运用基因工程技术对生物的改造往往带有促进人类社会发展的目的,其天然地具有激进、不稳定的属性,如果不能合理运用将会带来意想不到的灾难。本节将重点介绍转基因生物、基因治疗及两者的潜在危害。

4.1.1　转基因生物相关死亡

4.1.1.1　转基因生物

转基因生物(transgenic organism)又称基因修饰生物,是指应用基因工程技术按照预期方向改变遗传物质而产生的生物。在多数情况下,研制转基因生物是为了引入某些在野生型中不存在的性状,从而达到改良物种的目的,其中最常见的是将增产或抗虫害的相关基因引入农作物当中。

第一代转基因生物的培育原理是将其他物种的蛋白编码基因引入目标物种当中,苏云金芽孢杆菌(Bacillus thuringiensis,Bt)是其中最具代表性的基因来源。Bt 是一种从自然界分离出来的革兰氏阳性菌,对鳞翅目、鞘翅目、双翅目、膜翅目昆虫以及螨类、线虫均有杀虫活性,具有特异性高、选择性强和对人畜无毒害等特点。将 Bt 中的相关编码基因引入目标作物中可以极大地增强作物抗击虫害的能力,是一种有效的农作物增产技术。目前,作为一种抗击欧洲玉米螟的有效手段,能够产生 Bt 内毒素的转基因玉米已经在全球各地大量种植[1]。

随着新型基因组编辑工具[如锌指核酸酶、转录激活因子样效应物核酸酶(transcription activator – like effector nuclease,TALEN)或 CRISPR – Cas9 等]以及 RNA 干扰(RNA interference,RNAi)技术的不断成熟,人类对于目标基因表达水平的调控能力进一步提升,在这些技术的加持下,第二代转基因生物应运而生。新型的基因编辑技术通过碱基互补配对原则在特定的位置切割 DNA 双链,可以重新设计基因,以获得更为符合人们要求的蛋白产物,降低转基因技术可能带来的潜在风险。RNAi 通过插入与内源性 RNA 特异性互补的 RNA 链,抑制特定内源性蛋白的表达,以诱导特定的 RNA 酶或阻断 RNA 功能激活对 RNA 的自然抑制[2](图 4.1)。

自 1983 年基因工程技术首次成功运用于烟草和番茄的培育以来,越来越多的转基因作物在全球得到推广,至 2019 年,全球共有 29 个国家种植了 1.904 亿公顷的转基因作物。除传统的玉米、大豆、棉花和油菜外,以苜蓿和甜菜等为代表的新型转基因作物正在全球蔚然成风[3]。但是,人类在享用转基因生物带来的红利时,也应警惕其可能存在的隐患,正确的认识转基因生物的意义和潜在的危险,以帮助我们合理地运用基因工程技术为人类谋求福祉。

4.1.1.2　转基因生物与生物安全

转基因生物可能对人体产生直接危害。目前,对于转基因作物的危害关注主要集中于新表达的蛋白是否会引发人体的过敏或毒性作用,以及在宿主基因组中插入新的遗传物质是否会改变作物中内源性过敏原、毒素或抗营养物质表达水平,进而造成难以预料的危害。此外,也有人担忧,基因工程技术的滥用可能会对生态环境造成较大的破坏。

目前,人类对于转基因生物的了解,在细胞层面上仍然存在大量空白,尤其是对基因表达的研究存在不足,针对转基因作物的危害,人们主要有以下疑虑[4]。

1. 引入的新基因是否有潜在危险?

DNA 是由 4 种不同的核苷酸组成的聚合物,它们以特定的线性序列排列,这些序列转录成 RNA,RNA 再翻译成蛋白质。人类每天从蔬菜和动物食物中摄取 0.1～1 g DNA,有研究表明,膳食 DNA 会在消化过程中被广泛水解,没有直接毒性。美国食品与药品管理局(FDA)的有关政策也认同核酸类物质不会对人体带来直接危害。

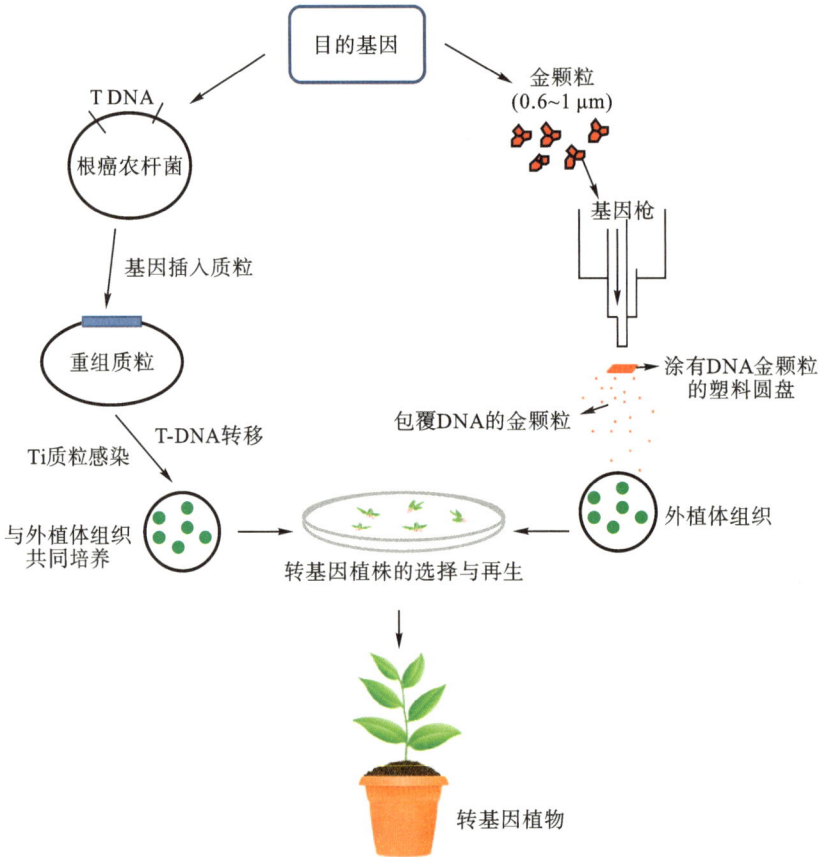

（左）从根癌农杆菌向植物细胞进行基因转移的过程：①细菌定植；②细菌毒力系统诱导；③转移 DNA（transfer DNA，T‑DNA）转移复合体的产生；④T‑DNA 转移；⑤将 T‑DNA 整合到植物基因组中。（右）以粒子轰击法导入基因：目的基因被克隆到适宜的载体上，以基因枪（使用钨或金颗粒作为"子弹"）导入植物细胞。颗粒被包被在目的基因 DNA 溶液中，通过氦气驱动进入植物细胞，在 12 h 内目的基因进入细胞核与植物 DNA 整合，钨或金颗粒则转移至基质中并被消除。

图 4.1　转基因植物的制造原理

　　然而，对于转基因作物中核酸成分的安全性的疑虑并未完全消除。有人认为，转基因作物中的 DNA 片段可能在消化过程中被直接整合到食用者的基因当中，但目前尚没有可靠的证据支持这种假设。研究者认为，任何的转基因目标片段从植物转移到微生物或脊椎动物体内的概率接近于零。

2. 新基因编码的蛋白质是否有毒性作用？

　　由于人类对于转基因作物的了解仍较为粗浅，向作物中引入新的目的基因可能会编码具有毒性作用的蛋白质。目前针对这一课题，研究者采取的是证据权重（weight‑of‑evidence，WOE）的方法进行逐案考虑。主要关注的有以下几点：①人类对于编码蛋白质的基因来源是否有安全使用史(人类接触史);②经生物信息学分析,表达蛋白的氨基酸序列是否与已知毒素的氨基酸序列具有一致性;③生成的蛋白质在体外模拟胃液中是否稳定/可消化。也有学者建议,对生成蛋白在模拟肠液中的稳定性进行测试,但是此类测试的预测价值目前尚未被证实;④蛋白质的作用方式是否可能导致中毒,例如蛋白质的酶解作用是否可能产生潜在毒性产物;⑤如果确实存在潜在风险,则应评估蛋白质及其代谢产物在饮食中的暴露水平。

在对转基因产品进行评估时,如上述问题的一项或多项存在不确定性,则应该以额外的实验(如动物饲养实验)对产品的安全性进行进一步的验证。

3. 转基因作物是否可能引起过敏反应?

食物过敏反应(food allergy)是指机体免疫系统对某种特定食物产生的不正常的免疫反应,其主要表现集中在胃肠道、皮肤和呼吸系统上,可能出现的症状包括腹泻、呕吐、荨麻疹、湿疹和头痛等,个别还会引起过敏性肠胃炎、呼吸不畅甚至过敏性休克等症状[5]。食物过敏的主要风险来自致敏后发生的即时反应或人体对食物中蛋白质产生的特异性IgE 抗体。转基因食品中,表达的新蛋白可能恰好为过敏原或其类似物,它与个体中的IgE 抗体结合,就会诱发过敏反应(图 4.2)。

针对转基因食物的致敏性,研究者认为,应基于以下 WOE 进行评估:①新表达的蛋白是否有可能作为过敏原或交叉反应蛋白,诱发已被致敏群体的过敏反应;②转基因食物中新表达的蛋白是否有可能诱发从头致敏并成为新的过敏原;③若转基因宿主是常见的过敏原(如坚果或大豆等),则新转入的蛋白是否会影响宿主内源性过敏原的表达水平?

目前已有包括美国在内的多个国家和国际组织针对转基因作物可能的致敏危害提出了适用的危险性评估方法。

4. 转基因技术是否会改变宿主原有成分的性质?

有观点认为,将 DNA 引入宿主的基因组可能导致宿主的原有成分性质发生改变,进而对人类或动物的健康产生不利影响。对此,研究者通过成分分析和动物饲养实验都没有发现转基因作物中关键代谢物发生变化的证据。相关学者认为,转基因作物的开发者只会选择那些生长和生产正常的产品进行进一步的开发,而淘汰不具有所需表型特征的产品,这种选择过程足可以消除大多数的无意转化。

另有观点认为,基因工程技术可能导致作物的次要成分浓度增加或产生全新成分,进而产生危害。但这一情况目前在对农业上的重要动物物种(如猪、牛、鸡、鱼等)的比较饲养研究中没有得到有力的证据支持。

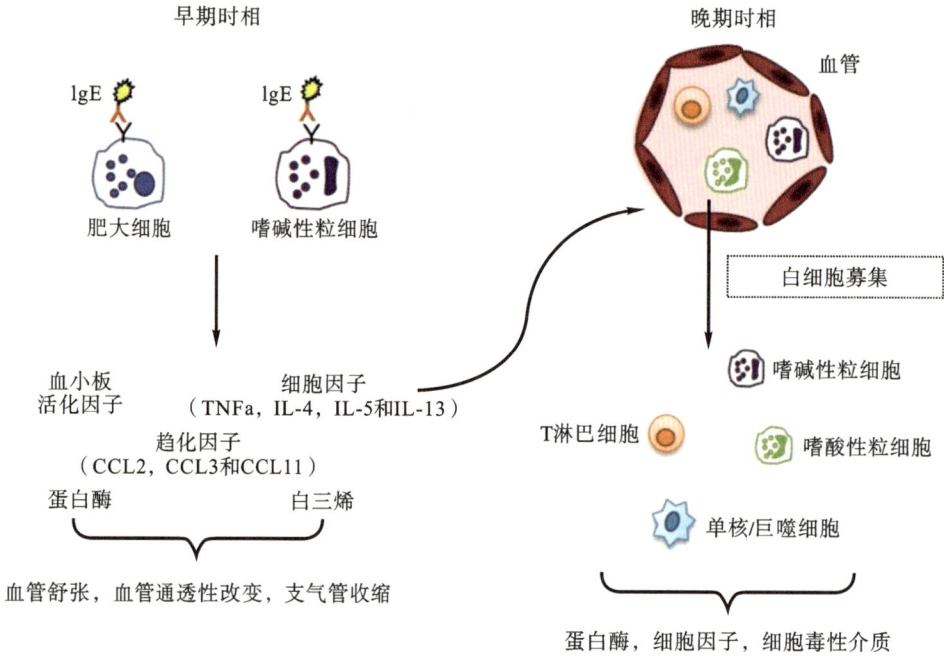

过敏反应分为早期时相和晚期时相:在早期时相,IgE - 变应原复合体被 FcεR I/Ⅱ识别,表达于肥大细胞和嗜碱性粒细胞等细胞中,并促进包括血小板激活因子、组胺、细胞因子、趋化因子、白三烯和蛋白酶等在内的介质释放,引发过敏症状;在晚期时相,募集的白细胞产生炎性细胞因子、蛋白酶和细胞毒性介质,损伤组织并引起过敏症状。

图 4.2　IgE 介导的食物过敏反应示意图[6]

5. 插入宿主基因中用于编码 RNAi 的片段是否可能存在风险?

1998 年,人类发现双链 RNA(double stranded RNA, dsRNA)是引发转录后基因沉默的主要原因,这种现象后来被称为 RNAi。当外源性 dsRNA 进入宿主细胞后,细胞内的核酸内切酶会将其加工为 21 ~ 25 bp 的小干扰 RNA(Small interference RNA, siRNA),其与宿主细胞中特定的 mRNA 结合,引发目标 mRNA 的转录后基因沉默(图 4.3)。在基因工程领域中,有研究者将特异性 dsRNA 转入植物中,在昆虫摄食后引发与昆虫生长发育相关基因的沉默,以此起到抗虫的目的[7]。

有观点认为,食用来自 RNAi 技术衍生的转基因生物的食物可能导致人体将 RNA 吸收入体内,并最终影响人体健康。但已有研究指出,哺乳动物对于摄取微 RNA(microRNA, miRNA)具备生物学屏障,转基因作物中的 RNA 类物质将很难被人体吸收,且 dsRNA 广泛存在于自然界中,并没有证据支持转基因作物中的 dsRNA 会比其他食源性 dsRNA 更易被人体吸收,因此,转基因食物中的 dsRNA 预计将不会对食用者的健康产生不利影响。

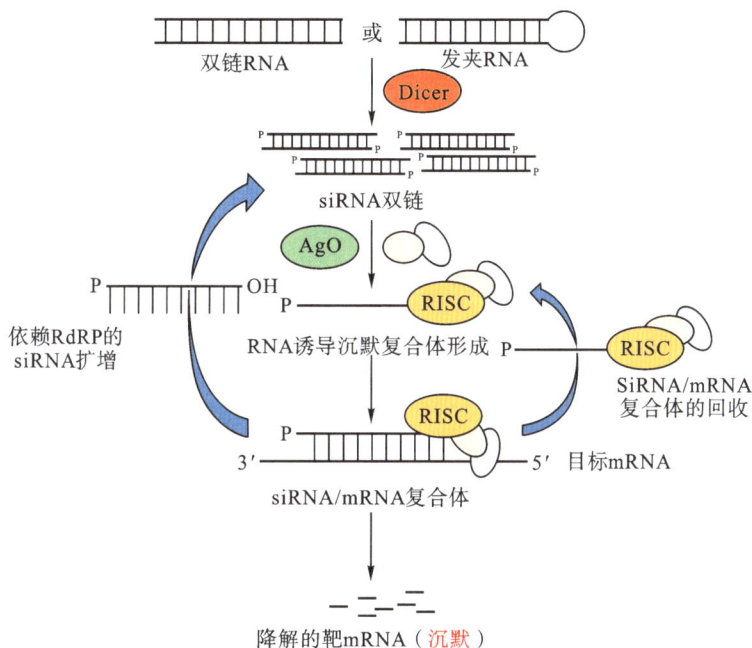

dsRNA 或发夹 RNA(hairpin RNA,hpRNAs)通过 Dicer 酶的作用产生 siRNA 双链,引导 RNA 链与 Argonaute 蛋白(Ago)及其他蛋白质结合,形成 RNA 诱导沉默复合体(RNA – induced silencing complex,RISC)。siRNA/RISC 复合体与目标 mRNA 的互补序列结合,导致目标转录本降解或翻译抑制。在依赖 RNA 的 RNA 聚合酶(RNA – dependent DNA polymerase,RdRP)的作用下,siRNA/mRNA 复合体可被回收到 RISC 复合体中或产生 siRNA 双链。

图 4.3　真核生物中 RNAi 介导的基因沉默的示意图[8]

6. 转基因作物中的 *ARMs* 基因是否会对肠道微生物的平衡带来影响?

在一些转基因作物的研制过程中,为了实现对转化细胞和组织的高效选择,一些编码可选性状的基因常和目的基因一同被转入宿主细胞中,用作选择的标记物,其中最为常见的是抗生素耐药性标志物(antibiotic resistance markers,ARMs)。目前最常用的 *ARMs* 基因为 *NPT*Ⅱ基因(NPTⅡ蛋白),其对于卡那霉素和新霉素具有耐药性。

有观点质疑,此类基因可能会被引入摄食者胃肠道菌群中,改变其对于抗生素的耐药性,进而影响摄食者胃肠道菌群的平衡。目前,已有研究发现,由于 ARMs 在人体肠道中被有效破坏及植物 – 微生物转移的低固有比率等原因,ARMs 转移到肠道或环境微生物中的概率极低,难以对人体造成危害。尽管如此,为了彻底避免可能的潜在危害,在过去的 20 年中,以 ARMs 作为可选标记的转基因作物正在逐步减少。

7. 基因工程技术是否影响作物的营养价值?

有消费者担忧,采用转基因技术培育的作物的营养成分可能被影响。事实上,在农艺选择和成分分析技术的筛选下,转基因产物的营养成分极难被根本性改变。另外,自转基因作物商业化以来,有近90%的转基因作物被用于喂养牲畜,从对牲畜的饲养观察中也没有发现转基因作物营养成分被改变的有力证据。

8.基因工程技术是否会危害生态系统?

转基因生物有可能对于整个生态系统产生较大的影响,进而产生难以预估的危害。被人为改造的基因,可能会逃逸到野生种群中,进而影响后代的遗传性状,这种现象被称为基因流动(gene flow)[9]。由于研发转基因作物的目标基因多具有抗害虫、抗除草剂的功能,这种目标基因的基因流动可能会催生出难以根除的杂草;而且,基因流动现象也可能会影响优良品种的人工选择和自然选择,导致物种自然结构的改变,进而致使部分野生型基因消亡;此外,转基因作物所产生的毒素可能作用于非目标昆虫,甚至食物链上层的生物,进而对生态环境带来危害,例如表达 Bt 内毒素的玉米对帝王蝶的危害就曾引起广泛关注。

4.1.1.3 转基因生物风险的评估与控制

作为现代生物技术的产物,转基因产品改变了传统的育种方式,使人类可以更容易地控制生物性状,以满足自身的需求。如前文所述,转基因生物研究人员并不能保证使用转基因生物对环境或人类健康完全没有负面影响,但是,通过对可能的风险(如致敏性、毒性等方面)进行严格和仔细的分析,科研工作者能够将风险降到尽可能低的水平。

1.风险分析流程

基于常规的管理学风险分析方法,对于转基因生物的风险分析主要包括 3 个流程:①风险预估,在将转基因生物投入使用之前,需要仔细预估其涉及的风险,将预期的风险最小化;②风险管理,对预估到的风险进行风险管理,以科学为基础的安全评估和管理方法为原则,以保护环境、生态、人类和动物健康为目标,同时兼顾经济效益;③风险交流,在整个风险分析的过程中,风险评估者、风险管理者、消费者、商业界、学术界和其他相关方应就风险、风险相关因素和风险认知进行信息和意见的互动交流,包括风险评估结果的解释和风险管理决策等。

2.实质等同性分析

据我国国家卫生计生委 2017 年颁布的《新食品原料安全性审查管理办法》(修改版),实质等同性是指"如某个新申报的食品原料与食品或者已公布的新食品原料在种属、来源、生物学特征、主要成分、食用部位、使用量、使用范围和应用人群等方面相同,所采用工艺和质量要求基本一致,可以视为它们是同等安全的,具有实质等同性"[10]。

由于作物的遗传多样性伴随着不同的生长条件,使作物的组成成分呈现出不同的组合特征。实质等同性的分析并不是比较作物的所有成分,而是注重于确定基因工程技术是否改变了宿主的关键成分,这种方法可以在保证作物安全性的情况下极大地提高风险评估的效率。目前,根据实质等同原则,可以认为,和传统食物存在实质等同性的转基因食品的安全性与传统食物一致,对人体不具有显著危害。

3.饲养实验

对于以上述方法分析后依然存在潜在风险的转基因作物,最为直接、有效的方式是进行饲养实验,即以转基因食物代替传统食物饲养实验动物,并观察实验动物经喂养后的生长、发育情况,以检测转基因食物的安全性和营养价值。曾经有实验针对转入Cry1Ab 蛋白的玉米品种进行了饲养实验,这种蛋白由 Bt 引入,对于鳞翅目害虫具有一定的防治作用,实验结果表明,新品种玉米与传统品种玉米在营养成分、中毒和致敏风险等方面未见明显差异,并对于目标虫害有较好的防治作用[11]。

除此之外,包括流行病学调查、理论模型分析和专家评估等方法可被运用于转基因作物的风险评估中,并且随着生物化学、分子生物学与分析化学技术的发展,相信将会有越来越多的手段可以被运用于转基因作物的风险评估过程中。

4.1.2 基因疗法相关死亡

4.1.2.1 基因疗法

基因疗法(gene therapy)的概念最早在 1972 年由美国科学家提出,是指利用分子生物学方法将目的基因导入患者体内,使之表达,以纠正或补偿患者由于基因缺陷和异常引起的疾病的方法。自从这一概念诞生后,整个医学界都对这一疗法寄予厚望并投入了大量资源进行相关研究。

20 世纪末,美国医学工作者完成了首例人体基因治疗实验,此实验以 γ-RV 作为载体,将外源性造血干细胞基因插入人类基因,成功治愈了 2 名患有腺苷脱氨酶缺陷型重度联合免疫缺陷症(adenosine deaminase deficient severe comb-ined immunodeficiency,ADASCID)患儿,2 名患儿接受治疗后临床表现良好,生长发育正常。随着基因治疗技术的进一步发展,慢病毒载体展现出比 γ-RV 更好的安全性,在遗传性神经疾病和 β-地中海贫血等疾病的治疗中表现出了较好的效果[12](图 4.4)。然而,目前对 DNA 疗法的进一步研究遇到了瓶颈,如何提高载体有效转导、靶向递送和受控基因表达是 DNA 疗法面临的挑战。

当 DNA 疗法处于进一步研发阶段时,运用 RNAi 技术开展基因疗法的研究和应用迅速崛起。2001 年,首次有研究者团队证明了体外合成的 siRNA 可以在哺乳动物体内有效完成 RNAi 过程,这一成果也成了后来 siRNA 制药研究的基础。此类药物特异性抑制过表达致病基因的 mRNA,进而抑制致病蛋白的表达和生物功能,以达到治疗目的。2018 年,由 Sanofi 和 Alnylam 研发的全球首个 siRNA 药物 Onpattro 正式被美国 FDA 和欧盟批准,成为第 1 款上市的 siRNA 临床药物,它是一种靶向转甲状腺素蛋白,用于治疗转甲状腺素蛋白淀粉样变引起的神经损伤[13]。尽管临床 RNAi 药物的开发取得了较大的进展,但是其在药代动力学、药效学和限制毒性策略方面尚有较大的进步空间,仍有待未来的进一步研究。

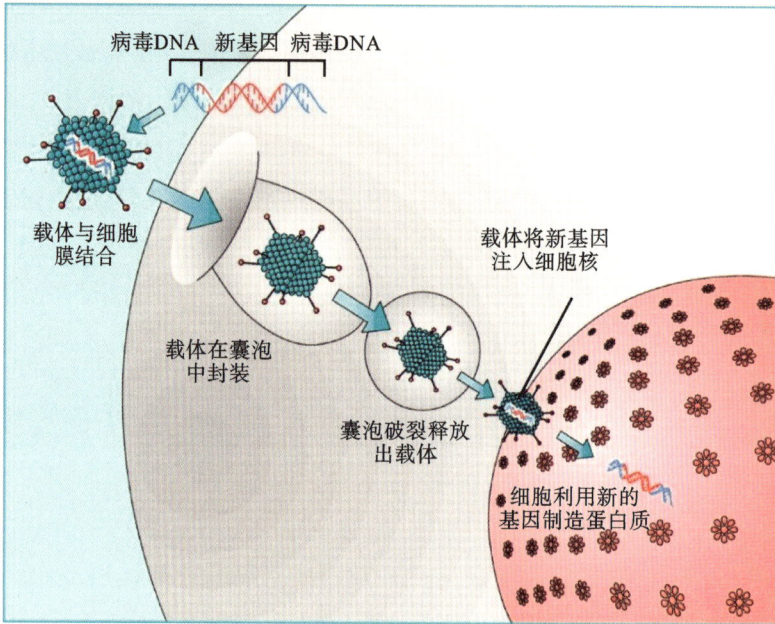

治疗性 DNA 与载体(通常来自病毒)结合。可以直接将载体注射到受试者体内,也可以在体外修饰细胞后再转移至受试者体内。

图 4.4　使用 DNA 病毒载体进行基因治疗的基本模式图[14]

有关 mRNA 的基因治疗也为一大研究热点,医学工作者尝试将化学修饰后的 mRNA 分子导入细胞质中,利用细胞质内的自由核苷酸进行转录表达,生成机体所需的蛋白质。1990 年,科学家首次将体外转录的 mRNA 注射入小鼠体内,发现可以在小鼠体内产生具有剂量依赖性的相关蛋白,这一发现为 mRNA 基因治疗提供了理论基础。相较于 DNA 疗法,mRNA 疗法不仅可以实现蛋白表达,而且展现出更好的高效性和安全性。目前已有多种基于 mRNA 疗法的药物正在研发中,目标疾病涵盖了血友病、感觉神经障碍和先天性肺病等。

由于基因疗法具备独特的优势,针对基因疗法的研究正在全球科学家的共同努力下快速推进。但是,由于人类对于基因功能和作用机制的了解依然有局限,在此类疗法的临床应用与研究中不可避免地存在着潜在的危险。2002 年底,在法国接受 X - 连锁重度联合免疫缺陷症(X - linked severe combined immunodeficiency,SCID - X1)基因疗法的 10 名儿童中有 2 名出现了类似白血病的表现,事后调查,导入人体中的 RV 载体可能激活了致癌基因 LMO2,导致了悲剧的发生;同年,在利用减毒 AV 载体治疗一种名为鸟胺酸氨甲酰基转移酶缺乏症(ornithine transcarboxylase deficiency,OTCD)的先天性尿素合成疾病的临床试验中,受试的 17 名患者中 1 人死亡,导致其死亡的主要原因是病毒载体的衣壳诱发了机体大规模的免疫反应;2020 年,美国 Audentes Therapeutics 公司发函称,2 名患有X - 染色体连锁肌小管性肌病(X - linked myotubular myopathy,MTM)的患儿在接受了其公司高剂量基因疗法的临床试验后分别出现了败血症和严重的药物副作用,并最终死亡,其原因可能是过高剂量的腺相关病毒静脉注射引发的强烈的毒副作用[15]。在基因疗法研究的进程中,始终伴随着全球各地偶发的基因疗法造成不良预后的报道,这些案例时刻警醒着我们在开展基因疗法治疗疾病的同时,必须对其可能造成的危害予以足够的重视。本节我们将具体阐述基因疗法潜在的危害以及可行的应对方式。

4.1.2.2　基因疗法的病毒载体及其风险

截至 2019 年,世界范围内有 2600 项基因治疗临床试验研究正在进行、已完成或已在全球范围内获得批准,232 项基因和细胞治疗试验获得批准,美国 FAD 批准的 4 种基因治疗产品在美国上市。70% 的基因治疗试验基于病毒载体,病毒载体被证明是将基因传递到靶细胞/组织的有效工具,是实现治疗效果的关键。临床上对病毒载体的选择取决于转基因表达的效率、产率、安全性、毒性和稳定性等方面。目前,共有 5 种常用于临床实践的病毒载体[16]。

1. 腺相关病毒

腺相关病毒(adeno - associated virus,AAV)是一种非致病性细小病毒,基因组由约4.7 kb 的线性单链 DNA(single - stranded DNA,ssDNA)组成,两端各有 1 个 145 bp 反向末端重复序列(inverted terminal repeats,ITR)(图 4.5、图 4.6)。该病毒的显著优势在于,所得载体既可以转导分裂细胞,又可以转导未分裂的细胞,无须辅助病毒即可在有丝分裂后组织中获得稳定的转基因表达。AAV 有 11 种自然血清型和超过百种氨基酸序列变异株,不同变异株在基因传递特性上的区别可被应用于基因治疗[17-18]。因 AAV 在肝脏、肌肉、视网膜和中枢神经系统等多种细胞类型中具有长期有效的转基因表达[19-21],故目前它是在基因疗法中最常用的载体之一。

宿主细胞通过细胞表面糖基化受体识别 AAV,触发网状蛋白介导的内吞作用,使病毒内化。接着,AAV 通过细胞骨架网络介导在细胞质中交通,被转运进入细胞核并脱壳。

目前使用的重组 AAV 可分为两类:ssAAV 和 scAAV。ssAAV 被包装为正义(正链)或反义(负链)基因组。由于 ssAAV 到达细胞核时依旧是转录惰性的,必须先转换为双链DNA 形式才能进行后续转录。转换过程可通过宿主细胞 DNA 聚合酶的第二链合成或通过可能共存于细胞核中的其他正链和负链的链退火来实现。而由于 scAAV 本身即是双链,可以立即进行转录。重组 AAV 基因组中存在的病毒 ITRs 可以驱动分子间或分子内重组,形成可持续存在于细胞核内的环状基因组。如虚线所示,病毒基因组也可能以极低的频率整合到宿主基因组中。

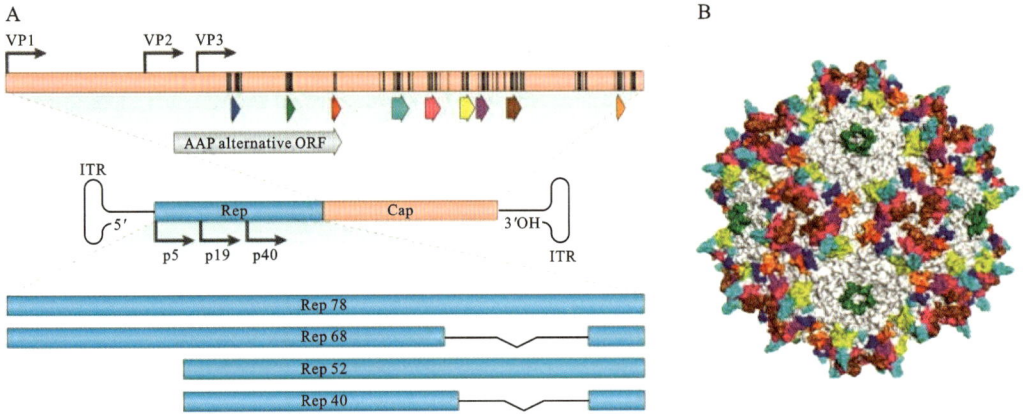

ORF 指开放阅读框（open reading frame）；rep ORF 编码 4 种非结构蛋白（rep 40、rep 52、rep 68 和 rep 78），对病毒复制、转录调控、基因组整合和病毒粒子组装至关重要；cap ORF 编码 3 个结构蛋白（VP1 - 3）；高变区用彩色箭头表示；暴露在衣壳蛋白表面的氨基酸用黑线表示。

图 4.5　AAV 基因组结构示意图（a）和 AAV 衣壳晶体结构示意图（b）[22]

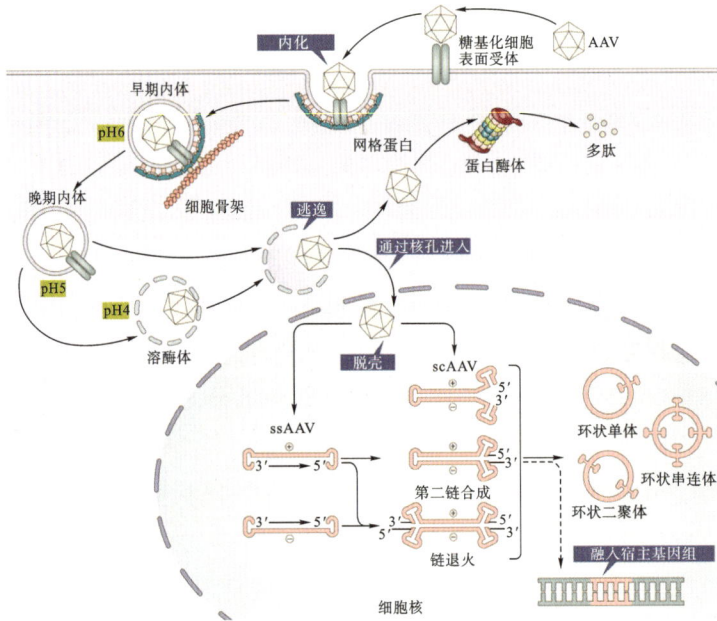

ssAAV 指单链 AAV；scAAV 指双链 AAV。

图 4.6　AAV 转导途径示意图[23]

　　然而 AAV 载体也存在一定的局限性。首先针对 AAV 衣壳的抗体和记忆 T 细胞普遍存在于人体当中，以 AAV 作为载体可能会引起人体的过敏反应；其次，AAV 载体的包装容量小于 5 kb，使得其对于涉及较大基因的疾病无法达到理想的治疗效果；此外，不同的

AAV 血清型呈现出迥异的表达模式,这对医学工作者在选择载体时提出了较高的要求;反复应用 AAV 可以触发免疫反应,更换不同血清型的病毒治疗可能会减轻这种反应;最后,有学者发现,源自野生型 AAV2 的序列可能可以整合到肝细胞癌的驱动基因中并作为肝细胞中的启动子和增强子导致肝细胞癌的发生。

2. AV

AV 是一类具有 34~43 kb 双链基因组的 DNA 病毒,基因组含有 2 个 ITR 和 8 个转录单位(图 4.7)。因为多数人类细胞表达初级 AV 受体和次级整合素受体,所以人类细胞更易感染 AV 载体,从而产生高水平的转基因表达,相较于其他病毒基因传递系统展现出了显著的优势。

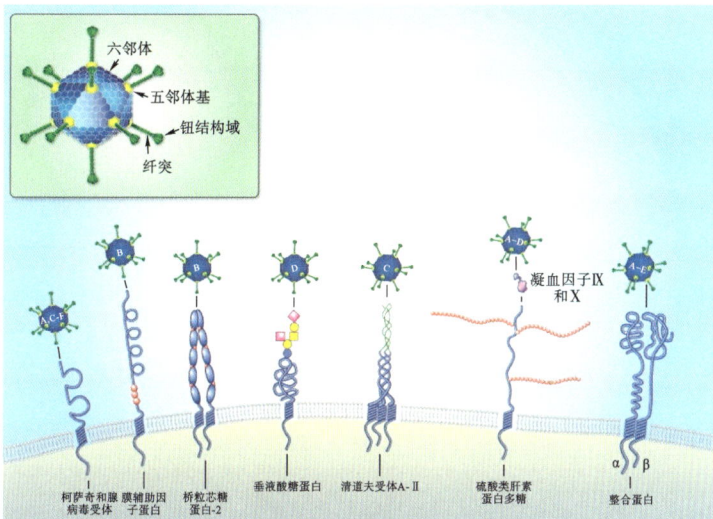

图 4.7　几种特征性与人类腺病毒结合的细胞表面受体模式图[24]

CAR 指柯萨奇和腺病毒受体;CD46 指膜辅助因子蛋白;DSG2 指桥粒芯糖蛋白 - 2;FIX/FX 指凝血因子 IX 和 X。除 CAR、CD46、FIX/FX 和整合素以外,其他分子的结构尚未得到详细的研究描述。

然而,尽管 AV 载体可能仅导致健康成人发生症状轻微的呼吸道疾病或结膜炎,但与相对惰性的 AAV 相比,AV 具有明显的免疫原性更易引起细胞炎症反应(图 4.8)。研究者已在多次临床实验中观察到了患者对 AV 载体的炎症反应,包括 1 例将 AV 载体注射到肝动脉后导致患者死亡的病例。此外,部分第一代 AV 载体具有直接细胞毒性,已有研究发现其在小鼠模型中可以引起各种靶细胞的剂量依赖性凋亡。目前,研究人员已经发现使用载体序列和辅助序列之间同源性较低或是没有同源性的细胞系并定期对病毒载体进行质量控制检查,可以有效降低载体不良反应的风险。未来研究人员还将进一步改善 AV 载体的致敏性、病毒寿命和载体包装能力。

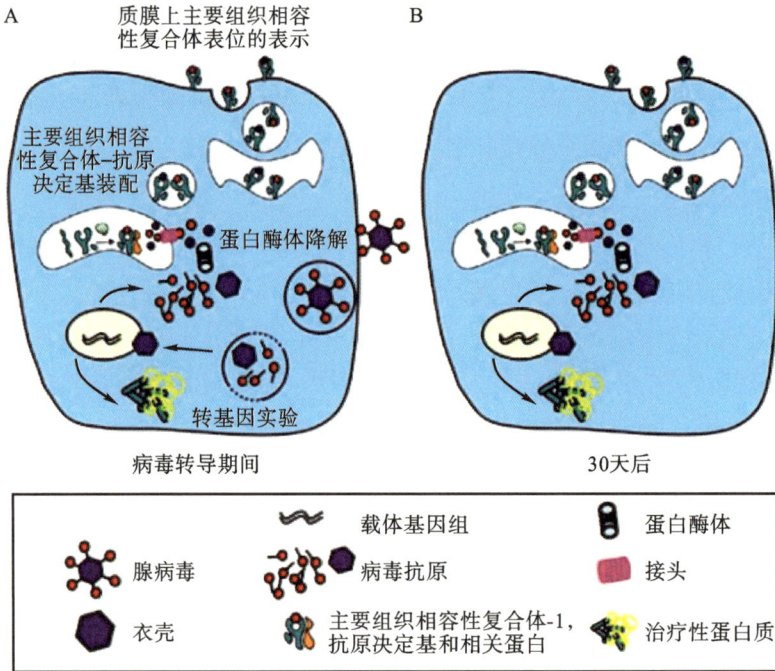

A. 第一代腺病毒载体转导过程示意图；B. 30 d 后观察相同细胞，第一代腺病毒载体的病毒蛋白持续表达，并通过 MHC 分子呈现在细胞表面。

图 4.8　第一代腺病毒载体诱发抗腺病毒免疫反应示意图（转基因表达完全消除）[25]

3. RV

RV 是一种相对复杂的包膜 RNA 病毒，具有二倍体单链 RNA 基因组，包括至少 4 个基因：*gag*、*pro*、*pol* 和 *env*。RV 最典型的特征在于它们能够整合到宿主 DNA 中，利用宿主细胞的酶进行复制和病毒蛋白的长期表达。RV 载体的最大优势在于能够将其 ssRNA 基因组转化为稳定整合到靶细胞基因组中的双链 DNA 分子，使得 RV 载体能够永久地修改宿主细胞核基因组（图 4.9）。目前，RV 载体已经广泛运用于基因疗法、单基因疾病、癌症和传染病的临床应用中。

使用 RV 开展基因疗法的主要风险在于，其拥有的整合到宿主细胞染色体中的能力可能会增加插入突变和激活癌基因的可能性。此外，载体的靶细胞范围过大也可能是一个潜在的安全问题，可感染多个物种细胞的病毒包膜既增加了产生可复制的 RV 病毒的风险，也使得由此产生的病毒从一个物种传播到另一个物种可能性增高。评估 RV 载体可能带来的风险，并制定更为安全的策略是这一病毒载体未来发展的重中之重。

RV 载体可能产生的危险包括通过与载体或靶细胞中的内源性 RV 序列重组产生具有复制能力的 RV；载体序列整合到靶细胞 DNA 中，可能很少会导致突变的产生或改变宿主基因表达，从而使得患癌症或其他疾病的倾向性增加。

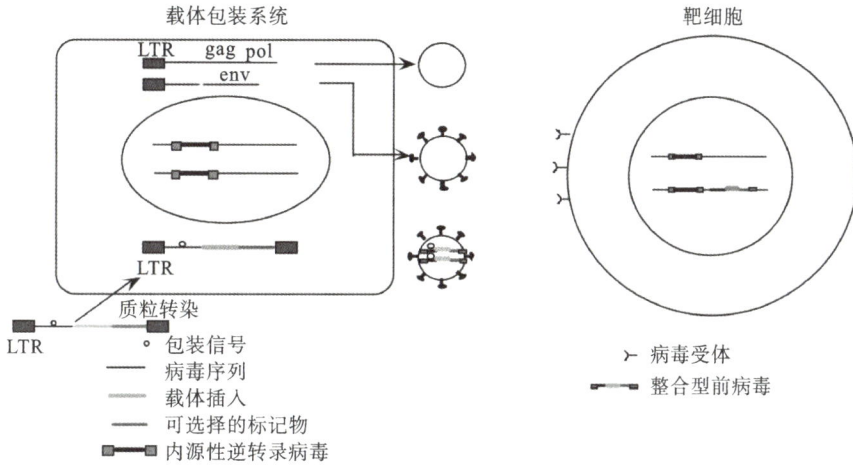

图 4.9　RV 载体包装系统模式图

使用 RV 开展基因疗法的主要风险在于,其拥有的整合到宿主细胞染色体中的能力可能会增加插入突变和激活癌基因的可能性。此外,载体的靶细胞范围过大也可能是一个潜在的安全问题,可感染多个物种细胞的病毒包膜,既增加了产生可复制的 RV 病毒的风险,也使得由此产生的病毒从一个物种传播到另一个物种可能性增高。评估 RV 载体可能带来的风险,并制订更为安全的策略是这一病毒载体未来发展的重中之重。

4. 慢病毒

慢病毒(Lentiviruses,LV)是 RV 的一种,由单链 RNA 序列逆转录成 DNA,整合到宿主基因组中,导致持续感染(图 4.10、图 4.11)。大多数 LV 载体来自 HIV - 1,并保留了整合到细胞基因组的能力。由于能够有效地转导非增殖或缓慢增殖的细胞,如 CD34 + 干细胞,LV 载体在临床上应用非常广泛,已被用于多种遗传疾病,包括地中海贫血、X 连锁脑白质营养不良以及威斯科特 - 奥尔德里奇综合征等。基于慢病毒载体的 CAR - T 细胞疗法已成功应用于 B 细胞恶性肿瘤患者的临床治疗中,这是被批准的第 1 个使用 LV 载体系统的基因工程细胞疗法。

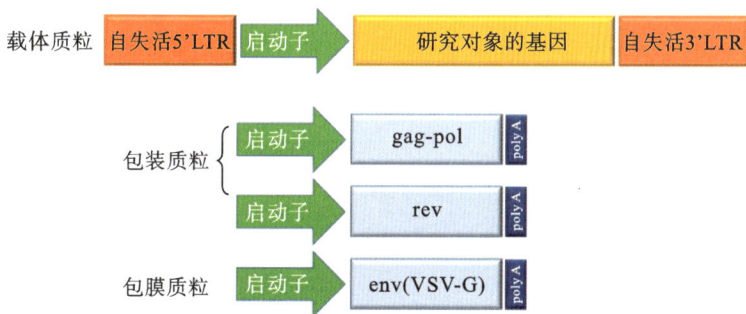

图 4.10　第三代慢病毒载体(三质粒系统)[26]

开展 LV 载体基因疗法的风险在于,病毒多来源于 HIV。对此,研究者正尝试开发不能在人类细胞中复制的 LV,以降低其风险。目前,生产高滴度病毒库的方法不足也限制了 LV 基因疗法在临床实验中的开展。此外,尽管相比于其他 RV,LV 载体与插入突变的关联性有所减少,但其仍存在脱靶效应。第三代慢病毒载体由三个独立的包装质粒组成,第一个质粒编码 *gag* 和 *pol*,第二个质粒编码 *rev*,第三个质粒编码包膜蛋白。编码目的基因的质粒含有慢病毒长末端重复序列(long terminal repeat,LTR),该序列被改变为自失活状态,以防止重组。

开展 LV 载体基因疗法的风险在于,病毒多来源于 HIV。对此,研究者正尝试开发不能在人类细胞中复制的 LV 以降低其风险。目前,生产高滴度病毒库的方法不足也限制了 LV 基因疗法在临床实验中的开展。此外,尽管相比于其他 RV,慢病毒载体与插入突变的关联性有所减少,但其仍存在脱靶效应。

5. HSV

HSV 是一种包膜病毒,其双链 DNA 基因组长度超过 150 kb[21],基因组编码约 90 个基因,其中近半为非必需的,可以在重组载体中消除(图 4.12、图 4.13)。HSV – 1 是一种嗜神经病毒,据此,含有潜伏活性启动子 LAP1 和 LAP2 的 HSV 载体已被应用于在周围神经系统中长期表达。同时,在中枢神经系统中,HSV 载体的应用研究也有所进展。

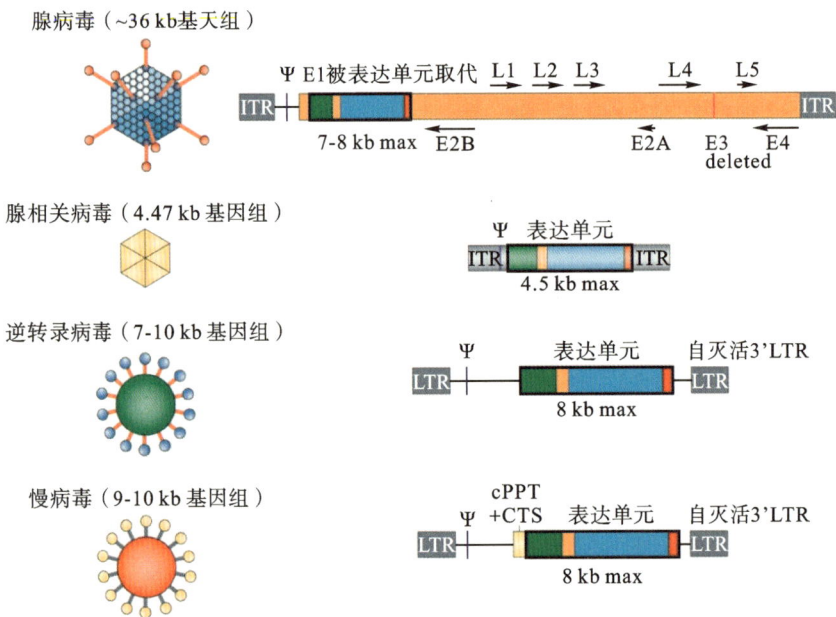

图 4.11 常用病毒载体结构模式图[27]

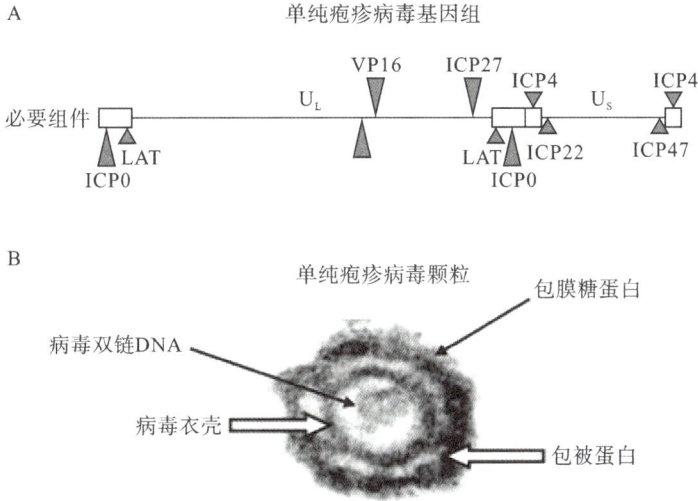

图 4.12 HSV – 1 基因组示意图(A);病毒粒子结构图(电子电镜)(B)[28]

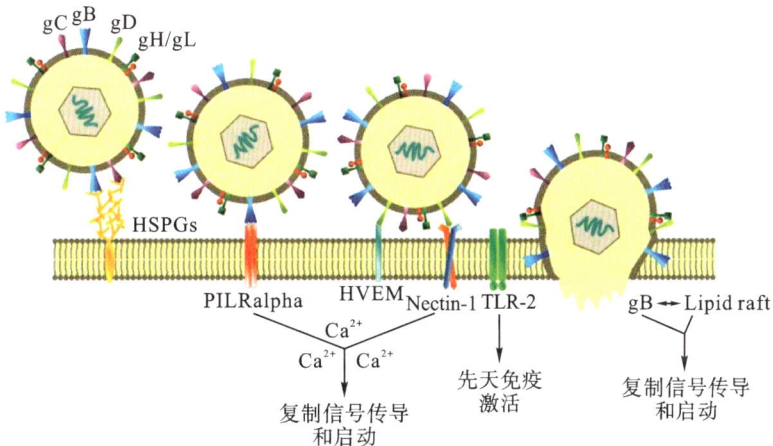

图 4.13 HSV – 1 侵染过程示意图[29]

尽管对于病毒基因组的编辑可以降低病毒相关的风险,但是 HSV 载体依然有可能在免疫功能低下的人群中诱发致命性脑膜炎,并且,HSV 可以通过直接接触和黏膜接触排泄物或呼吸道飞沫传播,加大了其危险性。

病毒在糖蛋白 gC 和 gB 介导下与细胞表面的硫酸乙酰肝素(HS)蛋白多糖结合,从而使 gB 与 PILRalpha 受体结合。糖蛋白 gD 与其细胞受体结合,糖蛋白 gB、gD 和 gH – gL 可触发细胞膜和病毒被膜之间的融合。随后,病毒核衣壳和被摸被释放到细胞质中。通过改变病毒生命周期的第 1 步,即吸附和渗透,可以获得针对特定细胞的目的病毒感染基因治疗策略。

4.1.2.3　基因疗法的风险

1. 插入突变

因为基因疗法需要将外源性基因整合到靶细胞基因组中,所以可能会激活或破坏插入点附近的基因表达,造成插入突变并导致疾病发生。有学者指出,以 RV 作为载体基因开展的动物实验发现,这种疗法可以在小鼠体内诱发剂量依赖性的肿瘤发生。有研究发现,从 RV 载体中去除内源性增强子元件可以在一定程度上降低插入突变的风险,而使用非整合载体则是另一种降低插入突变的选择。

2. 宿主过敏反应

AAV 载体是一种常见的基因疗法载体,因为很多人携带针对 AAV 衣壳的抗体和记忆 T 细胞,所以以 AAV 介导的基因疗法可能会诱发机体的过敏反应。这种免疫反应通常不会造成严重的后果,但会破坏转导细胞,影响治疗效果。

基因疗法中使用的其他成分也可能触发宿主的过敏反应,如基因疗法中使用的核酸酶 Cas9,已有证据证明,人血浆中存在抗 Cas9 抗体和 T 细胞,会引发相关的过敏反应[30],影响基因疗法的效果甚至造成安全问题[31-32]。

针对上述可能出现的过敏反应,目前已经有一些措施可以尽可能避免其造成的危害,包括创造免疫抑制窗口和掩蔽 Cas9 免疫抗原表位等[33]。

3. 脱靶效应

在基因疗法中,基因编辑的准确性一直是基因组编辑技术中最受关注的安全问题之一。由于基因编辑过程中即便导向序列出现少量错配依然可能发生潜在的靶外切割活动,使核酸酶介导的基因编辑不能准确作用于目标点位,而可能介导意外点位编辑,这种现象被称为脱靶效应。脱靶效应的发生可能带来靶外基因编辑,影响治疗效果,甚至造成意料之外的基因表达,激活癌症相关基因,对人体造成极大的伤害。

针对脱靶效应,高保真核酸酶变体的开发、限制 Cas9 的作用时间以及将 Cas9 转化为单链 DNA 内切酶的技术可以有效提高基因编辑的靶向特异性,这些手段对于消除脱靶效应有重大的意义。

4.1.2.4　风险预测与控制

基因疗法提供了一种独特的方法来治疗遗传和获得性疾病,通过将治疗性的基因及其相关的调控元件导入细胞,以纠正由基因突变引起的功能缺失或在生理水平上的表达缺失。运用这一技术,人类首次在一些传统手段难以治疗的疾病上取得了突破,但是由于对基因编辑技术的掌握尚不成熟,基因疗法的应用依然存在着一定的潜在风险。

基因疗法可能会发生插入突变或脱靶效应,导致靶细胞的功能受到损伤甚至发生癌变。通过在治疗前、后对基因修饰细胞进行分子生物学分析,可以有效降低基因疗法的风险,但是在移植前检测所有的细胞并不现实。目前,在临床中更为可行的方法是在临床试验的随访期进行分子生物学检测,用于估计潜在有害事件的发生概率,并为未来的临床应用提供数据。

对于安全性存疑的基因疗法,开展动物模型实验是较为常见的做法,以基因序列和人类相近的动物为模型,开展基因疗法,可以有效测试其安全性。但是,在开展动物实验时,应注意在人类中致病的病毒在动物中可能展现出不同的风险特征,这种差异有时会导致动物实验的结果出现偏差。

此外,基因疗法中需要用到病毒载体系统,这些病毒载体系统可能会带来安全隐患。首先,过去接触过与载体类似病毒的个体,可能会对基因转移载体产生与其他个体不同的反应,呈现非线性剂量 – 毒性关系,这要求研究者对于载体安全的评估更加谨慎。另外,病毒载体系统本身也可能对研究者带来危害,美国 NIH 关于重组 DNA 的指南和《微生物和生物医学实验室安全指南》(第 5 版)提供了病毒载体研究工作的一般框架,指南要求相关的病毒载体只能在对应等级的生物安全实验室中开展研究工作。

4.2 生物材料制造相关死亡

再生与替代是医学修复的两大核心,生物材料的开发始终围绕二者展开。生物材料的进步推动了医学等领域的快速进步,简单如压舌板,复杂至人工心脏,生物材料与人类健康息息相关。囿于我们对材料和人体奥秘的认知,在享受生物材料带来的福利时,我们仍可能承受伴随而来的风险。本节将详细介绍生物材料的发展过程,并重点展示生物材料与人体的相互作用,阐释生物材料的潜在危害。

4.2.1 生物材料

生物材料是指与人类或动物生物系统接触以实现其预期功能的材料。生物材料可以由不同类型的材料制成,包括固体、液体和凝胶物质,随着生物材料及其预期功能的发展,生物材料的内涵变得更加丰富。目前的定义包括了除活性药物外的任何可能与人类或动物生物系统接触的物质。与生物系统的接触可能是直接或间接的,例如,培养细胞的培养物和培养基、生物技术中处理生物分子的培养物,甚至是医疗产品的初级包装材料。所有这些应用都有一个共同的特点——用于医疗产品或与人体接触的材料与生物系统之间直接或间接的相互作用。

对生物材料的使用逐渐增多,其中整合了来自医学、生物、化学、物理、材料和工程科学等多个学科的知识。生物材料不是一种终端产品,它们往往被整合到医疗产品中,这使得生物对它们的反应非常重要。从简单的压舌板到最复杂的人工心脏或组织再生产品,都是在医疗产品中使用生物材料的例子(图 4.14)。

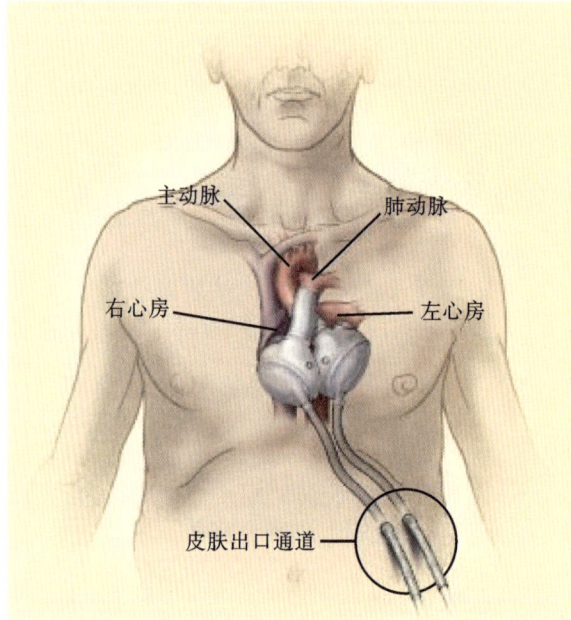

主动脉

肺动脉

右心房

左心房

皮肤出口通道

图 4.14　人工心脏

　　生物相容性是用来描述生物材料的一个非常重要的补充术语,即一种材料在特定应用中伴随着适当宿主反应的能力。生物相容性的定义包括两大方面:机体对材料的影响和材料对机体的效应。适当的宿主反应包括可接受的毒性、致敏性,无异物反应,以及促进正常愈合。

4.2.2　生物材料的历史

　　生物材料这个词语最早在 20 世纪中期出现,但是其实际使用在更早的时候就开始了。最初用于医疗的生物材料可以追溯到公元前 3000 年埃及使用的亚麻缝合线。据记载,在公元 600 年出现用贝壳制作人造牙齿的情况。早期的医疗植入很少成功,因为缺乏有关感染控制和材料生物相容性的知识。18—19 世纪,生物材料有了重大进展。研究人员开始认识到生物相容性在生物材料的成功应用中发挥着重要作用。1775 年,拉皮亚德(Lapuyade)等发明了最早的金属丝骨折固定技术。1888 年,菲克(Fick)等成功开发出了第 1 个玻璃隐形眼镜。

　　第二次世界大战结束时,随着高性能金属、陶瓷和高分子材料的出现,生物材料的开发与应用得到了迅猛发展,新材料的出现极大地增加了生物材料在医学上应用的丰富性和可能性,这一时期的生物材料被称为第一代生物材料。虽然第二次世界大战后出现了更多的材料,但医生仍然没有与科学家或工程师合作。直到 1962 年美国 FDA 出台相关规定,生物材料相关的法规才开始出现。在第一代生物材料应用期间,关节假体、牙科假体、乳房假体、血管假体、支架和心脏瓣膜都有了重大进展。

按照新的监管要求,工程师、化学家和生物学家与医学界合作,在 20 世纪 60 年代末制定了生物材料的设计要求和发展战略。在此期间,对生物材料的毒理作用及其与生物系统的相互作用得到了更好的理解。20 世纪 80 年代,生物材料进入了特殊设计时代,硅酮、聚四氟乙烯、水凝胶、聚氨酯、聚乙二醇和羟基磷灰石都是当时生物材料特殊应用的例子,这类生物材料被称为第二代生物材料。

目前,我们正处于第三代生物材料应用阶段,生物材料在细胞和分子水平与生物系统相互作用。随着新的分子生物学概念的演进和对宿主反应的更深入理解,生物材料的性能不断提高,生物材料在人体中的应用又有了新局面。宿主对植入材料的良好反应对生物材料的性能非常重要,如今我们需要突破以往的限制,通过开发新材料来解决具有挑战性的医学问题。纳米生物材料包括纳米生物医用材料、纳米药物及药物的纳米化技术,它在 21 世纪很可能会成为生物医药材料的核心材料。纳米材料通常是指颗粒尺寸介于原子与物质之间的一类粉末,尺寸一般在 1 ~ 100 nm,其本身具有量子尺寸效应、小尺寸效应、表面效应和宏观量子隧道效应,在物理、化学性质发生突变的同时,其机械性能和生物效应也发生质的转变,展现出许多特有的性质。在生物医学领域,纳米生物材料已经得到广泛应用,包括生物显影、靶向药物递送、肿瘤诊断及治疗等,在多学科领域的应用突飞猛进,是当前研究的热点领域。这些应用为疾病的诊断和治疗提供了极大的利益。但是,纳米生物材料的毒性不断被报道。因此,了解纳米生物材料在体内和体外的特殊化学、物理性质对揭示纳米效应引起毒性和生物活性的机制至关重要。

4.2.3　生物材料的选择

随着医学和生物材料技术的不断发展,医疗器械在替代人体组织、器官或改善功能方面的作用越来越突出,同时由于自体或异体器官的移植仍面临诸多困难,使得人类越来越依赖医疗器械,尤其是长期植入人体的医疗器械,比如人工心脏瓣膜等人工器官、血管支架等改善功能的医疗器械,已经在临床大量应用。生物相容性评价是对这些医疗器械进行风险评估的重要而有效的手段,国际标准化组织(ISO)颁布的《医疗器械生物学评价》系列标准(ISO 10993 - 1:2009)明确列出了细胞毒性、遗传毒性、全身毒性、致敏和刺激反应、血液相容性、生物降解等生物学评价试验项目,用于医疗器械的生物安全性评价。医用第三代生物材料主要类型有合成类(金属、聚合物、陶瓷、复合材料)、天然来源类(植物来源、组织来源)、半合成类。

生物材料在医学中的最终目的是治疗、增强或替代组织器官(如骨、肌肉、皮肤等)或身体功能。这些目标可以通过结合材料特性、设备设计和生理要求来实现。生物材料的选择过程必须结合特定生物系统的化学和机械要求,以达到预期的功能结果。生物材料必须具有合适的物理、化学和生物特性才能实现其功能,例如,如果不是有意为之,那么材料就不应该在生物环境下降解或者释放有毒物质。在生物环境中,生物材料可能因以下几种原因失效:机械因素、物理化学因素、生物化学因素、电化学因素。

除了特定应用所要求的性能外,生物材料还必须在生产中具有实用性、成本合理、满足市场需求等特点,并在应用中表现出易用性,综合考虑这些因素,才能保证生物材料的成功应用。在生物材料和相关医疗产品的开发中,需要考虑许多科学和社会参数,如毒理学、生物相容性、愈合、机械和性能要求、可制造性以及伦理和法规专业知识。

4.2.4 生物材料与机体的相互作用

从 2013 年年底开始,卡尔马公司先后在法国为 4 名晚期心力衰竭患者植入了人工心脏,完成了旨在验证其安全性的一期临床试验,目标是使患者在术后存活 1 个月以上。2016 年 1 月,随着该公司宣布第 4 名移植者因并发症去世,一期临床试验正式结束,4 名移植者全部去世,术后存活时间总长达 21 个月。2016 年 11 月 30 日,第 5 例永久性人工心脏移植者死亡,存活时间约术后 1.5 个月。

4.2.4.1 生物材料的毒性作用

生物材料的毒性可能是由于该材料意外释放物质进入生物系统,影响细胞、器官或整个有机体而引起的。一般来说,生物材料在局部或全身水平上不应具有毒性。可溶性聚合物的生物毒性主要来源于材料植入体内后释放的成分,其包括急性毒性作用和慢性毒性作用,以后者更为常见。慢性毒性作用的机制主要为植入材料可通过免疫细胞的持续氧化攻击和降解产物刺激氧化剂的形成,造成过度氧化暴露,可导致慢性炎症以及生物材料的生物相容性和功能的丧失。急性毒性作用的机制涉及释放的成分可为抗原或半抗原,继发体液免疫和细胞免疫,使机体受到免疫性损害,甚至导致超敏反应,发生过敏性休克。金属材料植入体内可发生不同程度的腐蚀作用,释放金属离子或颗粒(如镍、钼、钒、铬等成分)进入组织,其毒理作用包括生长迟缓、类脂含量改变及过氧化、影响生化反应和与核酸作用影响蛋白质表达,部分金属离子还具有致癌作用。

目前,细小颗粒物导致疾病的发病率和死亡率增加的机理还不清楚,推测其可能与小于 100 nm 的超细颗粒物有关。100 nm 以下的物质恰好是纳米科学技术在努力发展的领域。因此,WHO 最近呼吁要优先研究超细颗粒物(尤其是纳米尺度颗粒物)的毒性生物机制。纳米生物材料在应用过程中一般通过以下 3 条途径进入体内:①呼吸系统吸入;②皮肤、黏膜吸收;③皮下或静脉注射等。若纳米材料通过上述途径进入人体,在人体组织内停留,就会引发炎症、病变等,如纳米颗粒通过皮肤或呼吸系统进入人体后,可能比较容易透过生物膜上的孔隙进入细胞内或细胞器(包括线粒体、内质网、溶酶体、高尔基体和细胞核等)内,并且与生物大分子发生结合或催化反应,使生物大分子和生物膜的正常立体结构发生改变,导致体内一些激素和重要酶系的活性丧失,或使遗传物质产生突变,导致肿瘤发病率升高或促进老化过程。纳米生物材料粒径极小,可以在体内自由穿梭并积蓄,这引起了人们对纳米生物材料可能存在的危害性的思考。

4.2.4.2　组织对生物材料的基本反应

1. 组织损伤

植入生物材料、假体或医疗设备的过程会对组织或器官造成损伤。对损伤的反应取决于多种因素,包括损伤的程度、基底膜结构的丧失、血液－材料的相互作用、临时基质的形成、细胞坏死的程度以及炎症反应的程度。这些事件反过来又可能影响肉芽组织形成、异物反应和纤维化或纤维包膜的发展。

2. 血液－材料的相互作用

当材料与血浆或全血接触后,可立即发生蛋白层的吸附,随之引起血小板的激活并启动凝血机制,导致血栓形成;材料可与血细胞相互作用,导致红细胞崩解而溶血,释放细胞内成分;材料可与白细胞相互作用,导致细胞损伤或激活。材料与血管内皮细胞及内皮下血管壁成分相互作用,同样可导致凝血激活,形成血栓。在上述过程中还可启动炎症反应。无论植入生物材料的组织或器官是什么,血管结缔组织损伤都会激活初始炎症反应。因为血液及其成分参与了初始炎症反应,所以血栓也会形成。从伤口愈合的角度来看,血液蛋白沉积在生物材料表面被称为临时基质形成。损伤和(或)生物材料在原位对血浆或细胞的影响可以产生介导许多血管和细胞炎症反应的化学因子。因此,生物材料学、血液及血管的相互作用,主要以血栓形成及炎症反应相关,二者相互作用可带来原位血栓形成或远端器官栓塞的风险。

纳米颗粒可以跟随血液循环到达身体的绝大多数器官,比较容易通过血－脑屏障、血－睾屏障、胎盘屏障等,从而对中枢神经系统功能、胚胎早期发育和组织分化产生不良影响,甚至直接影响生殖细胞的发育,如精子生成过程、精子形态以及精子活力等不良影响,这些对人类深远的影响仍有待于进一步研究。

3. 生物组织－材料的相互作用

生物机体在进化的过程中获得了较为完善的、对异物的屏障机制,当材料植入机体后,很快即能被机体"辨认",可产生两种反应:一是将其分解消灭;二是若不能分解消灭,则"筑成"屏障,即我们通常所说的形成纤维囊。组织损伤可导致临时基质在植入部位立即形成。基质由凝血和血栓系统激活产生的纤维蛋白,和补体系统、血小板、炎症细胞以及内皮细胞释放的炎症产物组成。这些活动发生在损伤早期,通常是植入后的几分钟到几小时内。临时基质可以看作是一种自然衍生的、可生物降解的、持续释放的系统,释放的物质包括有丝分裂原、趋化剂、细胞因子和生长因子,控制随后的伤口愈合过程。

4. 炎症与免疫应答

外源性物质可以与免疫系统的非特异性部分相互作用,如中性粒细胞、巨噬细胞和其他能够产生和释放炎症介质的细胞(图4.15)。生物材料进入机体后,局部产生炎症反应是很正常的,但长期持续的炎症反应将会对机体产生不利影响。因此,炎症反应的强度和(或)持续时间可以表征生物材料、假体或装置的生物相容性。研究表明,当中性粒细胞处于最高值(即急性炎症反应)时,单核细胞和巨噬细胞也处于最高值。中性粒细胞的寿命很短,只有几小时到一天,而且从渗出液中消失的速度比巨噬细胞要快,后者的寿命为几天、几周甚至几个月。最终,巨噬细胞成为渗出液中的主要细胞类型,表现为慢性炎症反应。单核细胞迅速分化为巨噬细胞,这些细胞在异物反应中主要负责伤口的正常愈合。肉芽组织的形成被认为是慢性炎症的一部分,但由于独特的组织－物质的相互作用,最好将异物反应与慢性炎症区分开来,两者肉芽组织发展过程中的巨噬细胞、成纤维细胞和毛细血管形成均有所不同,此外,慢性炎症长时间刺激局部组织,还有致癌、致畸等作用。炎症反应的过程和机理非常复杂,非特异性炎症长时间的维持和强化将导致严重的组织损伤,图4.15为炎性小体激活在生物材料导致炎症中的作用机理[34]。

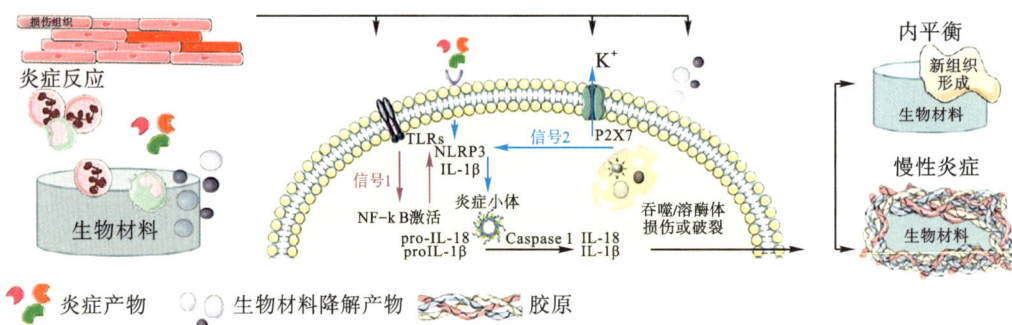

图4.15　生物材料诱发的炎性小体活动[34]

免疫系统是人体抗击外源性物质的屏障,对植入人体的异体、异种材料或合成材料会产生一系列免疫防御反应,包括上述的非特异的炎症反应以及特异的抗体－抗原反应等。免疫毒性(即对免疫系统的影响)是因为有毒性的外源性物质与免疫细胞相遇并杀死了这些细胞,或者外源性物质扰乱了免疫应答并改变了其结果。免疫系统包括复杂的器官和细胞,其正常情况下处于微妙的平衡状态,与有免疫毒性的物质接触会打破这种微妙的平衡,并对机体产生不利影响,比如免疫抑制、过敏或自身免疫。免疫系统的改变对于人类健康潜在的不利影响越来越成为科学和公众日益关心的问题。小分子量的物质一般没有免疫原性,但是它们可以通过连接到宿主蛋白质并改变蛋白质的结构而获得免疫原性,即为半抗原。聚合材料、陶瓷材料以及金属材料可能因具有滤出物、磨损或可降解的部分而能够连接到宿主蛋白质上。生物源性的材料,如胶原、天然乳胶蛋白、白蛋白以及动物组织等,都是已知的能够激活免疫应答的物质。

生物材料在体内可引发多种免疫毒性,常见的免疫毒性包括以下几类。

(1)免疫抑制:可分为非功能性免疫抑制和功能性免疫抑制,前者表现为免疫器官重量的变化、免疫细胞数量/分类的变化以及免疫球蛋白含量的改变等,后者包括 NK 细胞(natural killer cell,NK cell)活性的影响和(或)免疫功能的影响,如在致敏后抗原特异性抗体水平的降低和特异性免疫细胞亚群的减少或缺失等。

(2)免疫激活:免疫激活多数情况下不会导致对感染性疾病的抵抗力降低,相反能够加剧现存过敏或自身免疫症状。

(3)超敏:由于生物材料的免疫原性而能够被免疫系统所识别,进而呈现出超敏状态,常见的超敏是迟发型超敏反应(Ⅳ 型)和直接超敏反应(Ⅰ 型)。

5. 纤维化

生物材料的最终愈合反应通常是纤维化或纤维包裹,但是也有例外,如用实质细胞接种的多孔材料或植入骨的多孔材料。移植部位的修复包括两种不同的过程:再生,即用同种实质细胞替换受损组织,或由结缔组织替代受损部位。从理论上讲,恢复正常结构的完美修复只发生在由稳定和不稳定细胞组成的组织中,而由永久细胞组成的组织的所有损伤都可能导致纤维化,从而很少恢复正常组织或器官结构。损伤后实质细胞的基质情况对正常组织结构的恢复起重要作用,基质的破坏通常导致纤维化。

4.3 现代生物技术源性生物安全相关死亡案例剖析

本节将介绍几例现代生物技术源性生物安全相关死亡案例并予以简单剖析。其中,为防止生物材料造成栓塞使用抗凝药导致脑出血 1 例、因生物材料介入造成不同部位栓塞 1 例、因生物材料介入造成介入部位直接机械性损伤 1 例及未能明确出血原因的心包压塞 1 例。

4.3.1 案例一:冠脉内支架植入术后并发脑出血

本案例由中南大学湘雅医学院法医学系郭亚东教授提供。

4.3.1.1 基本案情

李某,女,66 岁,某年 10 月 18 日,因反复胸闷、胸痛半年,加重 1 周入院。入院诊断:①冠状动脉粥样硬化性心脏病不稳定型心绞痛;②高血压病 1 级很高危组。入院后完善检查,于 10 月 21 日行冠脉左前降支、对角支、右冠脉支架植入术。10 月 22 日 0 时 30 分出现烦躁不安,伴左侧头痛不适,并进行性加重,于 1 时出现意识障碍,伴恶心、呕吐,右侧肢体活动障碍。头颅 CT 示左侧颞、顶叶脑出血,出血量约 95 mL,血肿破溃入脑室。遂急行开颅左侧颞、顶、枕叶脑内血肿清除术 + 去大骨瓣减压术,但病情无好转,术后未恢复自主呼吸,深昏迷,瞳孔对光反射消失,医治无效死亡。

4.3.1.2 主要病理发现及死亡原因

冠心病及前降支、对角支、右冠脉支架植入术后(图 4.16);左侧颞、顶、枕叶脑内血肿清除术＋去大骨瓣减压术后及左颞叶蛛网膜下腔出血,左侧基底节有多个小血肿形成,脑干灶性出血,脑水肿等。综合分析认为李某符合在高血压病基础上因冠脉内支架植入术后并发脑出血致呼吸、循环衰竭而死亡。

4.3.1.3　案例解析

该病例尸体解剖主要发现冠状动脉左主干Ⅱ级狭窄,左前降支、对角支、右冠脉植入了人工支架。通常生物材料植入人体血管后,与血液接触可激发凝血并形成血栓。因此,在进行该类介入治疗后,需要使用抗凝血药物(或支架本身含有抗凝药物),以免血栓形成。但抗凝血药物在使用时还可造成机体出血倾向,从而引发出血等并发症。本例李某符合患有高血压病,行在冠脉内支架植入术后并发多处脑出血致呼吸、循环衰竭死亡的病理特征。

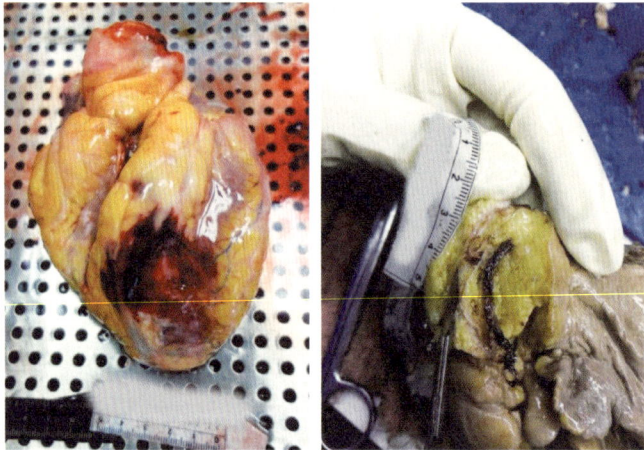

图4.16　心脏冠脉左前降支、对角支、右冠脉支架植入

4.3.2　案例二:椎动脉瘤弹簧圈栓塞术后继发脑梗死

本案例由中南大学湘雅医学院法医学系郭亚东教授提供。

4.3.2.1　基本案情

江某,男,55岁,因反复头痛、头昏1个月余,于某年6月15日就诊于某医院。入院后予以数字减影血管造影(digital subtraction angiography,DSA)检查提示双侧椎动脉多发动脉瘤,6月19日在全身麻醉的情况下行右侧椎动脉瘤支架辅助弹簧圈栓塞术,术后于6月20日出现左侧肢体偏瘫,急查CT提示小脑梗死。次日,出现呼吸困难,此后发生肺感染,在肢体偏瘫的基础上肺部感染持续加重,同时合并尿路感染,最终经治疗无效死亡。

4.3.2.2　主要病理发现及死亡原因

脑底部双侧椎动脉及基底动脉,大脑前、中、后动脉均粥样硬化,双侧椎动脉及基底动脉有多发动脉瘤形成,基底动脉起始部至右侧椎动脉内可见辅助支架,右侧椎动脉见两个动脉瘤,其中一个动脉瘤瘤体内及瘤体口可见弹簧圈填充,另一个动脉瘤瘤体内见弹簧圈填充(图 4.17)。镜下见脑实质多发小灶性梗死,小脑自溶。

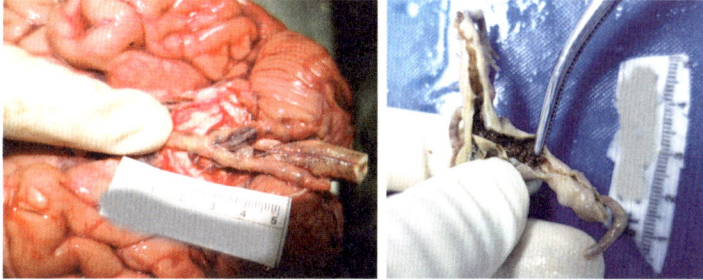

图 4.17　右侧椎动脉动脉瘤及弹簧圈栓塞

4.3.2.3　案例解析

江某在椎动脉及基底动脉多发动脉瘤、脑梗死及右侧椎动脉瘤支架植入并弹簧圈栓塞术后的基础上,继发多处脑梗死、支气管肺炎,终因多器官功能衰竭而死亡。其接受动脉瘤栓塞术后,第 2 日即表现出左侧肢体偏瘫的临床表现,这表明该金属弹簧圈植入血管内导致了血栓形成并脱落,导致远端血管栓塞,发生脑梗死。金属弹簧圈与血液接触后本身即可启动凝血,此外,无法排除其可能导致血管内皮的损伤,暴露基底膜成分并激活凝血过程。

4.3.3　案例三:人工关节置换术后肺动脉血栓栓塞

本案例由中南大学湘雅医学院法医学系郭亚东教授提供。

4.3.3.1　基本案情

谢某,男,74 岁,某年 11 月 10 日,因"车祸伤致双髋部疼痛、肿胀、畸形伴功能障碍 4 h"入院。X 线检查:双侧股骨粗隆间骨折,入院诊断为双侧股骨粗隆间骨折,完善各项相关检查于 11 月 12 日在腰硬联合麻醉下行双侧人工股骨头置换术,术后安返病房。11 月 15 日 14 时 46 分出现呼吸、心跳骤停,即刻予以胸外按压、人工呼吸等对症抢救,至 15 时 24 分一直未恢复自主呼吸运动及自主心律,宣布患者抢救无效死亡。

4.3.3.2　主要病理发现及死亡原因

左、右大腿外侧分别见 13.5 cm 及 12.5 cm 纵行手术切口,缝线在位,双小腿静脉曲张,左侧为甚,伴周围皮肤紫红色改变、双踝部略肿胀,双侧下肢腘静脉及分支内未见血栓样物。左肺动脉内见 3.5 cm×1.6 cm×1.6 cm 血栓样物附着(图 4.18),组织学检验证实栓子为混合血栓成分,以及部分肺内小动脉内混合血栓形成。谢某符合双侧股骨骨折并行双侧人工股骨头置换术后并发肺动脉血栓栓塞致急性呼吸循环衰竭死亡的病理特征。

图 4.18　左肺动脉血栓栓塞

4.3.3.3　案例解析

谢某因外伤致双侧股骨粗隆间骨折,接受双侧人工股骨头置换术,术后第 3 天突发呼吸、心跳骤停并经抢救无效死亡。尸检证实其死亡原因为肺动脉血栓栓塞。该患者术后发生了双小腿静脉曲张,左侧为甚,伴周围皮肤紫红色改变,双踝部略肿胀,虽然双侧下肢腘静脉及分支内未见血栓样物(应为血栓形成后脱落),但仍认为其下肢存在血栓形成的并发症。人工股骨头置换术的手术创面较大,更主要的是该人工材料与长骨骨髓腔及大面积软组织接触后,可激发并启动凝血机制,导致机体出现高凝状态,同时存在肢体制动的因素,共同构成了血栓形成的条件,最终发生肺动脉血栓栓塞而死亡。

4.3.4　案例四:静脉畸形影像引导经皮硬化术激发肺异物栓塞

本案例由南方医科大学法医学院乔东访教授提供。

4.3.4.1　基本案情

周某,男,1 岁 7 个月,某年 5 月 7 日因"全身多发肿物 2 个月余"入院。专科检查:头枕部、颌面部、颈部、躯干等可触及大范围质软肿物,青紫色,皮温不高,境界欠清,略高出皮面,枕部、颈部肿物高出皮面明显,大小分别约 4 cm × 3 cm、3 cm × 2 cm,无压痛,表面无破溃。入院诊断:多发静脉畸形。拟行静脉畸形影像引导经皮硬化术。5 月 8 日,在静吸复合全身麻醉的情况下,行多发静脉畸形影像引导经皮硬化术,麻醉成功后常规消毒枕部、头皮及前胸壁皮肤,铺无菌巾,在 DSA 引导下用 4 号半针多点、多角度经皮穿刺肿物,后注射少量造影剂,示造影剂在瘤内呈多发囊状分布,未见明显引流静脉显影,在 DSA 透视监视下经皮注射聚桂醇 + 二氧化碳泡沫硬化剂及平阳霉素 + 造影剂 + 碘化油进行硬化治疗,完成后摄片,术中顺利,返回复苏室。但周某在复苏室内突发心跳、呼吸骤停,经积极抢救后,5 月 8 日 11:20 心跳未能恢复,血压测不出,动脉搏动未能触及,经皮血氧饱和度(SpO_2)未能测得,瞳孔散大、固定,宣布临床死亡。

4.3.4.2　主要病理发现及死亡原因

尸体解剖发现胸、腹壁皮下增生畸形静脉网，左侧胸壁见大面积畸形静脉网。左肺重 110 g，大小为 10 cm×8 cm×3 cm；右肺重 150 g，大小为 13 cm×9 cm×3.5 cm；双肺包膜下见片状出血，切面轻度淤血、水肿；双肺门动静脉通畅，支气管管腔通畅。镜下见双肺间质弥漫性血管腔内有大量墨绿色或红染的无结构样物分布（图 4.19）。双肺大量异物性肺栓塞，栓子主要为深墨绿色无结构样物及红染的无结构样物，同时见上述异物分布于多器官（如肺、肝、脾等）血管及畸形静脉内，其中以双肺异物栓塞最为广泛，呈弥漫性分布，因此死亡原因为急性肺异物栓塞。

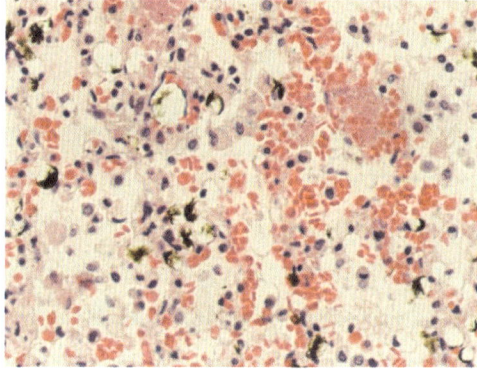

图 4.19　肺间质血管内硬化剂栓塞

4.3.4.3　案例解析

周某因患有全身性静脉畸形，接受经皮硬化术治疗，硬化剂为聚桂醇 + 二氧化碳泡沫硬化剂、平阳霉素 + 造影剂 + 碘化油。周某接受治疗后，于复苏室内发生呼吸、心跳骤停。尸检见双肺间质内弥漫性血管腔内异物栓塞，栓塞物外观与畸形静脉内的硬化剂一致。这表明该类硬化剂在血管内发生外溢并进入了体循环，且外溢的硬化剂剂量较大，引发了致命性肺栓塞。

（陈　龙　李立亮　乔东访）

参考文献

[1] WU J，WEI L，HE J，et al. Characterization of a novel Bacillus thuringiensis toxin active against Aedes aegypti larvae[J]. Acta Trop，2021，223106088.

[2] SETTEN R-L，ROSSI J-J，HAN S-P. The current state and future directions of RNAi-based therapeutics[J]. Nat Rev Drug Discov，2019，18（6）：421-446.

[3] 张恬，张宏翔.2019 年全球生物技术/转基因作物商业化发展态势[J]. 中国生物工程

杂志,2021,41(1):114 – 119.

[4] DELANEY B,GOODMAN R – E,LADICS G – S. Food and Feed Safety of Genetically Engineered Food Crops[J]. Toxicol Sci,2018,162(2):361 – 371.

[5] 陈骋,张焕萍,马赞厢. 食物过敏研究新进展[J]. 中华临床医师杂志(电子版),2017,11(5):855 – 859.

[6] BAUER R N,MANOHAR M,SINGH A M,et al. The future of biologics:applications for food allergy[J]. J Allergy Clin Immunol,2015,153(2):312 – 323.

[7] HUSSAIN T,AKSOY E,CALIS KAN M – E,et al. Transgenic potato lines expressing hairpin RNAi construct of molting – associated EcR gene exhibit enhanced resistance against Colorado potato beetle (Leptinotarsa decemlineata,Say) [J]. Transgenic Res,2019,28(1):151 – 164.

[8] MAJUMDAR R,RAJASEKARAN K,CARY J W. RNA Interference (RNAi) as a potential tool for control of mycotoxin contamination in crop plants:concepts and considerations [J]. Front Plant Sci,2017,14(8):200.

[9] MILES L – S,RIVKIN L – R,JOHNSON MTJ,et al. Gene flow and genetic drift in urban environments[J]. Mol Ecol,2019,28(18):4138 – 4151.

[10] 解读:国家卫生计生委关于修改《新食品原料安全性审查管理办法》等7件部门规章的决定[J]. 中国卫生法制,2018,26(3):95.

[11] YIN Y,XU Y,CAO K,et al. Impact assessment of Bt maize expressing the Cry1Ab and Cry2Ab protein simultaneously on non – target arthropods[J]. Environ Sci Pollut Res Int,2020,27(17):21552 – 21559.

[12] MILONE M – C,O´DOHERTY U. Clinical use of lentiviral vectors[J]. Leukemia,2018,32(7):1529 – 1541.

[13] ADAMS D,GONZALEZ – DUARTE A,O´RIORDAN W – D,et al. Patisiran,an RNAi Therapeutic,for Hereditary Transthyretin Amyloidosis[J]. N Engl J Med,2018,379(1):11 – 21.

[14] KIMMELMAN J. Recent developments in gene transfer:risk and ethics[J]. BMJ. 2005,330(7482):79 – 82.

[15] WILSON J – M,FLOTTE T – R. Moving Forward After Two Deaths in a Gene Therapy Trial of Myotubular Myopathy[J]. Human Gene Therapy,2020,31(13 – 14):695 – 696.

[16] GHOSH S,BROWN A – M,JENKINS C,et al. Viral Vector Systems for Gene Therapy:A Comprehensive Literature Review of Progress and Biosafety Challenges [J]. Applied Biosafety,2020,25(1):7 – 18.

［17］HERRMANN A – K,GROBE S,BÖRNER K,et al. Impact of the Assembly – Activating Protein on Molecular Evolution of Synthetic Adeno – Associated Virus Capsids［J］. Hum Gene Ther,2019,30(1):21 –35.

［18］GRIMM D,BÜNING H. Small but Increasingly Mighty:Latest Advances in AAV Vector Research,Design,and Evolution［J］. Hum Gene Ther,2017,28(11):1075 – 1086.

［19］CHANG Y – X,ZHAO Y,PAN S,et al. Intramuscular Injection of Adenoassociated Virus Encoding Human Neurotrophic Factor 3 and Exercise Intervention Contribute to Reduce Spasms after Spinal Cord Injury［J］. Neural Plast,2019,20193017678.

［20］GIANNAKOPOULOS A,QUIVIGER M,STAVROU E,et al. Efficient episomal gene transfer to human hepatic cells using the pFAR4 – S/MAR vector［J］. Mol Biol Rep,2019,46(3):3203 – 3211.

［21］GOINS W – F,HUANG S,HALL B,et al. Engineering HSV – 1 Vectors for Gene Therapy ［J］. Methods Mol Biol,2020,20(60):73 – 90.

［22］KOTTERMAN M A,SCHAFFER D V. Engineering adeno – associated viruses for clinical gene therapy［J］. Nat Rev Genet,2014,15(7):445 – 451.

［23］WANG D,TAI P W L,GAO G. Adeno – associated virus vector as a platform for gene therapy delivery［J］. Nat Rev Drug Discov,2019,18(5):358 – 378.

［24］ARNBERG N. Adenovirus receptors:implications for targeting of viral vectors［J］. Trends Pharmacol Sci,2012,33(8):442 – 448.

［25］LOWENSTEIN P R,MANDEL R J,XIONG W – D,et al. Immune responses to adenovirusand adeno – associated vectors used for gene therapy of brain diseases:the role of immunological synapses in understanding the cell biology of neuroimmune interactions［J］. Curr Gene Ther,2007,7(5):347 – 360.

［26］MILONE M C,O'DOHERT Y U. Clinical use of lentiviral vectors［J］. Leukemia,2018,32(7):1529 – 1541.

［27］SHERIDAN C. Gene therapy finds its niche［J］. Nat Biotechnol,2011,29(2):121 – 128.

［28］GOINS W F,HUANG S,COHEN J B,et al. Engineering HSV – 1 Vectors for Gene Therapy ［M］//DIEFENBACH R J,FRAEFEL C. Herpes Simplex Virus:Methods and Protocols. New York,NY:Springer New York,2014.

［29］MANSERVIGI R,ARGNANI R,MARLONI P. HSV recombinant vectors for gene therapy ［J］. Open Virol J,2010,18(4):123 – 156.

［30］LEE M,KIM H. Therapeutic application of the CRISPR system:current issues and new prospects［J］. Hum Genet,2019,138(6):563 – 590.

［31］CHARLESWORTH C－T,DESHPANDE P－S,DEVER D－P,et al. Identification of preexisting adaptive immunity to Cas9 proteins in humans［J］. Nat Med,2019,25(2): 249－254.

［32］WAGNER D－L,AMINI L,WENDERING D－J,et al. High prevalence of Streptococcus pyogenes Cas9－reactive T cells within the adult human population［J］. Nat Med,2019, 25(2):242－248.

［33］MEHTA A,MERKEL O－M. Immunogenicity of Cas9 Protein［J］. J Pharm Sci,2020, 109(1):62－67.

［34］VASCONCELOS D P, ÁGUAS A P,BARBOSA M A,et al. The inflammasome in host response to biomaterials:Bridging inflammation and tissue regeneration［J］. ActaBiomater, 2019. 83:1－12.

第5章
生物武器与生物恐怖相关死亡

世界百年未有之大变局给国际、国内安全形势提出了新的挑战与要求。国际方面，跨国性灾难事件、国际犯罪以及恐怖主义的威胁持续存在；国内方面，后疫情时代次生的公共安全事件风险和突发恶性暴力案件隐患同样对打击犯罪带来挑战，对我国公共安全风险防控和应急处置能力提出了较高要求。尤其在生物安全领域，生物武器与生物恐怖是在全球长期存在并引起各国广泛关注的生物安全重大威胁和挑战。

1969年，联合国化学生物战专家组对各类武器杀伤力与制造成本进行了统计分析[1]，结果显示导致每平方公里内50%死亡率，使用传统武器大约需要花费14000元人民币，核武器约为5600元人民币，化学武器约为4000元人民币，而生物武器仅约为7元人民币。于1975年生效的《禁止生物武器公约》是国际社会为应对生物安全威胁所做出的共同努力[2]，但是在实际执行过程中，缔约方各国对于该公约的履行情况不尽相同，而公约核查机制的不足导致其约束力大大受限。一些国家和地区拥有较大规模的生物武器，包括多种生物战剂及其投掷系统，能够满足生物战争攻击的需要，一些恐怖组织也不排除拥有生物武器的可能，这已成为影响全球安全的不稳定因素。

本章重点分析、讨论生物武器的概念、分类、历史、研发趋势，生物武器相关死亡的特点、死亡机制及日本侵略中国对华细菌作战罪恶行动案例。

5.1 生物武器的概念与基本分类

5.1.1 生物武器的概念

对于生物武器(bioweapon)的概念，学界一直在研究与探讨，随着科技发展和人类对生物安全研究与理解的深入,生物武器的概念也在逐步完善。

早期的生物武器概念主要限定为细菌武器,是指满足军事目的与战争要求、对人和动物造成大面积杀伤和破坏的细菌及其产生的传染性物质。随着生物技术的发展,可用于军事行动和恐怖袭击的微生物种类不止细菌,还出现了利用病毒、立克次氏体、真菌等病原体制作的生物战剂。除了被军事化的病原微生物外,生物武器还包括携带、装载、投射和引爆这些病原微生物的释放装置,包括炮弹、炸弹、火箭弹、导弹等的弹头和航空布撒器、喷雾器、气溶胶发生器、装载媒介物(鼠、蚊等)的容器等[3]。

生物武器从诞生之初就带有军事属性,其主要出现场景是战争,主要研发和使用者是军队。然而,随着恐怖主义的诞生,生物武器逐渐引起恐怖分子的关注,成为意图造成平民或非战斗人员死亡或严重身体伤害,以达到恫吓平民或胁迫政府实行或取消某些行动的手段,随之产生生物恐怖袭击[4](bioterrorism attack)。1995年,日本奥姆真理教实施了震惊世界的"东京地铁沙林恐怖袭击"事件,使人们认识到生物恐怖袭击的本质,即以制造人员伤亡、社会恐慌或经济损失为目的,有预谋地在社会散布病原体,以实现危害社会安全的恐怖目的。

综上所述,生物武器是指通过向人群释放武器化的病原微生物,以达到杀伤或破坏人体健康目的的一种袭击工具。

5.1.2 生物武器的分类

生物武器的分类是有针对性对抗、防御和控制生物战争、生物恐怖主义的基础,也是研究检测和预防生物武器研制和扩散的重要抓手。目前,对于生物武器进行分类的方法主要有以下几种。

根据对人体的危害程度,可将生物武器分为致死性生物武器和失能性生物武器。致死性生物武器因其杀伤力大,10%以上的被攻击对象会出现该武器所携带生物战剂导致的死亡。常见的生物战剂包括霍乱弧菌、炭疽杆菌、伤寒杆菌、天花病毒、黄热病毒、东方马脑炎病毒、斑疹伤寒立克次氏体、肉毒杆菌毒素等。失能性生物武器对攻击对象的致死率在10%以下,但其战争效果往往更受双方关注。常见的失能性生物武器包括Q热立克次氏体、布鲁氏菌、委内瑞拉马脑炎病毒等。

根据生物武器的核心杀伤力——病原微生物的结构和致病性特点的不同,可将生物武器分为细菌类、病毒类、立克次氏体类、衣原体类、毒素类和真菌类。细菌类生物武器的致病微生物包括霍乱弧菌、炭疽杆菌、鼠疫耶尔森菌、布鲁氏菌等;病毒类生物武器的致病微生物包括天花病毒、马脑炎病毒、黄热病毒等;立克次氏体生物武器的致病微生物包括Q热立克次氏体、流行性斑疹伤寒立克次氏体等;衣原体类生物武器的致病微生物包括鹦鹉热衣原体等;毒素类生物武器的致病微生物包括葡萄球菌肠毒素、肉毒杆菌毒素等;真菌类生物武器的致病微生物包括荚膜组织胞浆菌、粗球孢子菌等。

根据生物武器的致病微生物有无传染性,可将生物武器分为传染性生物武器和非传染性生物武器。传染性生物武器包括天花病毒、鼠疫耶尔森菌和霍乱弧菌等;非传染性生物武器包括土拉杆菌等。

此外,国外研究机构对于病原微生物的分类也有不同表述,如美国国家变态反应和传染病研究所(NIAI)根据病原体危险性、致死率、通过气溶胶在人群中传播的能力以及人的易感性等因素,将病原微生物分为 A、B、C 3 类[5]。其中,A 类病原体很容易在人际传播,可导致很高的死亡率,从而具有造成重大的公共卫生危害的潜力,可能会引起公众的恐慌和社会动乱,要求在公共卫生防范方面必须采取专项行动,代表性病原体包括炭疽芽孢杆菌、肉毒杆菌毒素等。B 类病原体是危险性排第二位的病原微生物及其因子,此类病原体相对较容易扩散,可导致中等程度的发病率和较低的死亡率,包括布鲁氏菌、鼻疽伯克霍尔德氏菌等。C 类病原体的危险性排第三位,包括新出现的病原体,此类病原体易获得,很容易生产和扩散,可能在未来大规模传播,有潜在可能造成很高的发病率和死亡率,从而对公共卫生产生重大影响,包括布尼亚病毒、腹地病毒、黄病毒等。

近年来,随着现代生物技术的发展,基因编辑和基因重组等生物技术被利用到病原微生物的遗传物质改造中,从而出现了基因武器。基因武器就是运用遗传工程技术,利用重组 DNA 技术来改变非致病微生物的遗传物质的生物武器。根据作战需要,在一些致病细菌或病毒中插入能对抗疫苗或药物的基因,产生具有显著抗药性的致病细菌,或在一些本来不会致病的微生物体内插入致病基因,产生出新的致病生物制剂。基因武器的危险之处在于,从武器的使用到发生作用都没有明显的征候,即使发现也难以通过常规手段加以防御,采用同类基因手段进行对抗必然耗费大量人力、物力,且在短时间内难以扭转基因武器造成的巨大生物性破坏。

5.2 生物武器的发展历史与研发趋势

任何武器都和战争的需要及社会经济、科技的发展水平相关。随着社会各领域的不断发展,武器的种类及其杀伤威力也不断变化。火药、炸药的发明结束了冷兵器时代,发展了热武器;随着化学工业化时代的来临,同时在毒理学不断发展的背景下,出现了化学武器;现代微生物学和发酵工业的发展,为生物武器的出现提供了条件。现代生物武器发展的历史虽然不长,但利用毒物或传染病来战胜敌人的思想和历史却十分悠久。

5.2.1 生物战思想的形成

公元前 600 年,雅典的大法官索伦(Solon)曾使用黑芦荟根投入敌方的水源,结果引起敌军群体发生腹泻而获胜。此后,使用腐烂动物或人类尸体污染敌方的水源、食物,毒害对方的历史记载逐渐增多。关于鼠疫在战争中的使用则见于 1346 年,鞑靼人将自己队伍中死于鼠疫的尸体投入敌方城堡,引发了守卫者鼠疫的流行,迫使敌方逃离,并将鼠疫传播到中欧。1763 年,英军驻北美总司令杰夫斯·阿姆赫斯特(Jeffersy Amherst)曾将天花患者的毯子和手帕送给印第安人首领,结果引发了印第安人天花流行,达到了瓦解敌方战斗力的目的。这也是有历史记载的第 1 次生物战。

事实上,利用传染病削弱敌方战斗力这一思想明显早于微生物学的发展,其根源在于各种传染病曾给人类带来过巨大伤痛。人类历史上,曾发生过 3 次鼠疫大流行。第 1 次鼠疫大流行发生在公元 6 世纪,东罗马帝国汝斯丁皇朝时期,鼠疫流行了近 50 年,导致 1 亿受感染的人死亡,医学史上称为"游西第安娜瘟疫";第 2 次鼠疫大流行发生在 14 世纪,疫情波及欧洲、亚洲和非洲,疫情历时 100 多年,也是欧洲历史上最大的灾难之一,这次疫情被称为"黑死病"大流行。第 3 次鼠疫大流行发生于 19 世纪初,32 个国家遭受疫情的伤痛。呼吸道病毒的大流行更加迅猛,人类历史上最大的疫情就是发生在 18 世纪到 19 世纪期间的 7 次全世界大流行的流感,仅 1918—1919 年,死亡的人数就约为 2000 万,超过了第一次世界大战死亡的人数。第二次世界大战期间,美军在西南太平洋作战时,曾发生登革热流行,因而不得不停止战争。由此可见,传染病的大流行在战争年间会导致某些国家及其军队遭受重创,不战自败。因此,将传染病作为战争手段的思想不断成为事实。

5.2.2　生物武器使用的历史

生物战的原始形态为简单的人为布撒,此种方式简便易行,但其规模有限,无法在短时间内实现大规模传播的目的。随着微生物学和武器制造水平的不断提高,大规模生物武器的研制逐渐得到发展。其中,微生物学的发展助推了被用于生物武器的生物战剂的发展。生物武器的发展历史可分为两个阶段。

第一阶段为初始阶段,研制者为富于侵略性且工业水平发达的国家,如德国当时研发了几种致病细菌(如炭疽杆菌、马鼻疽杆菌等)作为生物战剂,由其特工人员实施投放。

第二阶段始于 20 世纪 30 年代,生物战剂仍以细菌为主,但种类增加,同时开始病毒战剂的研究,施放方式出现了采用虫媒或飞机投放,污染面积显著扩大。第二次世界大战期间,德国进一步扩大生物武器的研究规模,研发利用飞机喷洒生物战剂气溶胶的技术和装备,投放的生物战剂包括鼠疫耶尔森菌、霍乱弧菌、斑疹伤寒立克次氏体和黄热病毒等。1936 年,由臭名昭著的细菌战战犯石井四郎主持,日本在我国哈尔滨郊区建立了一个规模庞大的生物武器研究实验室——第 731 部队,该部队分为 8 个部门,研究细菌战剂和多种细菌弹,包括鼠疫耶尔森菌、霍乱弧菌、炭疽杆菌、气性坏疽菌、伤寒杆菌和副伤寒杆菌等。此外,日军还在我国长春市设有第 100 部队,由兽医少将若松有次郎主持,名义上为兽医部队,实际上从事杀伤畜和农作物的生物战剂研究,如马鼻疽菌、炭疽杆菌和牛痘病毒等。在石井四郎的率领下,日军曾对我国多地实施生物武器袭击,包括使用有鼠疫的跳蚤、副伤寒杆菌和炭疽杆菌等，犯下了可耻的罪行。除日本外，英国、美国以及加拿大都进行了大规模的生物武器研究，并制造了大量生物武器。除常用的各类细菌外，英国还研制了肉毒素炸弹。美国则在生物武器的研究中发展更为迅速，如研究使生物战剂在空气中存活更长时间的条件以及大规模冷冻干燥技术。第二次世界大战结束后，美国继续加强对生物武器的研究，不仅继续扩大研究规模，而且针对大量媒介昆虫设计生物战剂的研究，在"昆虫战"方面积累了丰富经验。1952 年初，美国对朝鲜和我国东北地区进行了生物战。美军使用的生物战剂包括媒介物（如蝇类、蛇类、跳蚤、蜘蛛等）以及对植物和农作物致病的生物战剂，此外还使用小田鼠、羽毛和树叶等，致病菌则包括炭疽杆菌、鼠疫耶尔森菌、霍乱弧菌、伤寒杆菌、副伤寒杆菌和森林脑炎病毒等。

5.2.3　生物武器的研发趋势

首先，新的生物战剂不断增多。细胞培养技术早已被用于病毒的大量扩增，因此病毒类战剂的比重增加。其次，随着分子生物学和遗传学工程技术的飞速发展，利用基因重组技术获得具有某些新特性的致病菌或病毒成为可能，如已有利用基因重组技术获得对链霉素有耐药性的鼠疫耶尔森菌。基因重组技术或编辑技术的不断完善，还有可能促使人工合成新的基因，提高微生物的致病力，这将有可能使生物武器进入基因武器的时代。另外，多种生物毒素和人工合成的生物活性肽也有可能称为生物战剂。某些细菌毒素具有强大的毒力作用，其对生物个体的杀伤力巨大。存在于自然界中的某些动、植物毒素（如海藻毒素、箭毒蛙毒素、眼镜蛇毒素等）也具有强大的毒力，也可能被人工合成及利用。

5.3　生物武器相关死亡的一般特点与死亡机制

生物武器相关的生物战剂具有一定的生物学特性。与化学战剂不同的是，生物战剂在一定条件下具有自我增殖的能力，因此只要极少量病原体进入机体内，就能大量繁殖及致病。生物战剂进入机体后，不仅会引起疾病，还会不断向外界排出，从而导致病原体进一步污染水源、环境，造成人、畜疾病更广泛的传播、流行。生物战剂引发的感染性疾病通常难以防治，具体表现为难以发现，即人体感官不易发现。因此，一旦遭受暴露，则可导致大量的群体性感染。治疗上同样具有一定的难度，被选用的生物战剂通常为致病力强的病原体且为耐药菌，发病后病情进展迅速。此外，我们对于某些病毒，还缺乏特异性的治疗药物。因此，生物武器导致人、畜发病及死亡的概率极高。

5.3.1　鼠疫耶尔森菌

鼠疫（plague）是由鼠疫耶尔森菌感染引起的动物源性传染病。啮齿类动物是鼠疫耶尔森菌的自然宿主,人类感染则是由于与被感染的啮齿类动物接触,通过蚤的叮咬而感染,亦可经呼吸道感染致肺鼠疫。抗日战争时期,日本于1940—1941年在我国浙江省、湖南省等地布撒过染有鼠疫耶尔森菌的跳蚤。

5.3.1.1 形态特征与生化特性

鼠疫耶尔森菌为多形态、两端膨大、钝圆短小的杆菌,长1.0~2.0 μm,宽0.3~0.7 μm。鼠疫耶尔森菌在受感染的动物或人体组织内,可呈小球形、染色不佳的坏死、变性的菌体形态。培养基中生长的菌体为两端浓染的杆菌,排列成长短不一的链状,亦可散在分布或成小堆状。

鼠疫耶尔森菌革兰氏染色呈阴性,两端浓染区域为其细胞核。菌体表面有糖蛋白类荚膜,无鞭毛,不形成芽孢,荚膜内含有透明质酸(黏多糖类),为其抗原成分,还含有过氧化物酶和过氧化氢酶。

鼠疫耶尔森菌菌体含有内毒素,还可产生鼠毒素和一些有致病作用的抗原成分,已证实有19种抗原,即A~K、N、O、Q、R、S、T、V、W,主要有F1抗原和与毒力有关的V、W抗原。F1抗原具有抗细胞吞噬能力,V、W抗原除有抗吞噬能力外,还能促进其在单核细胞内繁殖。

5.3.1.2 传播途径

1.经鼠蚤传播

以蚤为媒介,构成啮齿动物—蚤—人的传播方式是主要的传播途径。鼠蚤的种类包括旱獭的长须蚤、沙鼠的沙鼠客蚤、田鼠的原双蚤和家鼠的印鼠客蚤等,共计10余种。蚤类吸入含有病菌的鼠血后,体内病菌大量繁殖,在叮咬其他鼠或人时,释放病菌,导致感染。因蚤类的粪便已含病菌,故也可通过破损的皮肤或黏膜感染。

2.经皮肤或呼吸道传播

接触患病啮齿类动物的血液、皮肉或患者的血液、痰液等,可经皮肤伤口感染。肺鼠疫患者的痰液可借助飞沫,直接造成人与人之间的传染,极易引发流行。

5.3.1.3 发病及死亡机制

人类鼠疫有多种临床表型,与致病菌毒力、感染途径及人的免疫功能状态有关。鼠疫耶尔森菌经皮感染后,经淋巴管至局部引流淋巴结后,导致剧烈的出血坏死性炎症,即腺鼠疫;经血液循环进入肺组织后,引发继发性肺鼠疫;由呼吸道飞沫途径感染,则为原发性肺鼠疫。此外还包括脓毒症型鼠疫、皮肤型鼠疫、肠型鼠疫、脑膜炎型鼠疫等,上述腺鼠疫和肺鼠疫最为常见。临床表现多起病急骤,畏寒发热,体温迅速升至39~40 ℃,伴恶心、呕吐、头痛、肌肉痛、颜面潮红、结膜及黏膜出血等。

腺鼠疫:最为常见,好发部位依次为腹股沟淋巴结、腋下淋巴结和颈部淋巴结,多为单侧。病变处淋巴结迅速肿大且红肿、疼痛,2 ~ 3 d 后病情最重。依病情严重程度,可将腺鼠疫分为轻型、中型及重型,重型患者淋巴结很快呈化脓性破溃,易进展为脓毒症及继发型肺鼠疫,可危及生命。

肺鼠疫:原发性肺鼠疫传播力强,病死率高。潜伏期 2 ~ 3 d,起病急,有寒战高热、胸痛、呼吸急促、发绀、咳嗽、咳痰,痰为黏液或血性泡沫(痰内有大量病菌),偶可大量呕血,同时肺部可闻及散在的湿啰音或胸膜摩擦音,伴有心悸、脉搏细速等。随着疾病的进展,肺病变发展为肺水肿期及坏死性肺炎期,后者肺组织内发生液化性坏死。常因心力衰竭、出血、休克而危及生命。

败血型鼠疫:鼠疫耶尔森菌入血并大量繁殖,即为鼠疫败血症,为最凶险的类型,多继发于肺鼠疫或腺鼠疫。主要表现为高热、寒战、谵妄或昏迷,进而发生脓毒性休克、DIC及广泛性皮肤出血、坏死,死后皮肤呈黑色。

其他类型鼠疫:被鼠疫耶尔森菌感染后,还有皮肤鼠疫、肠鼠疫、脑膜炎型鼠疫等,不过这些类型均不常见。

5.3.2　霍乱弧菌

霍乱(Cholera)是由霍乱弧菌所致的烈性肠道传染病,以腹泻、呕吐、脱水及肌肉痉挛为主要症状,可发生循环衰竭、严重电解质紊乱与酸碱失衡、急性肾衰竭等严重并发症,属于甲类传染病。一般以轻症多见,重症患者病死率极高。20 世纪,霍乱弧菌曾被日军的 731 部队使用,将污染的食物给周边农民吃,造成腹泻及死亡。

5.3.2.1　形态特征与生化特性

霍乱弧菌外形短小,呈逗点状或弯形圆柱状,革兰氏染色呈阴性,长 1.5 ~ 3.0 μm,宽 0.2 ~ 0.4 μm,一端有长达菌体 5 倍的一根鞭毛,活菌镜下见有穿梭状运动,运动活泼,无荚膜,不形成芽孢。霍乱弧菌与霍乱样弧菌有一个共同抗原——H 抗原,H 抗原无特异性,另一个抗原是菌体抗原——O 抗原,O 抗原为其主要抗原,有特异性,又可分为 6 个亚型。霍乱弧菌产生肠毒素、神经氨酸酶、血凝素及菌体裂解所释放的内毒素,其中霍乱肠毒素及霍乱毒素可释放于菌体之外。

5.3.2.2　传播途径

感染者或带菌者为霍乱弧菌的主要传染源,轻型感染及隐性感染者为更重要的传染源。健康人多因摄入的食物或水受到霍乱弧菌污染而被传染。

5.3.2.3　发病及死亡机制

霍乱弧菌侵入人体后发病与否取决于机体胃酸的分泌程度和霍乱弧菌的致病力两个方面。正常胃酸可杀死霍乱弧菌,但当胃酸缺乏或胃液稀释,感染的霍乱弧菌数量过多时,残存的霍乱弧菌即可进入小肠并致病。霍乱弧菌进入小肠后,在小肠表面繁殖并产生肠毒素,小肠上皮细胞对肠毒素应答,产生大量等渗液体,从而发生分泌性腹泻。

霍乱潜伏期短的仅数小时,一般为 1～3 d,长的 3～6 d。感染者出现剧烈腹泻、呕吐及严重脱水,致使血浆容量明显减少、血液浓缩,出现周围循环衰竭。由于剧烈腹泻、呕吐,导致电解质丢失、缺钾缺钠、肌肉痉挛、酸中毒等,甚至发生休克及急性肾衰竭。典型霍乱病程可分为以下三期。

(1)腹泻、呕吐期:突然腹泻,继而呕吐。一般无明显腹痛,无里急后重感。每日大便数次,量多。初为黄水样,不久转为米泔样水便,少数患者有血性水样便或柏油样便,腹泻后出现喷射性呕吐,初为胃内容物,继而呈水样。呕吐多不伴有恶心,其内容物与大便性状相似。小部分患者腹泻时不伴有呕吐。

(2)脱水期:脱水期患者的外观表现非常明显,严重者眼窝深陷,声音嘶哑,皮肤干燥皱缩、弹性消失,腹下陷,呈舟状,唇舌干燥、口渴欲饮,四肢冰凉,体温常降至正常以下,肌肉痉挛或抽搐。

(3)恢复期:少数患者(以儿童多见)此时可出现发热性反应,体温升高至 38～39 ℃,一般持续 1～3 d 后自行消退,故此期又称为反应期。病程平均为 3～7 d。

5.3.3 炭疽杆菌

炭疽(Anthrax)是由炭疽杆菌所致的一种人畜共患的急性传染病,临床上主要表现为皮肤坏死、溃疡、焦痂和周围组织广泛水肿及毒血症症状,偶可致肺、肠和脑膜的急性感染,并伴发败血症,属乙类传染病。1952 年,在美军侵略朝鲜的战争中,炭疽杆菌曾被用于生物战,导致吸入者发生肺炭疽和脑膜炎甚至死亡。

5.3.3.1 形态特征与生化特性

炭疽杆菌属需氧芽孢杆菌属,革兰氏染色阳性,长 5.0～8.0 μm,宽 1.0～1.5 μm,菌体粗大,两端平截或凹陷,无鞭毛,无动力,在感染标本和特定环境中可形成荚膜,呈竹节状排列。抗原结构分为菌体抗原、外毒素复合物两大组分。菌体抗原包括荚膜多肽和菌体多糖。外毒素复合物为水肿因子、保护性抗原(因子)及致死因子 3 种蛋白质组成的复合物,注射给试验动物可出现炭疽的典型中毒症状。

5.3.3.2 传播途径

炭疽可经皮肤、消化道和呼吸道多途径传染,人和牛、马等主要家畜均易感。

5.3.3.3 发病及死亡机制

炭疽杆菌致病主要与其荚膜和毒素有关。一方面,在入侵机体生长繁殖后,荚膜会增强抗吞噬能力,引起感染乃至败血症;另一方面,炭疽杆菌可产生水肿毒素、致死毒素,直接损伤微血管的内皮细胞,增强微血管的通透性,易形成感染性休克和 DIC 并导致死亡。依感染途径不同,可将炭疽分为皮肤型、肺型和肠型。当炭疽患者兼有败血症时,常并发炭疽性脑炎。

(1)皮肤炭疽:为最常见的临床型,多见于面颈部病变,有局部皮肤水肿和斑疹,易造成溃疡或水疱,有轻度痒痛感。发病后 1~2 d 患者常有不同程度的发热、头痛及全身不适等症状,但体温可很快下降并全身症状改善,预后与机体状态、侵入部位、细菌毒力、治疗方法及治疗时间有关。

(2)肺炭疽:发病早期可出现流感症状,如低热、乏力等,易被误认为感冒,病情很快恶化,出现呼吸窘迫、咳嗽及发绀等症状,进入恶化期后,患者多在 24 h 内死于中毒性休克和 DIC。

(3)肠炭疽:有明显的恶心、腹痛症状,持续性呕吐和腹泻,可造成排血水样便及腹胀等,易引起败血症及休克甚至死亡。

5.3.4　立氏立克次氏体

立氏立克次氏体(Rickettsia ricketts)是立克次氏体属斑点热群的一个成员,可引起落基山斑点热。立氏立克次氏体感染是一种急性传染病,临床特征有发热、头痛和皮疹,重型患者可危及生命。立氏立克次氏体曾被列入生物战剂,1970 年,WHO 顾问委员会《关于化学和生物武器的报告》将其列入生物战剂。

5.3.4.1　形态特征与生化特性

立氏立克次氏体是一类严格细胞内寄生的原核细胞型微生物,形态多样,以球杆菌形为主,大小为(0.3~0.6) μm×(1.2~2.0) μm,革兰氏染色呈阴性,Giemsa 染色呈紫色,和背景一致,Gimenez 染色呈红色,背景呈淡绿色。菌体最外层是由多糖组成的黏液层,黏液层和细胞壁之间有由多糖和脂多糖组成的微荚膜,再向内是细胞壁和细胞膜。细胞质内有核糖体(由 30 S 和 50 S 2 个亚单位组成),核质内有双链 DNA,但无核膜和核仁。立克次氏体有 2 种抗原,分别为群特异抗原和种特异抗原。前者与细胞壁脂多糖成分有关,耐热;后者与外膜蛋白有关,不耐热。

5.3.4.2　传播途径

立氏立克次氏体在蜱等节肢动物的胃肠道上皮细胞中增殖并大量存在其粪便中。当人被蜱等叮咬时,立氏立克次氏体便随蜱等的粪便从抓破的伤口或直接从蜱等的口器进入人的血液并在其中繁殖,从而使人感染得病。

5.3.4.3　发病及死亡机制

当立氏立克次氏体侵入机体后,先在局部小血管内皮细胞中增殖,导致局部炎症反应。繁殖的菌体再次入血后形成第 1 次菌血症,随后进入机体其余部位血管内皮进行繁殖,再次释放入血,形成第 2 次菌血症,导致出现典型的临床症状。

立氏立克次氏体在血管内皮细胞生长、繁殖,导致细胞肿胀、管腔变窄、血流停滞,形成血栓或出血。血管阻塞后,引起缺血、缺氧,释放有毒物质,从而导致一系列的组织和器官发生病变。当发展至疾病极期时,出现广泛的血管内皮细胞破坏,血管壁通透性增加,血量减少,导致周围循环衰竭,出现低血压和循环虚脱,血清蛋白(尤其是白蛋白)含量减少,也可导致急性肾衰竭。血管病变可累及各个系统,心脏血管(从毛细血管到冠状动脉)都可出现病变,可导致心肌水肿、心脏重量增加。肺部也可发生水肿。脑部病变表现为多病灶性脑炎,多累及白质。

5.3.5　普氏立克次氏体

普氏立克次氏体是流行性斑疹伤寒(虱传斑疹伤寒或称典型斑疹伤寒)的病原体,人感染后主要表现为高热、皮疹,伴有神经系统、心血管系统或其他实质脏器损害的症状。普氏立克次氏体感染性强,人的感染剂量低,易于大量培养,还具有耐干燥及在低温下可长期储存的特点,故其可作为生物战剂使用。

5.3.5.1　形态特征与生化特性

普氏立克次氏体革兰染色呈阴性,形态多样,大小为$(0.8 \sim 2.0)$ μm × $(0.3 \sim 0.6)$ μm,单个存在或呈短链排列,在宿主细胞的细胞质内生长,对热、紫外线、一般消毒剂很敏感,对低温及干燥抵抗力较强。

5.3.5.2　传播途径

普氏立克次氏体的主要传播媒介是体虱。体虱叮咬被感染者后,普氏立克次氏体进入虱肠管上皮细胞内繁殖。当体虱再去叮咬健康人时,普氏立克次氏体即随粪便排泄在皮肤上,并经搔抓的皮肤破损处侵入人体。普氏立克次氏体感染者是唯一的传染源。

5.3.5.3　发病及死亡机制

流行性斑疹伤寒的临床表现,是普氏立克次氏体引起一系列病理损害的结果,主要发病机理是普氏立克次氏体所致的机体血管病变,患者可因毒素入血并发毒血症而死亡。

流行性斑疹伤寒的潜伏期一般为$10 \sim 11$ d,大部分患者为1周左右。发热是本病的主要症状,第1天或第2天可达$39 \sim 40$ ℃,大多数患者发热前伴有寒战。剧烈头痛是本病的特点。疼痛常限于前额或遍及整个头部,具有持续性,难以忍受,止痛药难缓解。皮疹是本病的主要体征,见于90%以上的患者,在发病后$4 \sim 7$ d开始出现,一般先见于躯干、上臂两侧,数小时至2 d内遍及全身,严重者手掌、足心亦被波及,但面部通常无疹,下肢皮疹亦较少。因为隐性感染者或病愈患者体内的普氏立克次氏体可潜伏,所以其成为普氏立克次氏体的储存宿主。当机体免疫力降低时,潜伏于巨噬细胞内的普氏立克次氏体重新繁殖,可导致复发。病后免疫力持久,而且对斑疹伤寒群内其他的立克次氏体感染有交叉免疫。

5.3.6　嗜肺军团菌

嗜肺军团菌(Legionella pneumonia)在外界环境中具有较强的抵抗力,在自来水中能存活 1 年以上。动物实验证明,本菌能以气溶胶的方式感染;呼吸道途径比腹腔感染敏感;在人群中的传播基本上也是以气溶胶方式为主,因此该菌作为生物战剂是有可能的,应引起注意。1976 年,美国宾夕法尼亚州的费城暴发的急性呼吸道感染及流行,恰逢退伍军人大会,造成了严重威胁,也因而得名。

5.3.6.1　形态特征与生化特征

本菌为革兰氏阴性、粗短、多形性杆菌,长 2.0～3.0 μm、宽 0.3～0.9 μm,有时可出现长丝状或螺旋状、小球状、两极浓染或空泡形态,不形成芽孢、无荚膜,有端生鞭毛或纤毛。

嗜肺军团菌一般不发酵糖类;赖氨酸和鸟氨酸脱羧酶、精氨酸双水解酶、尿素酶以及硝酸盐还原和 ONPG 试验均呈阴性反应。在 MH - IH 琼脂和 F - G 琼脂或其他含酪氨酸的培养基内,此菌可产生一定水溶性的棕色色素。此色素和 β - 内酰胺酶的产生对嗜肺军团菌的鉴定具有重要意义。此外,除嗜肺军团菌外,其余各军团菌均不能水解马尿酸盐。

嗜肺军团菌的超微结构的突出特征:在轮廓分明的核糖体区域点缀有扩散、透明的丝状核质体,划界清晰的胞浆空泡或颗粒包涵物以及一双层外膜区。嗜肺军团菌无分隔分裂是具有双层外膜的革兰阴性菌的典型分裂法。

5.3.6.2　传播途径

1. 通过空气传播

主要依据是多次流行中,病原菌的分离均与作为传染源的大楼内空调系统失常或基建场地挖土扬尘有关。相关研究证明,豚鼠与猴以嗜肺军团菌气溶胶感染后产生肺损伤,与患者肺部的病理变化一致。

2. 通过水源传播

实验证明,嗜肺军团菌可在蒸馏水内存活数月、在自来水内存活 1 年以上,甚至在 60 ℃的热水内也能存活。在一些报告中认为,死水和水箱内的淤泥是嗜肺军团菌初次繁殖的良好环境。据报告,因对受污染的自来水和热水系统做了处理,故使军团病的流行得到了控制。

5.3.6.3　发病及死亡机制

嗜肺军团菌的致病性与其毒力因子和铁代谢等相关。其毒力因子主要包括所产生的多种酶类、细胞毒素和溶血素,可直接损伤宿主。其中,细胞毒素可阻碍中性粒细胞的氧化代谢;菌细胞中所含的磷酸酯酶可阻断中性粒细胞产生超氧阴离子,使中性粒细胞内第二信使的编排陷于混乱。这些物质可抑制吞噬体与溶酶体的融合,使吞噬体内的细菌在吞噬细胞内生长、繁殖,进而间接导致宿主细胞死亡。此外,菌毛的黏附作用、微荚膜的抗吞噬作用及内毒素作用也可参与发病过程。

嗜肺军团菌主要引起军团病,也可引起医院感染。嗜肺军团菌多流行于夏秋季节,主要经飞沫传播。当带菌飞沫、气溶胶被直接吸入下呼吸道时,可引起以肺为主的全身性感染并导致死亡。军团病临床上有 3 种感染类型:流感样型、肺炎型和肺外感染型。

5.3.7　肉毒杆菌毒素

肉毒杆菌毒素(botulinus toxin)也被称为肉毒毒素或肉毒杆菌素,是由肉毒杆菌在繁殖过程中产生的一种神经毒素蛋白。肉毒毒素既是毒性最强的天然物质之一,也是世界上最毒的蛋白质之一,属于神经毒。引起人类中毒的肉毒毒素主要是 A、B、E 3 型,F 型和 G 型的病例很少;C 型和 D 型可引起禽、畜的中毒,C 型对人的致病性没有被确认,D 型毒素及其细菌是在引起人中毒的火腿中被证明的。但因为肉毒毒素的制备较困难,纯度难以控制以及毒性也不稳定,所以难以估计其对人体的伤害程度。第二次世界大战期间,加拿大研制了肉毒杆菌毒素的半提纯制品,这种作为干粉喷洒的制剂或可能被用作生物战剂。

5.3.7.1　形态特征与生化特征

肉毒梭状芽孢杆菌(简称肉毒杆菌)是专性厌氧菌,这一类菌种中包括培养性状、抗原组成以及毒素血清型别不同的一些菌型。这些不同型别中有 2 个共同的特性:一是形成次端位膨隆的芽孢,芽孢游离前菌形如梭状,故名肉毒杆菌;二是都产生外毒素。不同血清型外毒素虽各有感受性最强的动物类别,但其中毒的毒理作用相同,所引起的症状一致。其为革兰氏染色阳性菌,长 3.0 ~ 9.0 μm、宽 0.6 ~ 1.0 μm,两端钝圆,常散在分布,有时也可呈双链状或短链状,有周毛,有动力,无荚膜。此菌可形成芽孢,但形成的多少和难易,不同菌型或菌株所需要的培养条件不同。如有些 A 型和 B 型菌株 37 ℃培养在不加葡萄糖的庖肉培养基中容易形成芽孢,C 型和 D 型菌形成芽孢慢且少;如加入 1% 葡萄糖溶液,则 C 型和 D 型反而可提早形成较多的芽孢。

5.3.7.2　传播途径

肉毒杆菌广布于自然界(如土壤、河泥及被染菌的鱼、虫、动物尸骨、粮食、蔬菜食品等)中。不同类别的肉毒杆菌芽孢的分布有一定的地区性,不同的地区有一两个型别占优势。肉毒杆菌中毒的流行和菌型的地区分布,人和动物对不同型别肉毒毒素的敏感性、饮食习惯紧密相关。人对 A 型、B 型、E 型肉毒毒素最敏感。C 型、D 型多引起牛、羊和水禽等中毒。由食物引起的肉毒毒素中毒没有年龄、性别或流行季节的差别,一起暴发的患者常限于共同进食的人员。

5.3.7.3　发病及死亡机制

当肉毒杆菌致病时,主要靠强烈的肉毒毒素。肉毒毒素是已知最剧烈的毒物之一,毒性比氰化钾强 10000 倍;纯化结晶的肉毒毒素 1 mg 能杀死 2 亿只小鼠,对人的致死剂量约为 0.1 μg。肉毒毒素与典型的外毒素不同,并非由活的细菌释放,而是在细菌细胞内产生无毒的前体毒素,等待细菌死亡自溶后游离出来,经肠道中的胰蛋白酶或细菌产生的蛋白酶激活后方具有毒性,且能抵抗胃酸和消化酶的破坏。

肉毒毒素是一种神经毒素,能透过机体各部位的黏膜。肉毒毒素由胃肠道吸收后,经淋巴和血行扩散,作用于颅脑神经核和外周神经肌肉接头以及自主神经末梢,阻碍乙酰胆碱释放,影响神经冲动的传递,导致肌肉的松弛性麻痹。

体内肉毒毒素可特异性地与胆碱能神经末梢突触前膜的表面受体结合,然后由于吸附性胞饮而内转进入细胞内,这称为肉毒毒素的内化(internalization),它可使囊泡不能再与突触前膜融合,从而有效地阻抑胆碱能神经介质——乙酰胆碱的释放。与此同时,肉毒毒素与突触前膜结合,还阻塞了神经细胞膜的钙离子通道,从而干扰了细胞外钙离子进入神经细胞内,以触发胞吐和释放乙酰胆碱的能力。乙酰胆碱释放的抑制,有效地阻断了胆碱能神经传导的生理功能,尤其是神经肌肉接头部位特别敏感,可引起全身随意肌的松弛、麻痹。呼吸肌麻痹是致死的主要原因。

5.3.8　金黄色葡萄球菌肠毒素

金黄色葡萄球菌(Staphylococcus aureus)是人类的一种重要病原菌,隶属于葡萄球菌属,可引起多种严重感染。金黄色葡萄球菌产生的肠毒素很稳定,不易被破坏。金黄色葡萄球菌感染后也可产生肠毒素,引起中毒,这种中毒不一定通过食物,患者初愈后,血清中有抗肠毒素抗体。因金黄色葡萄球菌产生的肠毒素不一定经口引起中毒,故某些国际组织已将其列为非刺激性失能化学战剂,美国曾对其进行研究,证明其可通过气溶胶形式散布,经呼吸道引起中毒。

5.3.8.1　形态特征与生化特征

金黄色葡萄球菌是一种直径 0.8 ~ 1.0 μm 的革兰氏阳性球菌,在蛋白胨内没有动力,不形成芽孢,在新培养物中可形成荚膜,但几小时后即行消失。革兰氏阳性反应常见于 16 ~ 24 h 内新生长的菌株,以后不明显。

5.3.8.2　传播途径

金黄色葡萄球菌的传染源是患者和带菌者,人群带菌情况相当普遍。金黄色葡萄球菌常定植于前鼻孔与会阴部。在医院外人群中,约 1/5 的人为长期带菌者,3/5 的人属于间断带菌者,另 1/5 的人无金黄色葡萄球菌定植。住院患者的带菌率比医院外人群的带菌率还要高。金黄色葡萄球菌的传播途径主要是通过被污染的手造成人与人之间的传播,除此之外,它还可经破损的皮肤和黏膜(包括口咽部、肠道、阴道黏膜)侵入人体,或因吸入染菌的尘埃而导致感染。

5.3.8.3 发病及死亡机制

金黄色葡萄球菌食物中毒是因摄入被金黄色葡萄球菌产生的肠毒素污染的食物而引起的,金黄色葡萄球菌中血浆凝固酶阳性菌株约50%可产生肠毒素。肠毒素可使肠黏膜充血、水肿、脓性渗出、分泌增加、吸收减少;使水、电解质在肠道潴留;可刺激肠道运动加快并引起腹泻;可作用于迷走神经、内脏分支,引起反射性呕吐。

金黄色葡萄球菌产生的肠毒素耐热性强,一般的食物烹调方法不受破坏,需经100 ℃加热2 h方可被破坏,引起中毒的主要为奶类及奶制品、含奶冷饮、肉类及其制品、剩饭等。金黄色葡萄球菌广泛存在于自然界、健康人的皮肤和鼻咽处。患有化脓性皮肤疾病和上呼吸道感染的患者带菌率更高。当奶牛患乳腺炎时,牛奶中常含有大量的金黄色葡萄球菌。

发生金黄色葡萄球菌产生的肠毒素中毒后,潜伏期一般为2~4 h,主要症状为恶心、呕吐、腹痛、腹泻、水样便、体温正常或稍高,病程1~2 d,预后良好,严重患者可因反复呕吐、腹泻而发生脱水、虚脱或肌肉痉挛。

5.3.9 鹦鹉热衣原体

鹦鹉热(psittacosis)是由鹦鹉热衣原体(Chlamydia psittaci)引起的人畜共患病。该病主要发生在鹦鹉、海鸥、鸭、火鸡等鸟类或禽类中;人类多通过吸入含有病原体的气体、粉尘或密切接触患病的动物而感染。鹦鹉热一般呈散发型,偶有小范围的暴发或流行。因鹦鹉热具有感染剂量小、传染性强、病程快及可导致重症感染等特点,故鹦鹉热衣原体被认为是理想的生物战剂之一。

5.3.9.1 形态特征与生化特性

鹦鹉热衣原体呈球形或卵圆形,直径为0.2~0.5 μm。鹦鹉热衣原体进入宿主细胞质后,发育、增大,形成网状体,网状体在宿主细胞质的空泡内增殖,形成结构疏松、不含糖原、碘染色阴性的包涵体。鹦鹉热衣原体对周围环境的抵抗力不强,耐热能力差,耐低温能力强,在−70 ℃环境中可存活数年。对理化因素抵抗能力差,甘油、乙醚、乙醇在室温30 min内可使其破坏。

5.3.9.2 传播途径

主要为吸入带鹦鹉热衣原体的气溶胶传播,也可通过密切接触患病的动物传播。

5.3.9.3 发病及死亡机制

鹦鹉热衣原体经上呼吸道侵入人体后,在局部单核巨噬细胞中繁殖,通过血行散布至肺等器官。病变常见于肺部,也可累及网状内皮系统。肺部病变主要是小叶性及间质性肺炎,肺泡有炎症细胞浸润和渗出,肺泡腔可充满液体,偶见出血及大量纤维蛋白渗出。肺泡壁和肺间质组织明显增厚,出现水肿及坏死。肝脏有炎症及小灶性坏死,脾可肿大,胸膜、心、肾、神经系统及消化道可出现病变,在肺巨噬细胞、心包和心肌、肝星形细胞内均可见到嗜碱性包涵体。

人感染鹦鹉热衣原体的临床表现差别很大,多数患者没有症状或症状轻微。潜伏期一般为 7~15 d,主要表现为突发寒战、发热、咳嗽等症状,可伴有头痛、肌肉酸痛等。重症患者可有心血管系统和中枢神经系统受累,表现为心内膜炎、心肌炎、心包炎、脑膜炎及脑炎等。

5.3.10　森林脑炎病毒

森林脑炎(forest encephalitis)是由森林脑炎病毒(又称为蜱媒脑炎病毒)引起的以中枢神经系统病变为特征的传染病。森林中的蝙蝠及啮齿类动物为储存宿主,蜱为传播媒介。森林脑炎病毒可大量培养,低温下能长期保存,可通过气溶胶传播,致病力强且病死率高,有可能被用作生物战剂。

5.3.10.1　形态特征与生化特性

森林脑炎病毒属于黄病毒科黄病毒属,其颗粒呈球形,直径为 45~50 nm,核衣壳呈二十面体立体对称,有包膜,包膜上含有糖蛋白刺突。本病毒含有 3 个结构蛋白,分别为衣壳蛋白(C 蛋白)、前膜蛋白(prM 蛋白)和包膜蛋白(E 蛋白)。其中 C 蛋白和 prM 蛋白参与病毒的成熟过程;E 蛋白含有特异性抗原表位和中和抗体表位,并具有血凝活性。

5.3.10.2　传播途径

森林中的蝙蝠、野鼠、松鼠、野兔、刺猬等野生动物以及牛、马、羊等家畜均可作为森林脑炎病毒传染源。蜱为森林脑炎病毒的传播媒介。此外,森林脑炎病毒还可通过消化道传播或吸入气溶胶传播。

5.3.10.3　发病及死亡机制

森林脑炎病毒通过各种方式进入人体后,先在皮肤朗格汉斯细胞、巨噬细胞和局部淋巴结等处增殖,经毛细血管和淋巴管进入血流,引起第 1 次病毒血症。森林脑炎病毒随血流播散到肝、脾等处的单核巨噬细胞中,继续大量增殖,再次入血,引起第 2 次病毒血症,临床上表现为发热、头痛、寒战、全身不适等流感样症状。绝大多数感染者病情不再继续发展,这称为顿挫感染。但在少数免疫力较弱的感染者身上,森林脑炎病毒可突破血脑屏障,侵犯中枢神经系统,在脑组织神经细胞内增殖,引起神经细胞变性、坏死及脑实质、脑膜炎症,出现中枢神经系统症状和体征,如高热、头痛、意识障碍、抽搐和脑膜刺激征等,严重者可进一步发展为昏迷、中枢性呼吸衰竭或脑疝等,后遗症常见。

5.3.11 登革病毒

登革热(dengue fever)是由伊蚊传播登革病毒引起的急性传染病。其临床特征为急性起病,发热,头痛,全身肌肉、骨骼和关节痛,极度疲乏,皮疹,淋巴结肿大,白细胞、血小板计数减少。登革病毒感染在临床上可分为登革热和登革出血热 2 种类型。登革病毒可大量培养,感染性强,病死率高,以冻干粉形式可保存数年,可通过气溶胶或蚊媒传播,有可能被用作生物战剂。

5.3.11.1 形态特征与生化特性

登革病毒属于黄病毒科黄病毒属,其形态结构、基因组特征、蛋白质合成及加工成熟等与森林脑炎病毒、乙型脑炎病毒等其他黄病毒属成员高度相似,病毒颗粒呈哑铃状、棒状或球形,直径为 40~50 nm,核衣壳呈二十面体立体对称,有包膜,包膜上含有糖蛋白刺突。本病毒编码 3 种结构蛋白和至少 7 种非结构蛋白。结构蛋白分别为衣壳蛋白(C 蛋白)、膜蛋白(M 蛋白)和包膜蛋白(E 蛋白)。

5.3.11.2 传播途径

登革热患者和登革病毒隐性感染者是主要传染源,白纹伊蚊和埃及伊蚊是登革病毒的主要传播媒介。

5.3.11.3 发病及死亡机制

登革病毒通过伊蚊叮咬进入人体,在单核巨噬细胞系统增殖至一定数量后,即进入血液循环,引起第 1 次病毒血症,然后定位于单核巨噬细胞系统和淋巴组织之中继续复制到一定程度,再释出至血液中,引起第 2 次病毒血症,出现发热等感染中毒症状,潜伏期为 4~8 d。登革病毒刺激机体,使之产生抗登革病毒抗体,与登革病毒形成免疫复合物,激活补体系统,导致血管通透性增加,引起皮疹、出血等。激活的补体系统可同时抑制骨髓中的白细胞和血小板的再生,导致白细胞、血小板减少,并加重出血。临床上,登革热可表现为 2 种不同类型:登革热和登革出血热/登革休克综合征。

登革热也称为典型登革热,为自限性疾病,病情较轻,以高热、头痛、皮疹、全身肌肉和关节疼痛等为典型临床特征。其发热一般持续 3~7 d 后骤退至正常,部分患者在热退后 1~5 d 体温又再次升高,表现为双峰热或马鞍热。少数患者疼痛剧烈。

登革出血热是登革热的严重临床类型,病情较重,初期有典型登革热的症状、体征,随后病情迅速发展,出现严重出血现象,表现为皮肤大片紫癜及瘀斑、鼻出血、消化道及泌尿生殖道出血等,可进一步发展为出血性休克,病死率高。

5.3.12 MARV 与 EBOV

MVD 是由 MARV 引起的、经密切接触传播的急性高致命性传染病。其临床表现主要为突发高热、全身不适、出血、休克、多脏器损害、麻疹样皮疹等,传染性强,病死率高。

EVD 是由 EBOV 引起的、经密切接触传播的急性高致命性传染病。其临床表现主要为急起发热、出血、休克、多脏器损害、麻疹样皮疹等,病死率高。本病与 MVD 的临床特点极为相似。

这 2 种病毒毒力强,感染后病死率高,有可能被用作生物战剂,WHO 已将 MARV 列为潜在生物战剂之一。

5.3.12.1　形态特征与生化特性

EBOV 和 MARV 形态相似,均属丝状病毒科。两者呈长丝状体,电镜下可呈杆状、丝状、"L"形等多种形态。两者毒粒直径约为 80 nm,平均长 1000 nm(300 ~ 1500 nm)。MARV 平均长度约为 790 nm,EBOV 平均长度约为 970 nm。EBOV 和 MARV 外层有脂质包膜,包膜上有刷状排列的大突起,主要由糖蛋白组成;包膜内为螺旋状核衣壳。EBOV 和 MARV 主要在细胞质内增殖,以芽生的方式释放。

5.3.12.2　传播途径

MARV 主要通过密切接触传播,感染病毒的非人灵长类动物和患者是主要传染源,也可通过气溶胶传播、性传播和注射途径传播。

EBOV 的传播途径、传染源与 MARV 的相似。

5.3.12.3　发病及死亡机制

MARV 的发病机制尚未完全阐明。病毒侵入机体后,可能首先通过血液中的单核细胞在体内扩散,并很快在血管内皮细胞、单核细胞、巨噬细胞、树突状细胞、肝脏库普弗细胞(Kupffer cell)、肝细胞等靶细胞中大量增殖,使肿瘤坏死因子、干扰素、白细胞介素 - 2、白细胞介素 - 10 等细胞因子水平广泛升高,导致全身炎症反应、DIC 及器官功能损害。

EBOV 进入机体后,可能首先在血液中感染单核细胞和在局部淋巴结感染巨噬细胞及其他单核吞噬系统的细胞。一些感染的单核 - 巨噬细胞转移到其他组织。当 EBOV 释放到淋巴液或血液中,可引起肝脏、脾脏及全身固定或移动的巨噬细胞感染。自单核巨噬细胞释放的病毒也可感染相邻的细胞,包括血管内皮细胞、肝细胞、肾上腺上皮细胞和成纤维细胞等。肿瘤坏死因子、干扰素、白细胞介素 - 2、白细胞介素 - 10 等细胞因子及相关趋化因子大量释放,引起全身炎症反应,血管内皮细胞通透性增加,内皮细胞表面黏附因子及促凝因子表达增多,组织破坏后血管壁胶原暴露又可释出组织因子等,最终导致 DIC。在感染晚期,可发生脾脏、胸腺和淋巴结等处的淋巴细胞大量凋亡。

EVD 与其他出血热有 2 个显著不同,急性期患者有高滴度病毒血症,不少患者缺乏抗体应答,体内难以检测到特异性抗体,恢复期血清不能有效中和病毒。

5.3.13　冠状病毒

冠状病毒为一种常见的单链、非片段化、线性的正链 RNA 包膜病毒。冠状病毒隶属

于 *Nidovirales* 目,*Coronaviridae* 科,*Coronavirus* 属,于 20 世纪 60 年代中期被首次发现为人类疾病的病原微生物。目前发现,冠状病毒仅感染脊椎动物,引起人和其他动物的呼吸系统感染。自冠状病毒感染出现流行并引起全球性感染以来,它逐渐进入人们的视野,由冠状病毒感染引起的传染病主要包括:①由 SARS－CoV 感染导致的 SARS;②由 MERS－CoV 感染导致的 MERS;③由 SARS－CoV－2 感染导致的新型冠状病毒感染。SARS－CoV、MERS－CoV 和 SARS－CoV－2 均属于 β－冠状病毒属,是一种有包膜的单链 RNA 病毒。通过 2003 年 SARS 疫情、2012 年 MERS 疫情及 2019 年新型冠状病毒感染疫情的 3 次暴发来看,冠状病毒仍存在再次变异并引发流行的可能。3 次疫情均可引起广泛流行,其中 MERS－CoV 感染的死亡率高达 30% 以上,同时冠状病毒作为 RNA 病毒,具有活跃的突变特点,因此,我们应高度警惕该类病毒被用作生物战剂的可能性。

5.3.13.1　形态特征与生化特性

冠状病毒基因组大约为 30 kb,在所有 RNA 病毒中最大[6],核酸 5' 端有帽状结构,3' 端有多聚腺苷酸的尾巴。成熟的病毒体为多形态的有囊膜的颗粒,平均直径为 75 ~ 160 nm。在电子显微镜下观察 SARS－CoV、MERS－CoV 和 SARS－CoV－2,发现其表面有形状类似日冕的棘突,故将其命名为冠状病毒。冠状病毒内部为 RNA 和衣壳蛋白组成的螺旋式核蛋白核心[7]。冠状病毒脂质双层包膜上结构蛋白的抗原相关性可分为 3 种血清型。其中一型和二型包括哺乳动物病毒,三型仅包括鸟类病毒。结构蛋白包括包膜蛋白(E 蛋白)、病毒表面的刺突蛋白(S 蛋白)、膜整合蛋白(M 蛋白)以及病毒的核衣壳蛋白(N 蛋白)。人冠状病毒 S 蛋白含有受体结合位点、中和抗体结合位点,具有融合细胞的活性,它的突变代表着病毒毒力、逃避宿主免疫清除能力的改变。

5.3.13.2　传播途径

冠状病毒可感染哺乳动物、鸟类,自然界中常见的已知可感染人类的冠状病毒共有 7 种,它们均可引起呼吸系统疾病。冠状病毒是一类可在动物与人类之间传播的人畜共患 RNA 病毒,可从野生宿主跨越种系感染人类。人与人之间主要通过呼吸道飞沫、气溶胶及接触带有病毒的分泌物进行传播,无症状感染者为传染源,这增加了病毒的扩散能力,极易引发流行。

5.3.13.3　发病及死亡机制

冠状病毒感染可累及多器官,甚至导致系统性感染。ACE2 是一种金属蛋白酶,冠状病毒通过 S 蛋白与 ACE2 结合,是病毒颗粒进入宿主细胞的共同受体。单细胞测序发现,ACE2 在呼吸道上皮细胞、肺泡Ⅱ型上皮细胞、心肌细胞、食道上皮细胞、胆管细胞、回肠上皮细胞、肾近曲小管细胞和膀胱尿路上皮细胞均有较高分布。

SARS 的临床表现主要为发热、乏力、头痛、肌肉关节酸痛等全身症状和干咳、胸闷、呼吸困难等呼吸道症状,部分可有消化道症状(如腹泻等)。2003 年,SARS 全球流行,曾波及 29 个国家和地区,根据 WHO 统计,8096 名感染者中有 774 人死亡,病死率达 9.6%。国内外病理学、法医学技术人员对 SARS 的病理学特点进行广泛报道[8],尸检发现病理损害可累及肺、免疫器官、全身小血管以及继发其他病原体感染等。肺是冠状病毒攻击的主要靶器官,可出现肺水肿、实变、出血,光镜下肺早期呈脱屑性肺泡炎和渗出性病变,以及透明膜形成,伴炎症反应及组织坏死,肺泡腔内有大量单核巨噬细胞浸润。免疫器官是冠状病毒攻击的另一主要靶器官,可导致淋巴结充血、出血,淋巴滤泡消失,组织片状坏死,脾片状坏死等。全身各器官的小血管炎,包括肺、心、肝、肾、脑、肾上腺及横纹肌等,表现为小血管周围水肿,内皮细胞肿胀,管壁纤维素样坏死,血栓形成。全身中毒反应及继发感染主要表现为肝、肺、肾、肾上腺、心等重要实质器官、组织有灶状坏死改变,骨髓粒细胞系统、巨核细胞系统抑制明显。SARS 患者的上述多器官及系统性损伤病变复杂,还可表现为系统性炎症反应综合征,最终可因多器官功能衰竭而死亡。

MERS 患者常见的症状为发热、咳嗽、咽痛或胸痛、腹泻或呕吐[9]。2012 年,MERS 在中东地区首次暴发,首发患者以呼吸系统病变为主要症状,经过 11 d 治疗后,最终因肾衰竭而死亡。经过实验室分析,确认该新发现的呼吸道疾病由冠状病毒引起且与 SARS - CoV 不同,系未曾在人类身上发现过的一种新的冠状病毒。MERS - CoV 与 SARS - CoV 同属冠状病毒家族,但 MERS - CoV 所导致的肺炎病死率比 SARS 更高。至 2019 年 11 月,全球 2494 名 MERS 感染者中有 858 人死亡,病死率高达 34.4%。因 MERS 发病数量相对较低,传染性与致死性高,故尸检与活检病例报道数量有限[10-11]。MERS 患者同样出现弥漫性肺部病变,表现为弥漫性肺泡损伤,Ⅱ 型肺泡上皮细胞增生、脱落,水肿伴出血和纤维蛋白渗出,透明膜形成,部分肺泡间隔和肺泡腔见数量不等的单核 - 巨噬细胞及多核巨细胞,伴有支气管上皮脱落、支气管黏膜下淋巴细胞轻中度浸润。电镜下可见肺细胞、巨噬细胞内见密集的穗状结构的致密圆形病毒,同时也伴有多器官小血管炎等;与 SARS 类似,MERS 感染者的肺、气管、肾、肝、骨骼肌等器官部分区域可见坏死性炎性灶;免疫器官受累表现为淋巴滤泡减少。

SARS - CoV - 2 感染导致新型冠状病毒感染[11]。截至 2022 年 6 月 2 日,新型冠状病毒感染仍在全球范围内流行且已变异为多种亚型。大多数患者首先以呼吸道症状为主,常见临床表现包括发热、咳嗽、咳痰、四肢乏力、头痛等症状,有些仅表现为腹泻、低热、轻微乏力、嗜睡等,无肺炎表现[13];部分患者甚至无临床表现[14]。感染晚期,危重型患者出现多种并发症,包括急性呼吸窘迫综合征、脓毒症休克、难以纠正的酸碱失衡、DIC 等。肺组织是 SARS - CoV - 2 的主要入侵部位,新型冠状病毒感染的致病机理十分复杂,病理变化主要包括:初期表现出肺水肿、蛋白渗出、肺间质增厚、肺泡腔内有多核巨细胞和巨噬细胞浸润;肺间质发生淋巴细胞为主炎症细胞浸润,肺泡中见多核巨细胞及中性粒细胞,发生弥漫性肺泡损伤伴大量黏液样渗出物,透明膜形成,出现急性呼吸窘迫综合征;细胞因子风暴也是使新型冠状病毒感染病情恶化的重要原因,大量正常的肺细胞受损后,肺的通气功能恶化,肺部 CT 上表现为"白肺",患者会呼吸衰竭,直至因缺氧而死亡。新型冠状病毒感染患者还存在肝脏损伤,表现为肝大、血清转氨酶和胆红素浓度升高,严重者甚至出现血氨浓度升高,导致肝性脑病;肝脏损伤也可能是由肺感染引起的全身性炎症反应所致。此外,新型冠状病毒感染患者的免疫系统、心血管系统、泌尿系统、中枢神经系统以及生殖系统等还发生了不同程度的损害,这些损害多是继发于全身性的炎症反应综合征,其致病机理复杂、多样,仍存在很多问题,需要进一步研究。

5.4　生物武器相关死亡事件介绍

近年来,军事学、历史学、传染病学等相关领域学者对第二次世界大战期间日本在华使用生物武器的证据进行了深入的研究和挖掘,尽管许多佐证材料仍因种种原因无法公之于众,但从一些汇集的文字记载和亲历者的讲述中,对那段罪恶滔天、骇人听闻的历史可明确证实。

臭名昭著的日本关东军驻满洲第 731 防疫给水部队是这些罪行的主要实施者之一,但因为利益相关方的种种干扰,731 部队的问题并未能够得到全面公开和妥善解决。第二次世界大战结束后,以美国为代表的同盟国对日本拥有的生物武器及其研制、生产能力非常感兴趣。为谋求获取 731 部队细菌武器的实验数据,尤其是开展活体实验时获取的数据资料,美军德特里克堡基地(即美国陆军传染病医学研究所)派出的所谓调查人员,与日本 731 部队主要成员接触,最后达成交易。1945 年 9 月,美国德特里克堡基地派出细菌战专家调查日本细菌战有关情况并完成了《日本科技情报调查报告・细菌战》,对731 部队开展生物武器研究的范围、指挥系统、主要职能、人员构成、组织结构、整体规模以及细菌年生产能力进行了记录。此后,德特里克堡基地派出的第 2 任调查官,先后问讯了 731 部队的两任部队长,并促成了 731 部队的战犯向德特里克堡基地的调查人员提供细菌战武器研究报告和医学论文等。此后,美军德特里克堡基地的费尔主任前往东京继续调查日本细菌战情况,并最终完成调查总结报告《日本细菌战活动最新资料概要》。美军接收了日本 731 部队提供的 8000 张病理切片,700 余页的印刷资料,另外还有日本731 部队进行炭疽、鼠疫、伤寒、甲型副伤寒、乙型副伤寒、痢疾、霍乱等人体实验报告数据。美国驻日占领军总司令麦克阿瑟还特别下令,任何人不得透露 731 部队和慰安妇的实情。美国和日本达成私下交易协定,日本向他们提供生物武器试验的研究成果,使731部队的首要战犯免予接受审判,其指挥官石井四郎一直到 1959 年才病死,这桩罪恶交易被隐瞒多年后才被公众察觉。

日军在多次对中国实施的细菌战中积累了丰富的作战经验。在我国浙江境内,日军主要采取地面人工布撒和空中飞机投撒等 2 种攻击方式实施细菌战。地面人工布撒法也称"细菌谋略攻击",主要是指派经过专门训练的间谍或细菌部队隐蔽地将细菌投放和撒播到城市和村落。日军在军事撤退时撒播细菌,在当地居民的生活用品以及水井、农田、道路、林地等处撒播鼠疫耶尔森菌、霍乱弧菌等病原微生物,造成大范围的疫情流行。

1940 年,我国吉林省农安县暴发鼠疫,这次鼠疫与东北以往所发生的鼠疫情况有所不同,诸多证据指向此次疫情是日军 731 部队在日伪统治区域内进行细菌实验的结果。1940 年 6 月,农安医院附近陆续出现急性病患者的死亡,当时农安县城人口有 3 万人左右,至当年 11 月底,死亡率已接近 1% ,属于高污染区域,整个农安县城只剩下日军的"防疫本部"是唯一的安全地带。鼠疫最初是以腺鼠疫的方式在鼠类之间传播的,然后再传染给人。但随着病菌的变异,这场鼠疫转变成为人传人的肺鼠疫,于是农安的鼠疫开始传到了伪满洲国"首都"新京。此时的新京因为农安的鼠疫暴发变得异常混乱并实行了严格的检疫。伪满洲国的警务机构、卫生机构、军队、满铁、红十字会等相关机构实施全面防疫工作。从农安发生鼠疫到当年 10 月,日伪当局通过行政力量对农安进行严格的防疫控制,希望将疫情控制在农安境内,但病菌依然以人传人的方式传播至新京。根据伪满洲国的统计,当年伪满洲国境内鼠疫患者多达 2550 人。

731 部队指挥官石井四郎直接指挥伪满洲国政府的多个部门,组成所谓的"以军队为主体、军民一体的防疫体系"。"防疫体系"原本应该是以扑灭鼠疫为主要任务,但实际情况并非如此。以 731 部队为首的防疫部队主要以研究、检诊、检索为主,其进入疫区后,就开始大肆进行户口调查,寻找鼠疫患者[15]。指挥官石井四郎还利用"防疫"需要,将新京地区的部分非军事用途医院置于其控制之下,比如有新京特别市立千早医院、伪满洲国"国立"卫生技术厂、马疫研究所等。这些卫生机构被 731 部队严密监控,而所谓的别动队自进城之日起就开始大肆抓捕鼠疫病患者及疑似病患者,并将他们集中到上述地点。日本 731 部队为获得疫区第一手的鼠疫流行数据,挨家挨户搜查被掩埋的尸体,并将尸体挖出,解剖取走最重要的感染部位。这支部队在新京、农安两地迅速移动,所进行的"防疫工作"也主要以搜索与研究病菌为主,在鼠疫并没有得到有效控制的情况下又迅速撤离,只能说明 731 部队并不是为了防疫,而是与两地暴发的鼠疫事件有着莫大的关联,他们只在乎新京、农安两地收集到的鼠疫病菌与调查病菌扩散情况。

曾有专家在《战争与恶疫——日军对华细菌战》[16]一书中指出日本 731 部队是新京、农安鼠疫的始作俑者,不过并没有明确 731 部队进入新京、农安的目的及具体的"谋略"到底是什么。实际上,通过分析日本 731 部队成员的医学论文,或可揭开 731 部队在新京、农安从事"防疫工作"的罪恶目的。日本在发动全面侵华战争之后,就着手扩编731

部队的规模。731 部队本部下属的第 1 部是细菌研究部,在该部下设 16 个班,其中就包括鼠疫班。有关论文中详细记录了 731 部队进入新京、农安之后,迅速对下水沟的跳蚤、老鼠进行了收集与调查工作,通过检测两者所携带的鼠疫病菌率弄清了病菌传染路径,从而摸清了新京、农安鼠疫病菌在人群中发病、传播的模式。1940 年新京、农安的鼠疫事件是日军为增进了解细菌战的破坏力,同时加强南方战争的攻势,而对我国东北地区的老百姓进行的一场检验鼠疫病菌实际传染性的实验。

(乔东访　安志远　毛丹蜜)

参考文献

[1] 赵林,李珍妮.可怕的战争魔鬼——解密生物武器[J].军事文摘,2020(4):11-14.

[2] 孙琳,杨春华.《禁止生物武器公约》的历史沿革与现实意义[J].解放军预防医学杂志,2019,37(3):188-190.

[3] 陈家曾,俞如旺.生物武器及其发展态势[J].生物学教学,2020,45(6):5-7.

[4] 苗运博,王磊.日本生物防御系统建设及对我国的启示[J].军事医学,2021,45(09):700-705,717.

[5] 王俊虹,杨帆,魏茂提.潜在 A 类生物恐怖剂袭击的临床处置[J].灾害医学与救援(电子版),2016,5(2):116-119.

[6] SCHOEMAN D,FIELDING B C. Coronavirus envelope protein:Current knowledge[J]. Virol J,2019,16(1):69.

[7] LI F. Structure,function,and evolution of coronavirus spike proteins[J]. Annu Rev Virol, 2016,3(1):237-261.

[8] BRADLEY B T,BRYAN A. Emerging respiratory infections:the infectious disease pathology of SARS, MERS,pandemic influenza,and legionella[J]. Semin Diagn Pathol,2019,36 (3):152-159.

[9] ALGAISSI A,AGRAWAL A S,HASHEM A M,et al. Quantification of the Middle East respiratory syndrome-coronavirus RNA in tissues by quantitative real-time RT-PCR [J]. Methods Mol Biol,2020, 2099:99-106.

[10] NG D L,AL H F,KEATING M K,et al. Clinicopathologic,immunohistochemical,and ultrastructural findings of a fatal case of Middle East respiratory syndrome coronavirus infection in the United Arab Emirates,April 2014[J]. Am J Pathol,2016,186(3):652-658.

[11] ALSAAD K O,HAJEER A H,AL B M,et al. Histopathology of Middle East respiratory syndrome coronavirus(MERS-CoV)infection-clinicopathological and ultrastructural study[J]. Histopathology, 2018,72(3):516-524.

［12］ZHU N,ZHANG D,WANG W,et al. A novel coronavirus from patients with pneumonia in China,2019［J］. N Engl J Med,2020,382(8):727 −733.

［13］HUANG C,WANG Y,LI X,et al. Clinical features of patients infected with 2019 novel coronavirus in Wuhan,China［J］. Lancet,2020,395(10223):497 −506.

［14］CHAN J F,YUAN S,KOK K H,et al. A familial cluster of pneumonia associated with the 2019 novel coronavirus indicating person − to − person transmission:A study of a family cluster［J］. Lancet,2020, 395(10223):514 −523.

［15］陈祥. 1940 年东北鼠疫事件真相考——以日军 731 部队成员的医学报告为中心［J］. 军事历史,2020,(4):99 −109.

［16］解学诗,松村高夫. 战争与恶疫:日军对华细菌战［M］. 北京:人民出版社,2014.

第 6 章
我国生物安全相关死亡处置的制度与法规

因为导致生物安全相关死亡的致命因素不同,所以不同致命因素作用于人体并最终引起死亡的过程是多种多样的。受以上致命因素作用的人体所表现的症状、体征以及个体耐受力更是千差万别,再加上死亡发现时间的迟滞或是医学治疗水平的不均衡等不确定因素的干扰,使得生物安全相关死亡的处置有其独特和复杂之处。我国长期关注生物安全相关死亡,尤其对于传染病相关死亡的发现、报告、死因调查、现场处置、遗体殡葬等环节均出台了相关法律规定,从而在制度层面,为生物安全相关死亡的妥善处置奠定了坚实基础。

本章将结合我国相关领域的法律法规和制度规范,探讨生物安全相关死亡的处置方法。从处置主体、处置程序和处置技术 3 个角度展开论述,以期归纳现阶段我国处理生物安全相关死亡的成功经验,引起大家对该领域的关注。此外,对于现行有效的法律法规的梳理总结,也为后续填补立法空白,更好地衔接生物安全相关死亡处置全流程提供参考。

6.1 生物安全相关死亡的处置主体

6.1.1 死亡发现与报告的主体

生物安全相关死亡的发现与报告在整个生物安全相关死亡的处置中居于重要地位,及时发现生物安全相关死亡并上报主管部门,是快速启动应急响应、控制死亡影响、查明死亡原因、消除危害后果等一系列应对措施的前提和动因。这就要求:一方面,生物安全相关死亡的处置，管理机构要权责明晰，履职尽责；另一方面，全社会要关注生物安全相关死亡，营造生物安全的社会氛围和公民意识。

传染病和动植物疫病导致的人员死亡是生物安全相关死亡的一个主要构成部分。根据《生物安全法》第二十九条规定[1]："任何单位与个人发现传染病和动植物疫病的，应当及时向医疗机构、有关专业机构或者部门报告。医疗机构、专业机构及其工作人员发现传染病、动植物疫病或者不明原因的聚集性疾病的，应当及时报告，并采取保护性措施。同时还明确了，依法应当报告的，任何单位和个人不得瞒报、谎报、缓报、漏报，不得授意他人瞒报、缓报、谎报，不得阻碍他人报告。"这是从国家法律的层级对生物安全相关死亡的发现与报告主体做出明确界定，全社会应该参与到传染病的防控工作中来，尤其是最有可能接触到传染病和动植物疫情的医疗机构及其工作人员。此外，《传染病防治法》第三十条规定[2]，明确了疾病预防控制机构、医疗机构、采供血机构及其工作人员，以及向社会公众提供医疗服务的军队医疗机构在发现传染病疫情时，应当按照相关规定进行报告。第三十一条规定[2]："任何单位和个人发现传染病病人或者疑似传染病病人时，应当及时向附近的疾病预防控制机构或者医疗机构报告。"此外，《突发公共卫生事件与传染病疫情监测信息报告管理办法》第十六条也规定[3]："各级各类医疗机构、疾病预防控制机构、采供血机构均为传染病疫情的责任报告单位；其执行职务的人员和乡村医生、个体开业医生均为责任疫情报告人，必须按照《传染病防治法》的规定进行疫情报告，履行法律规定的义务。"以上规定明确了全社会对传染病疫情（包括传染病死亡病例）的发现报告义务，尤其指出传染病的防治主体同时也是传染病疫情的发现主体和报告主体。

在疫苗接种、生物治疗、基因编辑等生物技术应用过程中发生的死亡属于生物技术源性因素导致的生物安全相关死亡。《疫苗流通和预防接种管理条例》第四十四条规定[4]："因预防接种导致受种者死亡、严重残疾或者群体性疑似预防接种异常反应，接种单位或者受种方请求接种单位所在地的县级人民政府卫生主管部门处理的，接到处理请求的卫生主管部门应当采取必要的应急处置措施，及时向本级人民政府报告，并移送上一级人民政府卫生主管部门处理。"这明确了疫苗预防接种引起受种者死亡的发现报告主体。根据条文，此种情况报告的前提是当事方要求处理。换言之，如果接种单位或者受种方均没有请求处理，则没有报告。

我国尚没有专门针对基因编辑可能引发死亡的法律法规，在国家卫生与计划生育委员会制定的《涉及人的生物医学研究伦理审查办法》[5]中，对基因编辑所属的生物医学研究的伦理审查提出了具体要求；在科技部制定的《生物技术研究开发安全管理办法》[6]中，对从事生物技术研究开发活动的自然人、法人和其他组织的安全责任与义务进行了规定。现阶段，生物治疗和基因编辑技术主要的应用领域是医学和生物学，尤其在疾病治疗和预防方面有越来越多的实践探索。因此，在医疗行为发生的过程中，由生物治疗和基因编辑技术导致的死亡,同样适用医源性死亡处置的法律法规。

在国务院颁布的《医疗事故处理条例》[7]中,对于此类死亡的发现与报告均有相关规定。其中,第十三条规定:"医务人员在医疗活动中发生或者发现医疗事故、可能引起医疗事故的医疗过失行为或者发生医疗事故争议的,应当立即向所在科室负责人报告,科室负责人应当及时向本医疗机构负责医疗服务质量监控的部门或者专(兼)职人员报告;负责医疗服务质量监控的部门或者专(兼)职人员接到报告后,应当立即进行调查、核实,将有关情况如实向本医疗机构的负责人报告,并向患者通报、解释。"该条款规定了医疗机构内部的发现与报告流程。第十四条规定:"发生医疗事故的,医疗机构应当按照规定向所在地卫生行政部门报告。发生下列重大医疗过失行为的,医疗机构应当在 12 小时内向所在地卫生行政部门报告:(一)导致患者死亡或者可能为二级以上的医疗事故;(二)导致 3 人以上人身损害后果;(三)国务院卫生行政部门和省、自治区、直辖市人民政府卫生行政部门规定的其他情形。"该条款明确指出,因医疗事故导致患者死亡的情形属于重大医疗过失行为,医疗机构一旦发现,必须立即上报。因此,假如发生了医疗机构内部的生物治疗和基因编辑等因素导致的被治疗人死亡的情形,医生以及医疗机构必然成为发现和报告的主体。在食源性因素导致的生物安全相关死亡中,《中华人民共和国食品安全法实施条例》第八条规定[8]:"医疗机构发现其接收的病人属于食源性疾病病人、食物中毒病人,或者疑似食源性疾病病人、疑似食物中毒病人的,应当及时向所在地县级人民政府卫生行政部门报告有关疾病信息。"食源性疾病在救治过程中发生死亡的情况并不鲜见,以上条款明确了负责救治的医疗机构在发现此类事件后的上报责任。

在实际工作中,有些生物安全相关死亡的发生往往比较隐匿。人们在发现它时可能尚未察觉其中的生物安全相关因素,并因此错过上报的最佳时机。此外,还存在死亡后很长时间才被发现的情况,这势必延缓了生物安全相关死亡的上报和处置。生物安全相关死亡的隐匿性决定了除了明确管理和处置部门的主体责任之外,还要有相应的技术支撑与配套措施,这在后续内容中会进一步探讨。

6.1.2 死亡现场保护与调查的主体

这里的"调查"是一个广义概念,具体包括两层含义:一是指生物安全相关死亡案件中,公安机关出于刑事侦查和诉讼需要而开展的现场勘查行为;二是指为查明传染病病源和传染方式而开展的流行病学调查。

有关死亡案件现场保护与勘查的规定多见于《中华人民共和国刑事诉讼法》《公安机关办理刑事案件程序规定》《公安机关刑事案件现场勘验检查规则》等法律、规章中,公安机关在刑事案件和非正常死亡案件的现场保护与勘查中处于主导地位。

在流行病学调查方面,《传染病防治法》第四十八条规定:"发生传染病疫情时,疾病预防控制机构和省级以上人民政府卫生行政部门指派的其他与传染病有关的专业技术机构,可以进入传染病疫点、疫区进行调查、采集样本、技术分析和检验。"《突发公共卫生事件与传染病疫情监测信息报告管理办法》中的有关条文,明确了各级疾病预防控制机构在承担责任范围内突发公共卫生事件和传染病疫情监测、信息报告与管理工作中的作用,具体职责包括:建立流行病学调查队伍和实验室,负责开展现场流行病学调查与处理,搜索密切接触者、追踪传染源,必要时进行隔离观察;进行疫点消毒及其技术指导;标本的实验室检测检验及报告。以上规定明确了各级疾病预防控制机构在突发公共卫生事件与传染病疫情中的流行病学调查主体责任。

在食品安全事件中,根据《中华人民共和国食品安全法》(以下简称《食品安全法》)的相关规定[9],县级以上人民政府食品安全监督管理部门接到食品安全事故的报告后,应当立即会同同级卫生行政、农业行政等部门进行调查处理,开展应急救援工作,组织救治因食品安全事故导致人身伤害的人员。县级以上疾病预防控制机构应当对事故现场进行卫生处理并开展流行病学调查。对于可能涉及刑事犯罪的情形,公安机关需要同步介入开展现场勘验等工作。

在生物技术、基因技术等医学治疗相关的死亡现场中,医务人员、医疗机构及患者家属等均有责任开展现场保护与相关物证的保存工作。《医疗事故处理条例》第十六条规定:"发生医疗事故争议时,死亡病例讨论记录、疑难病例讨论记录、上级医师查房记录、会诊意见、病程记录应当在医患双方在场的情况下封存和启封。封存的病历资料可以是复印件,由医疗机构保管。"该条款明确了医疗机构对于能够反映医疗救治过程和证明医疗行为是否正当的文字档案有封存和保管义务。而且,对于档案的封存和启封必须有医患双方的见证。第十七条规定:"疑似输液、输血、注射、药物等引起不良后果的,医患双方应当共同对现场实物进行封存和启封,封存的现场实物由医疗机构保管;需要检验的,应当由双方共同指定的、依法具有检验资格的检验机构进行检验;双方无法共同指定时,由卫生行政部门指定。疑似输血引起不良后果,需要对血液进行封存保留的,医疗机构应当通知提供该血液的采供血机构派员到场。"该条款明确了对如血液等关键物证进行固定、保管时,也必须由医患双方共同参与。此外,血液的提供方作为相关主体,也有派员到达现场并见证相关过程的义务。

6.1.3　尸体转运、存储的主体

生物安全相关死亡尸体的转运和存储有着比普通尸体更加严格的要求,其主体责任仍然由殡葬机构负责。《传染性非典型肺炎防治管理办法》第十四条规定[10]:"对医疗机构外死亡的病人或者疑似病人的尸体进行消毒处理。"《传染病病人或疑似传染病病人尸体解剖查验规定》第七条规定[11]:"解剖查验应当遵循就近原则,按照当地卫生行政部门规定使用专用车辆运送至查验机构。"第八条规定[11]:"除解剖查验工作需要外,任何单位和个人不得对需要解剖查验的尸体进行搬运、清洗、更衣、掩埋、火化等处理。"以上条

款旨在提醒广大群众,生物安全相关死亡的尸体,尤其是传染病病人等可能具有潜在生物风险的尸体,必须交由专业机构和人员处理,才能最大限度地防止在尸体查验、处置过程中可能发生的致病微生物传播。

6.1.4 死因查明的主体

生物安全相关死亡的死因查明对于整个事件的处理都至关重要,因此对死因查明主体的要求也较为严格。《传染病防治法》第四十六条规定:"患甲类传染病、炭疽死亡的,应当将尸体立即进行卫生处理,就近火化。患其他传染病死亡的,必要时,应当将尸体进行卫生处理后火化或者按照规定深埋。为了查找传染病病因,医疗机构在必要时可以按照国务院卫生行政部门的规定,对传染病病人尸体或者疑似传染病病人尸体进行解剖查验,并应当告知死者家属。"该条文规定了医疗机构作为传染病病人或疑似传染病病人致死病因查明的主体。

《传染病病人或疑似传染病病人尸体解剖查验规定》第三条规定:"设区的市级以上卫生行政部门应当根据本辖区传染病防治工作实际需要,指定具有独立病理解剖能力的医疗机构或者具有病理教研室或者法医教研室的普通高等学校作为查验机构。从事甲类传染病和采取甲类传染病预防、控制措施的其他传染病病人或者疑似传染病病人尸体解剖查验的机构,由省级以上卫生行政部门指定。"这进一步明确了具备开展传染病病人死因查明的主体条件,即三种情况:具有独立病理解剖能力的医疗机构;具有病理教研室或者法医教研室的普通高等学校;一种特殊情况是甲类传染病和采取甲类传染病预防、控制措施的,需要省级以上卫生行政部门指定。在主体的软、硬件条件方面,该规章规定:"(一)有独立的解剖室及相应的辅助用房,人流、物流、空气流合理,采光良好,其中解剖室面积不少于15平方米;(二)具有尸检台、切片机、脱水机、吸引器、显微镜、照相设备、计量设备、消毒隔离设备、个体防护设备、病理组织取材工作台、储存和运送标本的必要设备、尸体保存设施以及符合环保要求的污水、污物处理设施;(三)至少有二名具有副高级以上病理专业技术职务任职资格的医师,其中有一名具有正高级病理专业技术职务任职资格的医师作为主检人员;(四)具有健全的规章制度和规范的技术操作规程,并定期对工作人员进行培训和考核;(五)具有尸体解剖查验和职业暴露的应急预案。从事甲类传染病和采取甲类传染病预防、控制措施的其他传染病或者疑似传染病病人尸体解剖查验机构的解剖室应当同时具备对外排空气进行过滤消毒的条件。"可以看出,传染病病人尸体的检验要在保证严格防疫的前提下开展,在人员能力、环境设备等方面均有特殊要求。尤其环境要求,必须保证检验过程能够切断其可能携带的致病微生物的传播途径。

《外交部、最高人民法院、最高人民检察院、公安部、国家安全部、司法部关于处理涉外案件若干问题的规定》在附件一"外国人在华死亡后的处理程序"中规定[12]:"正常死亡者或死因明确的非正常死亡者,一般不需作尸体解剖。若死者家属或其所属国家驻华使、领馆要求解剖,我可同意,但必须有死者家属或其所属国家驻华使、领馆有关官员签字的书面要求。死因不明的非正常死亡者,为查明死因,需进行解剖时由公安、司法机关按有关规定办理。"该条文规定了在华外国人死亡后,查明死因的主体为公安、司法机关。此外,启动死因查明有赖于相关使、领馆人员的书面要求。

《医疗事故处理条例》中对发生在医疗机构内的因生物治疗、基因治疗等医学手段导致的死亡做出了死因查明规定。第十八条规定:"患者死亡,医患双方当事人不能确定死因或者对死因有异议的,应当在患者死亡后48小时内进行尸检;具备尸体冻存条件的,可以延长至7日。尸检应当经死者近亲属同意并签字。尸检应当由按照国家有关规定取得相应资格的机构和病理解剖专业技术人员进行。承担尸检任务的机构和病理解剖专业技术人员有进行尸检的义务。医疗事故争议双方当事人可以请法医病理学人员参加尸检,也可以委派代表观察尸检过程。拒绝或者拖延尸检,超过规定时间,影响对死因判定的,由拒绝或者拖延的一方承担责任。"该条款明确了医疗机构实施的生物医学治疗引起死亡争议时,应当尽快开展尸检,明确死因。尸检及死因查明的主体为按照国家有关规定取得相应资格的机构和病理解剖专业技术人员。目前,我国开展医疗事故尸检的机构主要为社会鉴定机构,在特殊案件中,也有公安机关的法医检验人员参与。医疗事故鉴定委员会对于检验机构的资格和相应解剖查验人员的技术水平有审核把关的义务。第三十八条规定:"有下列情形之一的,县级人民政府卫生行政部门应当自接到医疗机构的报告或者当事人提出医疗事故争议处理申请之日起7日内移送上一级人民政府卫生行政部门处理:(一)患者死亡;(二)可能为二级以上的医疗事故;(三)国务院卫生行政部门和省、自治区、直辖市人民政府卫生行政部门规定的其他情形。"该条款明确了患者死亡的医疗事故处理由地市级或以上卫生行政部门开展。

6.1.5　殡葬处理的主体

生物安全相关死亡尸体的处理与殡葬也是整个处置过程中的重要一环,《中华人民共和国传染病防治法实施办法》(以下简称《传染病防治法实施办法》)第五十五条的规定[13]:"因患鼠疫、霍乱和炭疽病死亡的病人尸体,由治疗病人的医疗单位负责消毒处理,处理后应当立即火化。患病毒性肝炎、伤寒和副伤寒、艾滋病、白喉、炭疽、脊髓灰质炎死亡的病人尸体,由治疗病人的医疗单位或者当地卫生防疫机构消毒处理后火化。不具备火化条件的农村、边远地区,由治疗病人的医疗单位或者当地卫生防疫机构负责消毒后,可选远离居民点500米以外、远离饮用水源50米以外的地方,将尸体在距地面两米以下深埋。"以上规定均明确指出,承接治疗任务的医疗单位和尸体所在地的卫生防疫机构为特殊传染病病人尸体的处理主体。

《疫苗流通和预防接种管理条例》第四十六条规定:"因预防接种异常反应造成受种

者死亡、严重残疾或者器官组织损伤的,应当给予一次性补偿。因接种第一类疫苗引起预防接种异常反应需要对受种者予以补偿的,补偿费用由省、自治区、直辖市人民政府财政部门在预防接种工作经费中安排。因接种第二类疫苗引起预防接种异常反应需要对受种者予以补偿的,补偿费用由相关的疫苗生产企业承担。国家鼓励建立通过商业保险等形式对预防接种异常反应受种者予以补偿的机制。"作为善后处理的重要内容,资金补偿对于挽救家庭危机、化解社会矛盾均具有重要作用,也是支付殡葬费用的重要来源。

《中华人民共和国国境口岸卫生监督办法》(以下简称《国境口岸卫生监督办法》)第二十一条第(三)款规定[14]:"对国境口岸和交通工具上的所有非因意外伤害致死的尸体,实施检查、监督和卫生处理。"在跨国疫情流行时期,边防口岸往往成为疫情防控的重点区域。因此,对于重点区域的高危尸体开展常规防疫处理是进行殡葬处置的前置条件。对于少数民族尸体的殡葬处理,民政部、国家民委、卫生部《关于国务院<殡葬管理条例>中尊重少数民族的丧葬习俗规定的解释》中有相关具体内容[15],包括:在殡葬管理中要尊重少数民族保持或者改革自己丧葬习俗的自由。在火葬区,对回、维吾尔、哈萨克、柯尔克孜、乌孜别克、塔吉克、塔塔尔、撒拉、东乡和保安等10个少数民族的土葬习俗应予尊重,不要强迫他们实行火葬;自愿实行火葬的,他人不得干涉。对患有鼠疫、霍乱、炭疽死亡的病人遗体,按照《传染病防治法》的规定,必须立即消毒,就近火化。对患其他传染病死亡的上述10个少数民族的病人遗体,凡是在其户口所在地死亡的允许土葬,但要按规定对遗体进行严格消毒后深埋;不在户口所在地死亡的病人遗体,按照有关规定进行严格消毒后,原则上就地、就近尽快深埋,不得将遗体运往外地。自愿要求火葬的,他人不得干涉。少数民族地区的殡葬习俗作为少数民族文化的组成部分,一直受到国家的尊重和保护。但是当文化尊重与疫情防控发生冲突时,保护更广大人民的根本利益是应当高于一切的价值追求。

《医疗事故处理条例》第十九条规定:"患者在医疗机构内死亡的,尸体应当立即移放太平间。死者尸体存放时间一般不得超过2周。逾期不处理的尸体,经医疗机构所在地卫生行政部门批准,并报经同级公安部门备案后,由医疗机构按照规定进行处理。"该条款明确了,医疗救治过程中发生死亡,死者家属为尸体处理的主体。但是,当出现逾期不处理尸体的特殊情况时,医疗机构作为公共场所,也具有救济权力,即经卫生行政部门批准和公安机关备案可以直接处理。

6.2 生物安全相关死亡的处置程序

6.2.1 医疗机构内生物安全相关死亡的处置程序

人体死亡的处置过程包括死亡的发现与报告、死亡现场的保护与勘查、尸体转运与存放、死因查明与殡葬处理等环节。在一起死亡事件中,未必包含上述全部环节,如在医院内因抢救无效死亡的癌症晚期患者,是明确因疾病死亡的,家属无异议,显然可以没有死亡现场勘查的环节。

就生物安全相关死亡而言,在死亡发现之初,未必能够明确死者的死亡原因与生物安全因素相关,或是在以上各环节中均有发现生物安全相关致命因素参与的可能性。此外,死亡的处置更多与其死亡地点和原因有关。因此,在探讨生物安全相关死亡的处置程序问题时,有必要立足死亡发生地点的差异以及死亡上报部门的差异,进行逐一分析说明。

发生在医疗机构内的生物安全相关死亡,其院内医学检查的相关资料往往比较齐全,死亡过程一般有相关佐证,但在死亡原因问题上有时会存在难以明确或争议的情况。因此,根据死亡原因是否明确,又可以将医疗机构内生物安全相关死亡的处置分为下述两类。

6.2.1.1　死因明确的传染病或疑似传染病尸体的处置流程

以传染病病人为例,按照相关法律文件的规定,处理流程可参考以下步骤进行。

1. 死亡报告

所在医疗机构报告本级卫生健康行政部门,卫生健康行政部门通报本级民政部门,民政部门通知相关殡仪馆做好遗体接运、火化等准备工作。

2. 卫生防疫处理

对于死亡的传染病患者的遗体,由所在医疗机构医务人员按照医疗机构内感染预防与控制的技术指引,对遗体进行消毒、密封,密封后严禁打开。

3. 办理交接手续

医疗机构应当在完成遗体卫生防疫处理、开具死亡证明、联系亲属同意火化后,第一时间联系殡仪馆尽快上门接运遗体,并在遗体交接单中注明已进行卫生防疫处理和立即火化意见。对新型冠状病毒感染病人亲属拒不到场或拒不移送遗体的,由医疗机构、殡仪馆进行劝说,劝说无效的,由医疗机构签字后,将遗体交由殡仪馆直接火化,辖区公安机关配合做好相关工作。

4. 尸体转运要求

尸体运送不得交由除殡仪馆以外的单位和个人承办。殡仪馆安排专职人员、专用运尸车到医疗机构指定地点,按指定路线将遗体转运到指定的专用运尸车上运至殡仪馆。疾病预防控制机构应当指导医务人员和遗体运送、处置人员等,按照疾病接触防护要求进行卫生防护。

5. 火化处理

遗体被运送到殡仪馆后,殡仪馆设置临时专用通道,由殡仪馆专职人员将遗体直接送入专用火化炉火化。对遗体不得存放、探视，全程严禁打开密封遗体袋。火化结束后，由殡仪馆服务人员捡拾骨灰，并出具火化证明，一并交亲属取走。家属拒绝取走的，按照无人认领的遗体骨灰处理。

6. 善后处理与信息报送

疾病预防控制机构对遗体运输车辆、设备工具、火化车间、遗体停留区域等进行严格消毒，对殡仪废弃物进行无害化处理。医疗机构和殡仪馆应当对新型冠状病毒感染病人遗体处理情况及时登记和存入业务档案，处理情况应及时向同级疾病预防控制机构、民政部门报告。

以上处置流程对于相关部门的密切配合提出了较高要求，这也体现了生物安全相关尸体处置（尤其是传染病尸体处置）过程中全链条防疫要求，要确保全程可控，全程受控。

6.2.1.2　死因存疑的传染病或疑似传染病尸体的处置流程

对于在医疗机构内死亡的尚未查明病因的传染病或者疑似传染病病人，其死亡处置流程中包含尸体解剖的环节。也就是在死亡报告之后、遗体火化之前，具备相关资质的机构通过尸体解剖查验，调查疾病原因，即查明死亡原因的过程。该过程可以包括以下构成要素。

1. 解剖机构的指定

与其他普通死亡解剖不同，传染病尸体的解剖在生物安全防护和病因调查方面均对解剖操作的环境、设施、人员等有特殊要求。因此，设区的市级以上卫生行政部门应当根据本辖区传染病防治工作实际需要，指定具有独立病理解剖能力的医疗机构或者具有病理教研室或者法医教研室的普通高等学校作为查验机构。省级以上卫生行政部门指定从事甲类传染病和采取甲类传染病预防、控制措施的其他传染病病人或者疑似传染病病人尸体解剖查验的机构。

2. 尸体解剖的批准与告知

对于传染病或者疑似传染病病人的尸体进行解剖检验前，需首先经过实施救治的医疗机构所在地设区的市级卫生行政部门批准，并且应当将进行尸体解剖查验的活动告知死者家属，做好相关记录。

3. 解剖的实施

医疗机构按照当地卫生行政部门规定使用专用车辆将尸体运送至距离最近的查验机构，并向查验机构提供临床资料复印件及办理交接手续。解剖查验中的标本采集、保藏、携带、运输以及医疗废物的处理应当按照相关规定执行。

4. 病因诊断与报告

解剖机构出具查验报告或鉴定文书后，应尽快反馈给相应的医疗机构，医疗机构结合解剖报告、病原学检验报告、临床病历资料等综合信息，做出明确病因诊断，报告给当地疾病预防控制机构及卫生行政部门。

5. 解剖后的处理与消毒

尸体解剖查验工作结束后,查验机构应当按照生物安全的相关卫生要求对尸体、解剖现场及周围环境进行消毒处理。尸体经卫生处理后,进行火化或者深埋。对停放传染病或疑似传染病病人尸体的场所、专用运输、存放工具应当严格消毒。

6.2.2　医疗机构外生物安全相关死亡的处置程序

医疗机构外生物安全相关死亡的处置因发生地点和死亡方式的差异而有所区别。死亡地点有可能在家中、公共场所或野外环境中,死亡方式可能是自然死亡或非自然死亡(如意外死亡、自杀死亡、他杀死亡等)情况。

根据《传染病病人或疑似传染病病人尸体解剖查验规定》第六条的规定:"发现在医疗机构外死亡且具有传染病特征的病人尸体,应当通知当地疾病预防控制机构,由其采取消毒隔离措施。需要查找传染病病因的,经所在地设区的市级卫生行政部门批准,进行尸体解剖查验,并告知死者家属,做好记录。"因此,在疫情暴发或是重点疫区办理非正常死亡案件时,现场勘查人员应当首先对死者是否具有传染病风险进行评估,发现可疑情况应及时通报当地疾病预防控制部门,同时加强自身安全防护。经疾病预防控制部门采取消毒隔离处理后,再开展现场勘查工作。对于有暴力因素参与死亡的尸体,按照《公安机关办理刑事案件程序规定》第二百一十八条的规定[16]:"为了确定死因,经县级以上公安机关负责人批准,可以解剖尸体,并通知死者家属到场,让其在解剖尸体通知书上签名。死者家属无正当理由拒不到场或者拒绝签名的,侦查人员应当在解剖尸体通知书上注明。对身份不明的尸体,无法通知死者家属的,应当在笔录中注明。"同时,第二百一十九条规定[16]:"对已查明死因,没有继续保存必要的尸体,应当通知家属领回处理,对于无法通知或者通知后家属拒绝领回的,经县级以上公安机关负责人批准,可以及时处理。"

此外,《国内交通卫生检疫条例实施方案》规定了实施交通卫生检疫期间[17],在公共交通工具上发生传染病或者疑似传染病病人死亡以及发现传染病或者疑似传染病病人尸体时,按照以下几种情况进行处置。

(1)设置道路交通临时卫生检疫站,负责将传染病病人、病原携带者、疑似检疫传染病病人和因检疫传染病或者疑似检疫传染病死亡的病人尸体移交指定的医疗机构。

(2)检疫传染病疫区内铁路车站协助向铁路临时交通卫生检疫站移交因检疫传染病或者疑似检疫传染病死亡的病人尸体。

(3)如遇鼠疫、霍乱病人、疑似鼠疫、霍乱病人在列车上死亡,则必须做好尸体消毒处理,移交铁路临时交通卫生检疫站或者铁路卫生防疫机构;如该情况发生在公路运输过程中,则应当移交给当地县级以上人民政府卫生行政部门指定的医疗机构;如该情况发生在水运过程中,则应移交水运临时交通卫生检疫站或当地县级以上人民政府卫生行政部门指定的医疗机构;如该情况发生在航空运输过程中,则应在飞行器安全降落后移交当地县级以上人民政府卫生行政部门指定的医疗机构。

6.2.3 其他情况

实际工作中,生物安全相关死亡的处置程序还存在一些特殊情形。比如,投放有毒动、植物致人员死亡案件中的有毒动、植物来源调查;因接触放射性物质而导致死亡的案件中对于尸体放射性水平的检测与个体防护;在接受生物医学技术治疗过程中发生的意外死亡需要开展医疗事故鉴定以及病原微生物实验室发生火灾等意外情况导致人员死亡的处置等。

处置以上特殊情形的生物安全相关死亡,需要公安、消防、卫生、疾控等相关多部门的协同联动,在处置程序上,除了按照相关法律文件的规定外,还需要根据具体情况采取有针对性的措施,处置人员的证据意识、防护意识以及合作意识均非常重要。比如,利用放射性物质实施杀人行为的案件曾在我国发生,作案人本身是医学工作者,通过利用放射性物质的累积效应,长期、多次、小剂量地放射投照。这种作案过程具有极大的隐蔽性,对于办案人员提出了挑战。除了依靠现场勘查、案件调查、物证检验等过程中务必严谨仔细外,负责管理放射性物质的相关部门和人员也是难辞其咎的。此类案件的预防比侦办更重要,加强日常管理能减少损失,不给犯罪分子以可乘之机。

6.3 生物安全相关死亡处置的技术规范

生物安全相关死亡处置的技术规范按照其指导效力的高低可以分为法律、法规等规范性文件,国家标准、行业标准等标准化指引,权威著作中的技术成果,机构内的自编技术方法等。按照技术规范具体指引的内容可以分为现场勘验技术规范、流行病调查规范、尸体检验技术规范、场所消毒技术规范、物证鉴定技术规范、尸体殡葬处理规范等。本节将对以上内容进行阐述。

6.3.1 现场勘验技术规范

在生物安全相关死亡发生后,尤其是突发传染病疫情暴发期间,死亡现场的勘查、检验工作需要兼顾个体防护要素。按照公安机关处置此类死亡案事件的有关规定,在勘查前应配备充足的专用物资,包括专用现场勘查车辆,防护装备和器材。现场勘查人员应接受生物安全相关个体防护的知识和技能培训。公安机关应与疾病预防控制部门建立联系渠道,确保相关疫情信息的传输与共享。

当具体人员接受处置任务后,应先充分了解现场情况,特别是现场有无确定或疑似传染病患者、有无涉疫人员被隔离、非正常死亡人员及其密切接触者是否有就医、购药等情况。如存在上述情况，必须第一时间通报相关卫生部门协同处置。对于现场情况不明的，要将相关人员信息及时推送给情报研判人员，对其近期活动轨迹和密切接触人员等进行研判，判明是否存在涉疫风险。参加现场勘查的工作人员应当树立牢固的防疫意识，充分利用现代警务信息和警务大数据分析技术，对于未知现场的相关情况尽量做到心中有数。要加强与疫病预防控制、医疗机构、社区等相关单位的信息共享，实现涉疫警情处置的科技化、信息化、智能化。

在开展勘查工作时，现场勘查人员应全程穿隔离衣，佩戴口罩、眼罩、头罩和手套、鞋套。室内现场在照相/录像固定原始状态后，应适当进行通风处理，再进行后续工作。现场勘查过程中，如防护用品被污染或勘查期间离开现场后再次进入的，需及时更换防护用品。

在勘查命案和非正常死亡案件现场时，勘查人员有必要着满足微生物隔离要求的医用防护服，佩戴 N95 以上级别口罩、透明防护面具（或密封式防护镜）、医用乳胶手套和能够完全包裹鞋袜的鞋套等防护装备。延长室内通风时间并尽可能位于尸体位置的上风口开展勘查工作。翻动尸体、物品时应动作轻柔，不得用力按压尸体胸、腹部，同时尽可能与尸体口、鼻部保持距离，尽量避免沾染尸体痰液、分泌物和血液等。现场访问与死者接触人员时，必须保持安全距离。

勘查过程中发现死者生前确有感染烈性传染病的，应立即停止勘查，向有关部门上报相关疫情，按照《传染病病人或疑似传染病病人尸体解剖查验规定》规定，待相关部门处置安全后再行勘查。尸体解剖应当在传染病尸体专用解剖室内进行，并严格按照相关规范操作。

勘查结束后，勘查人员应及时脱掉防护用品，并按医用废弃物处置原则进行处置，同时对自身衣物和身体进行消毒处理。带回实验室的现场物证，应做密封处理。在处理物证前，有关人员应做好个体防护。对勘查设备器材应使用 75% 乙醇或消毒剂擦拭、喷洒消毒，或紫外灯照射 30 min 消毒。应对勘查车辆进行全面消毒。对所有可能接触的部位，应使用 75% 乙醇或消毒剂擦拭、喷洒消毒，或用紫外灯照射 30 min 消毒。

6.3.2　个体防护技术规范

在烈性传染病相关死亡的处置中，个体防护技术是处置成功的基础。首先是穿、脱个体防护用品。处置人员在进入污染区之前，必须按照规定的顺序正确穿戴个体防护用品，在进入污染区后不再进行调整。脱卸是高风险过程，应尽最大可能降低自我污染或其他人暴露的可能性，做到在指定地点按照正确的脱卸顺序慢慢脱卸，并配备辅助人员提供帮助。如出现血液、体液等污染物喷溅到防护面罩外缘可能渗入污染头面部，或大量污染物喷溅到防护用品表面的情况，处置人员应尽快离开并及时处置。如果处置期间个体防护用品有局部破损,则处置人员必须立刻进行暴露评估和清洁、消毒处理。

对指定脱卸地点可使用3%过氧化氢消毒液、75%乙醇消毒液、500 mg/L 二氧化氯消毒液、1000 mg/L 含氯消毒液、季铵盐醇复合消毒液进行消毒,使用中应注意含氯消毒剂和二氧化氯消毒剂的腐蚀性。当有肉眼可见的污染时,对仪器设备设施表面建议先使用含过氧化氢或含醇消毒湿巾擦拭,再使用合适的消毒液进行消毒,注意腐蚀性;地面和墙面可使用 5000 mg/L 含氯消毒液进行消毒。有条件的机构可配置过氧化氢雾化消毒器对脱卸地点和污染区进行终末消毒。

处置中可能使用到的个体防护用品包括但不限于:医用防护口罩、电动送风过滤式呼吸器(PAPR 头罩)、防护头罩、防护面罩、防护服、防水鞋、防水鞋套/靴套、防护手套、防水围裙、胶带、消毒用品等。对使用后的一次性个体防护用品,脱卸后放入符合要求的医疗废物收集袋内,双层包扎后按规定流程专人负责转运,集中焚烧处置。

有关个体防护用品穿、脱顺序的建议:穿防水鞋(高度建议超过踝关节)、防水鞋套(高度建议至小腿中部),进行手卫生后戴内层手套;戴医用防护口罩,检查气密性和舒适性;戴帽子,尽量不外露头发;穿连体防护服(建议防护服连脚套,但不带帽子;如果只有带帽子的防护服,穿戴时不要套上帽子);戴中间层手套;戴防护头罩;如果防护头罩不带防护面罩,那么应该再戴上防护面罩。脱卸顺序建议:在污染区,使用合适的消毒湿巾对外层防护表面肉眼可见污染物进行擦拭消毒;消毒完成后,处置人员脱卸最外层鞋套和外层手套;进行手部消毒;处置人员走出隔离病房,到达指定脱卸地点,轻轻上翻头罩的下沿,打开防护服拉链,慢慢脱下防护服和中间手套,脱防水鞋套,脱卸防护面罩,进行手部消毒;处置人员脱帽子,脱防护口罩,脱内层手套,取手消毒液进行手消毒;用流动水洗手。

6.3.3　尸体检验技术规范

在我国的尸体检验相关技术规范中,《解剖尸体规则》是一部权威的部门规章。但因其颁布时间久远,且多年未修订,许多条款内容已经与当前形势和技术水平不相适应。相比较而言,同样是部门规章的《传染病病人或疑似传染病病人尸体解剖查验规定》,则更贴近现阶段的实际需求,并且重点解决了生物安全相关死亡处置的难点问题“传染病尸体解剖”。除此之外,在民政部、公安部、交通运输部、卫生计生委联合印发的《重大突发事件遇难人员遗体处置工作规程》中[18],也有涉及生物安全相关死亡处置的内容。如第十二条规定:“对于患传染病死亡的遇难人员遗体,殡仪服务机构应当设立临时的殡仪服务专用通道,与非患传染病死亡的遗体隔离处置,为相关管理服务人员配备防护设备并进行安全培训。”

在技术标准层级中,我国尚没有国家标准化委员会颁布的尸体解剖相关国家标准,但是由卫生部颁布并实施的《人感染高致病性禽流感尸体解剖查验技术规范》,实际具有国家标准的技术水平和效力[19]。该技术规范完整规定了人感染高致病性禽流感尸体解剖查验的操作步骤和技术细节,对于生物安全相关死亡的尸体解剖工作具有重要的指导、借鉴价值。该技术规范共分为前言、解剖检验病例的选择及尸体保存方法、尸检工作人员的要求、解剖装备、尸检地点的选择及应当遵循的生物安全规范、尸检环境消毒、尸检个体防护、尸检操作一般原则、尸检标本的采集与留取、解剖器械及标本处置、尸检废弃物及污水的处理、尸检的指标及采用的技术、数据的保存、分析和报告等 14 个部分。与其他尸体解剖相关标准相比,本规范的特色体现在下述 4 个方面。

首先,该规范对尸检所需的环境、人员和设备均作出具体规定。尸检工作应在判定病例死亡后尽快进行,通常情况下应在病例死亡 48 h 内进行。在尸检前,尸体应保存在 0～4 ℃的环境中;如果不能达到上述要求,或不能进行全面尸检,应至少用针刺法取得小的标本,保存在 0～4 ℃的环境中。针刺取材的部位,至少应包括左、右肺脏的各叶,气管黏膜和喉黏膜。尸检工作人员应当满足人数和资质的要求。在解剖装备方面,要求操作者应配备具有良好防护功能的防护设备,所有的防护服、设备和器械及可能受到污染的物品都应通过化学或高压灭菌的方式进行消毒处理。自备物品:包括解剖器械、称量用具、个体防护用品、防渗漏尸体袋以及检材存放容器等。委托单位(尸解当地单位)准备物品:0.5% 的"84"消毒液(用于地面、墙面、器皿及门窗表面的消毒)、10% 福尔马林(用于固定标本)及相应的盛放容器等。

其次,规范对尸检地点的选择作出严格规定。

(1)在人口密集的地区和城市,尸检工作应在能维持足够负压和具备高压灭菌装置的生物安全 P2＋或 P3 级尸体解剖室中进行,操作环境的气流应当能够防止感染性物质形成的气溶胶或飞沫感染操作者和污染环境。

(2)在没有 P2＋或 P3 解剖室的条件下,尸检应在为传染病尸检特制的一次性安全防护袋中进行,防护袋将被感染的尸体与尸检人员和周围环境完全隔离,将尸体存放于密封的透明尸检袋中,尸检人员在尸检袋外通过安全套袖和手套对透明袋内的尸体进行操作。组织标本通过双门互锁的安全门传递,尸体袋在用完后与尸体一起进行火化或深埋,从而避免被感染的尸体体液和组织粉末与人接触,保护尸检人员和环境安全。如果没有条件火化,尸体应该及时焚烧,然后深埋(地表面 2 m 以下)。

(3)如果上述条件不具备,则至少应当在相对空旷和通风换气充足的空间内,在配备有效防护和灭菌设备的条件下开展尸检。应严格按照下列的区域划分和安全规程操作进行。

(4)现场的区域划分规则:①尸检现场应划分为污染区、半污染区与清洁区,其中污染区为解剖操作间,半污染区为解剖人员个人清洗及消毒场所;②根据现场建筑物布局特点及周围环境,合理划分污染区、半污染区与清洁区,在半污染区外围 3 m 处设立安全线,在尸检工作完成并实施环境消毒以前,严禁人员通行与进入;③污染区、半污染区及清洁区要尽可能隔绝,如果现场条件不允许,则应尽可能隔绝污染区与半污染区,且将半污染区尽量扩大并设置在空旷区域;④在人员及建筑物密集地区进行尸检,应选择封闭性较好的房间作为解剖操作间,并用胶带、塑料布等尽可能密闭门窗,以减少对周围环境的污染;⑤在相对空旷的环境下、开放式解剖环境下,应选择在建筑物较少、通风良好的区域,并尽可能扩大安全线的范围,使环境中的污染成分尽快稀释。

再次,规范详细介绍了个体防护和尸检环境消毒的方法和步骤。尸检人员进入解剖间后,即封闭门窗,隔绝污染区与半污染区。尸检过程中,记录人员随时用0.5%的"84"消毒液喷洒地面与墙面,以保持污染区环境中消毒液的浓度。尸检完成后,需对解剖间进行彻底的喷洒消毒,尸体袋、解剖台及地面需重点消毒,由疾病预防控制专业人员按照有关规定进行环境消毒。

尸检个体防护:①尸检人员在清洁区更换消毒手术衣、隔离服及手术手套后方可进入半污染区。② 在半污染区准备好个人清洗和消毒所用器具及消毒液,并整理清点解剖所用物品。③在半污染区穿上隔绝式防化服、防毒面具及手套后,带上解剖间所用物品进入污染区。④尸检过程中应分工明确、操作规范,将器械摆放规整。避免锐器(刀、剪等)和骨断端引起皮肤损伤。一旦发生手套破损,则必须消毒,更换新手套。谨慎操作,避免将尸体的血液、体液、尿液和粪便溅到解剖台外和解剖者的衣服上。⑤尸检完毕,在解剖操作间进行隔绝式防化服及戴橡皮手套的初次消毒处理。然后,在半污染区用洗刷与喷淋结合的方式对防化服、面具及手套表面进行彻底消毒。依次脱掉隔绝式防毒衣、手套和面具,并将之浸泡在预先准备好的消毒桶中。

最后,规范对解剖数据的保存、分析和报告提出明确要求。凡开展尸检工作的单位,应对尸体姓名、年龄、性别、发病地、居住地、来历、临床诊断、流行病学史、解剖查验时间、解剖查验人姓名、解剖步骤、所取组织、解剖查验后诊断、解剖查验结果报告日期等有关信息进行完整记录。对尸检获取的资料应当进行统计学分析、图像分析、定量处理,并与GenBank数据库和文献中的信息进行比对。尸检工作人员要掌握和了解病例的有关流行病学资料和临床资料,尸检初步报告应在10 d内完成,完整的报告应在30 d内完成。应将尸检结果连同有关流行病学资料和临床资料及时反馈给相应的医疗机构、疾病预防控制机构和卫生行政部门。医疗机构应根据尸检结果,综合临床表现,尽快明确诊断,并按规定报告。尸检组织由专人进行妥善保管,未经卫生行政部门许可,不得擅自转移和使用。卫生行政部门应指定相应的尸体解剖查验机构和疾病预防控制机构对尸检资料进行整理、分析和保存。

此外,我国还有《法医学尸体检验技术总则》(GA/T 147—2019)、《法医学病理检材的提取、固定、取材及保存规范》(GA/T 148—2019)、《法医学机械性窒息尸体检验规范》

（GA/T 150—2019）、《法医学新生儿尸体检验规范》（GA/T 151—2019）、《法医学中毒尸体检验规范》（GA/T 167—2019）《法医学机械性损伤尸体检验规范》（GA/T 168—2019）、《法医学猝死尸体检验规范》（GA/T 170—2019）、《道路交通事故尸体检验》（GA/T 268—2019）、《尸体解剖检验室建设规范》（GA/T 830—2009）等 9 个尸体检验相关的公共安全行业标准，它们在处置生物安全相关死亡过程中同样发挥着重要作用。

开展生物安全相关死亡的现场勘查和尸检是一项挑战性极大、危险度极高的工作。相关从业人员的心理状态可能长期处于应激水平，精神压力难以释放，因此，有必要对现场勘验和尸检的工作人员开展心理疏导和日常身心健康检测，以便于一旦其出现异常心理波动，能够及时发现并进行有效干预，从而最大程度地实现职业心理健康。

6.3.4　尸体殡葬处置规范

参照有关规定，烈性传染病遗体处置要求如下。

（1）成立遗体处置小组，负责遗体接运、火化等工作，按照就近原则，由当地殡仪馆或民政部门指定的殡仪馆负责承办。殡仪馆应根据需要处置的遗体数量，设置小组人员组成及人数，小组至少应配备驾驶员 1 名、遗体接运工 2 名、遗体火化工 1 名。驾驶员负责安全驾驶专用运尸车并协助遗体接运工进入指定地点接运遗体。遗体接运工负责收殓、搬运医疗机构打包好的遗体，并协助指导家属办理死亡证明及殡仪馆内遗体火化手续。遗体火化工负责本小组接来的遗体火化工作。参与遗体处置的工作人员均须建立个人健康信息档案，保证身体健康状况良好，并加强工作期间体温测量等身体状况监测，必要时设置专门隔离室。

（2）遗体卫生防疫处理，由负责治疗患者的医疗卫生机构对遗体按照规定进行卫生防疫处理，装入不透水和密封的双层尸体袋内密封，每层密封袋外喷洒有效氯 10000 mg/L 的消毒剂，贴上高感染风险的标签。

（3）搬运、接收遗体等接触遗体的工作人员第一次穿戴防护用具时，最好请相关医护人员给予专业指导。搬运遗体前，应确保遗体经过消毒处理并进行双层密封包装。接运遗体的车辆应专车专用，驾驶室与车厢应密封隔离，车内应设置清洁区域配备防护用品、消毒液等。接运遗体的车辆到达后，应将经卫生防疫处理过的遗体装入殡仪馆提供的一次性卫生盒内，并用封箱带封闭。将已装入遗体的卫生盒用移动车转移到专用运尸车后，做好遗体交接记录，直接运送到殡仪馆连同卫生盒一起火化。

（4）专用运尸车使用后，无可见污染物时，用 1000 mg/L 的含氯消毒液或 500 mg/L 的二氧化氯消毒剂进行喷洒，至车辆内物体表面湿润，作用 30 min；可见污染物时，应先使用一次性吸水材料蘸取 5000～10000 mg/L 的含氯消毒液完全清除污染物，再按照车辆无可见污染物处理。喷洒消毒剂过程中应注意保护精密仪器。对金属部位消毒后用清水擦洗。对车辆进行消毒处理后方可重复使用。

（5）对遗体应当立即火化。火化遗体应当使用专门的火化炉，火化前不得打开装殓遗体的卫生盒和密封包装袋，不可进行遗容瞻仰、告别等活动。

（6）殡仪馆参与遗体处置的工作人员，必须经过专业的防护培训。参与人员防护参照遗体处理人员自我防护标准，建议穿戴工作服、一次性工作帽、一次性手套和长袖加厚橡胶手套、医用一次性防护服、医用防护口罩（N95及以上）或动力送风过滤式呼吸器、防护面屏、工作鞋或胶靴、防水靴套、防水围裙或防水隔离衣等。脱卸防护装备时，应尽量少接触污染面。对脱下的防护眼罩、长筒胶鞋等非一次性使用的物品，应直接放入盛有消毒液的容器内浸泡；对其余一次性使用的物品，应放入黄色医疗废弃物收集袋中，作为医疗废物集中处置。脱卸防护装备的每一步均应进行手消毒，所有防护装备全部脱完后再次洗手、进行手消毒。参与人员均应加强手卫生措施，可选用有效的含醇速干手消毒剂，特殊条件下，也可使用含氯或过氧化氢手消毒剂；有肉眼可见污染物时，应使用洗手液在流动水下洗手，然后消毒。用面巾纸或者消毒纸巾隔着按电梯按钮和拉门把手等。对使用过的防护用品，应根据卫生防疫要求，按可重复利用和不可重复利用进行分类，分别装入环保污物袋。对可重复利用的防护用品，应用含1000 mg/L有效氯的消毒剂浸泡30 min以上后进行常规清洗消毒。对不可重复利用的防护用品，用含5000 mg/L有效氯的消毒剂喷洒，装入防水塑料袋密封后再用相同浓度消毒剂喷洒密封袋外表面，按传染性废弃物进行无害化处理。

（7）做好终末消毒，对遗体停留过的区域，应立即用0.5%过氧乙酸进行环境及空气消毒，对设施设备喷洒含1000～2000 mg/L有效氯消毒液进行消毒，对地面用拖布擦拭或喷洒消毒，可选1%过氧化氢或含1000～2000 mg/L有效氯消毒液，作用60 min。对搬运遗体移动床可用含有效氯2000～5000 mg/L消毒液擦拭、喷洒或用0.5%过氧乙酸喷雾消毒，作用30 min。用以上方法进行消毒处理时，对金属部位及时用清水擦洗。

根据国家质量监督检验检疫总局的《出入境尸体骸骨卫生检疫管理办法》的规定[20]，疑似或者因患检疫传染病、炭疽、国家公布按甲类传染病管理的疾病以及国务院规定的其他新发烈性传染病死亡的尸体、骸骨，禁止入、出境。对因患检疫传染病而死亡的尸体，必须就近火化。检验检疫部门对未入殓尸体的现场查验内容包括：①检查尸体腐烂程度，所有腔道、孔穴是否用浸泡过消毒、防腐药剂的棉球堵塞，有无体液外流；②对死因不明的尸体，注意检查有否皮疹（斑疹、丘疹、疱疹、脓疱）、表皮脱落、溃疡、渗液、出血点、色素沉着、异常排泄物、分泌物、腔道出血等现象；③对入、出境或者过境途中死亡人员的尸体，口岸检验检疫部门应当实施检疫，并根据检疫结果及申报人要求采取相应的处理措施及卫生控制措施，未经检验检疫部门许可不得移运。

另据《尸体出入境和尸体处理的管理规定》[21]，需要入境或者出境对遗体进行殡葬的，应当按照民政部、公安部、外交部、铁道部、交通部、卫生部、海关总署、民用航空局《关于尸体运输管理的若干规定》(民事发〔1993〕2 号) 和民政部、海关总署、国家出入境检验检疫局《关于遗体运输入出境事宜有关问题的通知》(民事发〔1998〕11 号) 以及国家其他有关规定,向民政部门、海关、出入境检验检疫机构办理有关殡葬和出入境手续。

《传染病防治法》第四十六条规定:"患甲类传染病(鼠疫、霍乱)、炭疽死亡的,应当将尸体立即进行卫生处理,就近火化。患其他传染病死亡的,必要时,应当将尸体进行卫生处理后火化或者按照规定深埋。"少数民族人士、有宗教信仰的人员、在华外国人、港澳台人士也应遵照执行。为了满足家属需要,火化后的骨灰可以按照规定外运,有宗教信仰的人的遗体火化后,骨灰可按照民族习俗进行丧葬活动,进行纪念和悼念。

《传染病防治法实施办法》第五十五条规定:"因患鼠疫、霍乱和炭疽病死亡的病人尸体,由治疗病人的医疗机构负责消毒处理,处理后应当立即火化。患病毒性肝炎、伤寒和副伤寒、AIDS、白喉、炭疽、脊髓灰质炎死亡的病人尸体,由治疗病人的医疗单位或者当地卫生防疫机构消毒处理后火化。不具备火化条件的农村、边远地区,由治疗病人的医疗单位或者当地卫生防疫机构负责消毒后,可选远离居民点 500 m 以外、远离饮用水源 50 m 以外的地方,将尸体在距地面两米以下深埋。"地方性法规根据情况扩大了必须火化的传染病遗体种类,并对火化时间有更明确和严格的规定,规定 24 h 内火化。例如,在《天津市殡葬管理条例实施办法》[22]中规定,因患有鼠疫、霍乱、炭疽、麻风病、艾滋病或艾滋病病毒感染者、狂犬病等致死以及腐变的遗体,由治疗病人的医疗单位或者当地卫生检疫机构消毒处理,并在 24 h 内火化。严禁外运或者土葬。在新疆维吾尔自治区人民政府公布的《关于贯彻卫生部民政部国家民委国家宗教局关于做好传染性非典型肺炎患者遗体处理和丧葬活动的紧急通知的意见》中,规定了没条件火化的非典型肺炎患者遗体可以深埋,没条件主要指没有火化场、立即建设火化场确有困难的地方,距离火化场 70 km 以上的地区。深埋的非典型肺炎患者遗体严格消毒,装入符合要求的塑料袋密封。为控制传染源,减少污染,要控制安葬地点,最好集中及早建立遗体土葬专用场地安葬这些遗体。埋葬非典型肺炎患者遗体的场地要远离居民区,距离饮用水源 5 km 以外,埋葬地土质要干燥,埋葬时要先消毒,遗体要埋葬在距离地面 2 m 以下。

总结起来,无须火化、可以土葬的传染病遗体大致有 3 类:一是在土葬改革区,除患鼠疫、霍乱、炭疽、病毒性肝炎、伤寒、副伤寒、艾滋病、白喉、炭疽、脊髓灰质炎死亡的病人尸体必须火化,其他因传染病死亡的遗体不需火化,可以土葬;二是在不具备火化条件的农村、边远地区,除患鼠疫、霍乱、炭疽、非典型肺炎、新型冠状病毒感染等传染病死亡的遗体以外,其他传染病遗体可以经过消毒后深埋;三是在有土葬习俗的少数民族地区,对传染病病人的遗体要尊重少数民族丧葬习俗。

（赵　东　黄二文　安志远）

参考文献

[1] 全国人民代表大会常务委员会.中华人民共和国生物安全法:中华人民共和国主席令第五十六号.[EB/OL].(2020 – 10 – 18)[2021 – 09 – 26].http://www. gov. cn/xinwen/2020 – 10 /18/content_5552108. htm.

[2] 全国人民代表大会常务委员会.中华人民共和国传染病防治法:中华人民共和国主席令第十七号.[EB/OL].(2020 – 02 – 03)[2021 – 09 – 26].http://www. gov. cn/banshi/2005 – 08/01/ content_19023. htm.

[3] 卫生部.卫生部关于修改《突发公共卫生事件与传染病疫情监测信息报告管理办法》的通知:卫生部第37号令.[EB/OL].(2006 – 08 – 22)[2021 – 09 – 26].http://www. gov. cn/gongbao/content/2004/content_ 62769. htm.

[4] 国务院.国务院关于修改《疫苗流通和预防接种管理条例》的决定:国令第668号[EB/OL].(2016 – 04 – 25)[2021 – 09 – 26].http://www. gov. cn/zhengce/content/2016 –04/25/ content_5067597. htm.

[5] 国家卫生和计划生育委员会.涉及人的生物医学研究伦理审查办法:卫计委令第11号[EB/OL].(2016 – 10 – 12)[2021 – 10 – 17].http://www. gov. cn/gongbao/content/2017/ content_5227817. htm.

[6] 科技部.生物技术研究开发安全管理办法.国科发社[2017]198号[EB/OL].(2017 – 07 –12)[2021 – 10 – 17].http://biotech. dlut. edu. cn/info/1052/1857. htm.

[7] 国务院.医疗事故处理条例:国务院令第351号[EB/OL].(2002 – 04 – 04)[2021 – 10 –17].http://www. gov. cn/banshi/2005 – 08/02/content_19167. htm.

[8] 国务院.中华人民共和国食品安全法实施条例:国令第721号[EB/OL].(2019 – 10 – 31)[2021 – 09 – 26].http://www. gov. cn/zhengce/2020 – 12/27/content _5574156. htm.

[9] 全国人民代表大会常务委员会.中华人民共和国食品安全法:中华人民共和国主席令第二十一号.[EB/OL].(2015 – 04 – 25)[2021 – 09 – 26].http://www. gov. cn/zhengce/2015 –04/25/content _2853643. htm.

[10] 卫生部.传染性非典型肺炎防治管理办法:卫生部令第35号.[EB/OL].(2003 – 05 – 12)[2021 – 09 – 26].http://www. gov. cn/banshi/2005 – 08/01/content _19099. htm.

[11] 卫生部.传染病病人或疑似传染病病人尸体解剖查验规定:卫生部令第43号.[EB/OL].(2005 – 04 – 30)[2021 – 09 – 26].http://www. nhc. gov. cn/fzs/s3576/201808/d4264285 f253462fa2aba3f940ba25fa. shtml.

[12] 外交部、最高人民法院、最高人民检察院、公安部、国家安全部、司法部.关于处理涉外案件若干问题的规定.[EB/OL].(2013-01-18)[2021-09-26].https://china.findlaw.cn/jingjifa/shewaifalv/swflfg/20110414/91488.html.

[13] 卫生部.传染病防治法实施办法:卫生部令第 17 号.[EB/OL].(2005-08-06)[2021-09-26].http://www.gov.cn/flfg/2005-08/06/content_21031.htm.

[14] 卫生部、交通部、中国民用航空总局、铁道部.中华人民共和国国境口岸卫生监督办法:国务院令第 709 号.[EB/OL].(2019-03-02)[2021-09-26].http://www.gov.cn/zhengce/ 2020-12/25/ content_5574045.htm.

[15] 民政部、国家民族事务委员会、卫生部.关于国务院《殡葬管理条例》中尊重少数民族的丧葬习俗规定的解释:民事发〔1999〕17 号.[EB/OL].(1999-06-10)[2021-09-26].http://pkulaw.cn/fulltext_form.aspx? Gid=23404.

[16] 公安部.关于修改《公安机关办理刑事案件程序规定》的决定:公安部令第 159 号.[EB/OL].(2020-07-20)[2021-09-26].http://www.gov.cn/zhengce/zhengceku/2020-08/16/ content_5535125.htm.

[17] 卫生部,铁道部,交通部,民航总局.国内交通卫生检疫条例实施方案:卫疾控发〔1999〕第 425 号.[EB/OL].(1999-09-16)[2021-09-26].http://www.gov.cn/gongbao/content/2000/content_ 60584.htm.

[18] 民政部,公安部,交通运输部,卫生计生委.重大突发事件遇难人员遗体处置工作规程:民发〔2017〕38 号.[EB/OL].(2017-03-03)[2021-09-26].http://www.gov.cn/gongbao/content/2017/content_5222956.htm.

[19] 卫生部.人感染高致病性禽流感尸体解剖查验技术规范:卫医发〔2007〕119 号.[EB/OL].(2007-04-09)[2021-09-26].http://cdc.jiangmen.cn/fzzt/rgrH7N9qlg/jszy/ 200803/t20080328_631616.html.

[20] 国家质量监督检验检疫总局.出入境尸体骸骨卫生检疫管理办法:国家质量监督检验检疫总局令第 189 号.[EB/OL].(2017-03-09)[2021-09-26].http://www.gov.cn/gong bao/content/2017/content_5227823.htm.

[21] 科技部、公安部、民政部、司法部、商务部、海关总署、国家工商总局、国家质检总局.尸体出入境和尸体处理的管理规定:卫生部令第 47 号.[EB/OL].(2006-07-03)[2021-09-26].http://www.chinabz.org/gjyszx/stcrjhstcldglgd.html.

[22] 天津市民政局.天津市殡葬管理条例实施办法:天津市人民政府令第 29 号.[EB/OL].(2001-01-06)[2021-09-26].http://mz.tj.gov.cn/ZWGK5878/ZCFG9602/gzzd/202008/ t20200805_ 5366263.html.

第 7 章
生物安全相关死亡的现场处置与调查

在全球化背景下,国际交通、旅游和贸易快速发展,使病原生物跨境传播变得越来越容易,全社会时刻面临新发突发传染病输入的风险。SARS、甲型流感、高致病性禽流感、MERS、EVD、AIDS、变异结核、新型冠状病毒感染等重大突发新型传染病在传播范围、传播效力上明显增强,对人类健康、农业和畜牧业的发展、全球经济和政治稳定都造成巨大的冲击,由此引发的生物安全危害也日益增加。同时,基因编辑、生物合成等颠覆性创新性生物技术的快速发展,使人类对微生物的操控能力不断增强,一些改造的微生物有可能成为致命性生物武器,发生感染后具有高度的隐蔽性,使全球生物安全形势日趋复杂。传统生物安全与新型生物安全相互交织,外来生物威胁和内部生物安全相互交织。生物安全问题轻则导致局部人员感染、损伤,重则造成生物有害物外泄、疫情流行和蔓延,甚至导致大范围人员损伤死亡等灾难的发生[1-5]。

因生物因子传播引起公共安全危害致人体损伤死亡称为生物安全相关死亡。因为生物安全相关死亡种类繁多,且生物因子具有感染性、传播性等特征,所以死亡发生后,我们应对现场进行及时、有序、有力、有效的处置,对死者尸体进行合理地转运、存放和检验,同时对案件起源、发生情况科学地进行现场调查及流行病学调查,为死因的鉴定、致病生物因子检测、传播路径阻断、疾病的预防、临床诊疗、公共安全防护等方面提供重要参考。

7.1 生物安全相关死亡的现场处置

公安、卫生行政、疾病预防和控制、海关等部门处置传染病类突发事件引起损伤及死亡案件时,主要依据以下相关法律和法规:《生物安全法》(2021)、《中华人民共和国国境卫生检疫法》(2018)、《传染病防治法》(2013)、《中华人民共和国治安管理处罚法》(2013)、《中华人民共和国突发事件应对法》(以下简称《突发事件应对法》)(2007)、国务院《国内交通卫生检疫条例》(1999)、卫生部《传染病病人或疑似传染病病人尸体解剖查验规定》(2005)、国务院《突发事件遇难人员遗体处置技术规范》(2019)等相关规定进行处置。

目前,全国多数地区已建立起包括公安、医疗卫生、疾病预防与控制、消防、武警等在内的公共安全救援处置力量体系,并不断加强指挥、机动、处置、保障等能力建设,优化应急联动机制。

7.1.1　现场紧急处置与保护

7.1.1.1　现场紧急处置

在生物安全损伤和死亡现场保护工作中,经常面临各种紧急情况。负责现场保护的相关人员(以公安、消防为主)应对现场伤者、险情、交通障碍、嫌疑人等分别采取抢救、排险、疏导、控制等紧急措施。在紧急情况下,侦查、防疫人员对难以妥善保护的现场要及时进行搜查,应及时发现案件或事故现场附近的证据,并规范、科学收集和妥善保存;在搜查过程中发现危险因素时,要及时控制,以免进一步扩大范围并危害他人[6-7]。

国内外生物安全案件处置有一定差异,总体相似,可以借鉴。如 2001 年美国发生炭疽粉末邮件生物安全事件时,相关部门做了以下响应和处置。

(1)第一时间要求有资质的有害危险物品处理组对生物危险品进行协助响应。

(2)立即将事件报告给地方政府和州政府,以及所在地区的联邦调查局(FBI)。

(3)信件是通过邮政系统寄送的,告知邮政服务调查机构。

(4)不要触碰或移动可疑信件,应请有防护的专业人员进行处置。

(5)如果经过 FBI 确认威胁属实,则上报至美国国土安全局(DHS)、健康和公共服务部(HHS)及美国 CDC。

(6)如果有公众已经暴露在危险生物因子中,则联系当地公共医疗机构。

(7)将事发地点视为罪案现场,封锁现场并收集相关证据。

(8)安全检查,排除爆炸物、辐射、可燃品以及有害有机物威胁。

(9)确认接触者的名单并进行检疫隔离。

(10)进行相关后续调查工作。

7.1.1.2　现场保护

实施现场保护,首先应划定保护范围,原则上包括中心现场及周围现场;开始划定的范围尽可能大一些,等工作人员了解案情及现场巡视后,再根据实际情况进行调整[6]。

现场保护人员一般不得重复进入现场。进入室内现场时,必须穿防护工作衣,戴口罩、护目镜、手套与鞋套。要严格控制进入现场人员的数量。进入现场的路径应尽量靠边,进入现场后,要以观察为主,未进行拍照之前不得随意触摸、移动现场物品。现场保护范围初步划定后,要布置警戒带、维护秩序,对易损的痕迹、物证提供必要的保护,禁止无关人员进入现场。

先期抵达现场的人员应进行以下现场保护工作。

(1)划定保护范围,标识危险现场,围绕现场边界设立警戒带;封锁现场,禁止非侦查人员闯入现场保护区。

(2)了解案件发生、发现的经过及相关情况;记录见证人和已知到过现场的人员信息,包括姓名、性别、住址、工作单位、联系方式、进入原因等。在了解现场情况的过程中,应告知见证人不要谈论已经发生的情况。注意倾听周围相关人员对案件的议论和反应。

(3)对现场紧急情况,优先采取紧急措施,进行处置。如扑灭火险,排除爆炸危险品,通风通气,保障出、入口及道路畅通等。

(4)当现场勘验指挥及其相关人员到达现场后,将了解到的情况、所采取的初步措施等及时进行汇报。

7.1.2 现场勘验

生物安全相关死亡现场勘验工作头绪多、任务重、时间紧,参与人员有指挥员、侦查员、法医、技术员、基层派出所民警、疾控人员、见证人等,勘验重大和特大案件现场时,还应商请人民检察院的检察人员参加。现场勘验应该有序组织,用科学、系统的方法建立分工运转体系[6-7]。

7.1.2.1 现场勘验的组织和分工

为了保证勘验工作有条不紊、快速高效地进行,必须根据每一起案件的实际情况,对参加勘验的人员进行恰当的组织和分工。

(1)现场保护组:主要由案发地派出所民警和案发单位治安保卫人员组成。如果案情重大,必要时可动用民兵、武警参加,其主要任务是负责对现场周围进行警戒、封锁,在勘验工作结束以前,禁止一切无关人员和车辆进入,以确保现场的安全和勘验工作的顺利进行。

(2)现场访问组:主要由侦查人员组成,也可以吸收案发地派出所民警和案发单位保卫干部参加,其任务是负责向发现人、报案人、事主、被害人及其家属、知情人等调查了解与案件有关的各种情况。

(3)现场勘验和工作组:主要由公安侦查、法医、技术员等组成,必要时可聘请其他具有专门知识的人员(如流调人员、微生物专家等)参加,其任务是运用各种技术和方法,对与生物安全损伤死亡有关的场所、物品、尸体、痕迹等进行勘验、检查,发现、固定和提取与之有关的物证、毒物等,记录和研究现场情况。

(4)视频侦查组:利用现场相关的视频进行识别,梳理、刻画与案件有关的所有信息,以缩小侦查摸排的范围,利用人像比对锁定相关人员;引导现场勘查、调查访问等工作,以利于对案件情况的分析、研究并形成线索。

(5)数据情报组:对生物安全相关的互联网、政府、企业、个人等大数据进行采集、分析,及时找准工作重点区域、重点人群,对疫情的区域、病症、规模进行识别、评估和界定。

(6)合成作战组:负责现场勘验前后及实施过程中与勘验各组、各部门(如高速公路、铁路、民航、车辆、电信、旅店)之间的通讯联络、情况综合、联系沟通,进行信息比对、轨迹溯源、多维度分析,形成高质量情报。

(7)现场机动组,一般由侦查人员、案发地派出所民警等组成,其任务是在指挥员的决策下,负责处置现场勘验中的非常规事项,如现场搜索与追踪、追缉堵截、盘查嫌疑人等,同时负责勘验器材的供应、水电保障、交通运输、勘验安全等。

7.1.2.2　现场勘验的原则

现场勘验必须坚持实事求是的科学态度,保证及时、全面、细致、客观。具体原则如下。

1. 及时有序原则

案件和事故发生后,现场勘验人员必须做到部署各项工作及时、出现场及时、紧急处置及时等。接到报案后,相关侦查技术人员需要迅速赶赴现场,因为随着时间的推移,知情人、目击者或事主可能逐渐遗忘某些细节和特征,现场可能遭到破坏,痕迹物证可能发生变动或毁坏,伤者可能死亡,尸体可能自溶、腐败或遭到破坏,犯罪分子可能销毁证据或逃逸等,所以应当及时查明案情,提供侦查线索,搜集证据,追缉犯罪嫌疑人。

现场及时处置的同时要兼顾有序,现场指挥人员必须熟练地掌握现场勘验的理论和技术,具备临场经验和组织协调能力,统筹安排并做到忙而不乱,稳妥有序;相关技术工作者必须有良好的业务素质和敏锐的观察力;只有工作人员和指挥人员密切配合,才能保证现场勘验的质量和速度。

2. 全面细致原则

全面细致地勘验现场是现场分析的客观基础。只有基于对现场的所有变化特征进行仔细观察、反复推敲、充分论证,才能提出正确的分析意见。

对于复杂的现场,由于受到多种因素的限制,不可能一次性完成全部的勘验任务,在有限的时间可能仅完成最基本任务,在条件允许时,应尽可能反复地进行勘验,以期获得更多的侦查线索和证据。对不能保留的现场,应使用技术手段加以记录和固定,待进一步分析研究时使用。

3. 科学客观原则

现场勘验应该系统规范和具备科学需要。现场勘验工作必须在技术、方法和体系等方面具有科学性。现场勘查、检验工作应当以事实为依据,防止主观臆断。在当前自然科学、计算机科学和网络信息技术迅速发展的环境下,勘验人员应当与时俱进,及时采用新的科学方法和技术手段进行规范的现场保护、物证提取、检验、鉴定,特别要注重电子证据的收集,注重网络环境下嫌疑人、当事人的多元电子轨迹;应当运用新的数字化技术、数据库技术记载和保全现场证据,并进行现场分析和重建。

4. 守法保密原则

现场勘验人员必须严格遵守现场勘验纪律,听从命令,服从指挥,切实完成各自承担的任务;严禁故意破坏、隐匿痕迹和物证。在现场勘验中,工作人员应尽量避免将自身足迹、毛发、烟头等遗留现场。对现场情况应严格保密,并遵守现场特定环境(如实验室)的规范。

5. 安全勘验原则

勘验人员在现场勘验工作中,必须采取有效的防护措施,避免危险因素对勘验人员、见证人及周围群众的人身安全和身体健康造成伤害,避免对公共设施及公共安全造成危害。对可能危害勘验、检查人身安全的现场,应当先排除险情,在保证勘验、确保检查人员人身安全的前提下,再进行现场勘查、检验。

7.1.2.3 现场实地勘验顺序

为了迅速、准确地获得犯罪线索和证据,生物安全死亡现场实地勘验工作应当按照一定的步骤和顺序,由较大的范围到较小的范围,由粗到细,在巡视现场的基础上结合案情和现场环境状况,划定勘验范围,确定勘验重点,合理、有序地进行。现场勘验的顺序主要有以下4种方式。

1. 由中心向外围进行勘验

由中心向外围进行勘验适用于现场范围不大、中心明显、痕迹和物品相对集中的现场。如尸体所在的现场、爆炸案件中炸点所在的地方等。在进入现场中心向外围进行勘验时,要注意选择、确定并划分进、出现场的路线,避免造成痕迹、物证的破坏,或勘验过程中形成勘验人员的痕迹。

2. 由外围向中心进行勘验

由外围向中心进行勘验适用于痕迹物品分散、中心现场不明确、范围较大或自然条件、周围环境因素等影响明显需要迅速缩小范围的现场。野外现场多采用这种顺序进行勘验。如果走进中心现场部位,则有可能破坏外围现场痕迹。

3. 分片分段进行勘验

分片分段进行勘验适用于现场范围大、地形和环境复杂的现场。为了寻找和发现遗留或隐藏的痕迹物证,需要勘查人员对现场合理地分片、分段进行勘验,以免发生遗漏。

4. 沿现场客观地貌进行勘验

如果处于野外,有明显自然界限的河流、湖泊、公路、铁路等,则可以沿着自然形成的地形界限进行勘验。

无论采取何种勘验方法,在对一个限定的场所、物品进行勘验时,必须按照一定的逻辑和顺序进行,以免遗漏相关的痕迹和物证。

7.1.2.4　现场勘验的步骤和方法

1. 静态勘验

静态勘验是指在保持现场原始状态和内外环境不变的情况下,现场勘验人员对现场进行全面巡视和观察的一种侦查活动,目的是掌握现场总体情况,判断案件和事故发生的大致过程、现场人员的状况和行为方式,初步划定勘验范围和勘验重点,并制定紧急措施。

整体观察现场的方位、状态、物品、尸体及人员进出现场的出、入口及路线等,将其作为一个有机整体进行考量,从宏观上把握特定的时间、空间、人、物等方面的外部联系,从现场整体角度获得犯罪或事故现场的基本信息。在整体静态勘验中,要运用笔录、照相、录像、制图等手段固定原始现场状态。

在整体静态勘验后,应进一步对已划定的现场各片区分别进行观察、记录、研究。如对现场尸体的位置、姿势、损伤、痕迹、血迹分布、器物等及其相互之间的关系进行局部或区域观察,判断其形成原因、发生过程、先后顺序,推断局部与整体、局部与局部的关系。

2. 动态勘验

动态勘验是在静态勘验的基础上,运用各种技术手段和方法,对现场每个区域中局部存在的痕迹、物品进行翻转、移动,从不同角度进行详细观察、检查、检验、研究、记录并进行证据采集的一种侦查活动。

在进行动态勘验的同时,要注意发现隐蔽处的痕迹物证,分析各种痕迹物证形成的条件、原因等。在对某一客体上的痕迹、物证进行勘验时,应按照由低到高、由左向右、由表及里等逻辑顺序进行。例如进行尸体勘验时,应先观察、记录尸体的位置、姿势、周围血迹分布状况、尸体上的覆盖物、指纹手印、足迹、其他痕迹、凶器等,然后揭开覆盖物逐层检查死者的衣着、尸表,最后进行解剖检验。

无论是静态勘验,还是动态勘验,二者均非孤立,而是相互联系并交替进行,二者是有机的、不可分割的整体行动,缺一不可,相互包容。只有由整体到局部,由宏观到微观,从静态到动态,对现场进行反复勘验,才能全面地认识现场特征,从中发现、提取和保存各种痕迹、物证,科学地揭示案件的本质。

3. 现场复验

案件和事故往往为突发情况,案发地点环境和人员复杂。由于受到案发当时自然条件或技术力量的限制,很多现场勘验并不能一次全部完成,或者随着案情调查的深入,提示仍有重要物证、痕迹遗留在现场,在这种情况下,就需要对现场进行复验,以获得更多、更全面的信息和证据。

4. 现场实地勘验的方法

有直接观察法、比较研究法、科学检验法、现场实验法等。在实际工作中,往往需要将多种方法结合使用。

生物安全死亡现场中发现的生物样本,需要聘请特殊的专业人员用特殊的方法进行检验。如2001年9月美国炭疽邮件袭击案发生后,美国FBI的当务之急自然是对这起案件中的"凶器"——炭疽孢子进行检测分析,以便了解它的特性和来源。然而,检测生物样本对于FBI是一个前所未有的挑战,FBI实验室的工作人员从未接手过这样的案件,他们内部也缺乏人员和设备来处理这些炭疽孢子。很快,FBI找到专业外援——美国陆军传染病医学研究所,即位于马里兰州的德特里克堡生物实验室;该实验室是美国国防部所辖的BSL-4实验室;研究人员进出实验室需强制性地穿戴独立供氧的正压全身防护装,以处理或研究高致病性微生物。在第二批炭疽邮件袭击发生后,FBI把袭击案所发现的粉末送到该实验室进行鉴定。

与实验室平常处理的液态炭疽杆菌不同,这批邮件中的炭疽孢子是干燥粉末,可在空气中四处飘浮。鉴定表明:这些邮件粉末并非普通的炭疽孢子,其芽孢形态高度表明这些炭疽孢子在其生产和纯化中用到了高等级的专业制备技术;进一步检验表明,两批邮件中使用的炭疽孢子均属于一种独特的研究实验室用炭疽杆菌菌株。

因此,对生物安全相关勘验和样本检验需要根据案情,采用特定的专业方法进行。

7.1.2.5 现场搜索

现场搜索应该明确目的,完成特定搜索的任务。现场搜索的任务因案件具体情况的不同而有所差异,一般有以下4个方面的任务:寻找与生物安全死亡相关的痕迹、作案工具(如病毒、炭疽粉末等生物因子)等;搜寻受伤者、死者接触的物品等;寻找隐藏、遗弃的物品等;发现环境中存在的生物安全隐患,如含有有害生物因子的气溶胶、水源、通风管、下水管道等。各类现场搜索的方法既要灵活运用,还要注意依法进行。

7.1.3 现场勘验记录

现场勘验记录手段主要包括现场笔录、现场绘图、现场照相、现场录像、现场录音5种类型。各个记录手段相辅相成,形成了一个有机整体。

7.1.3.1 现场勘验记录的意义

现场勘验记录贯穿于现场勘查的始终,是现场勘查的内容之一,是收集和保全证据的重要形式。现场勘验的过程、步骤、内容都需要通过现场记录来体现和固定。现场勘验记录对事故处理、案件侦查、诉讼和审判具有重要意义：①现场勘验记录是传递侦查信息的重要平台，是侦查人员了解现场特征的主要依据；②现场勘验记录为案情分析可提供重要证据；③现场勘验记录是鉴别其他证据的可靠依据；④现场勘验记录是法定的诉讼证据。

7.1.3.2　现场笔录

现场笔录是现场勘验人员在案件现场勘验过程中，对生物安全损伤和死亡现场情况和勘验情况所做的客观真实的文字记载，是一种具有法律效力的司法文书，是法定的证据。

现场笔录的构成如下。

1. 标题

标题是指现场笔录标题，要写明案件的名称和记录种类。

2. 前言

前言主要记载现场勘验的基本信息，包括以下 5 个方面的内容：接到报案的情况，如接到报案的时间，报案人的单位、姓名、住址、联系方式，所述案件发生的时间、地点、经过情况；参加现场勘验的指挥人员、侦查人员、法医及其他技术人员的姓名、职务等；现场保护情况；见证人的姓名、工作单位、职业、住址、联系方式；现场勘验的日期、起止时间，勘验所处的自然条件，如天气、温度、湿度、光线、照明等。

3. 正文

正文是现场勘验的核心内容，一般包括以下 5 个方面的内容。

(1)勘验现场的地点、具体位置、毗邻情况、现场范围、周围环境等。

(2)现场入口、出口情况，如门窗、墙壁、通道、可疑痕迹物证等。

(3)现场内部情况，如案发前状态、案发后的变动情况等。

(4)犯罪的痕迹，主要是现场中心部位的情况，如尸体的位置、姿势、衣着、损伤、血迹分布状况、搏斗痕迹等；被撬压的门窗痕迹、手印、足迹及其他痕迹的位置、大小、数量、范围、状况、特点；固定手段、提取方法等。

(5)现场作案工具的所属、来源，是否为犯罪分子所留，工具所在的位置、状态、提取方法等。

4. 结尾

结尾包括以下 4 个方面的内容。

(1)所发现、提取的痕迹及物证的名称、数量、特征标记。

(2)绘制现场图的种类和数量，拍照、录像的数量和内容。

(3)现场勘验指挥人员、勘验技术人员、笔录制作人员签名。

（4）现场勘验见证人签名。

现场笔录制作要求如下：现场笔录必须客观记载现场的实际情况，不得用推测、分析、推断等主观臆测性的语言；现场笔录制作应当及时，边勘验边记录，不得根据记忆补充勘验笔录。记载顺序应与现场勘验顺序相一致；现场笔录用语必须科学、准确、规范，不能使用含义不清、模棱两可的语言或者方言、习语；现场笔录应当全面并且重点突出，与案件有关的一切事实和现象都应该被记录，对重点内容应该详细记载，抓住关键特征；对单独制作的尸检笔录、痕迹笔录、搜查笔录等，应在现场勘验笔录中加以说明；复勘现场时，应制作补充笔录1次，对一起案件有多处现场的情况（如杀人现场和移尸现场）应分别制作笔录。为了迅速、有效、准确地进行现场勘验，有时在制作笔录的同时要进行录音，以期更全面地记录勘验内容，弥补或补充笔录的不足。具体要求应参照现场访问的录音规则进行。

7.1.3.3　现场绘图

现场绘图是现场勘验人员在案件现场勘验的过程中，利用制图学的原理和方法，采用几何绘图及文字说明的形式，对生物安全损伤和死亡现场情况和状态进行固定和记录的一种专业记录方式，是现场勘验记录的重要组成部分。

现场绘图比现场笔录更具有视觉和空间的直观性。它能用形象的方法反映现场的原始状况和变动后的状态，能补充现场笔录、现场照相和现场录像的不足。现场绘图能根据案件和现场的具体情况灵活地应用各种绘图形式，准确、醒目地描绘出现场不同空间的位置、概貌、标明局部微小痕迹物证的方位、形态、大小、特征及其与周围环境的相互关系；能展示罪犯的活动过程、进入和逃离现场的路线等。现场绘图也能为没有到达现场的指挥员、技术人员提供了解、分析现场的依据。

现场绘图是一项极其细致、科学的现场工作，必须严格按照现场勘验、检查制图的顺序和规范进行。现场绘图应当符合以下基本要求：标明案件名称，案件发生、发现的时间、地点等；完整反映现场的位置、范围；准确反映现场有关的主要物体，标明痕迹、物证、尸体等具体位置等；文字说明要简明、准确；绘图要布局合理，重点突出，画面整洁，标识规范；要注明测量方法、比例、方向、图例、绘图单位、绘图日期和绘图人等。

现场绘图的种类具体如下。

1. 现场方位图

现场方位图是用于具体反映现场的位置、周围环境以及现场周围与本案有关的其他场所、遗留痕迹物证的地点、犯罪嫌疑人潜逃路线、方向等内容的一种绘图方式。现场方位图展示的范围比较大，可采用俯视的方式进行绘制。

2. 现场平面图

现场平面图是以水平投影、垂直投影的原理绘制的一种水平俯视图，用于反映局部现场的情况，表明现场的范围，出入通道和门窗位置，各种陈设物品、尸体、痕迹物证的位置、形态、大小及其相互关系的一种绘图方式,多用于绘制室内现场。

3. 现场平面展开图

现场平面展开图是在现场平面图的基础上,运用垂直投影、水平投影的原理和方法,展示现场其他几个立面或顶面情况的一种绘图方法,多用于绘制室内现场。

4. 现场立体图

现场立体图是用于反映物体外部立体形态特征的一种绘图方式,从立面、侧面和平面表示现场物体、痕迹、物品的位置、状态及相互关系。立体图的真实感很强,但只能反映物体的外部形象。

5. 现场剖面图

现场剖面图是利用透视、剖切原理,切除遮挡视线的一部分建筑、物体,暴露出现场内部各种物体关系及现场内部物体与外界环境关系的图形。

6. 现场复原图

现场复原图是用平面图、展开图或立体图的表现形式,反映被严重破坏的现场及其周围环境在破坏前的原始状态的一种绘图方式。

7. 现场综合图

现场综合图是运用上述各种绘图方式中任意 2 种以上的绘图方法表现现场及其周围情况的一种绘图方式。

7.1.3.4　现场照相

现场照相(scene photography)是现场勘验人员运用摄影的技术方法,固定、记录生物安全损伤和死亡案件现场方位、概貌、现场相关痕迹、物证特征及相互关系的一种勘验记录工作。

现场照相是现场勘验的重要记录手段,它能够把现场的方位、概貌、重点部位和那些不便提取或用文字、绘图难以表达的物品及容易遭到自然或人为因素破坏的痕迹物证,真实、迅速、准确、完整、清晰地固定下来,为现场讨论、现场复查和技术鉴定提供形象、逼真、直观的影像资料。

现场照相的种类有方位照相、概貌照相、重点照相和细目照相 4 种类型。现场照相除了最常见的单向拍照法之外,在现场勘验实践中常见的拍照方法还有相向拍照法、十字交叉拍照法、回转分段连续拍照法、直线平行分段连续拍照法、比例拍照法等。

在进行现场照相前,要对现场状况及周围环境进行观察,确定要拍摄的现场中心和外围,掌握现场各部分之间的关系,分清主次,明确所要重点表现的对象,拟定拍摄计划,包括拍摄的内容、范围、顺序、表现方式、方法、特殊手段等。

现场拍照时,对有可能成为证据的痕迹物证要注意在其遗留处放置标记;拍摄尸体时,应放置尸体检验编号标记;拍摄现场复原照片,要先拍摄复原前的照片并记入笔录,同时要对该照片加以说明。在照片上放置标记(如比例尺、箭头等)非常重要,缺少标记的照片有可能在案件审理过程中失去证据作用。

现场拍摄时,应按照先全貌后重点、先原始后变化、先外后内、先下后上、先易后难的顺序进行。同时,要注意抢拍那些易受自然或人为因素破坏的部分,以免造成无法弥补的遗憾。拍摄的照片必须清晰,从不同的方位、角度反映主体的真实情况。尸体或伤者的损伤形态和物证痕迹的照相,一定要垂直拍摄,不能偏斜,否则会变形失真。任何模糊不清的照片不但会给研究案件造成困难,而且有可能产生误解,失去鉴定和证据作用。

7.1.3.5 现场录像与录音

现场录像和录音(scene videography and live audio recording)是现场勘验技术人员在现场勘验过程中运用数码录像和录音技术,将案件或事故发生的地点、与犯罪有关的场所及痕迹物证、声音、语言,进行连贯、形象地拍摄记录的一种方法。

随着数码科技的发展,录像设备的功能日益强大,它不但具有良好的清晰度,每幅画面的主体清楚,而且要有连续性、层次性,使全部的现场照片构成一个完整的影像整体;能将图像和声音同时记录下来,生动逼真,有身临其境之感,也能反复播放,供技术人员研究。录像和录音与其他记录方法相比,优越性明显,技术日益发展,应用明显增多,在重要案件的现场勘验中,现场录像和录音已成为常规记录方法。

7.1.3.6 现场勘验结果的信息化

随着大数据、云计算、物联网等新技术的研发与应用,公安系统已构建了立体化信息平台,如"全国公安机关现场勘验信息系统",该系统既可综合运用数据库、图形、计算机、网络等技术,整合案件信息,对不同案件进行综合分析、研究、判断,将一些不同时间、空间发生,但具有共同特征、物证、痕迹的案件串并起来,显著提升侦破效率,还可对技术工作进行统计、考核、自动形成物证检验鉴定文书。

7.2 尸体转运、存放及处置

7.2.1 概述

7.2.1.1 基本现状

目前,我国的尸体转运、存放工作主要由殡仪馆承担,部分医疗机构、公安、第三方司法鉴定机构等也可参与尸体转运、存放工作等。

(1)在医疗机构内正常死亡的患者,一般由医务人员或死者家属联系殡仪馆转运尸体。偶有死者家属无法立马赶到医疗机构或者联系不到死者家属时,医疗机构可暂时将尸体存放在医疗机构的太平间内,死者尸体存放时间一般不得超过2周。逾期不处理的尸体,经医疗机构所在地卫生行政部门批准,并报同级公安部门备案后,由医疗机构按照规定处理。患者死亡后,医患双方当事人不能确定死因或者对死因有异议而产生纠纷的,应当在患者死亡后48 h 内进行尸检;具备尸体冻存条件的,可以延长至7 d。拒绝或者拖延尸检,超过规定时间,对死因判定产生影响的,由拒绝或者拖延的一方承担责任。

（2）公安机关接触的尸体一般属于非正常死亡,由尸体发现人报警后,所属地管辖的派出所出警,进行案情的初期调查,后通知刑事技术人员进行现场勘验,法医经过初步的尸表检验后,判断是否涉及刑事案件,根据不同的情况对尸体进行相应的转运、存放和处置。

（3）第三方司法鉴定机构一般是接受公、检、法等机关的司法鉴定委托或者死者家属委托,对尸体进行解剖检验。由法医进行尸体解剖、检验工作,对尸体进行拍照、记录、取检材,由殡仪馆负责整个流程的尸体转运工作。第三方司法鉴定机构一般不涉及尸体的存放。

7.2.1.2　基本原则

1. 标准预防原则

认定所有尸体及其血液、体液、排泄物、破损的皮肤和黏膜具有潜在的感染性而采取标准预防性措施。

使用个体防护用品,避免直接接触遗体及其血液、体液、排泄物、损伤的皮肤、黏膜。对尸体实施消毒卫生处理。注意避免喷溅,防止经空气飞沫传播污染。保持手部卫生,接触污染物品后立即洗手。保持环境清洁,及时处理污染物。

2. 尸体分类处理原则

按照我国传染性病原体的分类,将携带不同病原体的尸体分为Ⅰ类尸体、Ⅱ类尸体和Ⅲ类尸体。转运、存放及处置尸体要按照分类做不同处理(表7.1)。其中,Ⅰ类尸体包括甲类传染病和乙类按甲类处理的传染病尸体;Ⅱ类尸体包括除乙类按甲类处理的传染病之外尸体以及丙类传染病;Ⅲ类尸体为Ⅰ类及Ⅱ类所列传染病以外的尸体。

表7.1　尸体分类

尸体分类	尸体感染传染性病原体的种类
Ⅰ类尸体	鼠疫、霍乱、SARS、新型冠状病毒感染、炭疽中的肺炭疽、人感染高致病性禽流感和朊病毒病
Ⅱ类尸体	AIDS、病毒性肝炎、脊髓灰质炎、麻疹、EHF、狂犬病、流行性乙型脑炎、登革热、炭疽、细菌性和阿米巴性痢疾、肺结核、伤寒和副伤寒、流行性脑脊髓膜炎、百日咳、白喉、新生儿破伤风、猩红热、布鲁氏菌病、淋病、梅毒、钩端螺旋体病、疟疾、流行性感冒、流行性腮腺炎、急性出血性结膜炎、麻风病、流行性和地方性斑疹伤寒、黑热病、包虫病、除霍乱、细菌性和阿米巴性痢疾、伤寒和副伤寒以外的感染性腹泻病
Ⅲ类尸体	上述Ⅰ类及Ⅱ类所列传染病以外的尸体

注:对腐败尸体以及不明原因死亡的尸体按照Ⅱ类尸体处理。

7.2.2 相关准备

7.2.2.1 消毒剂及消毒设备

根据尸体和环境的不同,可选择不同的消毒剂和消毒设备。尸体及环境消毒可选择含氯类、含溴类、过氧化物类、醛类、含碘类、双胍类、季铵盐类、醇类等消毒剂,可选择喷雾器、紫外线消毒灯、车载消毒器等消毒设备。

7.2.2.2 殓尸袋

1. 殓尸袋的分类

殓尸袋可分为以下三类。

(1)普通型殓尸袋(Ⅲ类):用于收殓Ⅲ类尸体,普通型殓尸袋标识为绿色。

(2)非透过型殓尸袋(Ⅱ类):用于收殓Ⅱ类尸体及腐败尸体、不明原因死亡尸体,非透过型殓尸袋标识为橙色。

(3)特殊型殓尸袋(Ⅰ类),用于收殓Ⅰ类传染病尸体,因其他严重化学性中毒或出现强腐蚀性的尸体等情况宜使用此型殓尸袋,特殊型殓尸袋标识为红色。

2. 殓尸袋的要求

(1)殓尸袋外观颜色应避免与标识牌颜色一致。

(2)殓尸袋应具有一定的抑菌、密封、防渗透功能。

(3)殓尸袋应具备足够的承重强度,避免因搬运和温度变化而导致袋体破裂。

7.2.2.3 卫生防护

所有的参与尸体转运、保存和处置的工作人员都应该接受预防感染的相关培训,做好充分的个人卫生防护。

1. 防护标准

(1)标准防护,收殓Ⅲ类遗体时,收殓、运输人员应选用一次性聚乙烯手套、医用口罩、工作服等基本防护用品。

(2)加强防护,收殓Ⅰ类、Ⅱ类尸体时,收殓、运输人员应使用一次性医用橡胶手套、医用防护型口罩、防护服或隔离衣、防护帽、护目镜(防护面罩)等防护用品。

2. 注意事项

当接触尸体时,应注意以下问题。

(1)避免直接接触尸体的血液和体液。

(2)根据不同的尸体类型选择相应的防护标准。

(3)禁止在工作场所吸烟、喝酒以及进食。

(4)不要用手触摸眼、口、鼻等器官。

(5)严格注意个人卫生,尤其是手部卫生。

（6）在整个处理过程中，应注意避免利器损伤。

7.2.3　正常死亡尸体的转运、存放与处置

7.2.3.1　收殓不同场所的尸体

1. 医疗机构

正常死亡或者经医疗机构救治的非正常死亡的，由医疗机构签发"居民死亡医学证明（推断）书"，医务人员应注明死亡原因，按尸体分类标准进行分类并做好标识。医务人员应对Ⅱ类、Ⅲ类尸体进行消毒卫生处理并标识。如医务人员未做处理，则收殓、运输人员应及时询问相关人员，了解死亡原因，并做好尸体消毒及分类标识。

2. 其他场所

对居家或其他场所发现的尸体，收殓、运输人员应向相关人员了解死因、死亡过程、死亡时间等，查看尸体体表的迹象和腐败现象，判断尸体有无腐败、腐败的程度及有无传染性，并做好遗体分类标识。

尸体收殓人员应根据尸体不同死亡原因选用不同类别的殓尸袋；将消毒后的尸体装入殓尸袋中并做好标记。

7.2.3.2　尸体的消毒处理

1. Ⅰ类尸体消毒

属于Ⅰ类尸体的，应由治疗患者的医疗机构或当地疾病预防控制机构负责消毒处理。首先用5000 mg/L过氧乙酸液或5000 mg/L有效氯的含氯消毒液浸泡过的棉花堵塞口、耳、鼻、肛门、阴道等自然孔穴，再用上述消毒液喷洒全尸，然后再用双层殓尸袋密封，每层密封之后在袋外使用Ⅲ类尸体消毒方法对殓尸袋外表面进行消毒，立即就近火化；不具备火化条件的农村、边远地区或民族地区，可选择距离居民点500 m以外远离饮用水源50 m以外的地方，将尸体在距地面2 m以下深埋，坑底及尸体周围垫撒3~5 cm厚的漂白粉。

2. Ⅱ类尸体消毒

属于Ⅱ类尸体的，经严密包裹后立即火化或深埋。对炭疽患者用过的治疗废弃物和有机垃圾应全部焚烧。

3. Ⅲ类尸体消毒

属于Ⅲ类尸体的，应按照表7.2中的方法进行喷雾消毒。尸体收殓、运输人员应在上风头进行操作，做好个体防护和卫生；喷雾消毒时，调整喷雾器的喷头，将喷出的雾滴调整到最细；喷雾应自上而下、自左向右平行匀速进行；喷雾消毒时，应确保药品分布均匀和有充足的消毒作用时间。

表7.2　Ⅲ类尸体消毒使用方法

消毒剂	浓度	作用时间	备注
乙醇	75%	1 ~ 5 min	选用喷雾方法,使用乙醇时应注意防止明火
过氧乙酸	2000 mg/L	5 ~ 10 min	
二氧化氯	100 ~ 250 mg/L	5 ~ 10 min	

4. 受血液或体液污染的遗体

对任何受血液或体液污染的正常死亡的尸体,应使用含有效氯为 1000 ~ 2000 mg/L 的含氯消毒剂或其他合法有效的消毒产品喷雾消毒,将消毒剂均匀地喷到遗体表面。

5. 尸体外伤创面的消毒

任何正常死亡的尸体体表如有外伤创面,则应使用含有效氯为 1000 ~ 2000 mg/L 的含氯消毒剂或其他合法有效的消毒产品喷雾消毒创面。

7.2.3.3　尸体的运输

(1)将装入殓尸袋的尸体搬入殡仪车的遗体柜中,或将装入殓尸袋的尸体放入一次性卫生纸棺并搬入殡仪车中。搬运时,应稳抬轻放,无拖、拉、抛、坠、叠尸体的现象。

(2)完成尸体运输、交接后,应开启紫外灯、车载消毒装置或选择对金属腐蚀性较弱的双胍类、季铵盐类消毒剂对殡仪车进行消毒。

7.2.3.4　尸体的存放

目前我国尸体的主要存放地点为殡仪馆。进行尸体的存放、接收时,应根据尸体交运方提供的资料对尸体进行核对、检查,及时登记并录入资料。认真核实死者的民族类别,应尊重少数民族的丧葬习俗,尊重家属的合法自愿选择。

1. 尸体消毒处理

若尸体收殓人员没有在收殓尸体时及时对尸体进行消毒处理,则在存放环节应按照上述消毒要求对尸体进行处理。

2. 尸体防腐保存

尸体的防腐保存仅适用于Ⅲ类尸体。

(1)尸体防腐保存分为短期、中期、长期三类,可选择冷藏(冻)或药物防腐的方法进行保存。

(2)尸体冷藏(冻)防腐保存的方法适用于短、中期的尸体防腐保存。①温度、湿度等环境条件能够实现尸体保存目的的,应在确保尸体安全与尊严和场所低温的前提下妥善保存;②利用冷柜保存尸体,应做好冷柜温度控制,冷藏温度一般保持在 −1 ~ 3 ℃;③需要较长时间保存尸体的,应采用冷冻方法,冷冻温度一般保持在 −25 ~ −10 ℃。

(3)药物防腐保存,适用于各种期限的尸体防腐保存。

（4）防腐操作完成后，在尸体防腐期限内不应出现自溶、腐败、尸绿、尸臭、肿胀、脱水等现象；无外力作用下尸体不应有体内液体溢出。应保证尸体安全，避免因保存条件或者保存方法不当而引起尸体丢失或肢体部分缺失。

（5）遗体防腐师应穿戴一次性防护服、手套和鞋套，佩戴口罩和防腐眼镜等防护装备。进行防腐操作时，应避免皮肤直接接触到遗体的表面器官，防止防腐液及遗体的体液和血液溅到身上。

7.2.3.5　尸体的处置

（1）人口稠密、耕地较少、交通方便的地区，应当实行火葬；火化尸体必须凭公安机关或者国务院卫生行政部门规定的医疗机构出具的死亡证明，方可火化。

（2）暂不具备条件实行火葬的地区，允许土葬。

7.2.3.6　废弃物及环境

（1）对尸体废弃物、从尸体身上脱下来的衣物以及包装物等消毒后不能重复使用的，应焚毁处理。

（2）收殓工作完成后，用1%过氧乙酸或其他合法有效的消毒产品对遗体周围的环境进行消毒。

7.2.3.7　工作人员的后处理

（1）对尸体收殓运输人员脱下的口罩、手套、防护服等，能够继续使用的应做消毒处理，不可重复使用的应进行焚毁处理。

（2）操作人员可用速干手消毒剂或其他适用于皮肤消毒的合法有效的消毒产品对手部进行消毒。

7.2.3.8　传染病尸体的特殊处理

2019 年底出现的新型冠状病毒导致全球范围内大量新型冠状病毒感染患者死亡，这种死亡率较高的依赖呼吸道传播疾病的出现，改变了社会各界以往对尸体处置生物安全防护不重视的局面。在新型传染病出现的初期，鉴于对病原体的不了解以及大量患者死亡，带有病原体的尸体短时间内增多，我们应该更加谨慎地处理尸体问题，尤其是 I 类尸体。以新型冠状病毒为例，由于新型冠状病毒传播途径的特殊性，进行一般尸体处理时使用的手套、口罩等可能无法给予接触尸体的工作人员完整的保护，他们仍然存在通过眼结膜、皮肤黏膜等感染的风险。因此，要使用比标准防护更加严格的防护措施。

1. 尸体卫生防疫处理

新型冠状病毒感染患者死亡后，对尸体的卫生防疫处理是阻断由尸体造成更大范围人群感染的第 1 道防线。由负责治疗患者的医疗卫生机构对尸体进行卫生防疫处理，首先用 5000 mg/L 过氧乙酸液或 5000 mg/L 有效氯的含氯消毒液浸泡过的棉花堵塞口、耳、鼻、肛门、阴道等自然孔穴,然后装入不透水和密封的双层殓尸袋内密封,每层殓尸袋外喷洒有效氯10000 mg/L的消毒剂,并贴上高感染风险的标签。

2. 尸体的转运

(1)搬运遗体前,应确保尸体经过消毒处理并进行双层密封包装。

(2)转运尸体的车辆应专车专用,驾驶室与车厢密封隔离,在车内设置清洁区域,确保配备防护用品、消毒液、快速消毒剂等。经卫生防疫处理的尸体装入殡仪馆提供的一次性卫生盒并使用密封工具封闭。将已装入尸体的卫生盒用移动车转移到专用运尸车后,直接运送到殡仪馆,连同卫生盒一起火化。为防止尸体暴露在外的体液产生气溶胶,应避免出现碰撞、拖拽,并确保不打开殓尸袋的拉链,以及不将尸体移出殓尸袋。

(3)尸体在医疗卫生机构和殡仪馆之间的转运应使用专用通道。

3. 尸体的处置

(1)当新型冠状病毒感染患者(包括疑似新型冠状病毒感染死亡的患者)尸体被运送到殡仪馆后,应当立即火化,原则上不进行防腐处理和解剖。火化应使用专门火化炉,不得打开卫生盒和密封包装袋,不可进行仪容瞻仰和告别。

(2)少数民族新型冠状病毒感染患者死亡后,按照《传染病防治法》的规定,遗体必须就地火化,火化后的骨灰可按照民族习俗安置。

4. 工作人员的消毒和防护

(1)接触尸体的医疗机构工作人员以及殡仪馆工作人员,应加强自我防护的意识,建议穿戴工作服、一次性工作帽、一次性手套和长袖加厚橡胶手套、医用一次性防护服、医用防护口罩(N95及以上)或动力送风过滤式呼吸器、防护面屏、工作鞋、防水围裙或防水隔离衣等。

(2)对使用过的防护用品,可重复使用的,应用含1000 mg/L有效氯的消毒剂浸泡30 min以上后进行常规清洗消毒;不可重复利用的,用含5000 mg/L有效氯的消毒剂喷洒,装入防水塑料袋密封后再用相同浓度消毒剂喷洒密封袋外表面,按传染性废弃物进行无害化处理。

5. 终末消毒

终末消毒是对尸体经过或者停留过的所有区域(包括医疗机构、专用运尸车、殡仪馆等)进行消毒的过程。

(1)对尸体停留过的区域,使用0.5%过氧乙酸进行环境及空气消毒,对设备设施及地面可喷洒含1000~2000 mg/L有效氯的消毒液消毒,作用60 min。

(2)专用运尸车使用后,无可见污染物时,用1000 mg/L的含氯消毒液进行喷洒,使车辆内物体表面湿润,作用30 min;有可见污染物时,应先使用一次性吸水材料蘸取5000~10000 mg/L的含氯消毒液完全清除污染物,再按照车辆无可见污染物处理。对金属部位消毒后,用清水擦拭,以免腐蚀金属制品。

(3)对接触过尸体的防护用品、废弃物、污染物,应放入生物垃圾专用的垃圾袋中,密封 2 层,每层用 3% ~5% 过氧乙酸喷洒后密闭消毒,并按照《医疗废物管理条例》的有关规定做无害化处理。

7.2.4　非正常死亡尸体的转运、存放与处置

7.2.4.1　基本情况

非正常死亡尸体的处理要根据具体情况进行不同的处理。

(1)一般公安机关接到报警后,发现尸体的位置所属辖区的派出所出警处理后会通知相关刑事技术人员进行现场勘验,根据现场情况进行初步的尸表检验,对尸表检验的地方没有具体的规定,可根据现场的情况做不同处理,具体包括发现尸体的现场、死者家中以及医院太平间等。根据初步尸表检验、现场勘查、调查走访等综合考虑可排出他杀的,向死者家属说明情况。若死者家属对死因没有异议,则对案件就可以做结案处理,尸体处置按照正常死亡尸体的处置办法进行。

(2)非正常死亡的尸体如果涉及刑事案件;或者公安机关综合认定排除他杀,但家属对死因不认可的;或者在医院死亡,死者家属对医疗机构救治有异议,产生医疗纠纷的,需要经过尸体解剖检验。第 1 种情况主要由公安机关的法医负责解剖,后 2 种情况多由死者的家属委托第三方鉴定机构的法医进行解剖检验。

(3)因为案件的需要,法医们经常面临的是未知的检材。检材的来源未知,导致检材的生活史、病史(尤其是传染病史)未知。这样就将在一线工作的法医暴露在传染病感染的风险之中。尤其在新型冠状病毒感染疫情出现后,呼吸道传播和接触传播的感染途径改变了以往我们基于血源性传染病和肠道传染病产生的感染率低的认识。新型冠状病毒在外界(尤其是低温环境)中抵抗力较强,新型冠状病毒感染后,死者尸体内仍可能存活部分病毒,其活性有可能持续数日。因此,在新型冠状病毒感染疫情期间对待非正常死亡的尸体要特别注意。

(4)实务工作中不同地方的法医对于尸体解剖的规定并不一致,一部分公安机关的法医解剖室直接设在殡仪馆,解剖完成后将提取的器官带回实验室进行下一步处理,一部分法医是委托单位通过殡仪馆将尸体转运到自己的实验室,解剖完成后,再由殡仪馆负责将尸体运回殡仪馆。这 2 种方式都有优、缺点,在殡仪馆解剖减少了尸体在转运时带来的感染风险,但殡仪馆的设施设备可能无法满足高风险尸体解剖的需要;在公安机关或者第三方鉴定机构的实验室解剖增加了尸体转运带来的感染风险,并且目前国内公安机关也没有一家符合 BSL - 3 生物安全防护等级的尸体解剖实验室[8-9],导致在机构自身的实验室进行尸体解剖工作的优势并不明显。

7.2.4.2　尸体的转运

（1）现场初步尸检结束后，对非正常死亡的尸体进行解剖前，应由殡仪馆统一转运；对于Ⅰ类尸体应由指定路线转运，转运结束后按照标准对尸体停留过的地方进行消毒处理。

（2）对Ⅰ类尸体应由殡仪馆派专门运尸车，负压运输车是最为理想的选择，但此种设备的运营、维护成本太高，而日常接触烈性传染病的情况并不多见。

7.2.4.3　尸体的存放

（1）对于现场尸检作出排除刑事案件结果的，通知死者家属，死者家属对死因没有异议的，可以根据公安机关或者医疗机构出具的死亡证明，按照一般尸体的处理规则进行尸体短期存放和火化。

（2）对Ⅰ类尸体，排除涉及刑事案件的，原则上不做尸体解剖；涉及刑事案件或者死者家属对死因存疑，需要进行尸体解剖、检验才能明确的，在确保尸体密封、消毒合格的情况下，对新鲜尸体推迟到死亡12 h后再进行解剖[8]，尸体解剖取材完毕后，按照规定立即火化；对在甲类或乙类按甲类处理的传染病流行的地区发生的或者经公安机关初步调查有疫区旅居史的非正常死亡的尸体，需要进行尸体解剖的，应先对尸体进行采样送检，然后将尸体按照传染病尸体用2层密封殓尸袋包裹，等待病原检测结果出来后再进行处理[10]。根据不同传染性疾病的诊断标准，可以排除Ⅰ类尸体可能的，按照正常尸检与处置规范处理，对确定或者疑似Ⅰ类尸体，按照Ⅰ类尸体的处理办法处理。

7.2.4.4　尸体的处置

1.解剖现状

如果遇到普通非正常死亡的尸体需要尸体解剖检验的，应在符合《尸体解剖实验室建设规范》（GA/T 830—2009）规定的普通尸体解剖间或者腐败尸体解剖间中进行，由有法医病理学检验资质的法医师操作。

《传染病病人或疑似传染病病人尸体解剖查验规定》第三条规定："传染病病人或者疑似传染病病人尸体解剖查验工作应当在卫生行政部门指定的具有传染病病人尸体解剖查验资质的机构内进行。设区的市级以上卫生行政部门应当根据本辖区传染病防治工作实际需要，指定具有独立病理解剖能力的医疗机构或者具有病理教研室或者法医教研室的普通高等学校作为查验机构。从事甲类传染病和采取甲类传染病预防、控制措施的其他传染病病人或者疑似传染病病人尸体解剖查验的机构，由省级以上卫生行政部门指定。"其中所提到的查验机构应该具备独立的解剖室及相应的辅助用房，人流、物流、空气流合理，采光良好，解剖室面积不少于15 m²，并具有尸检台、切片机、脱水机、吸引器、显微镜、照相设备、计量设备、消毒隔离设备、个体防护设备、病理组织取材工作台、储存和运送标本的必要设备、尸体保存设施以及符合环保要求的污水、污物处理设施。随着社会的发展,我国的尸体解剖现状是在医疗机构和具有病理教研室或法医教研室的普通高等学校进行尸体解剖的情况已经很少见了,取而代之的是法医病理学专业的工作人员及相关机构。虽然《传染病病人或疑似传染病病人尸体解剖查验规定》中没有提及解剖实验室应满足负压条件,但根据 P3 实验室的要求,在处理新型冠状病毒这类呼吸道感染的传染病尸体时,也应该保证实验室具有负压条件。

2003 年发生 SARS 疫情后,北京地坛医院建立了 BSL－3 级尸体解剖实验室,并取得成功。在 SARS 肆虐期间,该实验室共完成 15 例临床疑似 SARS 和 SARS 死亡病例的病理解剖工作,其中 7 例为病理确诊的 SARS 死亡病例。参加病理解剖的工作人员共23 人,连续工作 2 个月余,无 1 人发生感染。实验室建设采取了区域隔离(图 7.1)、通风和空气净化系统(图 7.2)、个体防护和个体消毒、人流与物流分离、污物和污水处理、日常消毒等方法。这说明了在防护措施做得充分的条件下,参与尸体解剖的工作人员的感染是可防可控的。因为高级别的生物安全实验室的维护费用过于昂贵,在涉及尸体解剖的机构均设置这种实验室显然是不现实的,所以建议由各省拨专项资金,根据各省的解剖量,建设 1 或 2 个 BSL－3 级解剖室[11],最好建设在殡仪馆内,由尸体解剖实施较多的单位进行管理和维护,以备不时之需。

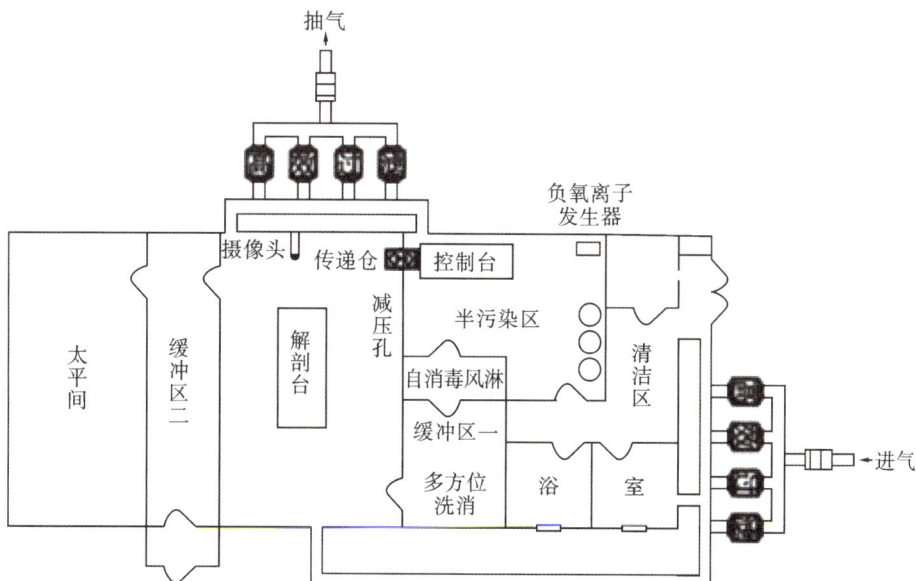

图 7.1 区域隔离、通风和空气净化系统

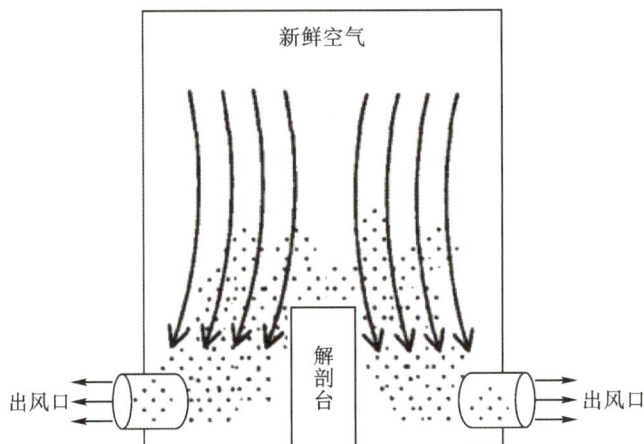

图7.2　气幕隔离

2. 尸体解剖

经确诊属于 I 类尸体的,没有条件在 BSL-3 级尸体解剖室进行解剖的,也应保证在《尸体解剖检验室建设规范》中规定的普通传染性尸体解剖间条件以上的解剖室进行,该解剖室应具备充足照明、新风和排风系统、室内消毒、污水排放、废弃物收集等条件。人员防护也应参照三级防护标准穿戴防护用具,包括连体式防护服、防渗透手术衣或隔离衣、N95 或以上防护级别的口罩、防护头套、护目镜、防护鞋套、面屏等,应注意密闭袖口、裤腿等处的缝隙。为了降低感染风险,在操作打开尸体密封袋,进行切、割、锯等操作时,应尽量轻柔,避免出现血液、体液喷溅以及气溶胶的产生。对检验完成后的尸体应注意清理,先后用2层以上尸体袋密封包装打结,然后立即移交殡仪馆火化。

3. 环境、器械及场所消毒

可按照传染病尸体终末消毒的方法对尸体解剖实验室进行彻底消毒。

7.2.5　突发事件死者尸体的处理

除了普通程序下的尸体转运、存放及处置以外,我们仍然面临着在突发事件中遇难者尸体处理的难题。2001 年美国"9·11"恐怖袭击事件、2004 年的印度洋海啸、2008 年的汶川地震等一系列天灾人祸带来的是超出一个国家或地区尸体处理能力最大承载量的难题。及时、妥善地处置突发事件死者尸体,对维护死者尊严、预防灾区疫情的发生与流行、保障工作人员和灾区群众的身体健康、维护社会稳定等具有十分重要的意义。

在极端灾害的情况下,必须快速搜寻尸体,现场确认尸体身份;不能现场确认的,应提取尸体身上的标志性标识物或者生物检材,以备后期供家属辨认或者进行个人识别和亲子鉴定。但在实践中,当现场突然出现大量尸体时,人们会担心尸体成为传染病暴发的传染源的可能性,也就是所谓的"大灾之后必有大疫";而国内外针对遇难者尸体,在无法识别身份的情况下，为了防止灾后传染病的发生，都会选择集体掩埋或者火化，这就难免会引发一系列的伦理与法律纠纷，特别是在涉及民族习俗或者宗教信仰的情况下，会给遇难者家属造成二次心理伤害和终身遗憾。

国内外大量研究表明，灾后传染病的发生并不是因为没有妥善处置尸体，传染病的暴发主要与异地安置的卫生条件、人口密度、饮水与食物安全及基本卫生设施有关；只有灾难发生在传染病流行的地区，尸体的处置才会变成一个亟待解决的问题。

若自然灾害发生在疫区，则由于传染病的人群感染率低，即使是感染者，因地震等自然灾害而死亡后，尸体会迅速冷却并开始腐败，体内的主要微生物赖以生存的环境发生改变，存活时间一般较短，公众一般不会直接接触尸体，感染的可能性低；而参与现场救助的工作人员若直接接触尸体，则有感染传染病的风险。因此，从尸体处置的层面去除传染病暴发的条件，可以极大程度地降低传染病流行的概率。

7.2.5.1　处置原则

1. 控制传染源

根据传播途径的不同，可以将传染病分为血源性传染病、肠道传染病、呼吸道传染病3 类。其中血源性传染病和肠道传染病的阻断较为容易，但是对通过呼吸系统传播的传染病则需要特别注意。以肺结核为例，即使不打开尸体胸腔，其也可以通过以下 2 种方式感染：一是胸腔及组织、器官腐败后产生的液体可在口鼻处堆积并溢出；二是尸体肺中残留的气体在尸体被搬运过程中呼出。当带有病菌的液体雾化成气溶胶后，MTB 可在空气中存活很长时间。因此，在移动此类尸体时，要在尸体口鼻处覆盖白布，以免因碰撞等产生气溶胶，同时应在大批尸体临时停放处进行大规模消毒。

2. 切断感染途径

尸体中病原微生物的携带率与同地区一般人群的相似，对人群的感染风险可以忽略不计。但是，直接接触尸体的现场工作人员存在感染风险，针对这一点，可以通过切断感染途径的方式防护。接触尸体的工作人员应按照相关标准的要求做好个体防护，避免接触尸体的血液、各种体液及肠道排泄物等；使用一次性防护用品后应集中销毁处理，对反复使用的工具应注意清洁与消毒；注意手部卫生，避免个人物品的交叉感染；处理出血量大或有体液、血液飞溅及呼吸系统传染病的尸体时，推荐使用防护服、防护眼镜和相应级别的防护口罩；对尸体处置的所有相关物品、设备（包括衣物、担架、医疗器械、运输车辆等）应进行消毒处理，均应做到全面彻底消毒。

3. 保护易感人群

灾后传染病的易感人群主要是现场救助者，应采用个体防护为主、免疫接种为辅的方式保护易感人群。

7.2.5.2　尸体的转运与保存

(1)殡仪服务机构负责遇难者尸体的转运及保存。殡仪服务机构应当根据事件性质、尸体状况、当地情况制订适宜的转运及保存方案。有条件的,应将遗体运送至殡仪服务机构内保存;没有条件的,应当搭建临时遗体保管场所。

(2)当遇难者尸体被转运至指定地点后,由工作人员对尸体进行消毒和初步整理。

(3)科学地选择冷藏(冻)、药物防腐等遗体保存方法,对尸体进行防腐处理后,应及时对防腐室及相关设备进行消毒。

7.2.5.3　尸体的最终处置

应急条件下对尸体的最终处置方式有火化与掩埋2种,2种方式各有利弊(表7.3)。

(1)对能够确认身份的遇难者尸体,殡仪服务机构应凭死亡证明和遗属同意火化确认书火化尸体。死亡证明由进行尸检的公安机关或者负责救治的医疗卫生机构出具。

表7.3　应急条件下掩埋与火化处置方式的比较

尸体处置方式	优点	缺点
火化	处置彻底,残留物不具有传染性,骨灰保存不需要占用大量土地	①需要专用焚烧设备和大量燃料;②耗时长,不适合处理大批尸体;③当尸体身份不明时,应避免火化;④大批尸体焚烧产生的烟雾可诱发呼吸道疾病
掩埋	不需要特殊设备,短期内可处理大量尸体,无法确认身份的尸体仍可以日后确认	①掩埋地点的选择较为严格,应避免对地下水源造成污染;②尸体掩埋需要占用大量的土地

(2)对于不能确认身份或者没有遗属认领的尸体,可采用掩埋的方式处置。具体方式是使用殓尸袋单独择地掩埋。选择掩埋方式处置尸体时要注意两方面的问题:一是对尸体本身的记录、保护,要确保有明确标记的独立墓穴,确保墓穴、遗体、编号一一对应,以备以后查证之用;二是要避免掩埋带来的环境和生物安全影响。由于尸体腐败过程比较复杂,最大的可能是雨水先渗透到墓穴后,再污染地下水源,因此,未饱和含水层的土壤是防止地下水污染的第一道防线。掩埋地点的最佳选择为细小颗粒结构、低空隙率的沙土地,地势较高,超出地下水位2.5 m以上,可保证墓穴深度和未饱和含水层的厚度。鉴于灾区的地理环境复杂,墓地选择没有统一的标准,应在尽可能的范围内远离人群居住地、饮用水源、河道等。

(3)在特别重大的自然灾难中,短时间会出现大量的尸体,可以采用合葬墓,整齐排放尸体,每具尸体间隔至少0.4 m,墓穴深度应在1.5~3 m。

（4）对遇难者尸体处置完毕后，应做好相关设备设施的终末消毒以及废弃物的无害化处理工作。

7.3　散发案例的现场调查

当某种疾病的发病率呈历年的一般水平，且各案例间在发病时间和地点方面无明显联系，呈散在发生时，则该病例称为散发案例。因该种疾病在时间、空间以及人群分布上没有明显的规律，若不及时加以控制，则很容易演变成大规模群体性生物安全事件。对散发案例或群体性生物安全事件初始发生时的一个或少数几个案例进行的调查称为散发案例调查。对于某些少发的生物安全事件，散发案例调查是这些个别发生案例的唯一调查方式，通常也是不明原因的突发生物安全事件的最初调查方式。翔实的调查记录在后续的案情调查、案件处理以及案例报告中发挥着重要作用。

7.3.1　散发案例现场调查的目的

散发案例现场调查运用流行病学的原理和方法，到发病现场对病例的接触史、家属和周围人群的发病或健康状况以及与发病可能相关的环境因素进行调查，以达到查明所研究病例的发病原因和条件、防止类似疾病的再发生、控制疫情扩散及消灭疫源地的目的。散发案例调查的病例一般为传染病患者，但也可以是非传染病患者或病因不明的病例。如果是单个传染病病例，则应当核实诊断，掌握当地是否还有其他疫情病例的发生，为疾病监测提供资料。对散发案例进行现场调查时，应仔细调查该患者患病前后的基本信息，如确定发病时间、地点、方式，追查传染源、传播途径、易感人群等，确定疫源地的范围和接触者，从而指导医疗、护理工作，隔离消毒、检疫接触者和采取宣传教育等措施，防止或减少类似病例的发生。

7.3.2　散发案例现场调查的原则

7.3.2.1　控制优先

任何案例的突然发生，最开始时其病因并不明确，只有随着调查工作的不断深入，病因才得以确定。不明确的病因往往意味着不清楚疾病是否具有传染性，在进行现场调查时，最重要也是最优先的工作就是控制疾病的进一步扩散。要做到调查救治与预防控制并重，控制优先，不可为调查而延误控制，也不可一味强调控制而疏忽对病因的调查。例如，2019 年 12 月份陆续出现新型冠状病毒感染病例后，国家相关部门在进行调查的同时，及时制定并执行"封城"策略，当时我国正值春运期间，及时、有效的封城在最大程度上控制了疫情的蔓延，避免了更大损失的发生。

7.3.2.2　实事求是

在执行任何工作时,工作人员都要本着实事求是的原则,案例调查(尤其是生物相关性死亡案件的调查)工作更是如此。不明原因疾病的调查过程是一个不断探索并完善的过程,科学工作者必须本着实事求是的原则,尊重科学,在不断深入的调查过程中逐渐发掘疾病的本质,探索疾病的最根本病因,这是一个科学工作者最基本的素质。如果在最前期、最基础的调查过程中存在欺上瞒下的不端行为,那么其调查结果必然是片面的、错误的,会给社会带来严重的负面影响。

7.3.2.3　与实验室结合

有些不明原因的疾病,尤其是新发传染病发生时,很难在短时间内、在现场查明病原体,此时便要求调查工作者们的工作重心不能仅仅局限于现场调查,更要学会将现场调查与实验室检测结合起来。当发生生物相关死亡时,在做好防护的基础上,通过实验室检测分析,不仅能尽早查明病原体,更能根据实验室检查所见,为疾病的治疗提供更有效的方法。如针对全世界暴发的新型冠状病毒感染,我国法医专家刘良教授完成了世界第1例新型冠状病毒感染死亡病例的尸体解剖,通过对新型冠状病毒感染患者肺部切片的显微镜观察,发现其中有一些黏液性分泌物,堵塞了肺部细小气道[12]。根据其解剖结果,临床医生及时采取肺部黏液引流治疗,极大地降低了新型冠状病毒感染的死亡率。

7.3.3　散发案例现场调查的思路

针对不同种类的生物安全相关死亡案件,调查方法各有侧重。对于散发生物安全相关死亡案件,以单一案例调查为主,需要从多角度全方位收集与病史、死亡相关的所有案情材料,综合研判是否与生物安全死亡相关,通常可按照案情调查、现场调查和案例报告3个步骤来展开调查工作。

7.3.3.1　案情调查

根据《传染病防治法》的规定,任何单位和个人发现传染病患者或者疑似传染病患者时,应当及时向附近的疾病预防控制机构或者医疗机构报告。因此,疑似生物安全相关死亡发生的信息最初可能来自基层医疗单位或公安单位、防疫机构报告,或来源于实验室、药房或兽医站。此时,首要任务就是核实案例信息的真实性,确认生物安全相关死亡的发生。首先,应详细向死者的亲友、同事以及医护人员了解死者的既往史、家族史、死前的状态等情况;其次,收集死者生前相关病历资料、治疗方法和效果、发病经过及特点等情况;最后,将多渠道、多来源收集到的信息进行比较,寻找有无疑点。前期细致的案情调查,不仅有利于为死因鉴定提供初步线索,还可为揭露伪报各类生物安全相关死亡的暴力性死亡提供证据。对于初步调查认为是生物安全相关死亡的案例,尤其是生前曾接受过治疗或抢救的案例,应当进一步根据已有资料显示的死者生前病程、临床特征、诊断、治疗措施及效果等,初步考虑致其死亡的是何种疾病。考虑病因时,可采用排除法,当优先考虑常见、多发的可引起生物安全相关死亡的疾病,再考虑少见、罕见病,最后考虑新发疾病。必要时,应当咨询相关领域的专业人士。如考虑为感染性疾病,则应着重调查患者可能的感染日期、患病时间、患病地点、死者发病前后活动情况、共同暴露者或接触者的健康情况等,初步确定该生物安全相关死亡案件危及人群的范围和大小,同时联系相关部门,注意防控疾病流行,寻找未被发现的潜在的感染者;如考虑为非感染性疾病,则还应结合生活或职业暴露史,判定是否与中毒、辐射等化学、物理因素有关。

7.3.3.2　现场调查

对疑似生物安全相关死亡的现场进行调查时,调查人员首先要做好自身防护工作。通常,调查人员需戴面具、口罩、防护眼镜和双层手套,要穿长袖衣服并加穿一次性塑料或尼龙工作服,做好严密的个体防护。同时,调查过程中需要严格遵守安全操作流程,如在使用或处理锋利器械时,避免割伤和手套破损等。对检查过程中使用过的所有一次性用品应送规定地点销毁,对其余用品按规定进行消毒处理。对于根据案情调查已有初步怀疑病因的案例,应当增加相应的防护措施。如对怀疑患有新型冠状病毒感染的死者进行调查及尸检时,应在可以维持负压的独立解剖室内进行,检验人员应严格按照三级防护标准穿戴防护用品。取生物检材时,应严格按照相关尸体检验技术规范和操作规程进行尸体解剖及器官、组织提取,注意不要用力按压尸体胸、腹部,尽可能与尸体口鼻部保持距离等[13-14]。

在现场调查取样的过程中,对于生物安全相关死亡,采集的标本要按地区和品种分别装入不同的容器,注意不要混淆。容器一定要坚固、有盖,如需要病原体分离的标本,则不能含有消毒剂。采集传染性或有毒害标本时,最好选用无毒橡皮的螺旋盖容器,以避免再拨开时可能形成有害的气溶胶。对所有采得的样本均应贴上标签,详细填写标本送检单,注明采集的地点、时间、数量等信息。

对突发公共卫生事件、传染病暴发疫情进行调查时,常涉及环境病原微生物污染状况的检测。此时,除提取常见的人体样本(如血、咽拭子、痰、大便、尿、脑脊液、皮肤等)以外,还应注意收集环境样本(如空气样品、水样、食物样本、土壤样本等),用于判断可能的传播途径、污染范围等,必要时还需要收集当地常见的昆虫、啮齿动物等样本进行分析。

7.3.3.3　案例报告

对于突然发生的某 1 例或个别几例生物安全相关死亡,若短时间内不能确定其是否为新的疾病或新的流行病的出现,则调查人员应当及时进行案例报告。

案例报告通常是指对单个案例或少数几个案例的病情、诊断及治疗中发生的特殊情况或经验教训等的详尽报告。当发生不明原因生物安全相关死亡案件的时候,案例报告常常是识别一种新疾病或暴露的不良反应的第一线索,是监测罕见事件的唯一手段,常可引领研究者去研究某种疾病或现象,为发现新的疾病提供病因线索。同时,通过对罕见病例的病情、诊断、治疗、实验室研究以及个别现象的详尽报告,可用以探讨疾病的致病机制和治疗方法的机制,对于已知疾病,也有介绍不常见表现的作用。

7.3.4 散发案例现场调查的方法

现场调查,就是在研究现场,围绕研究目的,按照事先确定的调查设计流程,以口头、书面提问等形式来收集资料并进行分析的一种方法。根据侧重点的不同,可将现场调查分为定量调查和定性调查2种。定量调查通常采用流行病学和统计学的原理及方法,对一定数量的调查样本进行统计学分析,描述案例的"三间分布",揭示疾病与影响因素之间的相互作用关系。定性调查则从个体或局部出发,探讨其共同存在的特征和规律,运用工作经验和演绎推理方法对发病有关的行为、病因学和发病规律进行描述和分析。定量调查通常采用结构化调查,强调所有的调查都采用统一的标准和规范,要求所有受访者都按照同样的模式回答问题,从事先给定的答案中选择最合适的选项;而定性调查则通常采用半结构式访问,研究者会在展开调查前,事先根据了解到的案情,设计与案情相符的访谈提纲,在访谈过程中会根据实际情况适当调整,可在一定程度上自由发挥。虽然现场调查方法多种多样,但是对于散发案例而言,调查工作通常会受到一定的限制,导致部分调查方法并不适用。基于此,在实际工作中,常用的定量调查方法有面对面访谈、电话调查和网络调查等;常用的定性调查方法有小组讨论、深度访谈等。

7.3.4.1 常用的定量调查方法

1. 面对面访谈

面对面访谈是现场调查中最常用的一种方法,往往以调查问卷的形式来体现,常见的有调查人员协助调查对象填写问卷的助填式问卷和调查对象自己按照要求填写的自填式问卷。面对面访谈有利于调查人员更加全面、具体地观察调查对象,有利于判断调查对象回答问题的实事求是的态度,分辨调查对象所给出答案的真伪,有利于在一定程度上保证调查的成功率。

2. 电话调查

电话调查是指调查人员通过打电话的形式,直接向调查对象进行询问,以达到初步搜集调查资料目的的一种调查方式。相比于面对面访谈,电话调查具有方便、快捷、调查成本低等优势。如新冠疫情期间,户籍地所在社区工作人员便经常采用电话调查的方式,询问社区人员是否曾经过风险地区,做到疫情初步排查,方便快捷。然而,对于一些故意瞒报、拒绝接听电话的人员来讲,电话调查则存在一定的弊端。

3. 网络调查

随着互联网技术的不断发展,基于互联网技术的数据搜集、整理、分析更加便捷、准确。多部门合作(如健康码、行程卡的)出现使得对调查对象行程的信息收集更加明确,节省了大量的人力、物力,且对于重大卫生事件还可以第一时间通过网络邀请专家远程指导,可大大提高调查质量。

7.3.4.2　常用的定性调查方法

1. 小组讨论

小组讨论是指通过召集一个小组同类人员,对某一研究主题进行讨论,快速得出结论的定性研究方法。如针对某疑似食物中毒事件,可同时召集多名出现中毒症状的患者,围绕患者最近的食物摄入,寻找、判断疑似有毒食物。小组讨论较适用于规模较小的案例调查,可快速、准确地得出结论。

2. 深度访谈

深度访谈是一种直接的、一对一的访问形式。在访问过程中,由调查员对调查对象进行深入的访问,通过收集的信息制订针对某个问题的对策。深度访谈比较费时,但对隐私的保护程度较高,适用于对复杂案例的深入调查。如针对某吸毒人员,可通过深度访谈的方式与其进行沟通,了解其吸毒的原因,发掘其毒品的来源,对案件侦破具有重大意义。

散发案例的现场调查意义重大,不仅能为控制本次疾病的进一步发展奠定研究基础,更能查明疾病原因,预防此类案例的再次发生。在进行现场调查时,调查人员不仅需要查明案例的根本病因,更需要本着实事求是的原则,紧密联合实验室工作,全面展开对病例的预防控制和调查治疗工作。此外,在进行现场调查时,调查人员更要注意做好自身防护,严格遵守相关操作章程,学会根据未知性较大的案例现场,灵活运用各种调查方法,万不可拘泥于某一特定的方法展开研究。如有必要,在进行现场调查的过程中,可综合运用多种方法,扬长避短,选择最适合的方法,以便更加及时、准确地掌握案例信息。

7.4　群体性案例的现场流行病学调查

群体性生物安全相关死亡案例是指在短时间内,在某个相对集中的区域内,同时或相继出现生物安全相关死亡案例,随着案例数不断增加,范围也不断扩大,并且这些死者死前具有相同的临床表现,这类案例属于突发公共卫生事件。当遇到该突发公共卫生事件时,事发地相应政府及其有关部门应按照分级标准,做出相应级别的应急反应。

现场流行病学是应用流行病学和其他相关学科的理论和方法,对发生在现场人群中的重要公共卫生问题的预防和控制,并进行效果评价,以保护和增进群体健康的学科[15]。这一定义明确提出:①该学科需要运用其他相关学科的理论和方法;②其作用于重要的公共卫生问题,即针对会对大多数人的健康和生命安全产生威胁的公共卫生问题;③其目的是预防疾病或卫生事件的发生,或是控制疾病或事件的恶化,降低损失,促进健康;④其是流行病学向群体和宏观应用发面发展,因结合其他学科而发展起来的一个交叉学科。值得注意的是,现场流行病学调查不等同于现场流行病学,前者只是后者的组成部分。因此,现场流行病学是应对群体性生物安全相关死亡案例这类突发公共卫生事件的基础手段,它通过应急现场调查,收集与死亡、疾病和健康有关的信息,探寻死因,及时采取针对性措施,防止死亡案例数的进一步增加。

7.4.1 现场流行病学调查的目的

针对群体性生物安全死亡相关案例这类突发公共卫生事件进行现场流行病学调查的目的总结如下。

1.控制死亡事件的进一步发展,终止暴发或流行

控制死亡事件的进一步发展是应急现场调查的根本目的。面对此类突发公共卫生事件,需要在实验室检测的基础上进行现场流行病学调查研究,通过描述性流行病学研究,探寻可能的死因,从而建立死因相关假设,再利用分析性流行病学方法来验证死因假设,找到群体性死亡事件发生的原因,进而采取相应的控制和预防措施。

2.预防流行再次发生

在群体性死亡原因未知的情况下,当暂时不再产生新的死亡案例时,此时开展现场流行病学调查的目的是进一步了解群体性死亡的消息,为防止再次发生提出建议。

3.查明死因和危险因素

为探究群体性死亡案例的全貌,需要开展现场流行病学研究,其既能用于导致群体性死亡发生的相关疾病的理论研究,又能为疾病的预防控制服务。

7.4.2 现场流行病学调查的研究方法

如前所述,在发生群体性死亡案例时,须及时开展现场流行病学调查,但在正式开展前,需要对其研究方法进行适当的选择。当前,现场流行病学的研究方法主要分为以下3类。

7.4.2.1 描述性研究

描述性研究是指利用已有资料或通过专题调查获得的资料(包括实验室检查结果),描述疾病或健康状况在不同时间、地点或人群中的分布特点("三间分布"),为进一步开展流行病学研究提供病因或流行因素的线索,即提出假设。在群体性生物安全相关死亡事件调查中,常用的描述性研究方法包括个案调查、案例报告、案例序列分析、现况调查和生态学研究等。其中,个案调查与案例报告是对单个案例或少数案例进行研究的主要形式,前已述及,不再赘述。

1. **案例序列分析**

案例序列分析指的是对一组（可以是几例、几十例、几百例甚至几千例）相同病因或死因的案例信息进行汇总、整理、统计、分析并得出结论，属于回顾性研究的范畴。案例序列分析一般用来分析死因相同的群体性生物安全相关死亡事件的死亡特征，评价预防、治疗措施的效果。通过案例序列分析，可发现以往处理类似案例过程中存在的问题，并能显示出致死疾病自然发展的规律。案例序列分析可视为个案调查和案例报告的延续，促使调查工作者在实践中发现问题，并提出新的致死疾病因素和探索方向。其优点在于可以利用以往相同死因的群体性生物安全相关死亡事件作为研究资料，使得资料收集简便，所需时间短，节省人力、物力。但是，因为参与的调查工作者多、时间跨度大、记录质量不一、偏倚较多且无法控制，所以资料的真实性和可靠性相对较差。此外，尽管死因相同，但不同时期发生的案例所处的环境因素和暴露的危险因素可能存在较大的差异，对致死疾病的影响程度未知，缺乏标准化的方法，不能保证案例的可比性。

2. **现况调查**

现况调查又称横断面研究，也称患病率研究，是指按照事先设计的要求，在某一特定人群中，采用普查或抽样调查等方法收集特定时间内某种疾病或健康状况及潜在相关因素的资料，以描述该疾病或健康状况的分布及与疾病分布有关的因素。其目的是研究特定时间点或时间段和特定范围内人群中的有关因素与疾病或健康状况的关系。此类数据可用于评估人群中致死疾病的流行程度。对研究对象在疾病或死亡发生之前就存在的暴露因素（如性别、种族、血型、基因型等因素）可以做因果推断。但因为大部分相关因素和疾病或健康状态是在同一时间点测量的，所以无法做出因果推断，仅能为病因或死因研究提供线索。现况调查并非只是静态分析，也可以随着群体性生物安全相关死亡事件的暴发或流行发展而设置多个断面进行现况调查，再根据调查结果做动态分析，了解死亡、疾病或健康状态的地区分布和人群分布等在多次调查期间的变化动态和趋势，发现其发生规律，并能预测未来的变化趋势。现况调查在研究类型上可分为普查（即全面调查）和抽样调查。相较于普查，抽样调查具有节省人力、物力和调查精度较高等优点，是更为常用的办法。因为在现况调查中遇到的问题可能是复杂多样的，所以现况调查的开展需要遵循科学的研究程序，对调查中的每个环节都需要进行周密的设计和推敲，只有遵循科学研究共同的规范和程序，调查结果才经得起检验。

3. **生态学研究**

生态学研究是以群体为基本单位来收集和分析资料，通过在群体的水平上描述不同人群中某个因素的暴露状况与某种疾病的频率来研究某种因素与某种疾病之间关系方法。通过描述某种疾病或健康状况在各群体中所占的比例，以及有某种特征的个体在群体中所占的比例，利用这两组群体数据来分析某种疾病或健康状态的分布与群体特征分布的关系,从而寻找病因线索。对比较的群体可以以各种方式进行定义,包括地理位置、时间趋势、流动人口、职业等。如约翰·斯诺(John Snow)关于伦敦霍乱暴发的研究被认为是第 1 个解决健康问题的生态学研究。他通过使用霍乱死亡地图确定霍乱的来源是布罗德大街的一口水井。1854 年拆除了该水泵的把手后阻断了霍乱的扩散。直到多年后罗伯特·科赫发现细菌时,霍乱传播的机制才能被揭示。除了提供病因线索和产生病因假设外,生态学研究的重要意义还体现在人群中变异较小和难以测定的暴露研究中。如空气污染和肺癌的关系,生态学研究是唯一可供选择的研究方式。此外,生态学研究也具备评价干预实验或现场试验效果、监测流行趋势等作用。

7.4.2.2　分析性研究

通过描述性研究,我们虽然可以初步获得研究对象的各种特征,但此时疾病或死亡的影响因素和结局是同时观察的,不能得出因果关系,若要进一步探讨某一因素与疾病发生或结局之间的因果关系,则以队列研究和病例对照研究为代表的分析性研究就必不可少。

1. 队列研究

队列研究是指将某一特定人群按照是否暴露于某待研究的危险因素中或按不同暴露水平分为亚组,随访观察一定时间,比较两组或各组待研究结局(如发病率、死亡率或其他健康事件)的差异,以检验该暴露因素与结局有无因果关联及关联强度大小的研究方法。如果暴露组某结局的发生率明显高于非暴露组,则可推测暴露因素与结局之间可能存在因果关系(图 7.3)。

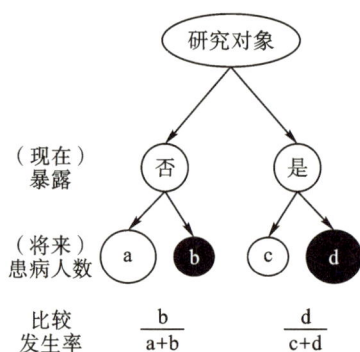

图 7.3　队列研究设计原理示意图

与描述性研究不同,队列研究是由因及果的研究,能确证暴露与疾病之间的关系,故其主要用途不再是提供病因线索,产生病因假设,而是检验病因假设。一次队列研究既可只检验一种暴露与一种疾病之间的因果关联,也可检验一种暴露与多种结局之间的关联。此外,队列研究还可用于研究疾病的自然史,与通过观察单个患者从发病到死亡的过程来了解疾病的自然史相比,队列研究可以观察人群中不同个体暴露于某种因素后疾病的全过程,不但能了解个体疾病的自然史,还可以了解疾病在人群中的发生、发展过程。依据研究对象进入队列及中止观察时间的不同,队列研究可以是历史性(回顾过去,从而使用现有数据,例如医疗记录或索赔数据库)或前瞻性(需要收集新数据),抑或历史前瞻性(两者结合)。历史性队列研究限制了研究人员减少偏倚的能力,因为收集的信息仅限于已经存在的数据。然而,这种设计有优势,因为数据已被收集和存储,所以回顾性研究更便宜、更快捷。

2. 病例对照研究

病例对照研究是指按照有无研究的疾病或某种卫生事件,将研究对象分为病例组和对照组,分别追溯其既往所研究因素的暴露情况并进行比较,以推测疾病与暴露之间有无关联及关联强度大小的一种观察性研究。通过询问、实验室检查或复查病史等方法,收集两组人群过去某些因素的暴露情况和(或)暴露程度,测量并比较病例组与对照组中各因素的暴露比例之间的差别是否有统计学意义(图7.4)。

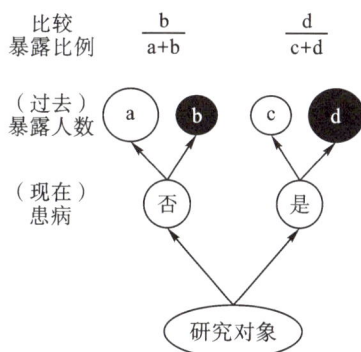

图 7.4　病例对照研究设计原理示意图

病例对照研究是迄今最常用的一种分析性流行病学研究方法,在病因研究中得到了广泛应用,但应当指出的是,病例对照研究这一由果寻因的研究方法得到的暴露与疾病之间的联系并不一定是因果联系,即使能排除随机误差和已知的系统误差,还可能有尚未知晓的因素影响这种联系,传统的病例对照研究可为队列研究及实验性研究提供研究线索和方向,但一般不能确定其因果关系。相比较而言,其优势主要体现在从众多与疾病发生相关的可疑因素中,筛选相关因素,特别是对病因不明的疾病进行可疑因素的广泛探索。按照病例与对照之间的关系,可将病例对照研究分为非匹配病例对照研究和匹配病例对照研究。

7.4.3　实验性研究

实验性研究是指以人群为研究对象,将来自某一现场的同一总体研究人群随机分为试验组和对照组,由研究者向试验组人群施加某种干预措施,对对照组人群不给干预措施或给予标准化干预措施,然后随访比较两组人群的结局有无差别及差别大小,以判断干预措施效果的一种前瞻性实验研究方法。实验性研究是实验流行病学的重要类型之一,是验证病因的重要方法,同时也有考核某些疾病防控措施和手段(如药物、疫苗、媒介生物控制方法及健康教育等)的效果的作用。实验性研究包含 3 种案例类型,期临床试验(常用于新药或药物测试)、现场试验(对患某种疾病的高危人群进行)和社区干预试验(对社会源性疾病的研究)。

实验性研究的主要优点在于研究者可根据实验目的,预先制订实验方案,因而能够对研究对象的条件、干预措施和结果的判断等进行标准化处理。同时,随机化分组保证了各组具有相似的基本特征,提高了结果的可比性,减少了偏倚。而且实验性研究属于前瞻性研究,时间关系清楚,信息收集准确;试验组和对照组同步比较,外来因素的干扰少,最终结果可靠,有助于了解疾病的自然史,并且可以获得一种干预与多种结局的关系。

7.4.4　现场流行病学调查的基本步骤

群体性生物安全相关死亡案例在属于突发公共卫生事件的同时,也属于暴发事件。因此,针对该类事件的现场流行病学调查被称为暴发调查。当这类暴发事件发生时,因其可能引起社会和经济的混乱,故需要迅速开展现场流行病学调查。虽然导致群体性死亡的生物因素众多,但其现场流行病学调查的方法基本是一致的,由下列 10 个基本步骤组成。

7.4.4.1　确定暴发的存在

在投入资源进行全面现场调查前,应确定暴发的存在,而一个较为敏感的疾病监测系统是发现暴发或流行的前提条件。为了确定暴发或流行的存在,现场调查组应将报告的病例数与疾病监测系统的资料进行比较,以观察实际病例数量是否超过既往的正常水平,同时应分析引起报告病例数量增多的可能原因,如报告制度是否改变、检测系统是否调整、诊断方法和标准是否修改等。通过完善和灵敏的疾病监测数据可以迅速确认暴发或流行的存在,但在很多情况下,疾病监测系统并不灵敏,这可能会造成在做出确定暴发或流行存在的判断之前出现长时间的滞后。如果在确认后发现暴发信息不真实,则须立即向公众澄清,避免引起不必要的恐慌,而一旦确认暴发存在,就要根据初步分析暴发的整体形势和严重程度开启暴发控制的组织准备。

7.4.4.2　组织准备

在确定暴发存在的前提下,为使现场流行病学调查工作达到事半功倍的效果,需要做好充足的准备工作。准备工作包括以下三方面的内容:一是确定调查范围并划分区域,针对不同区域进行重点程度划分,并安排相应的调查队伍。二是根据现场流行病学专家对暴发现场做出的初步判定,合理安排好对应研究领域的专家和其他相关工作人员。通常情况下,调查队成员由流行病学家、毒理学家、动植物学家、微生物学家、医护人员、司机和秘书等组成。三是在奔赴现场前应准备必需的资料和物品,一般包括相关调查表(有时需要在现场根据初步调查结果现场设计调查表)、调查器械、冷链系统、现场预防控制器械、采样设备和试剂、现场联系资料(联系人及联系电话)、电脑、照相机和个体防护用品等。现场调查早期准备工作的完成有助于防止后续出现误解或其他问题。

7.4.4.3　定义病例

现场调查中的病例定义应包括以下 4 项因素,即患者(或死者)的时间、地点、人群分布特征以及临床表现或实验室信息。在现场调查中,时间是一个关键因素,因此一般来说,定义病例最好采用简单易行且客观的方法,例如,发热、肺炎的 X 光诊断、血常规白细胞计数、血便或皮疹等。在现场调查的早期,建议使用"较为宽松"的病例定义,以便发现更多可能的病例,随着调查的深入,可对病例定义进行修订和缩小范围。无论使用哪种标准,对所有被调查对象必须运用同一种病例诊断标准并确保无偏倚。

7.4.4.4　核实病例并计算病例数

核实病例并计算病例数的目的是尽可能多地识别和确认病例,并排除非病例。当前主要是通过检测系统来发现病例,为提高发现病例的能力,可加强已有的被动监测系统或者建立主动监测系统。根据疾病本身特点和发生地区情况的不同,查找病例的方法也应随之变化。大多数暴发或流行通常存在一些可辨认的高危人群,这些人群中病例的发现就相对容易。对于那些没有被报告的病例,可以利用多种信息渠道,如通过与特定医师、医院、实验室、学校、工厂直接接触或者应用一些宣传媒体。发现并核实病例后,可以将收集的病例信息列成一览表,以便进一步计算病例数量和相关信息。

7.4.4.5　描述性分析("三间分布")

描述性分析涉及将上一步骤中一览表的数据转换成暴发的流行病学描述,是现场调查组面临的最基本和最重要的任务之一,其目的是阐明哪些疾病正在流行,在何时、何地、何种人群中流行。主要操作包括:绘制流行曲线、构建点状地图或其他特殊空间投影以及人群比较。通过描述性分析可以达到以下目的:首先,为探索群体性死亡事件暴发相关因素提供线索;其次,用通俗易懂的基本术语提供了有关群体性事件的详细特征;最后,明确群体性案件的易感/高危人群,并提出有关病因、传播方式及对群体性事件其他方面可供检验的假设,以解释暴发有关病原体的来源和传播方式。

1.时间分布

在对流行病学资料进行分析时,必须始终考虑到时间要素,因为暴露史必先于疾病史。对暴发或流行的评估要求将特定时间的病例数与同期的预期病例数进行比较。因此,在进行数据收集的时候,需要收集群体性案例发生的关键时间点,包括确诊人群的发病时间(症状、体征或实验室检测阳性时间点)、可能接触致病因子或风险因素的时间、实施治疗或实施控制措施的时间和潜在相关事件或异常暴露的时间。在适当的间隔时间(潜伏期的 1/8 ~ 1/3,通常为 1/4)内(X 轴)描述所发生的病例数(Y 轴),用直方图表示,这种直方图被称为流行曲线。流行曲线可用于描述暴发可能的传播途径、流行的大致时间,比简单的病例线图更形象易懂。通常,从一个简单的疾病发病时间图表中可得到大量的信息。如果疾病的潜伏期是已知的,那么就能相对准确地区别点源暴露、人传播人或是两者混合传播。另外,如果流行在继续,那么还可以预测可能发生病例的数量。

2. 地点分布

地点是描述流行病学的第 2 个要素,地点特性可提示群体性案例的地区范围,并有助于在暴发或流行现场调查中建立有关暴露地点的假设,地区资料包括居住地点(例如通过人口调查追踪)、工作地点、学校、娱乐场所、旅行地点或其他相关资料。同时,还需要收集一些在这些地区活动的资料,例如在建筑物内部或办公室活动的详细情况,以及有关人员在这些地方停留的时间。有时疾病发生在一个独特的地方,如果能观察到这点,则可获得大量有关病原体和暴露特性的线索和证据。使用这些资料构建点状地图,对案例分布地点进行可视化,可有助于描述发病时病例的位置和可能接触的致病因子或危险因素。

3. 人群分布

按人群特征进行流行病学分析的目的在于全面描述病例特征并发现病例与普通人群的不同。这将有助于提出与危险因素有关的宿主特征、其他潜在危险因素以及传染源、传播方式和传播速度的假设。分析患者的特征,如年龄、性别、种族、职业或其他任何有用的描述病例特有的特征,在发现患者共有的特征后,通常会对查找危险人群提供有用线索,甚至可以找出特异的暴露因素。在可能的情况下,还需要获取分母人群数据(例如,食源性疾病暴发中参加饭局的总人数),以初步估计与人群特征、暴露和其他特征相关的发病率。

7.4.4.6 建立和验证假设

假设是利用上述步骤所获得的信息来说明或推测暴发或流行的来源,通常会提出多种关于致病因子、病原体来源、传播方式、疾病危险因素和高危人群的假设。这些假设一般具备如下特征:合理性;被调查中的事实(包括流行病学实验室和临床特点)所支持;能够解释大多数的病例。有时通过描述性流行病学分析、横断面调查数据或其他研究的结果就足以建立假设,但更多时候需要通过分析流行病学方法来识别可能的风险和其他致病因素,并验证这些因素与疾病的关联强度。因此,假设验证的过程可能需要建立假设和验证假设的多次迭代、队列研究以及大量额外数据的收集、分析和管理。这不仅需要想象力和耐力,有时还需要反复调查多次后才能得到比较准确的结论。

7.4.4.7　现场卫生学调查

现场卫生学调查在现场调查的不同阶段都需要开展,只是侧重点有所不同。在现场调查的早期,需要对现场环境进行调查,例如死者的工作场所和暴露场所、水源相关位置和食品加工场所等地的环境情况,并采集相应标本,从而为调查人员形成假设。随后,通过分析流行病学验证假设后,就需要开展有针对性的现场卫生学调查,进而获得更有针对性的证据。值得注意的是,在调查过程中需与实验室检测结果相结合,才能制订更有效的针对性防控措施。

7.4.4.8　采取防控制措施

现场调查的最终目的是实施科学合理且具有针对性的防控措施,以降低额外的暴发相关发病率或死亡率。因此,应根据疾病的传染源和传播途径以及疾病的特征确定控制和预防措施。其中,预防控制的主要措施包括源头控制和针对易感人群或动物的控制措施两类。源头控制:针对传染性或其他致病因子源头的控制措施(例如,治疗感染者和动物或隔离具有传染性的感染者)。针对易感人群或动物的控制措施:如进行暴露后预防、提前接种疫苗、使用物理屏障的方法(如口罩、避孕套等)和易感人群隔离(即反向隔离)等。在现场调查的过程中,调查和控制处理应同时进行,即在现场调查前期收集分析资料和寻求科学的调查结果的同时,也应当采取必要的公共卫生控制措施,尤其在现场调查初期可以根据经验或常规知识先提出并实施简单适用的控制和预防措施。针对群体性案例的调查,最优先的(也是贯穿始终的)就是控制疾病发展。调查与控制并重,控制优先,不可为调查"清楚"而延误控制,也不可强调"控制"而不去调查原因,否则难以避免再次发生。此外,选择并实施适宜的控制措施之后,还需要评估其有效性,并随着疾病暴发或流行的发展而不断修改、调整控制措施。

7.4.4.9　确认暴发终止

在开展一系列有针对性的防控措施后,死亡案例暴发的情况应当能得到终止。然而,不同类型生物安全相关因素导致的暴发,其判定暴发情况终止的方法存在差异。其中,对水源或者食物来源等共同来源疾病导致的死亡案例暴发,通常认为病例不再增多,则暴发终止;对人与人直接传播的疾病,则需要通过传染源被消除且度过最长潜伏期后,无病例产生来认定暴发终止;对经节肢动物传播的疾病,则需要经过昆虫媒介和人类最长潜伏期的总和后无相关病例产生来表明暴发终止。

7.4.4.10　撰写书面报告

通常调查组的最后一项任务是撰写一份书面报告,记录调查情况、结果及建议等。

因为最终的书面报告是用来给所有公共卫生人员借鉴学习,并且供卫生行政部门做决策时参考的,有时还具有法律效力,所以在撰写报告时,需要做到客观、准确、全面和实事求是。

尽管这些现场调查步骤在此处按先后顺序显示,但在实际应用中,它们可能会被乱序或同时执行以满足调查的需要。例如,在某些情况下,在确定暴发或流行的存在后立即采取控制措施是可取的。通常,核实诊断和确定暴发或流行的存在是同时执行的,这两个步骤强调了在调查早期加强流行病学专家、实验室人员、临床医生和其他利益相关者之间合作(或团队合作)的重要性。

(阎春霞　赵　东　刘　超)

参考文献

[1] 张国林,景荣先,邢以文,等.从 SARS、MERS 到 COVID－19 爆发谈高级生物安全实验室及其应用[J].实验室研究与探索,2021,3:191－197.

[2] 温红玲,徐小莹.新发突发病毒性传染病防控与生物安全[J].山东大学学报,2021,59(5):40－45.

[3] 王小理.生物安全时代:新生物科技变革与国家安全治理[J]中国生物工程杂志,2020,40(9):95－109.

[4] 刘长敏,宋明晶.美国生物防御政策与国家安全[J].国际安全研究,2020,3:96－127.

[5] 王鹏程,余建川.总体国家安全观下的生物安全体系:逻辑、意义及实现路径[J].湖北师范大学学报(哲学社会科学版),2021.41(4):1－5.

[6] 万立华.法医现场学[M].北京:人民卫生出版社,2016.

[7] 赵虎,刘超.高级法医学[M].3 版,郑州:郑州大学出版社,2021.

[8] 庞宏兵.新冠疾病疫情期间死因不明尸体解剖处置流程和规范[J].中国法医学杂志,2020,35(2):145－149.

[9] 伏建斌,王坚.新冠肺炎疫情期间公安法医应当加强尸体甄别和个体防护[J].中国法医学杂志,2020,35(2):138－141.

[10] 杜思昊,陈雪冰,朱波峰,王慧君,李冬日.新型冠状病毒肺炎疫情期间尸体检验工作的现状和建议[J].法医学杂志,2020,36(2):169－173.

[11] 王慧君.从 SARS－CoV 到 SARS－CoV－2:法医传染病尸体检验的应对与挑战[J].法医学杂志,2020,36(1):1－3.

[12] 刘茜,王荣帅,屈国强,等.新型冠状病毒肺炎死亡尸体系统解剖大体观察报告[J].法医学杂志,2020,36(1):21－23.

[13] 黄锶哲,王荣帅,王云云,等.新冠肺炎尸检:法医工作者面临的挑战与对策[J].中

国法医学杂志,2020,35(2):134 – 137.

[14] 毛丹蜜,周南,郑大,等.新型冠状病毒感染相关死亡的法医病理学检验建议指南
　　（试行稿)[J].法医学杂志,2020,36(1):6 – 15.

[15] 许国章.现场流行病学[M].北京:人民卫生出版社,2017.

第8章
生物安全相关死亡的死因鉴定

一般而言,死因鉴定是根据尸检、组织病理学检查、病原学检查、毒物药物检测结果,结合案情调查、现场勘查、生前临床病历资料等,对死因做出的客观、公正、科学的判定,是临床医学和法医学鉴定实践中重要的日常工作。对生物安全相关死亡尸体进行死因鉴定可明确死者的死亡原因、致病病原(化学物),对维护公共安全和社会稳定意义重大。生物安全相关死亡案件种类繁多,导致人体损伤和死亡的因素来源有自然界、实验室、现代生物技术等,死因鉴定工作有助于进行致病病原体的鉴定及病原体对机体损伤与致死机制的研究,对促进疾病的预防以及指导临床诊疗具有重要作用。

根据我国《传染病病人或疑似传染病病人尸体解剖查验规定》,对传染病患者或疑似传染病患者的尸体进行解剖检验的工作应当在卫生行政部门指定的具有查验资质的机构内进行,其中甲级传染病及按甲级处理的尸体解剖应由省级以上卫生行政部门规定。另外,致病原具有潜在的传染性,使得生物安全相关死亡的尸检工作十分具有挑战性,在进行尸表检验、尸体解剖等检查时,工作人员需要做好自身防护。本章将结合既往生物安全相关死亡案件的尸检实践,对生物安全相关死亡的死因鉴定进行论述。死因鉴定的常用方法包括尸表检验、尸体解剖、组织病理学与毒理学检查、病原微生物检查、实验室辅助检查、虚拟解剖、分子解剖等。

8.1 尸表检验

8.1.1 尸表检验概述

尸表检验是指对尸体的一般情况、衣着、外表痕迹、体表特征、尸体现象及体表病变或损伤等进行检验并采集有关生物源性物证和其他证据,使用文字、图像或影像等方式记录的过程。对死者的尸表检验可以确证死亡,推断死亡时间,初步分析死亡原因与死亡方式。尸表检验结果可初步提示生物安全相关死亡的死因,为后续尸体解剖、组织病理学检查制订检验方案提供支持。

8.1.2　尸表检验的流程与注意事项

完成初步现场勘验与案情调查后,在对生物安全相关死亡的尸体进行检验时,首先应进行尸表检验,基本检验流程遵循中华人民共和国公共安全行业标准《法医学尸体检验技术总则》(GA/T 147—2019)。在对生物安全相关死亡的尸体进行检验前,应做好必要的防护措施。

8.1.2.1　衣着检验

从外向内、自上而下检查死者衣物,观察死者衣着是否整齐,记录衣着特征(数量、颜色、标识等),检验衣着服饰有无破损,是否有佩戴饰品等,可对死者身份提供相关信息。例如,实验服、白大褂、防护服等可提示死者可能为实验室科研人员,而衣着上若有燃烧后痕迹、化学药品腐蚀痕迹等也可提示死因可能与危险化学品爆炸相关。衣着检查后需用专门生物安全防护袋收集保存,并对表面进行消毒处理。

8.1.2.2　一般情况与尸体现象

记录死者性别、年龄、身高、体型、发育、营养状况、种族、肤色等一般特征,测量尸体温度,检验尸斑形成部位、颜色、范围、指压是否褪色,检验尸僵形成部位、强度,若尸体已腐败则需记录腐败静脉网的形成部位、范围等。不同病原体感染后可影响尸体死后变化形态与变化程度,如鼠疫耶尔森菌感染后引起的鼠疫可在皮肤表面留下黑色痂皮,皮肤可呈黑紫色改变;若死者体表见皮肤溃疡,伴焦痂、周围水肿或水疱,且为皮毛、制革等畜产职业者,应疑为炭疽病。

8.1.2.3　尸表各部位的检验

对头面部的检验,应首先观察有无明显外伤、颅骨有无骨折,颜面部皮肤颜色,瞳孔大小、角膜混浊程度,球、睑结膜有无充血、出血,头面部腔道有无液体流出以及颜色、气味,颊黏膜有无损伤及牙齿有无缺损等。在新冠疫情流行期对疑为罹患传染病的死者进行检验前,首先进行呼吸道核酸检测、鼻咽拭子或粗针穿刺取材进行核酸检测,如果死者死亡时间很短,可抽取心血进行血清中 IgM/IgG 抗体检测[1]。

检验颈部活动是否异常,表浅淋巴结有无增大,部分病原体感染后可影响机体免疫系统致淋巴结肿大,如 SARS - CoV - 2 等;检验胸廓形状、肋骨有无骨折及其数量、部位,有无疑似手术疤痕;检验腹背皮肤有无损伤、血迹及其他异物;检验四肢的形状,检验脚尖、脚踝、小腿、肘窝、前臂、手等部位有无注射针孔,一些特异性征象可提示高危传染病,例如前臂大量注射针眼瘢痕反映死者可能存在毒品滥用,进一步提示死者可能是携带 HIV/HCV 的高风险人群;检验肛门或外生殖器有无损伤或异物附着,慢性肛门损伤也可提示 HIV、HBV 感染可能。

检验胸腔积液的胸腔穿刺应在双侧腋中线偏下水平肋间进行;抽取心血的胸腔穿刺应在近胸骨体左侧第 2、3 肋间或心脏体表投影处进行;腹腔穿刺应寻找腹腔生理性隐窝和位置相对低处垂直穿刺。进行胸腹腔穿刺、心血抽取等操作时,务必戴上防护面罩或护目镜,避免体液溅射到皮肤、结膜等,并且注意锐器使用,避免刺破手套及刺伤皮肤。除常规检验外,采取血液、尿液、分泌物等体液后可做微生物学检验,进一步确定致病病原体。

8.2　尸体解剖与解剖场所

8.2.1　尸体解剖概述

尸体解剖,是指对尸体各部位的器官组织进行全面系统的解剖和检验并使用文字、图像或影像等方式记录的过程。对生物安全相关死亡尸体进行尸体解剖,对揭示死亡原因、研究死亡机制、制订临床诊疗防治策略起着关键作用。

8.2.2　尸体解剖场所与设备

在尸体解剖进行前应掌握死者生前的临床症状、流行病学、病历资料、死亡前表现、体表状态等情况,对其生物安全风险进行初步评估。根据评估结果选择适宜的解剖场所以及必要的防护设备,确保防护条件能有效保护检验人员和周围环境安全。

8.2.2.1　风险评估与解剖方案选择

生物安全相关死亡尸体检验的风险主要来源于病人死亡后尸体上仍存活的病原体,决定其危险程度的因素有三方面,即致病性、传染性及预防与治疗的难易程度。在尸检过程中,尸检人员的感染途径有许多,主要为经呼吸道吸入和口腔黏膜、皮肤表面、黏膜接触等。如炭疽杆菌、MTB 以及新型冠状病毒经呼吸道吸入感染风险较高,MTB 经皮肤表面感染风险也较高,而 HIV 可经黏膜感染。风险评估主要根据死者临床病史、临床医师的直接信息、实验室检查(如阳性感染血清等)、医院感染控制信息、太平间尸体随身的感染通知表、体表检查(如身体消瘦或不寻常皮疹提示可能感染 HIV,注射针孔提示吸毒感染风险增加)等。

根据《人间传染的病原微生物名录》(2006)的规定,不同类别的病原微生物应在不同等级的实验室安全级别下进行操作及包装运输。根据国务院颁布的《病原微生物实验室生物安全管理条例》(2004)的规定,第一类、第二类病原微生物统称为高致病性病原微生物,应在 BSL－3、BSL－4 实验室内进行操作。涉及传染病病原体(如霍乱弧菌、EBOV、天花病毒等)相关的解剖,应在 BSL－4 解剖实验室操作。涉及传染病病原体(如高致病性禽流感病毒、SARS 病毒、新型冠状病毒等)相关的解剖,应在 BSL－3 及以上解剖实验室操作。涉及其他传染病则在 BSL－2 及以上解剖实验室操作。在无法确定传染病类别的情况下,一律按照 BSL－3 及以上要求进行防护。

8.2.2.2　尸体解剖场所

1. BSL－2 解剖实验室

BSL－2 解剖实验室是在一般解剖实验室条件下,配备洗眼装置,并在解剖实验室或其所在的建筑内配备高压蒸汽灭菌器或其他适当的消毒、灭菌设备。在处理病理检材的实验室内,应配备生物安全柜。

2. BSL－3 解剖实验室

BSL－3 解剖实验室可参照《实验室生物安全通用要求》(GB 19489—2008),在平面布局上一般要求具有可维持解剖间负压、过滤排出空气的通风系统,以及高效消毒的污物处理系统,并与其他建筑物完全隔离。BSL－3 解剖实验室按照使用要求分为"三区两缓"(即清洁区、半污染区、一级缓冲带、污染区和二级缓冲带),解剖实验室面积不小于 15 m²,另外最好有一条专用通道运送尸体,用双扉门及传递窗隔断等[2]。

采用单通道闭环路径进入解剖间,由清洁区至半污染区,再至污染区;离开时,则从另外通道,由污染区至半污染区,再至清洁区,在清洁区冲淋后离开[3]。清洁区为尸检人员解剖前穿戴安全防护装置及解剖后冲淋的场所;半污染区用于解剖、检验人员个人、封装物品及标本器皿清洗及消毒的场所,半污染区外围 3 m 处应设立安全线,在完成尸检工作并实施环境消毒以前,严禁人员通行与进入;一级缓冲带将污染区与半污染区隔开,在进入半污染区前,应对个体防护装备进行消毒;污染区用作解剖室,中心放置解剖台;二级缓冲带将太平间与污染区连接起来,用于运输可能具有传染性的材料,如尸体、标本和废物等。

通风系统应要求通过控制进、排风系统风量的方式,使污染区始终处于负压状态,半污染区处于常压状态,清洁区处于正压状态,确保污染物被严格控制在限定区域之内,可以有效控制气溶胶的扩散污染[3]。解剖室核心工作间(解剖台)的气压(负压)与室外大气压的压差值应不小于 40 Pa(约 50 Pa),半污染区的负压值应在 25 Pa,洁净区则为正压值 5 Pa。防护区最小换气次数应不小于 12 次/时,对污染的空气应经过高效空气过滤器过滤后排出[2]。

污物处理及消毒灭菌系统应保证能够对解剖室带出的器械或排出的废弃物、废水进行消毒灭菌处理。尸检中应尽量限制用水,对产生的废水应收集在塑料容器中再进行高压灭菌处理。将排水管铺在地板中,应有足够的倾斜度和排量,以确保液体尽快流走。

安装紫外消毒灯,配备便携的局部消毒装置,如消毒喷雾[4]。

其他 BSL - 3 防护水平要求:对缓冲区与解剖室的门采用双门控制进入;不应在防护区内安装分体空调;设置洗眼、喷淋设施,靠近出口处设置自动洗手设施;应急电力供应系统应保障电力供应维持至少 30 min;有排风等各项设备实时监控报警系统,信号采集间隔不超过 1 min 等。

如无 BSL - 3 条件,则在紧急必要时,参照《人感染高致病性禽流感尸体解剖查验技术规范》(2007),可在为传染病尸检特制的一次性安全防护袋中进行尸检。防护袋可将被感染的尸体与尸检人员、周围环境完全隔离,将尸体存放于密封的透明尸检袋中,尸检人员在尸检袋外通过安全套袖和手套对透明袋内的尸体进行操作。对组织标本,原则上应通过双门互锁的安全门传递。尸检结束后,喷洒消毒安全防护袋表面,再加套一层安全防护袋,再喷洒消毒,最后加套普通尸体袋。对尸检中所用的可焚烧物品,应与尸体、尸体袋一起火化或深埋。

特殊情况下,亦可在具有足够负压、有外排空气和污水过滤或消毒措施的手术室内进行,或参照新型冠状病毒感染尸检工作,在移动手术方舱的基础上,建立负压生物安全尸检方舱,进行微创尸检(穿刺检查)等[5]。

3. BSL - 4 解剖实验室

BSL - 4 解剖实验室可参照《实验室生物安全通用要求》(GB 19489—2008),应符合BSL - 3 解剖实验室的要求。BSL - 4 解剖实验室应建造在独立的建筑物内或建筑物中独立的隔离区域内。实验室的防护区应包括防护走廊、内防护服更换间、淋浴间、外防护服更换间、化学淋浴间和核心工作间。

化学淋浴间应为气锁,具备对专用防护服或传递物品的表面进行清洁和消毒灭菌的条件,具备使用生命支持供气系统的条件。

BSL - 4 解剖实验室防护区的围护结构应尽量远离建筑外墙;实验室的核心工作间应尽可能设置在防护区的中部。

应在 BSL - 4 解剖实验室的核心工作间内配备生物安全型高压灭菌器,如果配备双扉高压灭菌器,则其主体所在房间的室内气压应为负压,并应设在实验室防护区内易更换和维护的位置。

BSL - 4 解剖实验室防护区围护结构的气密性应达到在关闭受测房间所有通路并维持房间内的温度在设计范围上限的条件下,当房间内的空气压力上升到 500 Pa 后,20 min 内自然衰减的气压小于 250 Pa。

BSL - 4 解剖实验室应同时配备紧急支援气罐,紧急支援气罐的供气时间应不少于60 分/人。生命支持供气系统应有自动启动的不间断备用电源供应,供电时间应不少于60 min。供呼吸使用的气体压力、流量、含氧量、温度、湿度、有害物质的含量等应符合职业安全的要求。生命支持系统应具备必要的报警装置。

应在Ⅲ级生物安全柜或相当的安全隔离装置内进行取材等操作,同时应具备与安全隔离装置配套的物品传递设备以及生物安全型高压蒸汽灭菌器。

8.2.2.3　尸体解剖设备与防护装备

1. 尸体解剖设备

解剖台应选用台面简单的一体压模成型碟面浅漏斗型,不积水,不易藏污纳垢,便于清洁和消毒,周围最好有防液体外溅的围护及负压抽气设备;对常规解剖器械、称量用具等,建议采用不锈钢材质,应防腐、防锈、便于消毒与清洁;标本固定液(4% 中性甲醛);检材存放容器(供组织病理学、电镜、毒物分析、微生物学、血清学等检查);应有防渗漏尸体袋,必要时应匹配为生物安全相关死亡尸检特制的一次性安全防护袋。

2. 病理实验室设备

应在专用冰箱或专门区域内放置尿液、血液等样品,单独隔离并防止冻裂;离心感染性物质时,需使用密封管(建议使用带螺口的塑料管,以防止破裂)及密封的转子或安全桶,使用期间用护罩盖住;使用螺口盖的样本瓶可有效防护气溶胶泄漏。组织取材、打开容器盖子及其他处理应在设有专用抽气设备(如生物安全柜)的取材台上操作。

3. 个体防护装备[6]

针对二级生物安全防护,应含工作服、医用外科口罩、一次性医用圆帽、乳胶手套、鞋套。身体防护面积应达到体表面积的 80% 以上。

针对三级生物安全防护,应含连体式防护衣、N95 及以上级别防护口罩、护目镜、防护面罩、防护鞋套、乳胶手套(至少 2 层)、棉线手套、防割手套,加穿一次性使用防渗透手术衣或隔离衣。如操作时存在液体喷溅的可能,则应加戴全面型呼吸防护器。一旦受污染,则应立即更换。有条件的,可以佩戴动力空气净化器,以便于开展尸检工作。身体防护面积应达到体表面积的 95% 以上。

针对四级生物安全防护,应用多层医用防护服、全面式医用防护口罩(相当于 N95 及以上级别防护口罩 + 防护面罩)、护目镜、防护鞋套、乳胶手套(至少 2 层)、棉线手套、防割手套、一体正压防护服、生命支持系统(新鲜空气双气源系统、管道系统)。身体防护面积应达到体表面积的 100% 。

8.2.3　尸体解剖的一般原则

对确定为生物安全相关死亡的尸体解剖工作,应在做好个体防护的前提下进行。对生物安全相关死亡的尸体进行解剖时,应按照《法医学　尸体检验技术总则》(GA/T 147—2019)的标准对尸体进行法医学解剖,同时对整个解剖过程进行详细的记录、拍照,必要时进行摄像。对各种生物安全相关死亡案例原则上均应进行全面、系统的尸体解剖,即常规对尸体进行颅腔、胸腔、腹腔等主要腔室及器官和其他应解剖的部位进行全面的解剖检验。若个别案例有尸体损毁严重等特殊原因,则可仅对尸体的某一(或几处)局部进行解剖检验,如颅腔、胸腔、腹腔、脊髓腔、关节腔、四肢、背臀部或会阴部的剖验。

此外,应根据生物安全死亡案件的种类,不同致死病因的临床表现、流行病学、致病机制等,对重点解剖部位、重点脏器进行检验、取材,对检材进行病理学/毒理学/微生物学检查。对重点器官、组织进行解剖,如新型冠状病毒感染/流感病毒肺炎死者应重点检查肺脏,观察是否有典型新型冠状病毒感染/流感病毒肺炎的病理学改变。对重点部位进行取材,如对 HIV 感染死者重点检查骨髓、脾脏、淋巴结,对 HCV 感染死者重点检查肝脏。在对重点器官进行检查的同时,也应对其他器官常规取材检验,以探究其发病机制并排除因其他系统疾病所致的死亡。

以新型冠状病毒感染为例,对死者的解剖重点部位应在肺部、胸腔,同时应对心、肝、肾、脑、肾上腺、消化道等器官进行检查、取材。对肺部进行检验取材时,可以对直视下的炎症病灶进行取材,对有临床资料者,可参考肺部影像表现,对影像病灶对应的部位应进行重点检查[7]。

在进行尸体解剖时,应遵从以下原则。

(1)操作应轻柔,以防止液体飞溅,防止气溶胶产生。

(2)验尸时,应尽可能减少仪器、设备和器械的使用。

(3)应在配备负压抽风设备实验室进行尸检。

(4)切勿用手传递仪器、设备和器械,应当始终使用托盘。

(5)如有可能,则应使用一次性仪器、设备和器械。

(6)应尽量减少在场人员数量。

(7)应合理安排检验后备人员,分批作业,降低每个操作者的平均暴露时间。

(8)应直接原位取材,避免对脏器的反复切割,降低暴露风险[8]。

8.2.4 尸体解剖的流程与注意事项

8.2.4.1 尸检人员要求

主检人员原则上应由具有高级职称任职资格的法医病理学专业人员或临床病理医师担任。参与检验者应具有良好的生物安全意识,检验团队应具有健全的规章制度和规范的技术操作规程,检验前应制订周密的尸体解剖查验和职业暴露的应急预案。为安全起见,解剖时应至少 2 人同时在解剖室内,但一般应限制在 5 人以内。如有可能,则对所有参与尸检的工作人员都应进行免疫接种和体内抗体状况检查,或服用可有效预防感染的药物,并定期进行血液检测、胸部 X 线筛查等医学监测。如有必要,则应保存一份活动日志,包括所有参与尸检和清理尸检室的人员的姓名、日期和活动轨迹,以方便日后的追踪与跟进。

8.2.4.2　尸体解剖流程

按照伦理要求,进行尸检前需与死者家属签订知情同意书,对死者及其家属的信息应保密,可适当进行面对面沟通,并做好拍照和记录。

一般而言,尸检需在防渗漏透明安全尸检袋中进行,或将背面防水、表面可吸收液体的单子铺在解剖台上,用塑料或一次性塑料垫布盖住器械托盘、操作面、秤盘,用胶带连接接缝[9]。

检验人员应明确分工、密切配合,规范、谨慎、轻柔操作,应特别注意规范使用和摆放解剖器械,切实避免刀、剪、缝针、抽血(液)穿刺针及注射器、骨折断端等刺破手套及刺伤皮肤。同一时间仅允许一人做体腔检查、仅打开一个体腔,不建议使用电锯开颅或开胸,可用手工锯和骨剪,以减少气溶胶的产生,若要使用电锯,则需用塑料袋包裹,以吸附气溶胶。也有检验人员使用开颅盒进行开颅操作,该盒五面密闭,底面开放,靠近底面的一面上有 2 个圆孔,有利于伸入手臂进行操作。采用干性解剖,不用水冲洗,多用毛巾等吸水物品吸净液体,以防止外溢。

根据生物安全相关死亡案件中死者的临床表现、流行病学、发病机制,除做好常规检验和样本提取外,建议重点观察、检验、取样的部位包括呼吸系统(含鼻腔黏膜、口腔黏膜、咽喉部、气管、主支气管、叶支气管、细支气管、各肺叶及呼吸道分泌物等)、免疫系统(含胸骨的骨髓、脾、胸腺、纵隔、消化道及腹腔淋巴结等)、心血管系统(含心、大血管、心血及心包液等)、消化道系统(含食道、胃、小肠及大肠各段、阑尾、肝、胆囊、粪便及胆汁等)、内分泌系统(含垂体、甲状腺、肾上腺及胰腺等)、泌尿系统［含肾脏(尤其是髓质区域)、输尿管、膀胱、尿道及尿液等］、生殖系统(含睾丸、前列腺、卵巢及子宫,若为孕妇,则还要检查脐带、胎盘、胎儿)、神经系统(含大脑皮质、下丘脑、海马、脑干及小脑等)、皮肤、泪腺等。

尸体解剖完毕,应在解剖操作间对防护服和手套进行初次消毒。在半污染区,采用洗刷与喷淋结合的方式对防护服、面罩及手套表面进行彻底消毒。依次脱掉防护服、手套和面罩。对尸体衣着及尸检所用纱布、毛巾等物品,应及时消毒并用专用包装袋包装,与尸体一并焚化。

8.3　组织病理学与毒理学检查

对生物安全相关死亡尸体进行组织病理学检查和毒理学检查是非常必要的。主要受损脏器的组织学改变既可提示其死亡原因,还可从形态学角度揭示病变发生、发展及转归的基本规律。在重大传染病死者的尸体解剖中,脏器病理学改变可以提示致病原的种类及其主要侵犯器官,病理学结果能指导进一步的病原学检测检查。毒理学检查既可排除药、毒物所致死亡,还可对接受临床诊疗的死者尸体进行脏器水平的药物浓度检测,结合脏器病理学改变,可对药物作用于靶器官的效应进行精准评估,从而对临床治疗方案及其疗效进行反馈。

8.3.1　组织病理学检查

8.3.1.1　组织病理学检查概述

组织病理学检查是指用以检查机体器官、组织或细胞中的病理改变的病理形态学方法,它主要通过观察其病变,探究病变产生的原因、发病机理、病变的发生和发展过程,最后做出病理诊断。目前,组织病理学检查主要有光学显微镜组织形态学检查、免疫组织化学检查、电子显微镜超微结构检查、分子生物学检查等。

组织病理学检查是对死者死亡原因进行鉴定时不可或缺的重要步骤。对获取的病理学检材进行组织病理学检查可以明确死因,同时可以研究器官的主要病理变化,了解病原致病机制,指导临床诊疗方案的调整。获取病理学检材可以通过尸体解剖取材,亦可以通过穿刺取材[10]。组织病理学检查显示的脏器病变模式可以提示感染病原类别,如细菌性肺炎主要表现为大叶性肺炎、支气管肺炎,病毒性肺炎主要表现为间质性肺炎。

以新型冠状病毒感染为例,对获取的检材进行组织病理学检查有助于了解脏器主要病理变化,分析致病原,必要时可开展免疫病理学检查,以研究其发病机制。临床研究显示,新型冠状病毒感染患者血清中部分炎症细胞因子水平上升(白细胞介素 – 2、白细胞介素 – 7、白细胞介素 – 10、粒细胞集落刺激因子、γ 干扰素诱导蛋白 – 10、单核细胞趋化蛋白 – 1、巨噬细胞炎性蛋白 1A、肿瘤坏死因子 – α 等)。为探究其免疫病理学改变,有学者对 1 例危重型新型冠状病毒感染患者肺移植所切除的肺脏标本进行了免疫组织化学检查,结果发现,特异性标记的免疫细胞在病灶区明显聚集。

8.3.1.2　病理检材的提取、固定、保存、送检和取材

生物安全相关死亡或疑似生物安全相关死亡尸体的病理检材的提取、固定、保存、送检和取材的步骤、内容参照《法医学　病理检材的提取、固定及保存规范》(GA/T 148—2019)操作执行,并根据生物安全风险评估等级进行生物安全防护。

1.病理检材的提取

病理检材的提取方法主要为尸体解剖与穿刺取材。尸体解剖操作详见 8.2 节,穿刺取材是通过穿刺设备对可疑病灶穿刺,以获取组织并进行病理检查,在解剖条件受限或者不能进行解剖的情况下,尤其是当死者有全身广泛性感染时,可进行穿刺,以提取必要的组织、体液样本进行检验。

解剖过程中应尽可能完整、全面地提取病理检材,涉及病原学检测的检材,每采集一

个部位应更换新的消毒器械,避免提取过程中发生样本污染。针对不同类别的生物安全相关死亡案件,提取检材的侧重点不同。如呼吸系统的传染病如非典型肺炎、新型冠状病毒感染等,在提取时就更侧重于气管、支气管、左肺、右肺及毗邻组织等,中枢神经系统的传染病如病毒性脑膜炎等,在提取时则侧重于脑组织、硬脑膜等。在涉及非病原微生物感染的生物安全相关死亡时,如新型生物材料植入人体后发生排斥致死,则需对该生物材料及植入部位周围组织进行提取分析。生物安全相关死亡提取检材类别繁多,需要根据具体案情制定对应方案处理,必要时,在尸检前应咨询相关专家或参阅文献,制定详细的取材方案。

2. 病理检材的固定与保存

所取样本,根据不同的用途(病原学、电镜检验、冷冻切片等)进行固定和保存。需做病原学基因检测的样本(分泌物、组织块)放入 HANKS 液中保存(12 h 内送检的,标本可放在冰块上传送;12 h 以上送检的,标本需冷冻保存);需冷冻的组织可切成长宽高约1.5 cm 的组织块放入带螺口的塑料瓶内,冻存于 - 70 ℃低温冰箱或液氮中;需做电镜检查的组织可切成长宽高约 0.3 cm 的组织块放入 3% 戊二醛中固定。而用作组织学检查的检材,可将病变器官或组织或切取长、宽、高 3 ~ 5 cm 的组织块放入磷酸缓冲液配制的4% 甲醛或多聚甲醛液(pH 值 7.2 ~ 7.4)中固定 48 ~ 72 h(如组织块较大或完整器官,建议至少固定 24 h 后,更换固定液,再固定数日至 1 周)[8]。固定完成后需及时对容器表面进行消毒,保存处也需要进行消毒。

3. 病理检材的送检

尸检器官、组织标本离开解剖间后需对其表面或封装容器表面进行彻底消毒,在半污染区,对所有标本的封装容器表面进行再次消毒与封装,由专门标本运输通道传出。运输过程中,需用专用容器或包装袋(做好物证唯一性标识,如委托或送检单位、部位、时间、案件号,并标注生物安全相关死亡案件的类别与生物安全防护等级),对暂存处也需要进行消毒。

4. 病理检材的取材

在生物安全防护三级及以上的死亡案件中,对新鲜血液及未经福尔马林固定组织标本的取材要求在生物安全防护三级及以上的操作台进行;其他取材则在生物安全防护二级及以上的操作台进行。对取材实验室用含氯消毒液或酒精进行环境物体表面和地面消毒,对空气消毒采用紫外线消毒。固定后,对标本可按常规取材,取材后,将标本放回标本袋加固定液固定、密封。

8.3.1.3　组织病理学检查的内容

将组织脱水取出后,立即对脱水机表面及其周围环境进行消毒。将组织包埋后,立即用含氯消毒液对包埋环境、空气和包埋机进行消毒。进行组织切片前,应使用酒精或含氯消毒液(消毒后需清洗)淹没浸泡,取出晾干后进行后续操作。对切完的蜡块应及时封蜡,封蜡完成后,放在酒精或含氯消毒液中浸泡 30 min。对切片机与镊子等应及时进行清理消毒。进行组织染色时,在仪器使用前后,均应使用酒精或含氯消毒液进行喷洒消毒。

1. 形态学检查

组织切片的形态学检查,即经常规 HE 染色和胶原纤维染色(Masson 染色)、弹力纤维染色、脂质染色等其他特殊染色后在显微镜下观察组织、细胞形态结构的改变,如细胞坏死、纤维化、炎症改变等。HE 染色作为最常用的染色方法,将细胞核的染色质与细胞质内的核酸染成紫蓝色,将细胞质和细胞外基质成分染成红色,主要用于观察细胞的一般形态、鉴别细胞种类等;Masson 染色作为特殊的染色方法之一,将胶原纤维染成蓝色,使之与细胞其他成分区分开来,常用于观察病变时胶原纤维的变化;弹力纤维染色主要用于观察弹力纤维有无增生、肿胀、断裂、破碎及萎缩或缺如等病变;脂质染色常用苏丹染料,用于检查病变细胞中的脂滴、鉴别脂肪栓塞等。

以 SARS 为例,SARS 患者主要的肺部病理改变是弥漫性肺损伤(diffuse alveolar damage,DAD)。根据病情的进展,可将 DAD 分为渗出期、增殖期以及纤维化期,各期之间并不完全分离,组织学改变可重叠。一般症状出现后 2 周内采集的样本呈急性渗出期表现,2 ~ 3 周期间采集的样本可出现渗出期、增殖期表现,第 4 周后采集的样本呈增殖期、纤维化期表现。10 d 或更短时间死亡的 SARS 病例呈渗出期,表现为肺泡间隙水肿、细支气管纤维蛋白渗出,10 ~ 20 d 死亡的 SARS 病例呈增生期,表现为 Ⅱ 型肺泡上皮细胞增生、支气管上皮鳞状化生、多核巨细胞增生。

2. 免疫组织化学检查

免疫组织化学检查是应用免疫学基本原理——抗原抗体反应,通过化学反应使标记抗体的显色剂(荧光素、酶、金属离子、同位素)显色来确定组织细胞内抗原(多肽和蛋白质),对其进行定位、定性及相对定量的方法。根据标记物种类的不同,可将免疫组织化学检查分为免疫荧光法、免疫酶法、免疫铁蛋白法、免疫金法及放射免疫自显影法等。在生物安全相关死亡案件中,许多种类的细菌、病毒等病原体感染人体后均可引起不同程度的免疫系统病变,而借助免疫组织化学技术可在显微镜下观察免疫细胞的变化。例如,通过免疫组织化学技术、原位杂交技术可发现 SARS - CoV 感染以 T 细胞为主,其余 B 细胞、NK 细胞也有,各类型免疫细胞的数量均有明显减少。另外,根据细菌、病毒等病原体表面特异蛋白,通过免疫组织化学技术可观察病原体在人体组织细胞中的分布情况。

3. 电子显微镜检查

电子显微镜检查一般可分为透射式电子显微镜检查与扫描式电子显微镜检查。前者常用于观察那些用普通显微镜不能分辨的细微物质结构,后者主要用于观察固体表面的形貌,也能与 X 射线衍射仪或电子能谱仪结合,构成电子微探针,用于物质成分的分析。在生物安全相关死亡中,电镜检查可用于病变脏器组织中感染病原体的筛查。有学者在 1 名 SARS 患者肺活检组织中,利用电子显微镜检查发现其肺细胞中有大量的病毒颗粒,这些病毒颗粒有许多在与膜结合的小泡内,为球形,呈包膜状,表面有尖刺状的突起,中心有粗糙的电子致密物质团块,多数直径在 60 ~ 95 nm(图 8.1)。

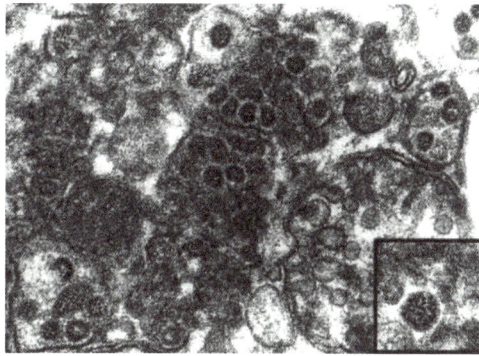

图 8.1　SARS 患者肺活检组织在电子显微镜下显示细胞质内有病毒颗粒[11]

8.3.2　毒理学检查

毒理学的研究对象包括化学物质对生物体的毒性反应、严重程度、发生频率和毒性作用机制,以及对毒性作用进行定性评价和定量评价。而毒理学检查是测定有毒物质接触或进入机体后,能引起生物体损害的性质和能力的大小,可通过动物试验或其他方法检测。临床与法医学实践中,尤其是当涉及药物、动植物源性毒物中毒等案件时,进行毒理学检查十分必要。生物安全相关死亡中就有不少与药、毒物相关,如危险化学实验室中强酸、强碱对实验人员的强腐蚀作用,海洛因等毒品对吸毒人员心血管、神经中枢的毒害作用,误食、接触有毒动植物中毒等。对尸体常规开展毒理学检查既有助于排除药、毒物相关死亡,还有助于进行临床治疗药物的毒性评估[12]。

在生物安全相关死亡案件中,动植物源性毒物中毒死亡并不少见,常见原因有医源性或非法行医用药中毒、误食或过量用药、食品加工不当等。在对疑似中毒尸体进行检验的过程中,取材时需要注意收集胃液、胃呕吐物、残余药片等,对重要脏器进行组织病理学检查,必要时可复制中毒动物模型,以验证毒物是否存在。常见有毒植物中的有毒成分为生物碱类、含苷类、毒蛋白多肽、含萜与内酯,如乌头属植物中含有的毒性成分主要是乌头碱等,进行尸检时,应注意收集胃中可见的中药状残渣和粉末,并采取当地乌头类植物或药材作为对照。常见有毒动物中的有毒成分为生物碱、苷类、有机胺类、多肽等,如蛇毒中的毒性多肽、膜活性多肽,进行尸检时,需格外注意咬痕,并对神经系统、心脏、横纹肌、肾脏进行免疫学检查,检测血液蛇毒抗体。

另外,毒理学检查还可用于评估传染病临床治疗中的用药毒性。在新型冠状病毒感染流行早期,有研究结果表明,在体外培养的细胞系中磷酸氯喹可以有效抑制 SARS - CoV - 2 感染,可能对新型冠状病毒感染患者的治疗有效[13]。相关临床研究证明,氯喹治疗可缩短新型冠状病毒的排毒时间。然而,因为使用氯喹时可发生不良反应,所以 2020 年 5 月 25 日 WHO 曾暂停在"团结试验"中使用羟氯喹。尽管 2020 年 6 月 3 日 WHO 又决定恢复羟氯喹抗新冠病毒试验,但是 2020 年 6 月 17 日,WHO 宣布停止在"团结试验"项目中使用羟氯喹分支试验,理由是该药物未能降低新型冠状病毒感染患者的病死率,同时会造成多种器官损伤。氯喹类药物在临床应用中可导致包括心脏毒性、眼毒性在内的多种急性或慢性不良反应。一项对高剂量与低剂量二磷酸氯喹作为辅助治疗新型冠状病毒感染住院患者的效果的双盲随机平行对照试验研究发现,在研究的第 13 日,高剂量二磷酸氯喹(600 mg,每日两次,10 d)组比低剂量组死亡率更高(39.0%/15.0%),高剂量组出现更多 QTc 间期大于 500 ms(18.9%/11.1%),这提示将高剂量二磷酸氯喹应用于治疗重症新型冠状病毒感染患者会产生不良后果。

除氯喹外,在传染病患者的治疗中,药物对脏器的损伤并不少见。如利巴韦林在治疗 SARS 中发现有剂量依赖性的肝毒性(转氨酶升高)与血液毒性(溶血性贫血);有研究指出,长期服用利巴韦林治疗丙型病毒性肝炎可能会出现严重的药物肝毒性反应;类似地,应用利巴韦林与干扰素治疗 MERS 时,40% 的患者需要接受血液透析。这提示洛匹那韦和利托那韦等新型冠状病毒感染治疗候选药物同样存在潜在毒性。

因此,在对生物安全相关死亡(尤其是对诊疗过程中出现药物不良反应的)死者进行尸检时,应结合其病史以及用药史,对血液、尿液、肝、心、肾等检材进行相应的药、毒物分析,评估脏器药物浓度。毒理学分析结果达到中毒阈值提示药物过量或有药物代谢障碍。因此,上述检测有助于评估药物作用于靶器官的效应,并对临床治疗方案及其疗效进行某些反馈。

8.4 病原学检查

病原学检查是判断死者是否属于生物安全相关死亡的重要手段。在生物安全相关死亡案件中,自然源性、实验室源性、生物武器等导致的死亡均与病原微生物有关,病原学检查有助于发现与报告重大传染病、追踪病原体感染源头、研究病原体种类及变异情况、研究病原体致病机制等,为临床诊疗、法医学检验防护提供依据。

8.4.1 病原学检查概述

病原学检查是指利用病原微生物学的基础理论、技能以及临床微生物学的基本知识,在掌握各类与感染性疾病密切相关的致病性细菌、病毒等微生物检验方法的基础上,通过系统的检验(包括病原微生物的形态学、免疫学试验以及分子生物学等检验)方法,及时而准确地对感染性疾病做出病原学诊断报告。

19 世纪末,德国微生物学家罗伯特·科赫提出对传染病病病原体进行鉴定的一套方法——科赫法则(Koch postulates),其内容包括:①致病微生物必须存在于患病的所有宿主生物体内,而不存在于健康生物体内;②从患病生物体内可分离到该微生物的纯培养物;③将培养物接种至健康宿主体内时,同样的疾病必定再次发生;④从人工接种的宿主中,可再次分离得到这种微生物的纯培养物。随着生命科学理论与技术的创新与发展,目前对微生物的鉴定已经不再局限于科赫法则,免疫学及分子生物学等检验技术能便捷地鉴定出病原体,并能根据遗传学特征对其进行溯源、监控病原的变异情况。

8.4.2　病毒的病原学检查

8.4.2.1　形态学检查

病毒的形态学检查主要有光镜观察与电子显微镜观察这 2 种方法。最为简便的即对组织进行常规 HE 染色后在光镜下进行观察。对检材进行 4% 中性甲醛固定,石蜡包埋,连续切片,完成 HE 染色后进行观察。检材组织学表现为病毒感染的一般特征,在增生的上皮细胞或多核巨细胞内发现病毒包涵体(即呈球形、类似红细胞大小、嗜酸性染色、带空晕的均质无结构小体)即提示病毒感染。此外,还可对组织进行特殊麦氏(Macchiavello)染色,以观察病毒包涵体,该方法常用于检测立克次氏体。

利用透射电镜(transmission electron microscope,TEM)可以直接观察到病毒的形态特征。透射电镜不同于一般的光学显微镜,其分辨率可达 0.2 nm。对病毒进行电镜检查前的检材处理流程如下:应用 2.5% 戊二醛溶液固定,然后再用 1% 锇酸固定,进行梯度脱水、浸透、环氧树脂制剂 Epon812 包埋、半薄切片甲苯胺蓝定位,再做超薄切片,厚度为70~100 nm,再进行柠檬酸铅染色、醋酸铀染色、铜网染色,然后上电镜定位观察。应用透射电镜可直接观察到病毒,是病毒鉴定证据链中重要的一环。病毒包涵体粒子的形态根据病毒类型的不同而有所不同,如疱疹病毒可见核心颗粒或核衣壳颗粒,麻疹病毒及副黏病毒可形成一堆微管,腺病毒有由六角形颗粒组成的晶格排列,也有由棒形或线形组成的虫样小体。病毒的形态可提示其种类,对病毒的种属鉴定意义重大。

8.4.2.2　病毒的分离与培养

由于受到样本储存、切片制备以及观察方法等的影响,观察者有时并不能在组织切片中观察到病毒颗粒。即便在镜下观察到病毒颗粒的存在,也不能通过组织标本准确地判断病毒的种类。因此,对病毒的分离、纯化、鉴定显得尤为重要。

进行病毒分离时,传代细胞系、原代细胞是常用的分离方法,动物接种、鸡胚接种必要时也可用于病毒分离。对分离成功的病毒,首选细胞培养的方式进行扩增,动物、鸡胚和组织也可用于病毒扩增培养,培养后的纯病毒可用于鉴定、分型、感染特性和致病特性等研究。在对组织中病毒进行纯化时,应按以下步骤进行:将组织研磨后制成悬液,离心去除组织块,取上清液,经滤膜过滤和青霉素、链霉素除菌后,接种于传代细胞,如非洲绿猴肾单层细胞(Vero 细胞)或 293 细胞等,恒温培养,传 2 代后镜检细胞病变,确定病毒滴度。

8.4.2.3　核酸检测

对病毒进行分离、纯化后,可进行病毒核酸检测,核酸检测是病毒病原学检测中最关键的一种手段,包括全基因组测序和核酸特异性片段检测。病毒 RNA 的来源通常是组织标本的直接提取物,常用的核酸检测方法可分为核酸测序和核酸原位杂交(in situ hybridization,ISH)2 种。核酸检测的目标基因片段有编码核衣壳蛋白(N)、包膜蛋白(E)以及刺突蛋白的 N 区和 S 区的基因片段,这些片段高度保守,具有特异性,检出率较高,如 SARS – CoV – 2 的核酸检测主要检测基因组中的开放读码框 1ab(open reading frame 1ab,ORF1ab)、包膜蛋白(E 蛋白)和核衣壳蛋白(N 蛋白)。目前核酸检测的主要技术有逆转录聚合酶链反应(reverse transcription – polymerase chain reaction,RT – PCR)与不依赖温度循环的反转录环介导等温扩增(reverse transcription loop – mediated isothermal amplification,RT – LAMP)等。微阵列核酸杂交(nucleic acid Hybridization using microarray)、基因组测序等高通量核酸检测技术具有较好的应用前景。对病毒进行核酸检测可以追溯病毒暴发源头、监测跟踪病毒变异情况,及时反馈给临床用药治疗与疫苗研发。

8.4.2.4　免疫学检查

核酸检测对设备要求较高,检验时间较长,难以达到快速鉴定的要求。基于免疫学原理的病毒抗原与特异性抗体检测可迅速检出病毒标志物,并与核酸检测结果相互补充。检测方法包括免疫组织化学法、WB、免疫胶体金法、免疫荧光法、化学发光免疫分析法、磁微粒化学发光法等。血清学检测特异性抗体往往检测的是 IgG 与 IgM,应用的技术有胶体金免疫层析法、磁微粒化学发光法、免疫荧光法和 ELISA 等。通过外周血快速筛查 SARS – CoV – 2,灵敏度和特异性可分别达 88.66% 和 90.63%。

免疫组织化学法可通过抗原抗体结合显色反应来确定感染组织细胞中病毒定位、定性以及相对定量;WB 可通过特异性抗体对凝胶电泳处理过的细胞或组织样品进行着色,分析着色的位置和着色深度,获得病毒特定蛋白在所分析的细胞或组织中的表达情况;免疫胶体金法是以胶体金作为示踪标志物应用于抗原抗体的一种新型的免疫标记技术,相较于其他免疫学方法更加简便快捷;免疫荧光法是将免疫学方法与荧光标记技术结合起来研究特异蛋白抗原在细胞内分布的方法,可通过不同荧光颜色(黄绿色、橘红色)显示病毒在组织细胞中的分布;化学发光免疫分析法是将具有高灵敏度的化学发光测定技术与高特异性的免疫反应相结合用于检测抗原、半抗原、抗体、激素、酶、脂肪酸、维生素和药物的方法，与传统免疫学检测技术相比灵敏度更高、特异性更强、检测范围更宽；磁微粒化学发光法结合了磁微粒载体技术与化学发光免疫检测技术，取代传统酶标板，以悬浮性磁微粒作为载体，使之更充分地与抗原抗体复合物结合，在外加磁场的作用下更加灵活、灵敏地进行检测。

8.4.2.5　病原学检查在 SARS - CoV 与 SARS - CoV - 2 上的应用

在 2003 年 SARS 流行时，在中国、加拿大、美国、德国和新加坡等国家和地区的通力合作下，研究者先后从 SARS 患者检测标本中成功分离到病毒（SARS - CoV）。SARS - CoV 的发现也是基于科赫法则，研究者在 SARS 患者身上取得临床标本，并将标本接种于体外细胞系，通过对细胞的病理学检查发现细胞病变，利用电镜观察到病毒形态，根据基因组分析得到其基因序列，从而发现一种新的冠状病毒。后来，有研究者使用病毒感染动物，在动物模型体内模拟出了 SARS 样改变，更进一步证实 SARS - CoV 的致病性。此外，临床研究者在恢复期患者血清中发现病毒抗体，血清抗体检测成为 SARS - CoV 感染的间接证据，成为 SARS 诊断重要临床指标。

分子生物学技术在 SARS - CoV - 2 的发现中起到重要作用。2020 年，张永振等[14]通过收集一名武汉华南海鲜市场工作人员的呼吸道样本，从中鉴定出一种新型 RNA 病毒，利用高通量测序技术确定了该 RNA 病毒的基因组，并发现该病毒基因组与蝙蝠体内发现的冠状病毒有 89.1% 的相似性，研究团队在病毒学网站发布了所获得的新型冠状病毒。高福等[15]基于科赫法则鉴定了引起新型冠状病毒感染的病毒——SARS - CoV - 2，该研究从武汉金银潭医院收集了 3 份支气管肺泡灌洗液样本，提取 RNA 并进行高通量测序，获得大量病毒拷贝，将其从临床标本中分离后接种于人呼吸道上皮细胞，在电镜下观察到病毒，将接种后的细胞进行测序，获得了冠状病毒序列。在鉴定新的致病病原体时，分子生物学方法可以快速地对可疑病原体进行序列分析，并根据进化特征对其进行溯源，然而要严格证明病原体与致病性的关系，科赫法则仍值得实践。另外，免疫学检查应用于 SARS - CoV - 2 的筛查也较多。SARS - CoV - 2 的抗原检测通常针对其 S 蛋白与 N 蛋白，目前市面上已经有可用的抗 S、N 蛋白的单克隆抗体。多个研究团队研发了基于以上各方法的单人份快速抗体测试卡，操作简单，易观察，均有望应用于法医现场快速检测。另有研究采用 ELISA 检测基于 SARS - CoV - 2 的 rS、rN 的重组蛋白的 IgM 和 IgG 抗体，结果显示，基于 rN 和 rS 的抗体（IgM/IgG）检测阳性率分别为 80.4% 和 82.2%，且检测阳性率随着患病天数的增加而增加。ELISA 灵敏度高，尤其适用于患病 10 d 后患者血清标本的检测，可作为新型冠状病毒感染诊断的重要补充方法。

然而，死后变化对病原学检测的结果有较大的影响。一方面，若死亡时间过长，死后细胞自溶可能造成病毒定位和核酸提取困难，广泛存在的 RNA 酶会使不稳定的病毒

RNA 大部分降解,导致可获取的片段过短或过少,无法得到准确的结果;另一方面,机体内蛋白质会在细胞自溶后释放的水解酶和腐败菌的作用下按照一定的规律逐步降解,死亡时间过长,就有可能检测不到特异性抗体或病毒抗原。因此,在提取检验样本时,就需要格外注意保护样本。将组织块制成石蜡切片后,应立即置于4%甲醛溶液或2.5%戊二醛溶液中固定保存。若直接进行病毒核酸分析,则对组织块应用装有病毒灭活液的保存管保存并立即在2~8℃下转运送检,对不能立即检测的需在4℃环境中或冰上短期保存,对提取的 RNA 样本应储存于 −70℃环境中。对分泌物应使用专用拭子采样后置于含核酸酶抑制剂的病毒保存液中,对拭子与体液样本用一次性密封容器封闭其外包装并用75%乙醇溶液消毒,在4℃环境中保存。对标本需给予特殊标识并应在2~4 h 内尽快送检[16]。

8.4.3　细菌的病原学检查

细菌,根据形状不同可分球菌、杆菌和螺旋菌,根据对氧需求不同可分为需氧和厌氧细菌,据细胞壁的组成成分可分为革兰氏阳性菌和革兰氏阴性菌。因为细菌形状多样,生化、代谢特性不同,所以对其进行病原学检查的方法也有许多。同病毒一样,细菌的病原学检查也包括形态学检查、分离与培养、免疫学检测等,但不同于病毒,细菌的病原学检查还包括药物敏感试验、生化反应等。

细菌的标本采集原则为早期采集、无菌操作、根据目的菌的特征用不同的方法采集、适量采集、安全采集。标本种类有血液、脑脊液、痰液、尿液、粪便、生殖道标本等。对不同标本进行采集与存放方法有所不同,如血液标本的采集部位多为肘静脉,对疑为菌血症的患者应在不同部位采集 2 或 3 份标本,采集后应立即送检或在室温中保存;脓液标本采集用拭子采集法或切开排脓法,采集厌氧菌需要注意避开正常菌群污染以及从采集至接种前应尽量避免接触空气;通过腰椎穿刺术获取脑脊液后,应立即送检,不能超过1 h;采集痰液时,需要注意生物安全防护(尤其是对疑似呼吸道传染病 SARS、新型冠状病毒感染等);采集粪便时,应收集脓血、黏液部分,若有消化道溃疡,则应取胃窦和胃体等部位的胃黏膜活检标本;采集尿液时,应采集早晨清洁中段尿标本,必要时可经导尿或膀胱穿刺留尿标本。

8.4.3.1　形态学检查

完成细菌标本采用涂片后直接进行形态学检查,是诊断很多感染性疾病最基本和最快速的方法。标本涂片分直接涂片、漂浮集菌、离心沉淀和 KOH 处理涂片法。抗酸杆菌涂片可分为直接涂片、漂浮集菌、离心沉淀 3 种涂片法,阳性检出率以离心沉淀法最高,漂浮集菌法次之,直接涂片法最低。对一般细菌采用直接涂片法,即将标本直接均匀地涂抹在玻片上。染色方法分为常用染色法和特殊染色法 2 种。常用染色法有革兰氏染色、抗酸染色、荧光染色等;特殊染色法有鞭毛染色、荚膜染色、异染颗粒染色、芽孢染色、墨汁染色等。革兰氏染色常用于一般细菌染色;抗酸染色和荧光染色适用于抗酸杆菌染色;异染颗粒染色适用于棒状杆菌和某些芽孢杆菌的检测;墨汁染色适用于体液、灌洗液及支刷物中隐球菌的检测。

8.4.3.2 细菌的分离与培养

根据送验标本的性质和培养目的,选用适合不同细菌生长的培养基和培养条件。细菌的分离方法有平板划线分离法、斜面接种法、液体接种法、穿刺接种法、倾注接种法、涂布接种法等。细菌的培养方法有需氧培养、厌氧培养、二氧化碳培养等。平板划线分离法分连续划线分离法与分区划线分离法 2 种,前者适用于杂菌量不多的标本,后者适用于杂菌量较多的标本;斜面接种法主要适用于单个菌落的纯培养、保存菌种或观察细菌的某些特性;液体接种法多用于一些液体生化试验管的接种;穿刺接种法主要适用于半固体培养基、明胶及双糖管的接种;倾注接种法用于测定牛乳、饮水和尿液等标本中的细菌数;涂布接种法既适用于纸片法药物敏感性测定,也适用于被检标本中的细菌计数。需氧培养为实验室常用的方法,即将接种的培养基放置于 25 ~ 35 ℃的温箱内 24 ~ 72 h 的方法,适用于一般需氧菌和兼性厌氧菌的培养。厌氧培养的常用方法有厌氧罐法、气袋法及厌氧箱法 3 种。CO_2 培养的条件是 5% ~ 10% 的 CO_2 环境,常用方法为 CO_2 培养箱和烛缸法。

8.4.3.3 生化反应与药敏试验

在将细菌进行分离、培养后,可对其进行鉴定。根据细菌生化代谢的不同,可利用生化反应鉴定细菌种类,包括不限于碳水化合物的代谢试验、蛋白胨和氨基酸的代谢试验、碳源和氮源得用试验、酶类试验等。另外,可根据抗菌药物在体外对细菌有无抑制作用进行药物敏感性试验。各种致病菌对不同抗菌药物的敏感性不同,同一种细菌的不同菌株对不同抗菌药物的敏感性亦有差异,因此药敏测定结果的正确与否与临床疗效的关系极为密切。另外,药敏测定的结果还可指导传染病感染尸体检验防护。常用的药敏试验法有稀释法、K – B 扩散法、E 测定法(Epsilometer test)等。稀释法是指以一定浓度的抗菌药物与含有被试菌株的培养基进行一系列不同倍数稀释(通常为 2 倍稀释),经培养后观察其最低抑菌浓度。稀释法的最大优点是可以精确测得药物最低抑菌浓度,但需耗费较多材料、人力和时间。K – B 扩散法是根据抑菌圈直径大小与最低抑菌浓度的相关性,结合临床上已知敏感或耐药菌株的状态进行判定,主要适用于生长较快的需氧菌和兼性厌氧菌的药敏测定,但不适用于某些专性厌氧菌等特殊菌种。E 测定法是在琼脂扩散法的基础上改良而成,其操作步骤与琼脂扩散法的相同,可用于营养要求较高、生长缓慢或需特殊培养条件的病原菌的药敏检测,如流感嗜血杆菌、肺炎链球菌、淋病奈瑟球菌等。

8.4.3.4 病原学检查在鼠疫与结核病上的应用

历史上,鼠疫与结核病是极为可怕的重大传染病,均造成了生物安全相关死亡事件。现以鼠疫与结核病为例,介绍细菌病原学检查。

鼠疫的病原体是鼠疫耶尔森菌。鼠疫耶尔森菌的 F1 荚膜抗原具有很强的特异性,是对鼠疫耶尔森菌进行血清学检查的主要标志物。从临床样本(痰、血液、脑脊液及器官取样)中分离鉴定出鼠疫耶尔森菌为确定鼠疫耶尔森菌感染的"金标准",应用穿刺取材可以进行鼠疫病原学检测。鼠疫耶尔森菌可在许多常规使用的培养基上培养,如羊血琼脂。鼠疫耶尔森菌在 26~28 ℃生长最佳。然而,在 37 ℃条件下孵化是 F1 荚膜抗原产生的必要条件,在培养基中分离出 HE 染色下呈革兰氏阴性的多形性杆菌是鉴定鼠疫耶尔森菌的关键步骤,对鼠疫耶尔森菌的分离应在 BSL-3 实验室进行。另外,血清免疫学检测具有快速,便捷等优点,是在流行地区监测和判定流行动态重要方法,F1 荚膜抗体的被动凝血实验与凝血抑制试验是传统的鉴定方法,亦可使用 ELISA 与免疫荧光法对 F1 荚膜抗体进行检测。分子生物学技术也可用于鼠疫耶尔森菌检测,有研究指出,PCR 扩增检测对 F1 荚膜抗原基因 *caf1* 具有特异性,但易出现假阴性。

结核病是由 MTB 感染引起的慢性传染病。MTB 主要侵犯肺脏,引起肺结核病。MTB 是专性需氧的一类细菌,抗酸染色阳性,无鞭毛,有菌毛,有微荚膜,但不形成芽孢,其细胞壁既没有革兰氏阳性菌的磷壁酸,也没有革兰氏阴性菌的脂多糖。对标本直接涂片或集菌后涂片,用抗酸染色,若找到抗酸阳性菌,即可进行初步诊断。抗酸染色一般用 Ziehl-Neelsen 法,为加强染色,可用 IK(intensified kinyoun)法染色。抗酸染色仅可作为初步筛查结果。有学者对 71 例结核病尸检案例进行了研究,对其中 48 例福尔马林固定肺组织进行了抗酸染色,其中 41 例呈阳性。MTB 抗酸染色见图 8.2。

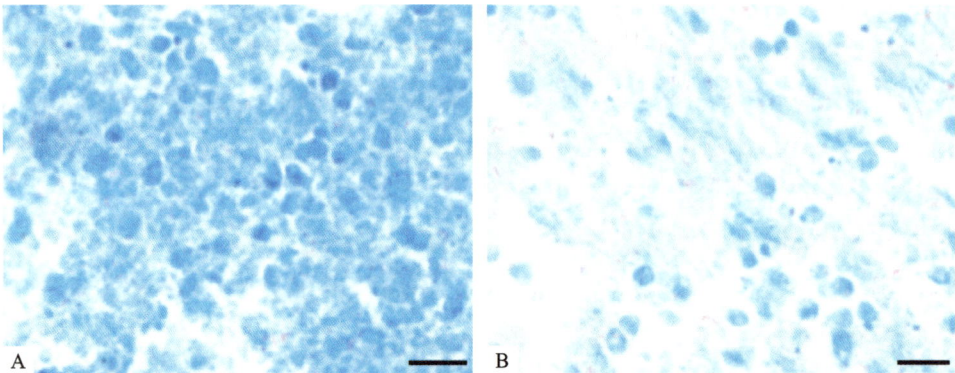

A.肺上叶;B.肺下叶。

图 8.2 肺结核病灶的 Ziehl-Neelsen 染色,可见 MTB 被染成红色[17]

相较于抗酸染色,免疫学检查更加灵敏,细胞免疫介导的 MTBγ 干扰素释放试验

（interferon – γ release assay，IGRA）是近年来采用 ELISA 或酶联免疫斑点试验（enzyme – linked immunospot assay，ELISPOT assay）定量检出受检者全血或外周血单个核细胞对 MTB 特异性抗原的干扰素 – γ 检测释放反应，可用于 MTB 潜伏感染的诊断。另外，分子生物学技术也可用于 MTB 感染检测。转录 – 逆转录协同反应的实时核酸扩增自动检测技术、DNA – DNA 杂交技术等可检测出 MTB 复合体。

8.5　实验室辅助检查

当生物安全相关死亡案件发生时，除需要进行尸表检验、尸体解剖、组织病理学检查、病原学检查外，借助其他实验室辅助检查手段也可为生物安全相关死亡的死因鉴定提供依据，甚至有时可起到决定性作用。随着现代生物技术的不断发展，检测病原微生物、药物、毒物的手段与技术越来越多，在使用更多分析仪器的同时，检测的灵敏度、精确度也在不断提高。其中，毒物分析技术可以精确灵敏地检测、分析毒物及毒品的种类并进行定量，可在鉴定生物安全死亡案件上发挥巨大作用。另外，血常规、尿常规、肝功能检查、肾功能检查等生化检测不仅在临床诊疗上是常规检查流程，在处理生物安全相关死亡案件时亦可能提示死因。

8.5.1　毒物分析

毒物分析是应用化学、药学、医学等学科的现代科学理论和方法，对危害人类健康和生存的化学物质进行分析研究的一门应用学科，主要应用于刑事科学技术、临床中毒检测、农药残留物分析等领域。法医毒物分析通过对生物检材的定性、定量分析确定是否存在毒物及评价中毒程度或对死亡的影响程度。毒物分析的检验材料，一般分为体内检材与体外检材。体内检材，即各种生物体液、组织、排泄物、尸体腐泥等。体外检材，即现场药物、毒品、鼠药毒饵、农药、饮食物等。在生物安全相关中毒死亡案件中，常见的检材为呕吐物、胃内容物或洗胃液、血、尿、肝等，比较特殊的有脑脊液、头发、眼内玻璃体液、肺、肾等，可根据具体案情、现场勘验等视情况采集。

8.5.1.1　毒物分析的步骤

收集检材后，毒物分析的步骤一般有 3 个，即检材处理、预试验与筛查、定性与定量分析。

1.检材处理

检材处理是为了将毒物从检材中分离出来并加以纯化、浓缩。针对不同毒物使用的处理方法不同。对挥发性毒物采用蒸馏法、扩散法、抽气法、顶空法；对无机水溶性毒物采用水浸法；对非挥发性有机毒物采用液 – 液萃取法、液 – 固萃取法；对金属毒物采用有机质破坏法。生物安全相关死亡案件中涉及的动植物中毒死亡,因为涉及种类多、毒性成分复杂、部分成分性质不稳定,所以在进行提取分离时比较困难,需要格外注意。

2. 预试验与筛查

在分离纯化毒物后,需要进行预试验与筛查,再进行下一步检验,主要方法有形态学方法、动物试验法、免疫分析法、理化分析法等。形态学方法是指利用检材外观形态或显微形态特征进行辨认、比对,能在一定程度上起到筛选和鉴别作用,为侦查或检验提供线索,适用于天然检材;动物试验法通过观察染毒试验动物是否死亡或其中毒表现,可初步判断检材中是否含有剧毒物质或可能含有哪种毒物,结果直观,可初步筛查、判断毒物的类别;免疫分析法是利用标记毒物与非标记毒物竞争结合抗体的原理检测毒物,灵敏度高,选择性强;理化分析法是利用药、毒物的各种理化性质进行鉴别检测,如理化常数的测定、显色反应、沉淀反应等,结果直观,但选择性差。当涉及动植物源性毒物中毒死亡时,形态学方法往往有独特效果。

3. 定性与定量分析

当需要对毒物成分进行准确定性与定量时,仪器分析法就胜于形态学方法、动物试验法、免疫分析法等。仪器分析是指利用比较复杂或特殊的仪器设备,通过测量物质的某些物理或物理化学性质的参数及其变化来获取物质的化学组成、成分含量及化学结构等信息的方法,包括光谱分析法、色谱分析法以及质谱分析法等。

光谱分析是根据物质的光谱来鉴别物质及确定它的化学组成和相对含量,包括紫外分光光度法、荧光分光光度法、红外分光光度法、原子吸收分光光度法等,多用于纯度较高的药毒品检测,而天然植物等生物检材由于成分复杂需要与色谱联用。色谱分析是指按物质在固定相与流动相间分配系数的差别而进行分离、分析的方法,又称为层析,包括气相色谱法、高效液相色谱法(high performance chromatography, HPLC)、薄层色谱法、毛细管电泳法等。其中高效液相色谱法以高压、高速、高效、高灵敏度、应用范围广等特点在生物检材成分的分析中被广为应用,主要对生物碱、激素、氨基酸、核酸等有机物进行分析。质谱分析是用电场和磁场将运动的离子按质荷比分离后进行检测的方法,可分析物质分子量、断裂碎片质量大小及结构特征信息。色谱与质谱联用可对复杂化合物进行高效的定性定量分析。

8.5.1.2 毒物分析在天然药毒物检验上的应用

生物安全相关死亡中有一大类为自然源性生物安全相关死亡,其中,动植物源性毒物中毒死亡在日常临床诊疗与法医学检验中较为常见。而引起这类案件的原因往往是临床用药不当,如剧毒中草药炮制不当或生品内服、用药过量、外用药内服、违反配伍原则、品种误用或错用等。天然药、毒物包括各种有毒植物与动物,因为中毒原因复杂、毒物来源复杂、化学成分复杂、活性成分化学结构和理化性质差异大、活性成分的毒性大小和毒理作用差异大等,所以对其进行中毒检验具有较大难度。近年来,随着毒物分析技术的提高及现代分析仪器的出现,毒物检验方法也获得了很大进展,可实现微量毒物的定性及定量分析,高效液相色谱 – 质谱、高效液相色谱 – 紫外光谱、气相色谱 – 质谱等联用技术更有利于中药中毒分析。以下以乌头中毒相关检测为例予以说明。

乌头属毛茛科植物,广泛分布于温带和亚热带地区,来源是毛茛科植物的根,有祛风除湿、温经止痛等功效,主要用于治疗风寒湿痹、关节疼痛、半身不遂等症。《中华人民共和国药典》收载的有川乌、草乌、雪上一枝蒿、附子等。在乌头属植物的有效成分中,乌头碱是一种剧毒的二萜生物碱,安全剂量范围相对较小。不同品种的乌头中所含的毒性成分种类不完全相同,毒性大小主要由所含双酯型二萜生物碱的多少决定。中毒者一般死于心律失常诱发的心、肺衰竭。因为乌头碱有不溶于水、易水解等特性,所以在检材保存和处理的过程中,应尽可能减少生物碱水解,避免酸碱条件下长时间加热,应及时检测。因为毒性成分因品种不同而异、色谱图复杂,所以应尽可能用多种生物碱标准品及相关品种的中草药进行对照。一名 65 岁男性饮用乌头酒后出现上、下肢麻木,全身不适等症状后死亡,尸检未见明显病变,内脏器官充血,肺组织学检查见水肿、充血,提取心血与胃内容物进行液相色谱 – 串联质谱分析,结果发现,心血中的乌头碱浓度为 16.4 ng/mL,胃内容物的乌头碱浓度为 63.8 ng/mL[18]。

然而,在实际鉴定过程中,毒物分析检验结果受到多方面因素的影响。若为阳性结果或阴性结果,则不能直接确定或排除中毒结论,需要考虑毒物分析方法是否具有特异性;若为弱阳性结果,则需考虑毒物死后人体、尸体腐败及分析操作方法等的影响;若为阴性结果,则需考虑收集检材的时间、尸体腐败情况及方法不当等因素的影响。尤其是在生物安全相关死亡案件中,更需要结合案情分析、检材提取、病理学分析及毒物分析等多个角度对检出结果进行综合评价,以确认检出结果的有效性和科学性。

8.5.2　临床生化检查

毒物分析技术在动植物源性毒物中毒相关案件的侦破、临床治疗中有着无可替代的巨大作用。但除此之外,在细菌、病毒等病原微生物感染、生物材料不相容等生物安全相关死亡案件中,采用临床上各项生化检查也可辅助检验、确定死因、推断分析可能的病原体、提示死亡机制、指导临床用药。

临床生化检查,即用生物或化学的方法来对人进行身体检查,包括但不限于血常规、尿常规、便常规、血清电解质、血糖、血脂(包括总胆固醇,甘油三酯,高、低密度脂蛋白,载脂蛋白)、血尿淀粉酶、肝功能(包括总蛋白、白蛋白、球蛋白、白球比,总胆红素、直接和间接胆红素,转氨酶)、肾功能(肌酐、尿素氮)、脑脊液、乳酸脱氢酶等。细菌、病毒、寄生虫等病原体感染人体可引起一系列的生理病理反应,导致血液、尿液、脑脊液等中的各项成分发生改变,生化检查通过检验这些生化指标侧面反映感染源及感染机制。

血常规是指通过观察血细胞的数量变化及形态分布,从而判断血液状况及疾病的检查,包括红细胞计数、血红蛋白、白细胞计数、白细胞分类计数及血小板技术等。其中,白细胞分类计数包括中性粒细胞、嗜酸性粒细胞、嗜碱性粒细胞、淋巴细胞和单核细胞计数。发生急性化脓性感染时,可见白细胞计数增多,中性粒细胞计数增多最常见于急性感染或炎症,化脓性球菌感染时最明显;中性粒细胞计数减少可见于伤寒、副伤寒、流感、麻疹等感染;淋巴细胞计数增多常见于风疹、流行性腮腺炎、结核等感染;嗜酸性粒细胞增多常见于寄生虫感染,如血吸虫、肺吸虫、丝虫、包虫等。

尿常规作为排泄物检查,能反映机体的代谢状况,是很多疾病诊断的重要指标,内容包括尿的颜色、透明度、酸碱度、红细胞、白细胞、上皮细胞、管型、蛋白质、比重及尿糖等。因器质性病变,尿内持续性地出现蛋白。尿蛋白含量的多少,可作为判断病情的参考,如判断由链球菌感染后引起的急性肾小球肾炎的程度。当有大量红细胞破坏,血浆中游离血红蛋白超过 1.5 g/L 时,血红蛋白随尿排出,尿中血红蛋白检查呈阳性,称血红蛋白尿,可见于恶性疟疾、毒蛇咬伤等。另外,通过便常规检验可以了解消化道有无细菌、病毒及寄生虫感染,包括细菌敏感试验、隐血试验、查虫卵等。粪便隐血试验是指在消化道出血量很少时,肉眼不能见到粪便中带血,并且粪便中有少量红细胞被破坏,检测大便中的少量血液成分,提示消化道慢性出血,见于侵袭性大肠埃希杆菌感染、阿米巴肠病、痢疾等。而粪便虫卵检查主要为蛔虫卵、鞭虫卵、蛲虫卵、钩虫卵、日本血吸虫卵、绦虫卵、姜片虫卵等。

肝功能检查的目的在于探测肝脏有无疾病、肝脏损害程度以及查明肝病原因并判断预后,包括谷丙转氨酶、谷草转氨酶、碱性磷酸酶、总胆红素、直接胆红素、总胆汁酸、病毒性肝炎标志物检查等。其中,HBV 三大抗原抗体系统指乙肝表面抗原(hepatitis B surface antigen,HBsAg)、抗 – HBs、乙肝 e 抗原(hepatitis B e antigen,HBeAg)、抗 – HBe、乙肝核心抗原(hepatitis B core antigen,HBcAg)、抗 – HBc。"大三阳"是指 HBsAg、HBeAg 与抗 – HBc 阳性,提示体内病毒复制比较活跃,有较强的传染性;"小三阳"是指 HBsAg、抗 – HBe、抗 – HBc 阳性,提示病毒复制减少,传染性降低。

脑脊液检查是指通过物理学、化学、细胞学等方法对脑脊液进行检验。在病理情况下,被血 – 脑屏障隔离的物质可进入脑脊液,导致其成分发生变化,提示病原感染、疾病发展进程,尤其对细菌性脑膜炎、结核性脑膜炎和真菌性脑膜炎检查有高灵敏度和高度特异性。脑脊液中检出病原体具有直接诊断的意义。MTB 可通过血行或直接侵入患者脊髓、脑血管、脑神经、脑实质、蛛网膜、软脑膜等部位,引发非化脓性炎症。脑脊液检查可见脑脊液压力增高,部分患者脑脊液为淡黄色或呈毛玻璃样改变,细胞学检查示白细胞计数增多,随病情进展,由中性粒细胞计数增多转为淋巴细胞计数增多,脑脊液蛋白增高、糖及氯化物降低,以及重要诊断指标腺苷脱氨酶活性的增高[19]。

临床生化检查手段多样,包括血常规、尿常规、肝功能、肾功能等,涉及大量生化指标,将这些信息整理后,联系病情对生物安全相关死亡案件进行病因追踪和死因鉴定有重要的提示作用。然而,生化检查多为辅助手段,不能仅凭其检查结果就对生物安全相关死亡的死因下定论,必须结合实际案情,根据尸检结果、毒物分析结果,排除其他死因后综合得出结论。

8.6　虚拟解剖

尸体解剖是生物安全相关死亡死因鉴定的重要工作与依据,然而,由于生物安全相关死亡案件自身的特殊性质,与其他常规病理学及法医学尸检相比,对生物安全相关死亡尸体进行系统的法医学解剖、检验对法医学工作者来说是一个巨大的挑战,其对现场处置、尸体转运与处置、生物安全防护解剖实验室室、个体防护、家属知情同意以及法律法规的合规性等要求都更高,这些因素严重制约了系统尸检工作。即使现在已出台《生物安全法》《传染病病人或疑似传染病病人尸体解剖查验规定》等一系列相关法律、规定,国内就生物安全相关死亡尸检,尤其是传染病尸检,仍然存在标准不一、操作困难等问题,使得病理解剖学结果难以及时地反馈和指导临床防控、诊治等工作。

与传统的系统尸体解剖相比,虚拟解剖(virtual autopsy)在生物安全相关死亡尸检中具有独特的优势,其可在不直接接触死者尸体、显著降低检查者职业暴露风险的情况下,借助医学影像学技术,研究各解剖部位的影像学特征。虚拟解剖可望在一定程度上解决传统尸体解剖面临的困境,为研究生物安全相关死亡尸体的病变特点、病理生理机制及死亡原因提供科学依据,同时,虚拟解剖数据可以对接临床影像数据,有助于结合临床信息系统研究疾病的发生、发展、转归的规律,并对临床诊治进行及时反馈。

虚拟解剖是结合现代影像学、计算机、解剖学原理和技术形成的一种无创或微创的尸检技术,包括死后计算机断层扫描(postmortem computed tomography,PMCT)、死后磁共振(postmortem magnetic resonance,PMMR)以及 PMCT 衍生的死后计算机断层扫描血管造影(postmortem computed tomography angiography,PMCTA)与 PMCT 引导下取材等。虚拟解剖可通过尸体影像学改变探究人体组织器官的形态学改变,并推断死亡原因、死亡方式、死亡时间、成伤机制等。虚拟解剖具有微创、降低职业暴露风险以及减少环境污染等优势,可在一定程度上破解法医学工作者面临的上述难题,在特定案情下替代传统的直视下尸体解剖检查。

不同的虚拟解剖手段对死因鉴定、死亡机制研究的侧重点不同。X 线虚拟解剖一般用于明确骨折、关节脱位、骨畸形、胸腔积液、气胸、液气胸等损伤或疾病的诊断,分析成伤机制、推断致伤物;PMCT 一般用于检查骨关节系统损伤、颅脑损伤、复杂解剖部位的损伤等其他损伤;PMMR 一般用于诊断积气、出血、挫伤等,观察心脏各腔室、大血管及瓣膜的解剖变化,对骨折形态显示效果不理想;PMCTA 一般用于显示血管分支走行、有无狭窄及狭窄程度、有无血管破裂、有无解剖变异等血管病变。其中,用得最多、最重要的是 PMCT 与 PMMR 分析技术。国外虚拟解剖的一般流程:首先进行尸表检验,法医病理学家将结果告知放射科医生,再进行全身 PMCT 扫描,由放射科医生将结果报告给病理学家,然后进行 PMCTA 与组织学检查,最后进行尸检,由病理学家与放射科诊断医生共同讨论,得出尸检结论(图 8.3)。

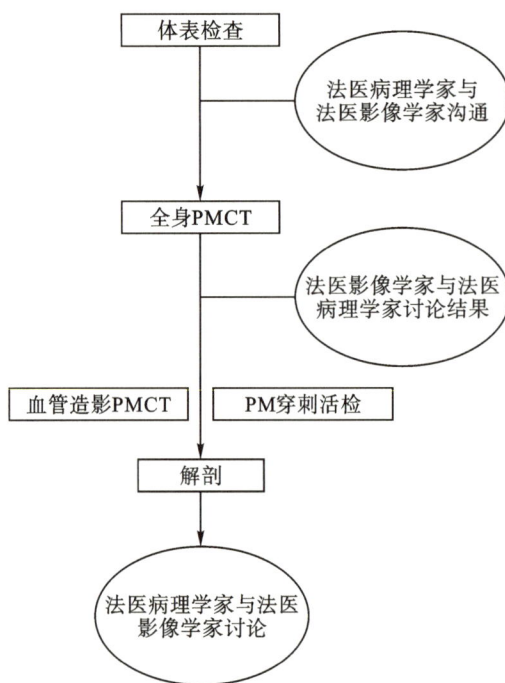

图 8.3　国外虚拟解剖的一般流程[20]

8.7　分子病理学与分子解剖

随着分子生物学理论与分子诊断技术的发展,对疾病的研究已从传统形态学概念深入分子或基因水平,尤其是在生物安全相关死亡的研究上。传统的尸检、组织病理学检查、病原学检查等鉴定方法已不能满足生物安全相关死亡死因分析的研究需求,分子病理学与分子解剖逐步发展起来,为死因鉴定、死亡机制研究、临床诊疗提供了关键技术支持。

8.7.1　分子病理学与分子解剖概述

分子病理学是与分子生物学、细胞遗传学等学科相互渗透,在蛋白质和核酸等生物大分子水平上研究疾病病因、发病机制、形态变化及功能损害等方面发生、发展规律的新的分支学科。临床上,分子病理学主要应用于:从分子水平阐述基因组、基因、基因转录及其调控,细胞周期和信号转录等分子医学基础;阐述主要疾病的病理变化分子机制及发展其关键性研究技术;开展基因诊断、基因治疗和基因工程、蛋白质工程新药的研究。分子解剖,也称尸体基因检测,不同于传统的系统解剖与组织病理学检查,它是应用现代分子生物学技术研究并鉴定因基因突变导致的疾病死亡(如心源性猝死等)的分子病因的一种新技术手段。

分子病理学与分子解剖技术检测的意义在于,它是分子靶向基因检测在精准医学上的体现,通过提取组织、血液、体液或细胞对 DNA 进行检测,扩增其基因信息后,通过特定设备对被检测者细胞中的 DNA 分子信息进行检测,预知疾病风险以及指导用药;在常规病理染色无法做出诊断时,分子病理检测可以协助得到准确的病理诊断;通过对有基因遗传病家族史的人群进行基因筛查,可以检测出其是否携带疾病易感基因,以便提示及指导饮食与生活作息、预防疾病发生、降低死亡风险。

8.7.2　分子病理学与分子解剖的常用检测方法

在生物安全相关死亡案件(尤其是细菌、病毒等病原微生物感染人体的案件)中,对病原体进行分子病理学检测的方法有基因组研究、分子结构研究等,借助这些方法可精准查找病原体、提示死因、分析病原体分子致病机制。同时,对人群进行基因测序与遗传背景筛查可反映疾病易感性、提示死亡风险。

8.7.2.1　病原体基因组研究

对病原体进行初步鉴定(如形态学检查、分裂培养、免疫学检查等)后,通过全基因组研究可以进一步确定病原体种属、病原体宿主特异性和组织特异性及其变化的分子基础与机制、致病分子机制、基因表达的调控机制、疾病预防和诊断的抗原谱或分子遗传标记筛选、药物靶向设计等,其主要研究方法为基因测序(gene sequencing)。

基因测序是一种快速发展的高通量基因检测技术,而全基因组测序(whole-genome sequencing)是对未知基因组序列的物种进行个体的基因组测序,利用 DNA 测序平台重新构建生物体基因组的完整 DNA 序列,可对病原体进行谱系或亚种鉴定、发病模式预测以及耐药性研究。第一代基因测序技术是基于毛细管电泳原理的 Sanger 法,即末端终止法测序技术,其原理是在 DNA 合成反应混合物的 4 种普通脱氧核糖核苷三磷酸(deoxyribonucleoside triphosphate,dNTP)中加入少量双脱氧核苷三磷酸(dideoxyribonucleoside triphosphate,ddNTP),ddNTP 由于在脱氧核糖的 3'位置缺少 1 个羟基无法延伸而终止,其产物是一系列的核苷酸链,根据不同 ddNTP 分别终止在模板链的 A、C、G 或 T 位置。而第一代基因测序仪则通过采用具有颜色的荧光染料代替同位素标记,4 种双脱氧核苷酸终止子被标记上不同颜色的荧光基团,通过计算机荧光检测系统分析梯状反应产物。随后,第二代基因测序技术,即循环阵列合成测序法,采用了大规模矩阵结构的微阵列分析技术,利用 DNA 聚合酶或连接酶以及引物对模板进行一系列的延伸,通过显微设备观察,记录连续测序循环中的光学信号并进行分析。随着新型生物技术与生物材料的发展,基因测序技术也在不断更新,如采用电子显微镜直接观察、使用石墨烯和碳纳米管材料等。

以幽门螺杆菌感染诱发胃癌为例,幽门螺杆菌是一种革兰氏阴性微厌氧菌,寄生在人的胃内,黏附于胃黏膜及细胞间隙,是胃癌发生的危险因素之一。幽门螺杆菌可表达多种毒力因子,如细胞毒素相关基因 A(cytotoxin associated gene product a,CagA)、空泡毒素 A(vacuolating cytotoxin,VacA)等重要的毒力基因是幽门螺杆菌向宿主致病所必需的。幽门螺杆菌感染率高,但只有极少数人会发展成胃癌,这表明幽门螺杆菌性胃病的严重程度及临床转归可能与毒力因子的表达差异有关。细胞毒素相关基因致病岛(cytotoxin associated gene pathogenicity island,CagPAI)是一个 40 kb 的基因簇,由 31 个 ORF 组成,编码一个多组分的细菌 IV 型分泌系统(T4SS)和效应蛋白 VacA。研究发现,CagPAI 的完整存在与胃病的严重程度相关,CagPAI 可分为 CagI 和 Cag II 两部分,由 IS601 插入序列分开,IS601 的存在被证明与胃癌的高风险相关。

8.7.2.2　病原体分子结构研究

病原体分子结构研究包括表面蛋白形态结构、蛋白构象动态变化、整体三维结构分析等,研究方法有 X 射线晶体衍射分析、核磁共振波谱分析和冷冻电子显微镜技术,其中使用最多的为冷冻电子显微镜技术。

X 射线晶体衍射分析是利用晶体形成的 X 射线衍射,对物质进行内部原子在空间分布状况的结构分析方法,通过测定衍射角位置,可以进行化合物的定性分析,测定谱线的积分强度,可以进行定量分析,而测定谱线强度随角度的变化关系可进行晶粒大小和形状的检测。

核磁共振波谱分析主要用于研究有机分子的微观结构,可以直接提供样品中某一特定原子的各种化学状态或物理状态,并得到它们各自的定量数据,在不破坏样品的前提下直接检测混合样品。

冷冻电子显微镜技术是在低温下使用透射电子显微镜观察样品的显微技术。对样品进行超低温冷冻、断裂、镀膜制样(喷金/喷碳)等处理后,通过冷冻传输系统放入电镜内的冷台进行观察,用高度相干的电子作为光源照射,透过样品和附近的冰层受到散射,利用探测器和透镜系统把散射信号成像记录下来并进行信号处理,得到样品的结构。在对新型冠状病毒的研究中,就有学者利用冷冻电子显微镜技术对新型冠状病毒刺突蛋白的融合前构象状态与融合后构象状态进行了解析[21-22]。李赛等[23]利用冷冻电子显微镜单颗粒三维重构技术,解析灭活新型冠状病毒表面刺突蛋白在不同状态下的结构,再选取一个形态相对完整、规则的新型冠状病毒颗粒进行冷冻电子显微镜断层扫描重构,最后将不同状态的刺突蛋白结构装配到单一新型冠状病毒颗粒的结构中去,从而获得新型冠状病毒完整的结构形态。

8.7.2.3 人群基因测序与遗传筛查

生物安全相关死亡案件往往是大范围群体事件;对人群基因组进行基因测序以及案例回顾性分析,有助于分析病原体的治病特点和遗传规律;对高患病、高致死率人群进行遗传背景筛查,可以提示病原体的易感性特征。其中,全基因组关联分析(Genome wide association study,GWAS)是常用的基因分析方法。全基因组关联分析是对多个个体在全基因组范围的遗传变异多态性进行检测获得基因型,进而将基因型与表型进行群体水平的统计学分析,根据统计量或显著性 P 值筛选出最有可能影响该性状的遗传变异,挖掘与性状变异相关的基因($SNPs$)。在传染病大流行期间,全基因组关联分析可以提示特定遗传变异相关的病原体易感性差异。

例如,WHO 在《2020 年全球结核报告》中指出,2019 年约有 1000 万人罹患结核病,其中 120 万 HIV 阴性结核病患者死亡,44% 的新发结核病患者来自印度、印度尼西亚、菲律宾、巴基斯坦等国家。相关研究表明,个体对肺结核具有不同的易感性。在一针对南非有色人种遗传特异性结核病风险的全基因组关联研究中,证实了 11p13 染色体上的肾母细胞瘤 1 基因 $WT1$ 的 rs2057178 位点在全基因组水平存在统计学意义,为易感性变异。

8.7.3 AIDS 治愈的启示

大量研究表明,病毒受体是病毒入侵宿主细胞的重要靶点,可进一步影响疾病的进展。最为著名的研究案例是人类免疫缺陷疾病的治愈,其也是分子病理学与分子解剖在生物安全相关死亡上的典型应用。

HIV 一般通过直接接触感染者的体液(如血液、精液和精前液、直肠液、阴道分泌液、母乳等)感染,AIDS 是人类免疫缺陷病毒感染的最后阶段,免疫系统受到破坏,常会引起各种机会性感染和肿瘤,严重者甚至导致死亡。HIV 是 RNA 病毒,基因组是 2 条相同的正链 RNA,全长约 9.7 kbp,包裹在病毒蛋白壳内。基因组两端长末端重复序列发挥着调节病毒基因整合、表达和病毒复制的作用。基因组含有 3 个结构基因 gag、pol 和 env,2 个调节基因(tat 反式激活因子、rev 毒粒蛋白表达调节因子),4 个辅助基因(nef 负调控因子、vpr 病毒蛋白 r、vpu 病毒蛋白和 vif 病毒感染因子)。因为反转录酶无校正功能,易出现随机变异,病毒体内复制频率高,病毒 DNA 与宿主 DNA 间存在基因重组,所以会出现耐药性,使 HIV 成为一种变异性很强的病毒。各部分基因变异强度不同,其中 *env* 基因最容易发生变异。

AIDS 目前被认为是一种"绝症",无法治愈,患者可通过使用抗 RV 药品延缓病毒在体内的复制而延长生命。北京大学邓宏魁教授证实 CCR5 是 HIV 侵入 T 细胞的主要受体,而极少数欧洲人携带有 CCR5Δ32 突变,CCR5Δ32 突变携带者对 CCR5 嗜性 HIV 病毒免疫,意味着携带这种突变可保护宿主细胞抵抗 HIV – 1 的入侵,也可以阻断 AIDS 的临床病程进展。2009 年,《新英格兰医学杂志》(*NEJM*)曾报道对 1 例感染 HIV – 1 同时患有急性髓系白血病的患者进行骨髓移植治疗,供者恰好携带 CCR5Δ32/Δ32 突变,进行骨髓移植后,患者的 HIV 得到长期缓解。有研究报道,英国伦敦 1 例同时患 AIDS 和霍奇金淋巴瘤的患者在接受携带 CCR5Δ32/Δ32 突变捐赠者的干细胞移植后,其 AIDS 得到长期缓解,经长期随访,该患者在停止使用抗 RV 药物后,体内 HIV – 1RNA 病毒载量到 2020 年 3 月为止始终处于"病毒载量检测不到"的水平,CD4 + T 淋巴细胞数量也得到了缓慢的恢复,目前已达到正常水平,被证实为 AIDS 治愈[24]。

8.7.4　分子病理学与分子解剖在 SARS – CoV 与 SARS – CoV – 2 上的应用

新冠疫情发生以来,学者们通过回顾既往发生的冠状病毒感染(SARS、MERS)事件,对 SARS – CoV – 2 的分子结构、致病机制以及新型冠状病毒感染人群的易感性展开了研究,为临床防治、避免疫情扩大提供了科学依据。

8.7.4.1　SARS – CoV 入侵的分子机制

ACE2 与跨膜丝氨酸蛋白酶 2(transmembrane protease serine 2,TMPRSS2)在冠状病毒的入侵及致病过程中起着重要作用,ACE2 与 TMPRSS2 对冠状病毒入侵的介导作用引起了研究者与临床学家的关注。ACE2 也称为 ACEH,一般定位在上皮细胞的腔面,主要分布在心脏、肾脏、睾丸、肝、肠等器官中。该基因编码的蛋白属于二肽基羧基二肽酶的血管紧张素转换酶家族,与人血管紧张素转换酶 1 具有相当大的同源性。ACE2 与 Ang II 型 1 型和 2 型受体有很强的亲和力,可调节血压、体液平衡、炎症、细胞增殖、肥大和纤维化。同时,该基因的器官和细胞的特异性表达提示其可能在调节心血管、肾脏功能以及生育方面发挥作用。

Li 等[25]证实引起 SARS 的病毒 SARS – CoV 的受体为 ACE2,发现 ACE2 可介导 SARS – CoV 进入细胞以及病毒与细胞的融合,而抗 ACE2 的抗体可阻止病毒的复制。有研究表明,在 SARS – CoV 感染的鼠模型中,ACE2 表达水平降低,促进了急性肺损伤(图 8.4),给予感染模型鼠重组 ACE2 可以降低急性肺损伤。研究表明,恒河猴 *ACE2* 基因关键性位点 Y217N 突变可导致 ACE2 表达下降,并且降低了 SARS 假病毒的入侵效率;类似的情况在人 *ACE2* 基因中发生,携带 Y217N 突变的 *huACE2* 基因转染人肾上皮细胞系,发现 ACE2 表达下降,同时观察到 SARS 假病毒的进入效率明显降低;但动物实验结果显示,恒河猴 *rhACE2* 基因变异与 SARS – CoV 感染导致其肺部损伤的严重程度无明显相关性。越南学者对一小样本 SARS 患者的研究显示,影响 ACE 功能的插入/缺失的 ACE 多态性与 SARS 患者的疾病严重程度相关。这些研究提示 ACE2 在 SARS 致病过程中起着重要作用。

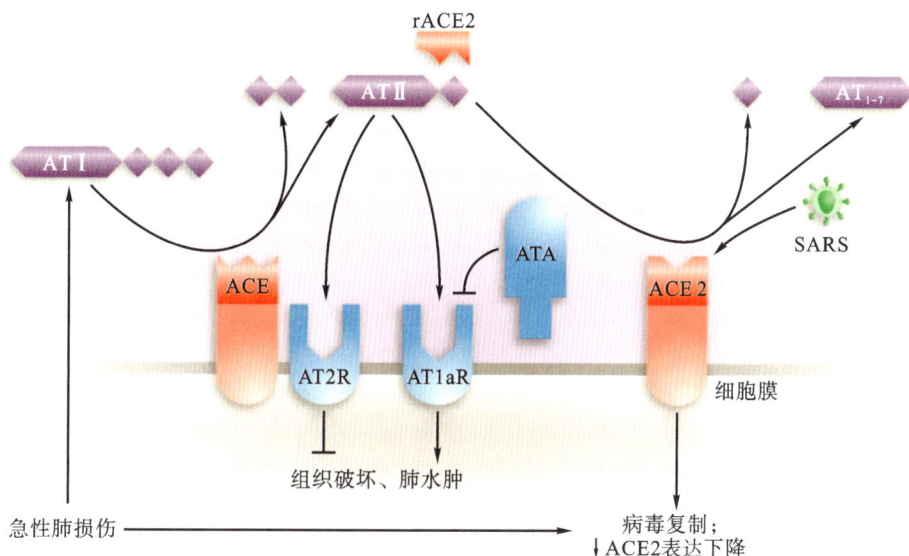

图 8.4　ACE2 介导 SARS – CoV 入侵导致急性肺损伤示意图[26]

8.7.4.2　新型冠状病毒感染人群的易感性

研究者对影响高传染性/高致病性疾病的易感性与严重性的分子机制研究产生了兴趣。他们尝试从遗传学水平研究人群对某种传染病的易感性,并针对潜在靶点设计治疗方案。以 SARS 的相关研究为基础,对 SARS – CoV – 2 及新型冠状病毒感染研究的进一步深入。中国科学院武汉病毒研究所石正丽团队的系列研究发现,冠状病毒起源于蝙蝠。石正丽团队的研究发现 SARS – CoV – 2 的自然宿主可能为蝙蝠,并证实其进入细胞的受体与 SARS – CoV 相同,为 ACE2。ACE2 是 SARS – CoV 及 SARS – CoV – 2 侵入细胞的受体,随之而来的问题是 ACE2 对新型冠状病毒感染的个体易感性以及疾病严重程度的影响。

ACE2 表达水平的差异导致对 SARS – CoV – 2 易感性的差异引起了科学家的关注。有研究发现,吸烟者肺泡 ACE2 表达高于非吸烟者,并且这种表达上调是剂量依赖性的,这提示吸烟者易感染 SARS – CoV – 2 且易发展为重症可能与吸烟增加 ACE2 的表达相关。一项回顾性分析研究了西奈山医疗系统中 4 ~ 60 岁患者的鼻腔上皮。他们发现,鼻腔上皮中 *ACE2* 基因的表达是年龄依赖性的,在幼儿中最低,并且随着年龄的增长而增加。鉴于 ACE2 是 SARS – CoV – 2 进入细胞的受体,这项研究指出,儿童鼻腔上皮 ACE2 的低表达状态可能解释了儿童为什么在新型冠状病毒感染大流行中感染率较低。同济大学的一项研究分析了公开数据库中近两年来积累的肺脏单细胞测序数据,发现 ACE2 在 0.64% 的患者的肺细胞中表达,且 80% 以上都集中表达于Ⅱ型肺泡细胞,提示Ⅱ型肺泡细胞可能是病毒入侵的靶细胞;该研究根据现有 8 例健康者的单细胞测序数据分析比较了 ACE2 在个体间的表达和分布差异,发现 ACE2 与年龄及吸烟情况无关,此外,仅有的 1 例亚裔男性标本的 ACE2 表达水平远高于其他所有人种,然而由于该研究样本量太小,该研究的结论可靠性尚待商榷。

临床病例研究显示,大量新型冠状病毒感染患者合并糖尿病、高血压等基础疾病;有研究发现,接受血管紧张素转化酶抑制剂(angiotensin converting enzyme inhibitor,ACEI)/血管紧张素Ⅱ受体阻滞剂(angiotensinⅡreceptor blocker,ARB)的糖尿病患者与高血压患者中 ACE2 的表达显著增加;因此,有学者担心患有基础疾病的患者使用 ACEI/ARB 可能会增加对 SARS – CoV – 2 的易感性以及引起重症新型冠状病毒感染的风险。然而,研究发现,新型冠状病毒感染患者血浆中血管紧张素Ⅱ(angiotensinⅡ,AngⅡ)水平显著升高,并且 AngⅡ水平与病毒滴度和肺损伤程度呈线性相关。该研究提出了 ARB 药物或可作为治疗 SARS – CoV – 2 感染的潜在药物进行深入研究。格威茨(Gurwitz)在一篇评论文章中指出,冠状病毒的 S 蛋白与 ACE2 结合后,可导致 ACE2 下调,从而导致 AngⅡ水平升高,AngⅡ可增加肺血管的通透性,从而介导肺部炎症的增加,这反过来又可加重肺部损伤。因此,在新型冠状病毒感染患者体内使用 ARB 提升 ACE2 水平,可缓解急性肺部损伤。在丹麦全国范围进行的一项调查指出,使用 ACEI/ARB 的高血压患者与新型冠状病毒感染的发生率无显著相关性;确诊为新型冠状病毒感染的高血压患者,使用 ACEI/ARB 与其病死率及重症化无显著相关性,类似的临床研究证实,ACEI/ARB 与新型冠状病毒感染的风险以及疾病严重程度无相关性。这些研究结果提示,ACE2 对冠状病毒入侵以及其严重程度上有影响;基因变异可能导致影响病毒入侵效率,增加个体对病毒的免疫力,减轻肺损伤的程度;ACE2 具有作为药物设计靶点的潜力。值得一提的是,虽然 ACE2 是病毒入侵的重要受体,但个体的 ACE2 表达水平与新型冠状病毒感染的易感性之间与疾病严重程度的关系仍需要进一步研究。

有趣的是,近来有研究提示,ABO 血型系统的差异可能导致个体对 SARS – CoV – 2 易感性的差异与疾病严重程度的差异,国内多家医院对新型冠状病毒感染患者人群与健康人群血型检测发现,ABO 血型系统与新型冠状病毒感染的易感性之间存在关联,其中 O 型血人群对新型冠状病毒感染相对不易感,而 A 型血人群对新型冠状病毒感染相对易感;欧洲研究人员对新型冠状病毒感染患者进行 GWAS 分析,在 3p21.31 号染色体基因簇上检测到一个新的易感基因座,并确认了新型冠状病毒感染中 ABO 血型系统是潜在的症状参与调控者;该研究结果提示,人群中 A 型血患者发展为重症风险更高,而 O 型血可能具有保护作用,该研究对重症新型冠状病毒感染发病机制的探索提供了新思路。

8.8　死因分析与鉴定

死因(cause of death),即导致死亡的原因,是指引起死亡的某一具体的疾病和(或)损伤。人体死亡可由一种或一种以上的疾病或损伤引起。机械性损伤是暴力性死亡最常见的死亡原因,包括生命重要器官严重损伤、外伤性神经源性休克、外伤致大出血、栓塞等。另外,机械性窒息、猝死等在法医病理学实践中也较为常见。与其他类型死亡案件的死因鉴定相同,生物安全相关死亡的死因分析与鉴定也需注意细节,在结合案情调查、现场勘察、尸体检验、毒化分析等检查结果后,排除其他可能死亡原因,再综合做出死因鉴定结论。生物安全相关死亡的死因分析与鉴定不仅可推动案件侦查与法律维护,而且对临床诊疗、药物研发、生物安全相关研究发展也具有重要作用。

8.8.1　死因分析概述

通过综合分析案情或临床病史、尸体剖验和实验室检查资料,辨明各种疾病或损伤与死亡的关系,明确死因,称死因分析(analysis of cause of death)。对每个具体的死亡案例,须具体分析死亡原因中各原因的主次及相互关系,并判断死亡方式。

死因可以分为根本死因、直接死因、间接死因、辅助死因、死亡诱因与联合死因。根本死因是指引起死亡的原发性疾病或原发性损伤,可以是直接致死,也可以间接致死,如扼颈可立即因窒息而死,也可当时不死而因引起喉头水肿或继发肺水肿而死,但扼死都是根本死因。直接死因是指直接引起死亡的疾病或损伤,如非致死性损伤引起栓塞,栓塞直接引起死亡,是直接死因。间接死因是指间接引起死亡的原因,如血管外伤当时并未死亡,因继发外伤性动脉瘤破裂突发致命性出血而致死,血管外伤并不是引起死亡的直接因素,而是间接死因。辅助死因是根本死因/直接死因以外的疾病或损伤,与根本死因、直接死因无因果关系,但对死亡的全过程具有一定促进作用的其他疾病或损伤,这些疾病或损伤本身并不足以致命,但在死亡过程中起到辅助作用,如严重脂肪肝患者因酒精中毒死亡,则酒精中毒为主要死因而脂肪肝为辅助死因。死亡诱因是指诱发身体原有潜在疾病恶化致死的因素,包括精神情绪因素、劳累、外伤、大量饮酒、性交、过度饱食或寒冷等,如冠心病患者可在性交过程中突发心力衰竭致死,其中性交就是诱因。联合死因又称合并死因,是 2 种或 2 种以上难以区分主次的死因,在同一案例中联合在一起引起死亡,包括病与病联合致死、病与外伤联合致死、外伤与外伤联合致死,如一个人拳击头部可不致死,但多人多次拳击头部,就可由于脑外伤的联合而致死。

在分析完各死因主次与相互关系后,需判断其具体死亡方式。在法医学上,一般将不同原因引起的人体死亡分为自然死亡与非自然死亡。自然死亡也称非暴力性死亡,是指符合生命和疾病自然发展的规律,无暴力因素干预时发生的死亡,包括衰老死亡与疾病死亡,生前已接受临床检查、诊断确有的病原体感染引起的死亡即属于疾病死亡的范畴,如 AIDS 发生发展致免疫系统破坏并发多种疾病死亡。非自然死亡,又称暴力性死亡,是指某种或几种外来的作用力或有害因素导致的非病理性死亡,包括物理性、化学性和生物性因素致死,其中机械性损伤、机械性窒息以及毒物中毒引起的死亡最为常见。在生物安全相关死亡中,误食动植物中毒、实验室危险化学品爆炸、接触过量辐射等均为暴力性死亡。暴力性死亡在死亡方式上可以进一步细化分为自杀死亡、他杀死亡与意外死亡。自杀死亡是蓄意地自己对自己施加暴力手段中止生命;他杀死亡是用暴力手段剥夺他人生命;意外死亡是指未曾预料到的、非故意或过失的行为造成的死亡。在生物安全相关死亡中,自行服用过量天然药物、毒物致死即属自杀死亡;给他人投食动植物毒物成分(如河豚毒素、乌头碱等)致死即属他杀死亡;实验室危险化学品意外爆炸导致死亡即属意外死亡。

8.8.2 生物安全相关死亡死因分析的一般原则和流程

生物安全相关死亡案件可分为自然源性生物安全相关死亡、实验室源性生物安全相关死亡和现代生物技术源性生物安全相关死亡 3 大类。不同类别的生物安全相关死亡死因分析的侧重点不同,同一类别的生物安全相关死亡死因分析的侧重点也有所不同,具体案件需要具体分析,以下仅介绍一般原则与流程。

8.8.2.1 死因分析的一般原则

1. 统筹全局,科学鉴定

不同于其他一般类型的法医学死亡案件,生物安全相关死亡作为生物安全战略的重要组成部分,相关研究分析需要全局意识、社会公共安全意识,以维护社会利益。以《生物安全法》为法律制度基准,以科学理论知识与实践经验为鉴定依据,开展生物安全相关死亡死因分析工作,推动生物安全相关基础研究、指导临床实践的进展。

2. 追根溯源,分门别类

在进行死因分析时,首先需要确定其涉及的具体生物安全因素类别,根据其生物安全防护级别在专门实验室进行鉴定分析,探究案件起源、寻找"零号病人",以流行病学研究为基石,对生物安全相关死亡案件的发生、发展进行剖析,为死因分析的最终结论提供依据。

3. 主次因果,排除他类

在进行死因鉴定时,需要注意生物安全因素与死亡之间的因果关系,判断是直接死因、辅助死因,还是根本死因、联合死因。同时,根据具体案情、现场勘察、尸体检验、毒化分析等结果排除机械性损伤、窒息等死因,最终得出生物安全相关死亡的死因分析结论。

4. 综合分析,客观求实

无论是因重大传染病感染导致大量人群死亡,还是因误食误用天然药物、毒物导致个例死亡,都需要结合具体案情病史、尸体检验、毒化结果、虚拟解剖、分子病理学与分子解剖等结果进行综合研判,在排除其他死因可能后,对生物安全相关死亡案件做出死因分析结论,切忌以偏概全、弄虚作假,力争客观求实。

8.8.2.2　死因分析的流程

对不同类别生物安全相关死亡案件应依次阐述其死因分析的基本内容与流程。

1. 自然源性生物安全相关死亡的死因分析

自然源性生物安全相关死亡包括细菌、病毒、真菌、立克次氏体、寄生虫等感染侵袭人体后与机体免疫系统、循环系统等相互作用,破坏正常生理功能,损害机体脏器与组织,最终导致死亡。一般有病原体参与,首先需进行病原学检查,以确定具体类别,根据其生物安全防护等级在对应生物安全防护级别解剖实验室进行尸检、组织病理学检查等,再判断分析该病原体感染人体后发生的一系列病理生理过程是否直接导致了机体死亡,对应靶器官、靶组织的病理学改变是否与病原体感染机制一致,若一致且无其他疾病、损伤参与死亡结果,则可确定该病原体感染为根本死因且为直接死因;若有其他损伤、疾病参与,则需要分析两者在死亡结果中的权重比,若权重相等,则为联合死因,若病原体感染导致疾病占比更大,则其他损伤、疾病为辅助死因,若其他损伤、疾病占比更大,则病原体感染为辅助死因;若靶器官、靶组织的病理学改变与病原体感染无关,或病变较轻,则需要考虑是否有其他更加严重的损伤或疾病参与,分析是否为猝死或其他死因。

以 AIDS 为例,HIV 侵入人体后有 8 ~ 9 年的潜伏期,在 HIV 潜伏期内,可以没有任何症状地生活和工作多年,然而,随着免疫系统的不断破坏,可出现持续广泛性全身淋巴结肿大、咳嗽、胸痛等呼吸道症状,以及头晕、头痛、多发恶性肿瘤等其他并发症。而 AIDS 患者的死亡原因常见的有多器官功能衰竭、呼吸系统感染、隐球菌感染、脑部感染、恶性肿瘤等。AIDS 患者死亡的原因往往不是其自身 HIV 病毒的感染,而多为免疫系统破坏导致感染其他疾病、发生恶性肿瘤等,故进行死因分析时 HIV 感染为根本死因,而多发并发症为直接死因,潜在的疾病为辅助死因或联合死因。

2. 实验室源性生物安全相关死亡的死因分析

实验室源性生物安全相关死亡包括实验室微生物生物安全相关死亡、实验动物生物安全相关死亡、临床实验室生物安全相关死亡、危险化学品生物安全相关死亡以及辐射实验室生物安全相关死亡,涉及化学、物理、生物多种因素,在某些案件中可见到以上多因素参与导致的死亡。在进行死因分析时,首先需确定实验室种类、实验室生物安全防护等级、涉案人员数量等,再根据实验室类别与对应防护等级确定可能涉及的病原体类别、实验动物种类、临床检验样本等。同自然源性生物安全相关死亡一样,需要对尸体进行检验、毒化分析、病原学检查等,依据各项检查结果进行判断。若发现有致命病原体参与,则比对相应靶器官、靶组织病理学改变是否符合该病原体的致病机制;若符合且无其他损伤与疾病,则可确定该病原体感染为根本死因且为直接死因;若存在其他损伤或疾病,则依据所占权重具体分析。若无病原体感染,而现场勘验发现有疑似强酸、强碱等危险化学品痕迹,尸表检验见有明显腐蚀伤、严重烧伤等,尸体解剖见中毒征象,则可确定危险化学品引起的皮肤腐蚀、烧伤为根本死因,而腐蚀、烧伤引起的中毒性休克为直接死因。若现场勘验发现有疑似辐射源泄漏,辐射检测仪检测现场、尸表衣着、双手等部位辐射超过正常指标,或进行尸体解剖时见食道、胃肠等消化道中有疑似辐射金属质感物质、接触面有灼伤痕迹,则可确定过量辐射暴露为根本死因,而由于接触辐射引起的造血功能损害等为直接死因。

以 MVD 为例,MARV 一般通过血液、唾液、排泄物及呕吐物等传播,侵入人体后可破坏全身各大系统功能,临床上表现为发热、出血等主要症状,通常病发后 1 周死亡。1967 年秋,联邦德国马尔堡、法兰克福和南斯拉夫贝尔格莱德医学实验室暴发严重出血热,导致多名实验人员感染,其中 7 人死亡。案情调查发现,直接染病的人员多为接触实验室内的非洲长尾黑颚猴后致病,其余几人则为与患者直接接触致病,病原学检查发现这些非洲长尾猴感染有 MARV。在此次生物安全相关死亡案件中进行死因分析可知,根本死因为与实验动物接触感染的 MARV,直接死因为 MARV 引发的 MVD。

3. 现代生物技术源性生物安全相关死亡的死因分析

现代生物技术源性生物安全相关死亡包括基因工程相关死亡、生物材料相关死亡以及生物武器与生物恐怖相关死亡,死因分析的关键在于鉴定现代生物技术类别、生物技术的参与程度、死亡结果与生物技术之间的相关性。在分析基因工程相关死亡案件时,首先应先调查该案件中涉及的基因工程技术类别,再根据尸检结果、基因技术理论与实践资料等鉴定该项技术是否直接或间接导致了死亡的发生,以及是否有其他损伤或疾病的参与,需结合多方面资料综合判断,切忌直接认定死亡与基因技术相关。

在分析生物材料相关死亡案件时,首先应先调查死者生前病史、询问死者家属与手术医生等,查清死者使用的生物医学材料种类,再进行尸体解剖,取出尸体中的生物材料,分析鉴定所含成分与功能,检验植入材料周围脏器组织是否存在排斥、感染、肿瘤等病变,提取血液,临床检验有无发生全身免疫反应,若该生物材料不符安全标准或有毒性,并见免疫反应、组织病变且可解释死亡发生,则该生物材料为根本死因,引起的免疫排斥反应、毒副作用所致器官受损等为直接死因;若存在其他损伤或疾病,则应具体分析参与度。若该生物材料确实符合安全标准,且未见毒副作用、全身免疫反应等,则可确定该生物材料与死亡结果无关,应另行分析死因。

在分析生物武器与生物恐怖相关死亡时,首先应先调查案件中涉及的生物武器种类及生物安全防护等级,同时追踪该生物武器来源与所属实验室,再根据其防护等级,在对应级别解剖室进行尸检、病原学检查等,综合分析,尽早做出死因分析结论,以防止下一次生物恐怖袭击的发生,并及时做出战术防范。

以2001年9月18日美国发生的"炭疽攻击事件"为例。炭疽是由炭疽杆菌所致,属烈性人畜共患病,人体感染后可表现为皮肤坏死、溃疡、焦痂和周围组织广泛水肿,以及肺、肠、脑膜的急性感染,死亡率极高。该事件中炭疽杆菌通过信件邮寄方式感染数名人员,导致5人死亡,性质恶劣,影响巨大。经过对该事件进行死因分析,可确定炭疽病为根本死因与直接死因。

法医学实践中死因分析工作十分关键,包括尸检、组织病理学检查、毒理学检查、病原学检查、毒化分析、实验室辅助检查、虚拟解剖、分子解剖等内容,对推动案件的侦破、维护社会的公平正义等具有重要意义。生物安全相关死亡的死因分析与鉴定工作更为复杂与特殊,在如今全国乃至全世界强调生物安全战略的形势下,要求法医学工作者以更严格的科学态度、更强的防控意识、更精准的鉴定手段进行死因分析与鉴定工作,为推动生物安全战略的实行、促进生物安全相关死亡研究的发展作出贡献。

（成建定　毛丹蜜　刘　茜）

参考文献

[1] 庞宏兵,徐林苗,牛勇.新型冠状病毒肺炎疫情期间法医现场勘验与尸体检验防护[J].法医学杂志,2020,36(1):29-34.

[2] 邱海,王慧君,陈倩玲,等.新型冠状病毒疫情期法医学尸体检验的安全防护[J].法医学杂志,2020,36(1):24-28.

[3] NOLTE K B,MULLER T B,DENMARK A M,et al. Design and Construction of a Biosafety Level 3 Autopsy Laboratory[J]. Arch Pathol Lab Med,2021,145(4):407-414.

[4] LOIBNER M,LANGNER C,REGITNIG P,et al. Biosafety Requirements for Autopsies of Patients with COVID-19:Example of a BSL-3 Autopsy Facility Designed for Highly Pathogenic Agents[J]. Pathobiology,2021,88(1):37-45.

[5] 中华医学会呼吸病学分会,中国医师协会呼吸医师分会.新型冠状病毒肺炎防治专家意见[J].中华结核和呼吸杂志,2020,43(6):473-489.

[6] 何光龙,张以刚,吕途,等.法医学尸体检验职业防护指南(建议稿)[J].中国法医学杂志,2020,35(2):272-276.

[7] 刘茜,王荣帅,屈国强,等.新型冠状病毒肺炎死亡尸体系统解剖大体观察报告[J].法医学杂志.2020,36(1):21-23.

[8] 毛丹蜜,周南,郑大,等.新型冠状病毒感染相关死亡的法医病理学检验建议指南(试行稿)[J].法医学杂志,2020,36(1):6-15.

[9] 中国医师协会病理科医师分会,中华医学会病理学分会.新型冠状病毒感染疾病(COVID-19)死亡病例尸体解剖查验操作指南(试行)[J].中华病理学杂志,2020,49(5):406-410.

[10] 田富彰,杨建国,张爱萍,等.临床穿刺取材技术在疑似鼠疫尸体取材中的应用[J].中国地方病防治杂志.2020,35(1):19-20.

[11] CHEUNG O Y,CHAN J W M,NG C K,et al. The spectrum of pathological changes in severe acute respiratory syndrome (SARS) [J]. Histopathology,2004,45(2):119-124.

[12] 段祎杰,刘茜,赵枢泉,等.氯喹类药物在新型冠状病毒肺炎治疗中的试用及其法医毒理学研究进展[J].法医学杂志.2020,36(2):157-163.

[13] WANG M,CAO R,ZHANG L,et al. Remdesivir and chloroquine effectively inhibit the recently emerged novel coronavirus(2019-nCoV)in vitro[J]. Cell Res,2020,30(3):269-271.

[14] WU F,ZHAO S,YU B,et al. A new coronavirus associated with human respiratory disease in China [J]. Nature.2020;579(7798):265-269.

[15] ZHU N,ZHANG D,WANG W,et al. A Novel Coronavirus from Patients with Pneumonia in China,2019[J]. N Engl J Med.2020,382(8):727-733.

[16] 王韵怡,周南,乐嘉诚,等.冠状病毒感染性疾病尸体检验相关病原学检测回顾与展望[J].法医学杂志,2021,37(1):69-76.

[17] UNUMA K,WATANABE R,HIRAYAMA N,et al. Autopsy identification of viable mycobacterium tuberculosis in the lungs of a markedly decomposed body[J]. J Forensic Sci,2020,65(6),2194-2197.

[18] YA Y,ZHIXIANG Z,CHAO L,et al. Reflections on the aconitine poisoning[J]. J Forensic Sci,2021,66(5):2035-2040.

[19] 赵娟娟.结核性脑膜炎的诊断与治疗进展[J].中外医学研究,2020,18(16):180-183.

[20] FILOGRANA L,PUGLIESE L,MUTO M,et al. A practical guide to virtual autopsy:why,when and how[J]. Seminars in Ultrasound,CT and MRI,2019,40(1):56-66.

[21] WRAPP D,WANG N,CORBETT K S,et al. Cryo-EM structure of the 2019-nCoV spike in the prefusion conformation[J]. Science.2020,367(6483):1260-1263.

[22] FAN X,CAO D,KONG L,et al. Cryo-EM analysis of the post-fusion structure of the SARS-CoV spike glycoprotein[J]. Nat Commun.2020,11(1):3618.

［23］YAO H,SONG Y,CHEN Y,et al. Molecular Architecture of the SARS – CoV – 2 Virus
　　　［J］. Cell. 2020,183(3):730 – 738.

［24］Gupta R K,Peppa D,Hill A L,et al. Evidence for HIV – 1 cure after CCR5Δ32/Δ32
　　　allogeneic haemopoietic stem – cell transplantation 30 months post analytical treatment
　　　interruption:a case report［J］. Lancet HIV. 2020,7(5):e340 – e347.

［25］LI W,MOORE M J,VASILIEVA N,et al. Angiotensin – converting enzyme 2 is a functional
　　　receptor for the SARS coronavirus［J］. Nature. 2003,426(6965):450 – 454.

［26］NICHOLLS J,PEIRIS M. Good ACE,bad ACE do battle in lung injury,SARS［J］. Nature,
　　　2005,11(8):821 – 822.

第9章
生物安全相关死亡的机制及研究进展

生物安全相关死亡的机制研究包括临床表现、流行病学研究、组织病理学研究、遗传学研究、疾病模型研究、病理进程研究等方面。本章将分别从以上层面，以细菌、病毒等几种常见导致生物安全相关死亡的病原体为例，阐述其机制研究的方法和进展，为生物安全相关死亡的机制研究提供参考。

9.1　临床表现与流行病学研究

对生物安全相关死亡，尤其是突发的传染病案件，应详细了解死者生前的症状、体征等临床表现，及时开展有效的流行病学调查，通过总结临床表现特点，对了解死亡机制有一定的启示作用；通过流行病学研究，对了解疾病的传播机制以及控制传染病的扩散、流行有重要意义。

9.1.1　细菌性传染病

这里以霍乱为例进行阐述。

9.1.1.1　霍乱的流行病学

霍乱在人群中流行已达2个多世纪。自1817年以来，霍乱发生了7次世界性大流行。1883年第5次大流行时，罗伯特·科赫从患者粪便中发现了霍乱弧菌，明确了本病的病原体。目前认为，第6次大流行（可能包括第5次大流行）与古典生物型霍乱弧菌有关。1961年以来的第7次大流行，则以埃尔托生物型霍乱弧菌为主。自从1820年霍乱传入我国后，每次世界性大流行均波及我国。

（1）传染源：患者和带菌者是霍乱的主要传染源，其中轻型和隐性感染者不易确诊，往往不能及时隔离和治疗，在疾病传播上起着重要作用。

（2）传播途径：患者及带菌者的粪便或排泄物污染水源或食物后，可引起霍乱暴发、流行，霍乱弧菌能通过污染鱼、虾等水产品而引起传播。日常生活接触、苍蝇等亦可起传播作用。

（3）人群易感性：人群对霍乱弧菌普遍易感，本病隐性感染较多。患病后可获得一定的免疫力，能产生抗菌抗体和抗肠毒素抗体，但也有再感染的病例。

（4）流行季节与地区：在我国，霍乱流行季节为夏、秋季，以 7—10 月为主。流行地区主要是沿海一带，如广东、广西、浙江、江苏、上海等地。

9.1.1.2　霍乱的临床表现

患者多为突然发病，典型病例病程可分为三期。详见本书第五章"5.3.2.3 发病及死亡机制"部分。

9.1.2　病毒性传染病

9.1.2.1　新型冠状病毒感染

新型冠状病毒感染是由 SARS－CoV－2 引起的急性呼吸道传染病。SARS－CoV－2 主要通过短距离飞沫、接触患者呼吸道分泌物及密切接触传播。

1. 流行病学

国内一项大规模流行病学调查显示，新型冠状病毒感染患者大多数（86.6%）年龄在 30~79 岁，其中 51.4% 为男性[1]。新型冠状病毒感染的临床表现多样，潜伏期为 1~14 d，大部分潜伏期为 2~7 d，中位潜伏期为 4 d[2]。研究显示，感染 SARS－CoV－2 的儿童具有较轻的症状，部分儿童及新生儿病例症状不典型，表现为呕吐、腹泻等消化道症状或仅表现为精神差、呼吸急促。在 10~19 岁的人群中，有 21% 的感染者出现了临床症状，在 70 岁以上的人群中，这一比例上升为 69%[3]。

2. 临床表现

新型冠状病毒感染临床表现主要为呼吸道症状及非特异性全身反应，其他器官也会受损而出现相应表现。

（1）呼吸系统：大部分患者以发热、干咳、乏力为主要表现，少数患者伴有鼻塞、流涕、咽痛、肌痛和腹泻等症状，重症患者多在发病 1 周后出现呼吸困难和（或）低氧血症，严重者可快速进展为急性呼吸窘迫综合征、脓毒症休克、难以纠正的代谢性酸中毒和出/凝血功能障碍及多器官功能衰竭等。值得注意的是，重症、危重症患者病程中可为中低热，甚至无明显发热。新型冠状病毒感染的肺部影像表现与病程联系紧密，病程早期，X 线影像表现为双肺多叶外周带多灶性片状磨玻璃样混浊，小叶间隔增厚；随病变进展，可出现实变影与"铺路石征"，可伴胸膜增厚；重症患者可表现为双肺弥漫分布的实变影合并磨玻璃影,可伴空气支气管征及纤维条索影[4-6]。

(2)神经系统:SARS-CoV-2具有神经侵入性,能够激活大脑中的免疫反应,可能造成长期损害,类似于某些神经退行性疾病。SARS-CoV-2受体在神经系统中表达,常见的临床表现包括低血压、头痛、虚弱、意识改变。

(3)其他系统:一项对武汉138例新型冠状病毒感染患者的研究结果显示,7.2%的患者存在急性心肌损伤,16.7%的患者存在心律失常,3.6%的患者存在急性肾损伤。一项纳入了416例确诊新型冠状病毒感染患者的研究发现,新型冠状病毒感染住院患者发生心脏损伤的占19.7%,且心脏损伤为预后不良的独立危险因素[7]。有学者认为,SARS-CoV-2可能对患有心血管基础疾病的人造成致命后果,甚至对没有潜在心脏疾病的患者造成心脏损害[8]。

绝大部分新型冠状病毒感染患者早期存在显著的白细胞减少,尤其是淋巴细胞减少,提示新型冠状病毒感染可导致机体免疫抑制[9]。

其他系统症状还包括消化道症状,如恶心、呕吐和腹泻等。新型冠状病毒感染患者,尤其是危重症患者,可伴有急性肾损伤表现[10]。

9.1.2.2　SARS

SARS又称传染性非典型肺炎(Infectious atypical pneumonia),是由SARS病毒引起的急性呼吸道传染病,主要传播方式为近距离飞沫传播或接触患者呼吸道分泌物。感染者以发热、头痛、肌肉酸痛、乏力、干咳少痰、腹泻等为临床表现,严重者可出现气促或呼吸窘迫。

1. 流行病学

(1)传染源:SARS患者是主要传染源。急性期患者体内病毒含量高且症状明显,如打喷嚏、咳嗽等,则容易经呼吸道分泌物排出病毒。少数患者腹泻,其排泄物中含有病毒。部分重型患者因为频繁咳嗽或需要气管插管、呼吸机辅助呼吸等,呼吸道分泌物多,传染性强。个别患者可造成数十人甚至上百人感染,被称为超级传播者(super spreader)。潜伏期患者传染性低或无传染性,作为传染源意义不大;康复患者无传染性;隐性感染者是否存在及其作为传染源的意义,迄今尚无足够的资料佐证。

(2)传播途径:主要为呼吸道传播。短距离的飞沫传播是本病的主要传播途径。在急性期患者的咽拭子、痰标本中可以检测到SARS-CoV。SARS-CoV存在于患者的呼吸道黏液或纤毛上皮脱落细胞里,当患者咳嗽、打喷嚏或大声讲话时,飞沫直接被易感者吸入而发生感染。因飞沫在空气中停留的时间短,移动的距离约为2 m,故仅可造成近距离传播。气溶胶传播是另一种方式,易感者可因吸入悬浮在空气中含有SARS-CoV的气溶胶而感染。

(3)易感性和免疫力:人群普遍易感。发病者以青壮年居多,儿童和老人少见。男女比例约为1:0.87。患者家庭成员和医务人员属高危人群。患病后,患者可获得一定程度的免疫力,尚无再次发病的报告。

（4）流行特征:SARS于2002年11月在我国广东佛山被发现,2003年1月底开始在广州流行,2—3月达高峰,随后蔓延到山西、北京、内蒙古、天津及河北等地。2003年2月下旬开始在我国香港流行,并迅速波及越南、加拿大、新加坡等国家。全球约32个国家和地区出现疫情,全球累计确诊8422例,死亡率接近11%。

2. 临床表现

SARS潜伏期为1~16 d,常见为3~5 d,典型患者通常分为三期。

（1）早期:一般为病初的1~7 d。起病急,以发热为首发症状,99.3%~100%的患者有发热,体温一般>38 ℃,偶有畏寒;可伴有头痛,关节、肌肉酸痛,乏力等症状;部分患者可有咳嗽、胸痛、腹泻等症状;常无上呼吸道卡他症状。

（2）进展期:病情于10~14 d达到高峰,发热、乏力等感染中毒症状加重,并出现频繁咳嗽、气促和呼吸困难,略有活动则会出现气喘、心悸、胸闷,肺实变体征进一步加重,被迫卧床休息。这个时期易发生呼吸道的继发性感染,少数患者可出现急性呼吸窘迫综合征,危及生命。

（3）恢复期:病程进入2~3周后,肺部炎症改变的吸收和恢复较为缓慢,体温逐渐正常。2周左右才能完全吸收并恢复正常。

9.1.2.3 EHF

EHF广泛流行于亚洲、欧洲等地区,我国为高发区。本病的主要病理变化是全身小血管和毛细血管广泛性损害,临床上以发热、低血压休克、组织器官出血和肾损害为主要表现。

1. 流行病学

（1）传染源:据国内外不完全统计,有170多种脊椎动物能自然感染汉坦病毒,我国发现53种动物携带汉坦病毒,主要宿主动物是啮齿类,其他动物包括猫、猪、犬和兔等。在我国平原地区以黑线姬鼠、褐家鼠为主要宿主动物和传染源;在我国林区则以大林姬鼠为主。EHF患者早期的血液和尿液中携带病毒,虽然有接触后发病的个别病例报告,但人不是主要传染源。

（2）传播途径:具体如下。①呼吸道传播:鼠类携带病毒的排泄物(如尿、粪、唾液等)污染尘埃后,形成气溶胶,进而通过呼吸道感染人体。②消化道传播:进食被鼠类携带病毒的排泄物所污染的食物后,可经口腔或胃肠道黏膜感染。③接触传播:被鼠咬伤或破损伤口接触带病毒的鼠类排泄物或血液后,亦可导致感染。④垂直传播:孕妇感染本病后病毒可经胎盘感染胎儿,曾从感染EHF孕妇的流产胎儿脏器中分离到汉坦病毒。⑤虫媒传播:尽管我国从恙螨和柏氏禽刺螨中分离到了汉坦病毒,但其传播作用尚有待进一步证实。

(3)易感性:人群普遍易感,在流行地区隐性感染率可达 3.5% ~4.3%。

(4)流行特征:主要分布在亚洲,其次为欧洲和非洲,美洲病例较少。目前我国的流行趋势是老疫区病例逐渐减少,新疫区则不断增加,新疫区重症患者较多。

本病虽四季均能发病,但有较明显的高峰季节,其中平原姬鼠传播者以 11 月至次年1 月份为高峰,5—7 月为小高峰;林区姬鼠传播者以夏季为流行高峰;家鼠传播以 3—5 月为高峰。本病发病率有一定周期性波动,在以姬鼠为主要传染源的疫区,一般相隔数年会有一次较大流行,以家鼠、黄鼠为传染源的疫区周期性尚不明确。实验用鼠也有感染实验人员的疫情发生,不受季节的影响。以男性青壮年农民和工人发病率较高,其他人群亦可发病。不同人群发病的频率与接触传染源的机会有关。

2. 临床表现

EHF 的潜伏期为 4 ~46 d,一般为 7 ~14 d,以 2 周多见。典型病例病程中有发热期、低血压休克期、少尿期、多尿期和恢复期的 5 期经过,但非典型病例明显增加。如为轻型病例,则可出现越期现象;如为重症患者,则可出现发热期、休克期和少尿期之间的互相重叠。

9.1.2.4　AIDS

AIDS 是由 HIV 引起的慢性传染病。HIV 主要侵犯、破坏 CD4 + T 淋巴细胞,导致机体免疫细胞和(或)功能受损乃至缺陷,最终并发各种严重机会性感染和肿瘤。AIDS 具有传播迅速、发病缓慢、病死率高的特点。

1. 流行病学

(1)传染源:HIV 感染者和 AIDS 患者是本病唯一的传染源。无症状而血清 HIV 抗体阳性的 HIV 感染者是具有重要意义的传染源,血清病毒阳性而 HIV 抗体阴性的窗口期感染者亦是重要的传染源,窗口期通常为 2 ~6 周。

(2)传播途径:目前公认的 HIV 的传染途径主要是性接触、血液接触和母婴传播。HIV 存在于血液、精液和阴道分泌物中,唾液、眼泪和乳汁等体液中也含有 HIV。性接触传播是主要的传播途径(包括同性、异性和双性性接触)。共用针具静脉吸毒、输入被HIV 污染的血液或血制品以及介入性医疗操作等均可受感染。感染 HIV 的孕妇可经胎盘将病毒传给胎儿,也可经产道及产后血性分泌物、哺乳等传给婴儿。其他途径还包括接受 HIV 感染者的器官移植、人工授精或污染的器械导致医源性感染等。

(3)易感人群:人群普遍易感,15 ~49 岁发病者占 80%。儿童和妇女感染率逐年上升。高危人群为男性同性恋、静脉药物依赖者、性乱者、血友病、多次接受输血或血制品者。

(4)流行状况:UNAIDS 2020 年 7 月公布的"UNAIDS DATA 2020"数据显示,在全球

范围内,2019 年有 3800 万 HIV 感染者,有 2540 万人正在接受治疗。2019 年全球新增感染人数为 170 万,有 69 万人死于艾滋病。自 2010 年以来,新的 HIV 感染减少了 23%,这在很大程度上要归功于非洲东部和南部 38% 的大幅减少。但 HIV 感染在东欧和中亚增加了 72%,在中东和北非增加了 22%,在拉丁美洲增加了 21%。UNAIDS 中国办事处的数据显示,中国的 HIV 总体感染率维持在低水平,估计为 0.058%(0.046% ~ 0.070%)。2018 年,我国估计有 125 万人感染 HIV;2019 年,21000 人死于 AIDS,是所有其他传染病总和的五倍。

2. 临床表现

AIDS 的潜伏期平均为 9 年,可短至数月,长达 15 年。根据我国有关 AIDS 的诊疗标准和指南,将 AIDS 分为急性期、无症状期和 AIDS 期。

(1)急性期:通常发生在初次感染 HIV 的 2 ~ 4 周,部分感染者可出现 HIV 病毒血症和免疫系统急性损伤所产生的临床症状。临床表现以发热最为常见,可伴有全身不适、头痛、盗汗、恶心、呕吐、腹泻、咽痛、肌痛、关节痛、皮疹、淋巴结肿大以及神经系统症状等。CD4 + T 淋巴细胞计数一过性减少,同时 CD4 + /CD8 + 比例倒置,部分患者可有轻度白细胞和(或)血小板减少及肝功能异常。

(2)无症状期:可从急性期进入此期,或无明显的急性期症状而直接进入此期。此期持续时间一般为 6 ~ 8 年,其时间长短与感染病毒的数量、病毒型别、感染途径、机体免疫状况的个体差异、营养条件、卫生条件及生活习惯等因素有关。由于 HIV 在感染者体内不断复制,此期具有传染性。

(3)AIDS 期:为 AIDS 终末期,患者的突出表现是致病性感染、恶性肿瘤的发生以及显著的细胞免疫缺陷。感染者可出现一种或多种 AIDS 指征性疾病,如气管/支气管/肺部的念珠菌病、食道念珠菌病、侵袭性宫颈癌、弥散性或肺外的球孢子菌病、肺外隐球菌病、HIV 相关性脑病、弥散性或肺外组织胞浆菌病、卡波西肉瘤、伯基特(Burkitt)淋巴瘤、免疫母细胞性淋巴瘤、原发性脑淋巴瘤、进行性多灶性脑白质病、反复发生的沙门菌性败血症、弓形体脑病、HIV 相关性消瘦综合征等。

9.1.3　其他病原体

9.1.3.1　流行性斑疹伤寒

流行性斑疹伤寒(epidemic typhus)又称虱传斑疹伤寒(louse – borne typhus),是由普氏立克次氏体引起,以人虱为传播媒介所致的急性传染病。临床上全身感染症状比较严重,以急性起病、稽留型高热、剧烈头痛、皮疹与中枢神经系统症状为特征,发热持续 2 周左右,40 岁以上患者病情相对较重。随着经济发展及卫生条件改善,其发病率已显著降低。

1. 流行病学

(1)传染源:患者是唯一的传染源,患者自潜伏期末至热退后数天均具传染性,病后第 1 周传染性最强,一般不超过 3 周。个别患者病后普氏立克次氏体可长期存于单核巨噬细胞内,当机体免疫力降低时可引起复发,称为复发性斑疹伤寒。国外有从东方晦鼠、飞鼠以及牛、羊、猪等家畜体内分离出普氏立克次氏体的报道,表明哺乳动物可能成为普氏立克次氏体的贮存宿主,但尚未证实为传染源。

(2)传播途径:人虱是本病的传播媒介,以体虱为主,头虱次之。当虱叮咬患者时,病原体随血进入虱肠内,侵入肠壁上皮细胞内增殖,约 5 d 后胀破细胞,大量普氏立克次氏体溢入肠腔,随虱粪排出,或因虱体被压碎而散出,可通过因瘙痒的抓痕侵入皮肤。虱粪中的普氏立克次氏体偶可随尘埃经呼吸道、口腔或眼结膜感染。

(3)人群易感性:人群普遍易感,病后可获得相当持久的免疫力。

(4)流行特征:多发生于寒冷地区的冬春季节,因气候寒冷,衣着较厚且少换洗,故有利于虱的寄生和繁殖。战争、灾荒、卫生条件差可增加人虱繁殖的机会,易引起流行。随着卫生条件的改善及预防措施的加强,本病的群体发病率显著下降,但散发病例持续存在。

2. 临床表现

流行性斑疹伤寒的潜伏期为 10 ~ 14 d(5 ~ 23 d)。典型临床表现如下。

(1)发热:起病多急骤,体温在 1 ~ 2 d 内迅速上升至 39 ℃以上,第 1 周呈稽留热,第 2 周起有弛张热趋势。高热持续 2 ~ 3 周后,于 3 ~ 4 d 内降至正常,伴寒战、乏力、剧烈头痛、周身肌肉疼痛、面部及眼结膜充血等全身毒血症状。

(2)皮疹:90% 以上病例于第 4 ~ 5 病日始出疹,初见于胸、背部,1 ~ 2 d 内遍及全身,但面部通常无疹。开始为鲜红色充血性斑丘疹,多孤立存在,不融合。1 周左右消退。

(3)中枢神经系统症状:较明显且很早出现,表现为剧烈头痛,伴头晕、耳鸣及听力减退,也可出现反应迟钝或惊恐、谵妄,偶有脑膜刺激征,手、舌震颤,甚至大小便失禁、昏迷、吞咽困难等。

(4)肝、脾大:约 90% 患者出现脾大,少数患者可出现肝轻度增大。

(5)心血管系统症状:可有脉搏加快,合并中毒性心肌炎时可有心音低钝、心律失常、奔马律、低血压甚至循环衰竭。

(6)其他:可出现咳嗽、胸痛、呼吸急促、食量减少、恶心、呕吐、便秘、腹胀等呼吸道、消化道症状,严重者可发生急性肾衰竭。

9.1.3.2 钩端螺旋体病

钩端螺旋体病(leptospirosis)是由致病性钩端螺旋体(leptospira)引起的急性动物源性传染病。该病几乎遍及世界各地,我国绝大部分地区有本病散发或流行。鼠类和猪是钩端螺旋体病的主要传染源,经皮肤和黏膜接触含钩端螺旋体的疫水而感染。主要临床特征:早期为钩端螺旋体败血症,中期为各脏器损害和功能障碍,后期为各种变态性反应后发症,重症患者有明显的肝、肾、中枢神经系统损害和肺弥漫性出血,危及生命。

1. 流行病学

(1)传染源:钩端螺旋体的动物宿主相当广泛,在我国证实有80多种动物,鼠类和猪是主要的储存宿主和传染源。鼠类以黑线姬鼠、黄胸鼠、褐家鼠和黄毛鼠为最重要,是我国南方稻田型钩端螺旋体病的主要传染源。猪是我国北方钩端螺旋体病的主要传染源。猪带钩端螺旋体主要是波摩那群,其次是犬群和黄疸出血群。犬的带菌率也较高,犬带钩端螺旋体主要是犬群,其毒力较低,所致钩端螺旋体病症状较轻。牛、羊、马等亦能长期带菌,但其传染源作用远不如猪和犬重要。

(2)传播途径:直接接触病原体是主要的途径,带钩端螺旋体动物排尿污染周围环境,人与环境中污染的水接触是本病的主要感染方式。亦有个别经鼠、犬咬伤实验室工作人员感染的报道。

(3)人群易感性:人对钩端螺旋体普遍易感,感染后可获较强的同型免疫力。感染后免疫力型的特异性明显,因而有第2次感染的报道;但部分型间或群间也有一定的交叉免疫。新入疫区人口的发病率往往高于疫区居民,病情也较重。

(4)流行特征:本病分布广泛,几乎遍及世界各地,热带、亚热带地区流行较为严重。我国除新疆、甘肃、宁夏、青海外,其他地区均有本病散发或流行,尤以南方各省多见。

2. 临床表现

钩端螺旋体病的潜伏期为7~14 d,长至28 d,短至2 d。钩端螺旋体病典型的临床经过可分为早期、中期和后期。

(1)早期(钩端螺旋体败血症期):在起病后3 d内,为早期钩端螺旋体败血症阶段,主要为全身感染中毒表现。急起发热,伴畏寒或寒战,体温39 ℃左右,多为稽留热,部分患者为弛张热。全身肌肉酸痛,包括颈、胸、腹、腰背肌和腿肌。其中第1病日即可出现腓肠肌疼痛,有一定的特征性。病后第2天出现浅表淋巴结肿大,以腹股沟淋巴结多见,其次是腋窝淋巴结群。其他还可有咽部疼痛和充血,扁桃体肿大,软腭有小出血点,恶心,呕吐,腹泻,肝、脾轻度肿大等。

(2)中后期(器官损伤期):起病后3~10 d为症状明显阶段,其表现因临床类型而异。①流感伤寒型:无明显器官损害,是早期临床表现的继续,经治疗热退或自然缓解,病程一般为5~10 d。此型最多见。②肺出血型:在早期感染中毒表现的基础上,于病程3~4 d开始,病情加重而出现不同程度的肺出血。肺出血轻型患者,痰中带血或咯血,肺部无明显体征或闻及少许啰音,X线胸片仅见肺纹理增多、点状或小片状阴影,经及时而适当治疗后较易痊愈。肺弥漫性出血重型是在渐进性变化的基础上突然恶化,来势猛,发展快,是近年来无黄疸型钩端螺旋体病患者的常见死因。无黄疸型钩端螺旋体病患者可出现极度烦躁、气促、发绀,有窒息和恐惧感,呼吸、心率显著加快,双肺满布湿啰音,多数有不同程度的咯血,X线胸片示双肺有广泛点/片状阴影或大片融合,救治难度较大。

9.2 组织病理学研究

9.2.1 细菌相关生物安全死亡的组织病理学

这里以霍乱为例进行阐述。霍乱患者肠壁的病理变化最显著。

9.2.1.1 霍乱患者小肠的病理变化

霍乱患者虽有剧烈腹泻,但小肠黏膜上皮一般尚完整。急性霍乱患者小肠呈炎症改变,轻度黏膜上皮脱落,固有层扩张水肿,并有蛋白质样物质积聚,中央乳糜管扩张,固有层内单核细胞、浆细胞及淋巴细胞浸润等。这些改变在绒毛端最为显著。小肠的修复主要表现为,在肠黏膜隐窝处可见核分裂象和上皮细胞的代偿性增生。肠黏膜无出血和溃疡。

9.2.1.2 其他器官的病理变化

(1)心脏:豚鼠实验显示,感染霍乱弧菌24 h后,豚鼠心肌间质小动脉周围出现许多阿尼齐科夫细胞(Anitschkow cell),而心肌未见严重损伤。在人体尸检中,可见心肌呈弥漫性心肌炎改变。

(2)肝脏:豚鼠实验显示,感染霍乱弧菌24 h后,肝脏出现局灶性坏死和脂肪变性,但无炎症细胞浸润。

(3)肾脏:肾实质性病变见于肾曲小管上皮细胞的颗粒变性和空泡样变性,严重者上皮细胞可出现坏死。但这些病变不是由霍乱毒素引起,可能是因体液及电解质丢失所造成的肾脏病理改变。

(4)支气管:肺内的大、小支气管黏膜的杯状细胞增多,管腔内充满黏液,细支气管末梢呈不规则扩张。支气管黏膜杯状细胞增多,可能与小肠黏膜一样,是对霍乱毒素反应的过度分泌现象。过度分泌的黏液阻塞支气管腔,引起通气功能障碍,造成末梢支气管和肺泡的不规则扩张。

9.2.2 病毒相关生物安全死亡的组织病理学

9.2.2.1 新型冠状病毒感染

2019年新冠疫情全球暴发,其主要病变为新型冠状病毒感染。目前,对新型冠状病毒感染的认识已取得不菲成绩,但对最能直观反映其疾病特性的病理形态学特征却知之甚少。

1. 肺

(1)首例系统尸体解剖获得的肺病理学资料:华中科技大学法医学系刘良团队[11-12]开展了新型冠状病毒感染死者的首例系统尸体解剖检验,发现死者肺部病变明显,左肺大部分呈斑片状改变,切面可见大量黏稠的分泌物从肺泡内溢出,并可见纤维条索形成,与 SARS 患者肺部病变相比,新型冠状病毒感染患者肺内渗出性改变更明显。

(2)死后 CT 引导下穿刺获得的肺病理学资料:王福生团队[11]应用 CT 引导下取材,对 1 例新型冠状病毒感染死者进行病理学检查,发现死者肺组织出现病毒感染的细胞改变,双侧肺部呈弥漫性肺泡损伤伴纤维黏液样渗出、透明膜形成,间质内有淋巴细胞及单核细胞浸润,可见多核细胞及不典型增大的肺泡细胞。

(3)利用免疫染色技术获得的肺病理学资料:华中科技大学同济医学院附属同济医院研究人员对 1 例新型冠状病毒感染死者的肺脏进行穿刺取材研究,肺脏组织学检查显示弥漫性肺泡损伤,抗 Rp3 核衣壳蛋白抗体(在 SARS - CoV - 2 上高表达)免疫染色分析发现,在肺泡上皮及肺泡腔脱落细胞存在大量病毒蛋白,并发现这种病毒蛋白在肺泡血管壁及肺间质均有表达。

综上所述,弥漫性肺泡损伤是新型冠状病毒感染的典型肺部病理特征,早期主要表现为肺水肿,肺泡腔内出现蛋白渗出伴巨噬细胞与多核巨细胞浸润、肺间质增生,晚期呈现弥漫性肺泡损伤、纤维黏液样渗出伴透明膜形成,最终导致肺组织大片纤维化,导致呼吸衰竭。

2. 其他组织、器官

除肺组织病变外,新型冠状病毒感染患者还存在其他器官损伤。新型冠状病毒感染患者的肺和淋巴器官尸检结果包括组织病理学改变、免疫细胞特征和炎症因子在肺、脾及淋巴结中的表达。脾和肝门淋巴结含有组织结构破坏和免疫细胞失调的病变,包括淋巴细胞减少和巨噬细胞积聚。这些发现证明,严重的新型冠状病毒感染患者肺部和淋巴器官的损伤与致命的呼吸系统和免疫系统功能障碍有关。

新型冠状病毒感染死者脾和淋巴结中 CD4 + 和 CD8 + T 细胞显著减少,在脾、肾和心中可见血栓形成,缺血性梗死等改变,肺和肝存在出血性梗死,食管和胃肠黏膜上皮表现出不同程度的变性、坏死和剥落,睾丸显示出不同程度的损伤与生精细胞减少。对各器官的病原学检测显示,SARS - CoV - 2 颗粒存在于多个病例的多个器官(如肺门淋巴结、脾、心、肝、胆囊、肾、胃、乳房、睾丸、皮肤、鼻咽和口腔黏膜等)中。

9.2.2.2　SARS

SARS 的病理变化主要发生在肺、脾、淋巴结等免疫器官[13]。脾的正常结构被破坏,脾小体萎缩或消失,淋巴细胞明显减少,红髓充血或出血;淋巴组织和淋巴结正常结构被破坏,淋巴滤泡消失,淋巴细胞明显减少,组织细胞增生。患者心、肝、肾及脑等器官的实质细胞可有非特异性变性及小灶性坏死,骨髓增生减少,粒细胞和淋巴细胞明显减少,巨核细胞增多,局部骨骼肌内可见淋巴细胞浸润,伴或不伴肌纤维变性及坏死。

SARS肺部病理变化的本质是弥漫性肺泡损伤,最突出的特点是肺纤维化,常呈弥漫性斑片状[13-14]。SARS肺部病理变化按发展过程和病理改变特点可分为渗出期、增殖期和纤维化期。

(1)渗出期:特征性的病理变化为渗出的纤维蛋白和坏死的肺泡上皮细胞碎屑共同形成大量透明膜。

(2)增殖期:该期肺部病理表现为肺泡间隔明显增宽,肺泡腔内有较多的成纤维细胞和肌纤维母细胞,并产生胶原纤维。渗出物开始机化,可形成肾小球样小体。

(3)纤维化期:该期肺部病理表现为肺间质大片弥漫性纤维化,胶原纤维大量沉积及玻璃样变。肺泡明显机化、萎缩及塌陷,肺泡间隔断裂、牵拉,可形成纤维囊状空隙,还可出现代偿性肺气肿改变。透射电子显微镜观察可见肺泡上皮细胞肿胀,板层小体明显减少,线粒体肿胀、嵴断裂及空泡变;内质网增生、扩张;肺泡隔毛细血管内皮细胞肿胀、空泡变;肺泡内的单核巨噬细胞、肺泡Ⅱ型上皮细胞及毛细血管内皮细胞内可见冠状病毒颗粒。

9.2.2.3　EHF

EHF是由汉坦病毒引起的自然疫源性疾病,在我国属于乙类传染病,典型表现为发热、出血、休克和肾损伤综合征。本病病情重、病程长、病死率较高(5%~20%)。本病死亡原因多为休克、急性肾衰竭所致尿毒症或心功能不全、肺水肿、大出血及合并感染。

EHF最基本的病理变化是全身性小血管损伤,表现为充血、出血和水肿,常伴有实质细胞的灶性坏死,而间质内炎性反应较轻,主要为淋巴细胞和单核细胞浸润。本病可累及全身多数脏器和组织,但肾脏、右心房、垂体前叶的病变通常恒定出现,可作为病理诊断的主要依据。其主要病理变化如下。

(1)血管和心脏:全身小血管(包括小动脉、小静脉和毛细血管)可见内皮细胞肿胀、脱落,管壁疏松肿胀,甚至呈溶解状态,常伴有高度充血、出血和水肿。心脏最明显的病变为右心房和右心耳的心内膜下弥漫性出血,严重者出血可达到整个心肌层和心外膜。

(2)肾脏:肾周围脂肪囊常见胶冻样水肿,偶见血肿形成。最突出的病变在髓质,表现为高度充血、出血,呈暗紫红色,在锥体部与皮质交界处更为明显。在锥体中可见条索状梗死样坏死区,与周围充血、出血呈红灰相间。

(3)垂体:垂体病变以前叶为著,为本病特征性病变之一。在少尿期、多尿期死亡病例,垂体前叶可出现广泛块状坏死,类似梗死灶,坏死灶周围有炎症细胞浸润。

9.2.2.4　AIDS

AIDS病理变化主要表现为免疫组织的原发性病变、神经组织原发性病变、机会感染、恶性肿瘤。前两者由 HIV 直接对靶细胞或靶器官造成损害,后两者是由 HIV 所致免疫功能障碍造成的继发损害。下面主要论述 AIDS 患者免疫组织和神经组织的原发性病理改变。

1. 免疫组织病变

(1)淋巴结:在受 HIV 感染的人群中,早期即可出现淋巴结病变。病理解剖见全身多处淋巴结肿大、质软、不粘连,切面无坏死、出血。显微镜下淋巴结病变可分为 4 个组织学类型。①暴发性滤泡增生型:淋巴结皮质内次级滤泡数目增多,滤泡大小不等、形态不规则,滤泡外套区灶性变薄或中断甚至消失,滤泡因有出血或成熟淋巴细胞聚集而形成滤泡溶解。②混合性滤泡增生型:组织病理学介于增生型和萎缩型之间,既有明显的增生滤泡,也有萎缩玻璃样变滤泡。③滤泡萎缩型:淋巴结小,低细胞性,萎缩滤泡伴增生的副皮质区,滤泡生发中心玻璃样变性。④淋巴细胞耗竭型:淋巴滤泡不复存在,皮质和副皮质区完全消失,T 细胞与 B 细胞区淋巴细胞严重消失甚至完全消失,组织细胞和浆细胞占优势,被膜和淋巴窦灶性纤维化。

(2)胸腺:AIDS 患者的胸腺有早熟性萎缩,皮质淋巴细胞大量减少甚至消失,从而失去皮质和髓质的明显界限,胸腺组织内有数量不等的浆细胞、肥大细胞、多核巨细胞浸润,胸腺小体数目减少或消失,有的发生钙化。

(3)脾脏:脾大是 AIDS 患者的特点,一般为正常人的 3~5 倍,脾重最高可达 2060 g(正常人平均为 150 g)。光学显微镜检查显示,白髓 T 淋巴细胞与 B 淋巴细胞严重缺失,生发中心消失,红髓中脾索紧密堆聚,髓窦扩张,在红、白髓中多有浆细胞或免疫母细胞,也可见吞噬红细胞和髓外造血现象。约 39% 患者的脾有机会性感染,呈脾炎表现;约 25% 患者有卡波西肉瘤或非霍奇金淋巴瘤。

(4)骨髓:AIDS 尸检病理图像差别较大,细胞密度可正常或中度增生,此时淋巴细胞增生不明显,少见巨核细胞增生,但可见明显吞噬红细胞现象。骨髓活检组织呈一种或多种细胞成分增生,但不能代替骨髓脂肪细胞。对一般 HIV 感染患者,骨髓表现为细胞密度增加,灶性淋巴细胞聚集,其中含有不典型淋巴细胞,浆细胞和嗜酸粒细胞增多,巨核细胞数目也增多,但其核分叶数常减少,网状纤维沉积增加。

2. 神经组织病变

(1)中枢神经组织:包括以下 2 种病变。①亚急性脑炎:典型病理组织学所见包括灰质与白质中神经胶质增生、小胶质结节形成、髓鞘脱失及出现坏死灶、血管周围炎症。白质坏死区和血管附近出现多核巨细胞为此病特征,其细胞质内含有大量的 HIV 颗粒。②空泡性脊髓炎:20% 以上 AIDS 死者尸检具有这种病变,在脊髓,特别是胸段的中、下部的白质中,髓鞘变细并出现空泡状变性,尤以后柱和侧柱明显。

(2)外周神经组织:外周神经组织病变并不多见,已报道与 HIV 感染有关的外周神经组织病变类型有急性多神经根性神经炎、多数性单神经炎、神经节炎及慢性炎性脱髓鞘多神经炎等。

9.2.3 其他病原体相关生物安全死亡的组织病理学

9.2.3.1 流行性斑疹伤寒

流行性斑疹伤寒具有立克次氏体病的一般特点,即以广泛血管炎和斑疹伤寒结节形成为主要病理变化。在血管炎的基础上,发展为各器官组织非化脓性间质炎,伴有渗出、增生、出血、血栓形成、变性和坏死等形态改变[15]。

1. 皮肤

患者出现分布较密集的出血性皮疹。光镜下可见血管充血,管壁和血管周围有少数白细胞浸润。随着病程的进展,炎症细胞浸润明显,浸润多围绕血管,为单核细胞、淋巴细胞、中性粒细胞和浆细胞,偶见多核巨细胞。毛细血管内皮细胞肿胀、大量增生,出现核分裂象,含有立克次氏体。血管内膜增生,血管腔内可见小血栓,血管壁有时有坏死及周围出血。

2. 中枢神经系统

中枢神经系统的典型变化为急性非化脓性脑膜脑炎。患者脑膜和脑实质充血、水肿,小血管周围炎症细胞浸润。脑内病变以脑灰质、交感神经节、脊髓及外周神经为主,大脑白质病变不显著。脑内常见斑疹伤寒结节(胶质小结),大小为 120 ～ 180 μm,主要分布于脑灰质区,参与结节构成的细胞呈多样性,如淋巴细胞、巨噬细胞和胶质细胞等。毛细血管内皮细胞肿胀、增生、坏死或有微血栓形成。

3. 心血管系统

心血管系统大多有急性局限性间质性心肌炎和间质水肿,炎症细胞浸润。心内、外膜和传导系统很少受累。血管呈增生坏死性改变,沿血管走向,亦有斑疹伤寒结节形成。

4. 肺

肺部出现轻度间质性肺炎或小叶性肺炎。镜下可见肺泡隔增宽,肺内小血管变化与上述其他部位血管炎相似,有小血栓和血管周围炎。肺泡内含有水肿液、纤维蛋白及炎症细胞。有的患者可继发感染细菌性小叶性肺炎,少数患者可因严重肺部炎症而致死。

5. 肝

肝轻度肿大、充血,包膜下有少数出血点。镜下可见肝细胞的细胞质疏松,出现水样变或脂肪变性。汇管区有炎症细胞浸润,小血管可发生炎症,偶见斑疹伤寒结节。少数患者肝出现点状坏死。

6. 脾和淋巴结

约90%的患者有脾大,脾充血而柔软。镜下可见脾窦扩张,白髓淋巴组织成分减少,脾小体数也有缩减,红髓细胞成分增加。全身淋巴结有反应性增生,单核细胞、淋巴细胞和浆细胞增生。

7. 肾

镜下可见肾间质性炎,细胞浸润以皮质和髓质交界为著,显然与小血管分布有关。肾小球增生性病变可引起一定程度的肾缺血,但肾实质一般不受累及。

8. 其他组织病变

睾丸间质水肿、充血、炎症细胞浸润,睾丸曲精管上皮可萎缩,间质血管呈内膜炎或坏死血栓性炎症改变,偶见斑疹伤寒结节。

9.2.3.2 钩端螺旋体病

钩端螺旋体病早期,钩端螺旋体在血中繁殖并侵犯全身组织,常引起全身脏器病变,以毛细血管出血和细胞变性、坏死为主,性质类似毒血症,炎症不甚明显,主要器官病变如下。

1. 肝脏病变

轻者在外观上无明显异常,光镜下仅见轻度间质水肿、血管充血以及散在灶性坏死。严重者出现黄疸和肝大,光镜下可见广泛弥漫性肝细胞肿胀、脂肪变、空泡形成以及坏死灶。毛细胆管和肝细胞浆内有胆汁淤滞现象。

2. 肺脏病变

肺出血是本病的常见病变,多为散在灶性出血。光镜下可见肺内支气管和肺泡充满红细胞和少量浆液,但无水肿。肺出血呈弥漫性分布,以胸膜下多见。

3. 肾脏病变

肉眼观察肾脏肿,可见被膜有出血点。镜下可见肾小球除出血外基本无损伤。肾小管近曲管上皮有不同程度变性、少数坏死。肾间质炎常为钩端螺旋体病的基本病变,间质中有单核细胞、淋巴细胞、中性粒细胞、嗜酸性细胞浸润,常伴有水肿和小灶性出血。

4. 心脏病变

肉眼观察心外膜和心内膜有出血点。光镜下可见心肌细胞局灶性凝固性坏死及肌纤维溶解,心肌间质有散在的炎症细胞浸润,包括单核细胞、淋巴细胞、中性粒细胞。心肌间质中有出血和水肿。

5. 其他器官病变

横纹肌呈肌纤维变性、坏死,间质水肿、出血及炎症细胞浸润,主要表现为单条肌细胞的灶性坏死,以腓肠肌病变较著。部分患者神经系统有脑及脑膜充血、出血、神经细胞变性及炎症细胞浸润,轻度颈交感神经节炎。脑实质损害多由栓塞性动脉炎引起,可能为钩端螺旋体直接损伤脑血管所致。

9.3 分子遗传学研究

9.3.1 分子遗传学与病原学研究

在当今全球化的背景下,重大传染病和生物安全风险已成为全世界面临的共同问题,更加凸显人类是一个命运共同体。近年来,由病原微生物(如病毒、细菌、真菌等)引发的生物安全问题备受社会关注。传染病是由病原微生物感染人体后产生的有传染性、在一定条件下可造成流行的疾病。传染病曾经是危害人类健康和生命的主要疾病,给人类造成了巨大的灾难,随着社会经济、科学技术的发展和疾病防治工作的进步,全球范围内大多数国家传染病的发病率和死亡率显著下降,但是由于生态环境的变化、微生物和人类的遗传学特征变异等因素的影响,如炭疽等老传染病的死灰复燃和埃博拉出血热等新传染病的不断出现已经成为地区性或国际性的公共卫生问题。

9.3.1.1 炭疽

众所周知,生物战剂中最重要的就是细菌,第二次世界大战期间,炭疽杆菌已经被研究作为生物战剂,其中最臭名昭著的是日本军国主义最高统治者下令组建的细菌战秘密部队731部队及研究所,开展了在活体试验者身上研究鼠疫、霍乱、炭疽等传染病的活动。鉴于炭疽杆菌的高度致病性、能形成极难被杀灭的芽孢及可通过气溶胶途径感染等特点,长期以来其被认为是首选的生物战剂。炭疽杆菌对人类健康、动物性食品安全构成一定的威胁,被广泛认为是影响全球公共卫生的威胁之一[16]。2001年9月,美国发生炭疽邮件恐怖事件后,炭疽杆菌研究再次成为世界关注的热点。最近,我国北方几个省份相继暴出炭疽确诊案例,并且出现了死亡病例,引起了公众的关注。炭疽是由炭疽杆菌引起的一种动物源性疾病,主要发生于牛、羊、骆驼等食草性动物,而人则通过接触病畜及其排泄物或食用病畜的肉类被感染[17]。

炭疽杆菌有繁殖体和芽孢2种形态,繁殖体抵抗力弱,对高温较敏感,易被一般消毒剂杀灭,芽孢抵抗力强,能在干燥的环境和动物皮毛中生存数十年。其在人体内或者动物体内形成荚膜,在体外以芽孢形态长期存在于自然环境中,易培养,普通营养琼脂糖培养基就能够满足其生长的需求,肉眼可见毛玻璃样菌落,低倍镜下可观察到菌落边缘呈卷发状、卷毛状、火焰状。

炭疽杆菌的基因组由1个环状染色体(5.3 Mb)和2个染色体外质粒 pXO_1(182kb)、pXO_2(96kb)组成。炭疽杆菌的主要毒力因子是炭疽毒素和荚膜;其他可能在炭疽杆菌毒力中起作用的基因包括操纵子 gerX 和热激转录因子 sigB;影响毒素和荚膜基因转录的宿主相关信号包括温度、碳酸氢盐和 CO_2。炭疽杆菌荚膜的主要成分是多聚 $\gamma - D - $ 谷氨酸,由质粒 pXO_2 上的 *cap* 基因编码,负责合成、运输和将多聚 γ - D - 谷氨酸荚膜聚合物附着到细菌细胞壁上。在 *cap* 基因的旁边有一个转录方向相同的 *CapD* 基因(以前称为 *Dep* 基因),CapD 是一种酶,负责荚膜的解聚,可将大的谷氨酸聚合物解聚成较小的 d - 谷氨酸肽片段,并从细菌细胞表面释放。

体外实验表明,炭疽杆菌荚膜具有抗吞噬作用,类似于其他病原菌中的荚膜功能,无荚膜杆菌很容易被组织培养巨噬细胞吞噬,而有荚膜杆菌很少被吞噬。相关研究结果表明,荚膜多肽分子的大小对炭疽杆菌芽孢的致病性影响较大,但是具有这种荚膜多肽的炭疽杆菌芽孢几乎无致病性,在体内还容易被清除。而当加入外源 CapD 蛋白或经 CapD 蛋白水解后的小分子荚膜多肽后,细菌能够快速恢复致病性,且荚膜能够表现出较强的抗吞噬功能。

炭疽杆菌可产生 3 种毒性蛋白(外毒素),包括保护性抗原(Protective antigen,PA)、水肿因子(Edema factor,EF)和致死因子(Lethal factor,LF),分别由质粒 pXO1 的 *pag*、*cya* 和 *lef* 基因编码,通过 *cya* 与 *pag* 基因间的转录激活因子 atxA 调节其表达。LF 或 EF 与 PA 的结合分别导致活性致死毒素或水肿毒素的形成。单独注射这些毒素对动物不致病,混合注射后可致小鼠死亡。感染后 PA 被释放入循环,与宿主细胞表面受体结合,促进细胞内释放有毒的炭疽因子(LF 和 EF)。

PA 是免疫保护中起重要作用的毒素抗原,也是人用无细胞疫苗的主要成分,几乎所有正在使用或开发的炭疽疫苗都依赖于 PA 作为主要免疫原。早期研究表明,在各种动物模型中,用 PA 进行免疫接种可防止炭疽攻击,并且抗 PA 抗体滴度与接种疫苗后的存活率相关。许多针对 PA 的抗体,尤其是那些阻断毒素与其受体结合的抗体,对炭疽杆菌感染具有高度保护作用。由于炭疽的快速过程和毒素的持续作用,除抗生素外,针对 PA 的抗体对于炭疽杆菌感染的治疗是必不可少的。

LF 是一种选择性极强的金属蛋白酶,该酶位点特异性地切割丝裂原活化蛋白激酶激酶(Mitogen - activated protein kinase kinases,MAPKKs)。通过干扰 MAPKKs 上一种关键的对接作用,可阻止它们激活下游丝裂原活化蛋白激酶(mitogen - activated protein kinase,MAPK)底物,阻断 MAPK 信号损害细胞的先天免疫系统和适应性免疫系统,并诱导巨噬细胞死亡。

EF 是一种钙离子和钙调蛋白依赖性的腺苷酸环化酶,可增加细胞内环磷酸腺苷(cyclic adenosine monophosphate,cAMP)的浓度,引起水肿。EF 诱导的 cAMP 水平升高还能抑制吞噬功能、杀菌活性、嗜中性粒细胞趋化性和超氧化物歧化酶的产生,削弱宿主的防御能力,从而导致严重的免疫功能障碍[67]。这 2 种毒素都有抑制宿主防御和微生物清除的能力,这可能是导致死于炭疽的患者体内细菌负荷过高的原因之一。

9.3.1.2　EVD

近 50 年来,EBOV 和相关的丝状病毒反复出现在非洲大陆广阔的赤道带地区,导致高度致命的出血热流行。2013—2016 年,在西非盛行的 EVD 是迄今为止历史上地域最广、致死率最高、持续时间最长的传染病,它给国际公共卫生带来了巨大的挑战[18]。2020 年6 月,非洲的刚果(金)卫生部确认该国西北地区暴发了新一轮的 EVD 疫情,这次疫情被列为该国从 1976 年来的第 11 次疫情。由于其高致病性、高死亡率和人际传播等特点,EBOV 被认为是一种潜在的生物武器,并被归类为 A 类生物恐怖。尽管我国尚未出现EBOV 感染病例,但随着与非洲和其他国家之间贸易、旅游的频繁开展,我国面临着EBOV 感染的巨大危险。

EVD 是一种由 EBOV 导致的人和灵长类动物出现出血、发热、腹泻等症状的烈性传染病。EBOV 主要通过动物、人际间体液接触传播,其自然宿主据推断为果蝠[19]。EBOV属于单股负链病毒目丝状病毒科埃博拉病毒属,埃博拉病毒属包括扎伊尔型、苏丹型、莱斯顿型、塔伊森林型和本迪布焦型 5 种不同的亚型[20]。除莱斯顿型对人类不致病外,其余 4 种亚型感染后均可导致人类发病,其中扎伊尔型毒力最强,人类感染后致死率可高达 90%。EBOV 形态多样,可呈杆状、长丝状、分枝形、“U”形和“6”形等,分枝形是其最常见的形态;外有囊膜,病毒表面粗糙,呈“虫蛀”状;病毒直径与长度相比较固定,约为80 nm。作为有包膜的病毒,EBOV 在室温条件下较稳定,对温度敏感,较易被灭活,60 ℃处理 60 min 可使其失去感染性。对于非一次性使用的物件,可浸泡在 2% ~5% 次氯酸钠中消毒,用过的器械应先煮沸 20 min 或高压灭菌后再清洗。此外,紫外线、γ - 射线、福尔马林、乙醚等也可灭活 EBOV。

EBOV 由核心、核衣壳和包膜组成,其基因组大小约为 19 kb,从 3′至 5′包含 7 个基因,分别编码的病毒特异性结构蛋白核衣壳蛋白(nucleocapsid protein,NP)、聚合酶辅助因子(VP35)、基质蛋白(VP40)、包膜糖蛋白(glycoprotein,GP)、转录激活因子(VP30)、第二基质蛋白(VP24)和 RNA 聚合酶(L)。EBOV 进入易感细胞后,需要由病毒颗粒本身携带的依赖 RNA 的 RNA 聚合酶(L 蛋白)先启动,将病毒基因组转录成正链(mRNA),再进行病毒的复制。

EBOV 的 L 蛋白是病毒 RNA 复制/转录的中心蛋白,包含 1 个甲基转移酶结构域和1 个 C 端结构域,并且 C 端结构域通过调节 L 蛋白甲基转移酶活性参与病毒复制和宿主先天免疫的逃逸。我国首个抵抗 EBOV 的药品 jk - 05 的作用机制就是可选择性地抑制EBOV 的 RNA 聚合酶,从而抑制病毒复制。病毒核心由 2 种核糖核蛋白(VP35 和 VP30)及 1 条线性负链 RNA 分子构成。VP35 是一种 dsRNA 结合蛋白,在病毒生命周期中具有几个重要的功能:①作为复制和转录全酶的组成部分;②作为 EBOV 颗粒的组装因子;③作为宿主抗病毒天然免疫反应的强大拮抗剂,可以有效地破坏宿主防御和病毒复制,阻断干扰素 - α、干扰素 - β 的产生途径。而 VP30 作为病毒特异性的转录激活子,不仅是在第 1 个基因起始信号处与 RNA 结合,以启动转录,并且在后续基因转录的重新启动中也发挥着重要作用。VP30 活性取决于其结合 RNA 的能力及其磷酸化状态,VP30 的非磷酸化可促进转录的同时抑制复制,磷酸化则会增加对 NP 的结合亲和力并降低对 RNA 的亲和力,因此 VP30 是一个潜在的抗病毒治疗的候选靶点。

因为 EBOV 的 RNA 基因组不能单独存在,所以 NP 必须将其包裹起来,并与 L 蛋白进一步络合,形成核糖核酸蛋白,从而保护其免受细胞免疫反应的降解和识别。NP 是感染细胞和病毒核壳内最丰富的病毒蛋白,对病毒转录、RNA 复制、基因组包装和膜封装前的核壳组装至关重要。

核衣壳与病毒包膜之间存在 VP24 和 VP40 2 种基质蛋白,基质蛋白向内与病毒核衣壳结合,向外与病毒囊膜结合,维持病毒粒子结构的完整性。VP24 已被证明参与 EBOV 生命周期的不同水平,包括核衣壳的形成、病毒颗粒的组装、萌发以及病毒复制。VP24 负责调节宿主对感染的反应并且与 EBOV 的高毒力有关,另外,VP24 通过抑制干扰素 – α、干扰素 – β 和干扰素 – γ 信号来阻碍细胞抗病毒防御。干扰素系统对防止病毒识别和感染的进展至关重要,VP35 和 VP24 是逃避干扰素的主要关键因素和毒力决定因素,我们可以通过寻找一种针对 VP35 和 VP24 的干扰素抑制功能的治疗方法,使干扰素应答恢复,从而对 EVD 的治疗产生明显的影响。

基质蛋白 VP40 是病毒感染过程中表达最多的蛋白,主要参与调节病毒的转录、组装和萌发过程,最具有特征性的表现是在 EBOV 感染过程中处于多构象状态,从而在 EBOV 生命周期中调节不同的功能:一种对细胞运输至关重要的二聚体前体、一种用于病毒基质组装的六聚体结构成分以及一种对调节病毒转录必不可少的非结构性 RNA 结合环结构。

EBOV 最外层为病毒包膜,在包膜上有 GP,GP 由连接亚基 GP1 和融合亚基 GP2 构成,两亚基通过二硫键连接,还有可溶性糖蛋白(soluble glucoprotein,sGP)和小分子可溶性糖蛋白(small soluble glucoprotein,ssGP)。GP 是 EBOV 囊膜表面唯一的病毒蛋白,因而在病毒对宿主细胞识别和入侵的过程中发挥着重要作用;同时 GP 可诱导机体产生中和抗体,是目前研制 EVD 疫苗的重要候选靶点,比如加拿大的水疱性口炎病毒(vesicular stomatitis virus,VSV)载体疫苗和我国的人 5 型腺病毒(adenovirus5,Ad5)载体疫苗等疫苗均是采用 GP 作为目标蛋白进行研制的。

9.3.2　分子遗传学与病原微生物易感性研究

遗传易感性是指由遗传决定的易于患某种(某类)疾病的倾向性,现代遗传易感性概念还包括由遗传决定的疾病的发生、转归及预后的差异。随着人类基因组计划的实施,解读传染性疾病的易感基因已经成为可能。感染易感性差异的遗传基础首先是通过比较同卵与异卵双胞胎发病一致性而提出的,随后确定了影响宿主产生免疫反应或抵御特定病原体能力的遗传特征。通过连锁分析和使用人类基因组单倍型图谱、高密度微阵列分析和 DNA 测序方法的 GWAS 显示人类基因组遗传变异与传染病发病之间存在关联。绝大多数常见传染性疾病属于典型的多基因疾病(复杂性状),是致病微生物和宿主之间在长期的进化过程中交互作用的结果。

存在于地理、种族、群体甚至个体之间的差异,可以决定第 1 个暴露的人是否可能病情轻微,第 2 个病情严重,而第 3 个则完全没有病。对微生物和宿主的复杂性,以及它们分子之间所有潜在的相互竞争作用,目前使用最先进的模型都无法解释,从大量新旧信息中提取出可能有助于对抗感染的关键分子和相互作用仍然是一项重大挑战。基因组分析将宿主基因突变与传染病易感性改变联系起来,但要证明其因果关系还需多多努力。

9.3.2.1　炭疽

人群对炭疽杆菌普遍易感,特别是从事养殖和屠宰牛、羊等牲畜及贩卖相关制品的人群,从事皮毛加工处理职业的人群也可感染炭疽杆菌。大部分炭疽为散发病例,大规模的流行较少见,病后可获得持久的免疫力。炭疽杆菌易感性取决于宿主物种、菌株和感染途径,在人类肺炭疽病例中疾病发作、存活和治疗反应存在个体差异,但是造成这些易感性差异的原因尚不清楚。

一项研究发现,编码驱动蛋白样运动蛋白的宿主基因 *kif1C* 的多态性决定小鼠巨噬细胞对炭疽致死毒素(lethal toxin,LT)是耐受还是敏感。然而 K. 中岛(Nakajima K)等研究发现,*Kif1C* 基因敲除小鼠对 LT 的敏感性不是因为 *Kif1C* 基因的丢失,而是因为 Kif1C 位点附近存在 *129/Sv* 衍生基因。有研究表明,*Nlrp1* 基因可控制小鼠巨噬细胞对 LT 的敏感性,纽曼(Newman)等进一步研究发现,Nlrp1 蛋白 N 端 100 个氨基酸内的多态性与 LT 敏感性完全相关,毒素介导的大鼠致死率以及巨噬细胞敏感性受 Nlrp1 控制。基于炭疽毒素受体 2(anthrax toxin receptor 2,ANTXR 2)转录本丰度在不同种族/地理群体的个体中差异很大,并且调控元件的遗传变异会影响同源基因的转录水平,张(Zhang)等发现,位于 CREB 结合基序中的 rs13140055 和 rs80314910 可影响 ANTXR 启动子活性,进而导致个体的炭疽毒素敏感性差异,ANTXR 蛋白表达水平与炭疽毒素易感性密切相关,这有利于进一步阐明遗传变异对传染病易感性的影响。由炭疽杆菌引起的致命性炭疽是多步骤过程,而宿主抗性机制可能会干扰任何一个步骤。因此,需要了解宿主对炭疽杆菌感染易感性的基因位点,继续识别和表征更合适的易感性动物模型,以剖析这些宿主因素的作用。此外,认知遗传易感性可以更好地管理炭疽杆菌感染患者。

9.3.2.2　EVD

人群对 EBOV 具有普遍易感性,从出生 3 d 到 70 岁以上的人群均有发病,高危人群包含医护人员、与患者有亲密接触的家庭成员或亲友、在下葬过程中直接触碰尸体的人员及在热带雨林中与死亡动物有过接触的人。EVD 的地区分布具有典型特征,自然状态下发生的疫情均在非洲,非洲之外的地域偶尔有零星报道,多为输入性病例或实验室感染,至今未发现有 EVD 的暴发和流行。

免疫系统完整的成熟小鼠(包括常见近交系和封闭群)不能感染 EBOV,由此推测其抗感染形式可能是由 Ⅰ 型干扰素反应所介导。而拉斯穆森(Rasmussen)等在 47 个协同杂交(collaborative cross,CC)小鼠种系中测试埃博拉病毒引发的宿主应答研究中证实,病毒感染对不同小鼠种系造成的影响并不相同,炎症信号与血管通透性和内皮激活有关,并且通过诱导淋巴细胞分化和细胞黏附产生对致命感染的抵抗力,这可能是由易感性等位基因 *Tek* 介导的。人类 T 细胞免疫球蛋白和黏蛋白结构域 1(Tim-1)通过识别暴露在病毒包膜上的磷脂酰丝氨酸(phosphatidylserine,PS)促进丝状病毒进入,并促进病毒附着和病毒摄取。黑田东彦(Kuroda)等进一步研究发现,Vero E6 Tim-1 的氨基酸 48 位置处的单个氨基酸差异可能导致抗感染能力增加,因此 Tim-1 分子多态性是影响细胞对丝状病毒感染易感性的因素之一。尼曼 - 皮克细胞 1(Niemann-Pick cell 1,NPC1)是一种宿主受体,参与 GP 介导的丝状病毒进入细胞,被认为是细胞对丝状病毒感染易感性的主要决定因素,并且 NPC1 的一些氨基酸(如 P424A、S425L 等)的替换导致病毒滴度降低和噬菌斑减少,因此 NPC1 SNP 也可能会影响宿主对丝状病毒的易感性。丝状病毒基因的表达与天然免疫之间存在着复杂的相互作用:EBOV NP 3′UTRs 含有负调控元件,可以降低基因表达,但能激活先天的抗病毒防御;*EBOV L* 基因 5′UTR 中的 ORF 是 L 蛋白翻译的抑制子,但当翻译起始因子 eIF2a 磷酸化时,这种抑制可被解除。通过该机制,即使先天免疫反应被激活,L 蛋白水平也可以保持在较低且一致的水平。

随着基因组学、蛋白质组学等高通量分析技术的出现,人们对宿主和病原体之间发生的分子相互作用的研究更加深入,这些发现可能会引导人们发现细菌是如何导致宿主发生致命感染的。确定导致易感性的因素非常重要,这可能使识别风险最大的个体成为可能,并在感染开始时为他们提供积极的治疗。

9.3.3　分子遗传学与疾病

人群中存在遗传异质性,表现为对疾病的易感性或抵抗力差异,本质就是基因水平上的不同。通过对这些基因的识别,可加深对疾病的认识,从而促进对疾病的诊断和预防。

炭疽杆菌芽孢不会在所有暴露的个体中引起感染。宿主的健康状况可能与一些散发病例中吸入性炭疽杆菌的发展有关。在英格兰炭疽调查委员会的报告中首次提到了慢性疾病史如慢性酒精中毒、糖尿病和慢性胰腺炎、慢性结节病等,对吸入性炭疽杆菌随后发展的影响。因此,有慢性疾病史的患者更应该注意预防炭疽杆菌感染。

因为 EBOV 首先进入细胞并引起组织损伤,继而引起全身炎症反应,造成获得性免疫功能受损,所以有免疫缺陷疾病的人群更应该注意预防 EVD。

9.4 疾病模型

在现代医学研究中,科学研究人员应用科学技术方法在实验室有效地建立具有人类疾病模拟表现的实验动物和相关科研材料,具有重要的科学意义。通过疾病模型的构建,研究人类疾病的发生、发展,阐明疾病的致病机制、病程进展,揭示病毒感染的具体发展过程,有助于后续的治疗机制(包括药物和疫苗)的研发、建立大样本的疾病模型、对疾病模型的表现进行观察及实验数据的分析统计,进而再推论到人类自身疾病的研究,由此为基础研究与临床试验研究搭建桥梁。

经近30年的研究发展,人类疾病模型逐渐趋于成熟,疾病模型包括体内疾病模型和体外疾病模型2种。体内疾病模型即借助实验动物,根据研究内容挑选适宜的实验动物,如大鼠、小鼠、猪、猴子、兔等,使用物理、化学、生物手段,造成实验动物组织、器官或全身出现疾病的相应表现及病理变化,如以手术方式通过结扎左前降支冠状动脉制作心肌缺血和心肌梗死的动物模型,以高脂肪、高胆固醇饲料喂养兔、大鼠制作动脉粥样硬化的动物模型,以柯萨奇B族病毒感染小鼠、猪等制作心肌炎的动物模型等。体外疾病模型包括通过体外培养人类细胞、类器官技术等,为了解疾病的发病机制和疾病进程及转归以及体外药物的筛选做出更全面、更严谨的科学探索(图9.1)。

图9.1　体内疾病模型、体外疾病模型[21]

在进行疾病模型的构建时的注意事项:第一,科研人员应先明确研究目的、疾病临床症状、所选实验动物、实验材料等情况;第二,应考虑所选择的实验动物的种类、品系、年龄、性别等因素带来的差异;第三,实验室环境及科研人员的实验技术、良好适宜的生存环境、娴熟的实验操作手法都对构建疾病模型的成功与否存在着不同程度的影响。建立能与真实疾病相近甚至相同的疾病模型,在医学科学研究中是不可或缺的一部分。

9.4.1 新型冠状病毒感染的动物模型

9.4.1.1 转基因动物模型

DNA 携带着个人所必需的遗传信息,带有遗传信息的 DNA 片段,被称为基因。把外源基因的表达载体或片段用人工方法(如显微注射法、RV 传染法、电转移法等)整合或导入实验动物的受精卵或胚胎细胞内,然后将此受精卵或胚胎细胞植入受体动物的输卵管或子宫中,而后由细胞分化、发育成动物,这个外源基因被称为转基因,这种动物被称为转基因动物。

1980 年,戈登(Gordon)等首次将克隆的基因用显微注射法注入小鼠受精卵原核,随后移植到假孕的母鼠输卵管内,获得了第 1 个转基因小鼠。1982 年,帕尔米特(Palmiter)将大鼠的生长激素基因植入小鼠的受精卵中,创造了 1 只转基因的"超级鼠",它的生长速度比普通小鼠快 2~3 倍,体型比普通小鼠大 1 倍。转基因动物技术从 1980 年诞生至今,已从最初单一的显微注射法发展出了多种方法融合的技术体系,如 TALEN 技术、锌指核酸酶技术及 CRISPR/Cas9 系统对基因进行定点的修饰。

SARS 最早于 2002 年被发现,那么研究者们是如何找到 SARS 致病原的呢? 研究者从 SARS 患者体内提取、分离到一种新的冠状病毒(SARS – CoV),随后 SARS – CoV 的 RNA 不断地从患者的组织样本中被检测到,最终科学家们确定了 SARS – CoV 就是 SARS 的致病原。为了更深入地了解这种新的冠状病毒与 SARS 之间的关系,国内外学者进行了动物模型研究,即用 SARS – CoV 人工感染食蟹猴、啮齿类动物、雪貂、猫、恒河猴、大鼠、布氏田鼠、豚鼠、白化仓鼠、黑线仓鼠和雏鸡。经过实验验证,成功建立 4 种灵长类动物、6 种啮齿类动物及雪貂、家猫等动物模型并可用于发病机制研究和药物筛选实验。

目前,3 种人类传染性的冠状病毒 SARS – CoV、SARS – CoV – 2 及 MERS – CoV 所引起的主要临床表现为发热、咳嗽、呼吸困难等重症急性呼吸系统症状。近年来,在全球广泛分布的新型冠状病毒感染及 MERS 则仍是对医学界的极大挑战。科研人员希望借助各种动物模型,能够深入研究关于新型冠状病毒感染及 MERS 的关键问题。

SARS 的致病原与新型冠状病毒感染的致病原同属冠状病毒科(Coronaviridae)、β – 冠状病毒属(β – Coronavirus)的 B 群,它们的受体均为 ACE2,但属于 2 个分型,同属 β – 冠状病毒属的 MERS – CoV 属于 C 群,其受体为 CD26(DPP4)。

SARS – CoV – 2 感染发生以来,科研人员为构建模拟人类感染 SARS – CoV – 2 动物模型进行了大量的实验研究。在众多动物模型中,最常被应用的是小鼠,国内学者秦川团队曾尝试建立人源血管紧张素转化酶 2(Human Angiotensin Converting Enzyme 2, hACE2)转基因小鼠作为 SARS – CoV – 2 感染模型。结果表明,在感染 SARS – CoV – 2 的 hACE2 小鼠中观察到了体重减轻和病毒在肺中被复制,组织病理学表现为间质性肺炎,肺泡间质中有大量淋巴细胞和单核细胞浸润,肺泡腔内有巨噬细胞聚集。在支气管上皮细胞、肺泡巨噬细胞和肺泡上皮细胞中观察到病毒抗原,而在具有 SARS – CoV – 2 感染的野生型小鼠中未发现该现象。但是,以上多种形态表现与患者的病理表现仍然有很大不同。原因是小鼠 ACE2 受体与人类受体有很多关键差异,人体中的 ACE2 受体在与病毒结合的关键区域的 29 个氨基酸中,其中有 11 个关键区域的氨基酸与小鼠 ACE2 不同,因此 SARS – CoV – 2 较难感染小鼠。也有部分研究者对大鼠进行了疾病建模,但在大鼠中的 ACE2 有 13 个氨基酸,与人 ACE2 受体在与病毒结合的关键区域有 29 个氨基酸不同,因此在大鼠身上同样也较难得到与人感染 SARS – CoV – 2 后十分相近的疾病模型。这也为后续继续构建转基因实验鼠的疾病模型提供了另一种可能的思路。

理想的小鼠疾病模型是在小鼠体内表达人体的 *ACE2* 基因,而自身的 *ACE2* 基因则完全不表达。有科学家利用 CRISPR/Cas9 敲入技术将 hACE2 的完整 cDNA 插入位于 X 染色体 GRC m38. p6 位点的小鼠 *ACE2*(Mice Angiotensin Converting Enzyme 2,mACE2)基因的第一个编码外显子 2,破坏了 *mACE2* 基因并终止了表达,mACE2 的表达完全被 hACE2 取代,建立稳定的人源化 ACE2 小鼠模型。这种小鼠模型中 hACE2 的组织分布与新型冠状病毒感染患者的临床表现相匹配,在肺、肾、心、食管壁、膀胱和回肠壁中检测到高水平的 hACE2 表达。

国内外学者成功构建 SARS – CoV – 2 转基因小鼠模型,模拟了 SARS – CoV – 2 入侵感染路径、体内复制过程、机体免疫应答、病理变化、症状表现和疾病转归的全过程,加深了对新型冠状病毒感染人体的认知。

9.4.1.2 非转基因动物模型

相对于转基因动物模型而言,非转基因动物模型构建周期较短,不需要特殊繁育,技术方法相对简单,实验条件易控制,易于重复,适宜大规模推广。非转基因动物模型包括自发性的动物模型和诱发性的动物模型,如对大鼠饲以致癌物,按照一定比例以二乙基亚硝胺灌胃,可诱发大鼠的肝癌疾病模型;对小鼠进行射线照射可诱发恶性肿瘤;自发性的高血压大鼠是通过 2 只 Wistar 京都种大鼠[雄性(收缩压 150～175 mmHg)和雌性(收缩压 130～140 mmHg)]的交配得到子代,再进行近亲交配,随着繁育代数的增加,可获得稳定的自发性高血压遗传性。

在 hACE2 转基因小鼠供不应求的情况下,有研究人员应用反向遗传学(reverse genetics)技术对病毒进行基因改造,通过修饰 SARS – CoV – 2 刺突蛋白(S 蛋白),使其与野生型小鼠 ACE2 结合,成功感染小鼠,并发现感染重组病毒的年长小鼠的临床表现比 hACE2 转基因鼠的更为典型。2020 年 2 月,我国广州医科大学赵金存团队成功建立了国际首个非转基因新型冠状病毒感染小鼠动物模型,他们通过外源性递送 hACE2 和复制缺陷型腺病毒(Ad5 – hACE2)载体导致小鼠发生肺炎,观察到小鼠体重减轻、患严重的肺部病变(血管周围至间质炎性细胞浸润、坏死细胞碎片和肺泡水肿)及在小鼠肺部检测到高滴度病毒复制;然而,同时也发现用 Ad5 - hACE2 转导的小鼠不会发生其他严重的并发症,它们也不会出现疾病的肺外表现,致死率也很低,因此需要开发包括轻度和重度新型冠状病毒感染感染模型,从而更好地研究其发病机制。

由于物种存在特异性差异,小鼠对 ACE2 受体难以介导 SARS - CoV - 2,且其免疫系统与人体差异较大,难以通过鼠模型研究机体变化。因此,研究者们开始对其他常用的实验动物进行疾病模拟。在病毒感染模型中,雪貂也是常用的实验模型之一,科研人员用病毒对雪貂进行气管内接种,雪貂在接种后变得昏昏欲睡,患上结膜炎,生活在一起的雪貂也出现感染的症状,说明病毒在雪貂之间进行了传染,并在感染后第 16 天和第 21 天死亡。

灵长类动物模型虽然价格昂贵且操作难度较大,但它们与人类的密切遗传关系常常使得疾病模型建立后,能更真实地模拟病毒入侵机体的过程,以研究机体的免疫系统反应以及病理生理过程。在从人类分离出病毒后不久,科研人员就开始用 SARS - CoV - 2 感染不同的猴子。我国秦川带领的科研团队证实,SARS - CoV - 2 可通过结膜感染恒河猴,感染后动物体重略微减轻,体温未见升高,食欲下降、呼吸频率提高,而且在康复后未被病毒再感染,对动物的尸检发现病变主要发生在肺部,呈现间质性肺炎症状,特征是肺泡隔膜变厚、肺泡巨噬细胞积累和炎症细胞渗透,病毒广泛分布在鼻、咽、肺、肠道、脊髓、心脏、骨骼、肌肉和膀胱组织内。而对康复后的恒河猴进行 SARS - CoV - 2 再感染,发现其体重未发生变化,体温有短暂性升高,在鼻拭子、咽拭子和肛门拭子中均未检测到病毒,对恒河猴的尸检发现所有组织中均没有病毒复制,肺组织也无任何病理损伤和病毒抗原。中国科学院武汉病毒研究所的一项针对 SARS - CoV - 2 感染恒河猴模型的研究也得到了相似的实验现象,感染冠状病毒的恒河猴肺部 X 射线显示出肺炎,但临床症状轻微,动物的体重稍微减轻,未见发热。我国彭小忠科研团队,对 12 只恒河猴、6 只食蟹猕猴和 6 只狨猴进行感染研究,发现 100%(12/12)恒河猴、33.3%(2/6)食蟹猕猴中有体温升高,恒河猴在感染 4~6 d 后体温超过 38 ℃ 且保持数天,但是 6 只狨猴体温不变;所有恒河猴和食蟹猕猴的肺部出现不同程度的异常,包括双肺纹理增加、增厚,散在小斑块。在所有猴子的鼻拭子、咽拭子、肛拭子和血液中均能检测到病毒基因组;实验动物尸体解剖,在 SARS - CoV - 2 感染动物的肺、心脏和胃中观察到明显的肉眼改变和显微病理学变化,恒河猴对 SARS - CoV - 2 感染最敏感,其次是食蟹猕猴和狨猴。这些实验发现也为后续基于恒河猴和食蟹猕猴模型深入评估治疗或预防新型冠状病毒感染的药物和疫苗提供了重要的实验数据支持。

9.4.1.3 体外疾病模型

除了建立动物疾病模型以外,体外模型研究在科研中也是不可或缺的部分。细胞培养是体外研究的一种,是从体内组织取出细胞或者成熟的细胞系,在体外环境下使其生长、繁殖,并维持细胞主要的结构和功能。细胞培养在研究疾病分子基础、新药筛选和开发以及疫苗研究和生产等方面有很大的应用价值。

2003 年 SARS 发生后,李(Li)等运用 SARS – CoV 感染非洲绿猴肾细胞株 Vero E6,发现 ACE2 能够有效地结合冠状病毒 S 蛋白的 S1 区域,可溶性 ACE2 能抑制 S1 区域与细胞的结合,病毒能够在 ACE2 转染的细胞中高效地复制,而抗 ACE2 的抗体可阻止病毒的复制。这些数据说明 ACE2 是 SARS – CoV 的功能性受体,可以介导 SARS – CoV 入侵宿主。随后,该研究团队在 ACE2 等运用包含 S 蛋白的 SARS – CoV 假病毒去感染人、小鼠及大鼠 ACE2 转染的 293T 细胞,发现 SARS – CoV 在 ACE2 转染的小鼠和大鼠细胞中的进入效率显著低于 ACE2 转染的人细胞,这提示不同物种间 ACE2 基因的差异导致对 SARS – CoV 的易感性差异。对大鼠与 hACE2 的结构研究揭示了导致病毒入侵效率差异的分子基础。

细胞系培养的疾病模型与体内真实的发生情况也存在一定的差异性,近年来,类器官培养技术的出现,是现有 2D 细胞培养方法和动物疾病模型的一种互补。类器官(organoid)是利用人的干细胞培养出的微型器官,并具有自我更新和自我组织能力,能够高度模拟组织的生理结构和功能特点。许多科学家已经开始培养小鼠和人类细胞的 3D 模型,用来自成年人、胚胎干细胞或者诱导多潜能性干细胞来培养创造肝、胃、大脑等类器官模型。

肺是 SARS – CoV – 2 最敏感的靶器官,呼吸衰竭是新型冠状病毒感染患者主要表现。瓦内萨(Vanessa)等构建人干细胞培养出的血管和肾脏 SARS – CoV – 2 感染模型,观察到组织可被病毒感染,在该模型中监测到病毒的自我复制,并在体外组织脏器中发现人重组可溶性血管紧张素转化酶 2(Human Recombinant Soluble Angiotensin Converting Enzyme 2,hrsACE2)可抑制 SARS – CoV – 2 的感染,且这种抑制能力有剂量依赖效应。有研究人员利用多能诱导干细胞制造了一个人脑类器官,发现 SARS – CoV – 2 在 3D 人脑类器官中感染定位于 TUJ1(特异性在神经元表达)和 NESTIN(特异性在神经上皮干细胞上表达),说明 SARS – CoV – 2 可直接作用于脑皮质神经元和神经干细胞,该研究提供了人类大脑器官中直接感染 SARS – CoV – 2 的第 1 个证据。

2020 年 5 月,美国科学家韩玉玲(Yuling Han)团队首次建立用 hPSC 衍生的人肺类器官 SARS – CoV – 2 感染模型,并成功验证美国 FDA 批准治疗 COVID – 19 感染的 3 种药物在该肺类器官模型中的有效性。在此之前,筛选药物都是通过 SARS – CoV – 2 感染细胞系来完成的,但是细胞系较难真实地模拟病毒感染引起的器官组织学改变,而通过构建 SARS – CoV – 2 感染的类器官可以部分模拟真实器官感染后的病理生理反应。因此,类器官技术在病毒入侵的研究、药物的筛选方面具有重要价值。2020 年 11 月,研究人员以成人肺泡上皮细胞Ⅱ型（alveolar epithelial cell typeⅡ，AECⅡ）或角蛋白5（keratin 5，KRT5）+基底细胞为来源，培育远端肺类器官，远端肺包含终末细支气管和促进气体交换的肺泡，该团队建立了一种简便的人远端肺感染的体外类器官模型，具有顶端朝外的极性，这将ACE2展示在暴露的外表面上，从而促进SARS - CoV - 2感染AECⅡ和基底细胞培养物。虽然类器官技术处于起步阶段，但随着其不断优化，其将具有巨大的潜力。

9.4.2 寄生虫的动物模型

寄生虫是指以寄生的方式生存，具有致病性的低等真核生物，可以寄生在人体及动物的体内或附着于体外。寄生虫在体内会造成一定的损害，因为其生长、发育、繁殖所需要的物质来源于宿主。随着人们饲养宠物、生食未熟的肉类的增多，弓形虫的感染率也逐渐增大。弓形虫广泛寄生在人和动物的有核细胞内，能感染几乎所有的恒温动物，其在人体多为隐性感染，特别是孕妇及免疫缺陷的人群在感染弓形虫后会产生严重后果，甚至危及生命。弓形虫病是一种人畜共患病。

小鼠、大鼠、豚鼠、家兔、猪、猫、羊以及非人灵长类动物（如恒河猴、猕猴等）可被用于弓形虫感染的动物模型的构建。迪贝（Dubey）等发现，用1个弓形虫的RH速殖子就能感染小鼠且在其腹腔内获取大量弓形虫，最终导致小鼠死亡；而大鼠对弓形虫的抵抗力明显高于小鼠，且大鼠在感染弓形虫后均能存活3个月以上；通过家兔感染弓形虫可用于研究弓形虫性视网膜脉络膜炎，有利于探索眼弓形虫病的治疗及预防。利用不同的动物感染弓形虫病有助于探索弓形虫感染后的发病情况，为预防及治疗弓形虫病提供一定的动物实验基础。

9.4.3 真菌的动物模型

真菌是一类广泛存在于自然界的真核细胞生物，有300多种真菌可以感染人体的不同组织部分。在临床上真菌可分为浅部真菌和深部真菌两大类。浅部真菌常见的有头癣、体癣、手足癣等；深部真菌主要侵犯内脏器官、骨骼及神经系统，多见于AIDS患者、癌症患者等免疫力低下患者，严重时甚至可引起全身播散性感染。

近年来，累及肺部的深部真菌感染呈持续增多趋势，但在临床上因为其与其他感染性疾病有较多的重叠症状而往往延误治疗，导致严重的后果，所以对肺部真菌感染的研究是一个重要的方向。目前，利用实验动物模拟真菌的致病机制、临床表现及治疗措施已受到重视，常用的动物包括大鼠、小兔、豚鼠等。

一般的方法是用免疫抑制剂（如糖皮质激素、泼尼松龙等）抑制实验动物的免疫力，再选择用鼻内、气管内、静脉内的方法将真菌孢子接种入动物体内，曲霉菌可以萌发成菌丝并侵入肺实质和周围血管，此时即成功建立肺曲霉菌病肺部感染模型。通过成功建立肺曲霉菌病肺部感染模型，罗素（Russell）团队研究观察到，肺组织中出现局灶性炎症变化,随后在这些区域形成大量小脓肿,如果菌丝体侵袭入血管,则感染可能会传播到脑、肾、肝和脾等器官。而对于小鼠而言,最常见的死亡原因是与肺损伤相关的进行性呼吸衰竭。阿纳加(Anagha)等用霉菌病感染中性粒细胞减少的野生型小鼠和 CCR6 靶向缺失的小鼠,结果表明,与野生型动物相比,CCR6 缺陷小鼠会发生更严重的感染,发生更严重的肺部炎症,CCR6 缺陷小鼠比野生型小鼠更容易死于侵袭性肺曲霉病,他们认为,CCR6 介导的免疫反应是肺曲霉菌病的主要机制。动物实验有助于进一步研究其肺部真菌病的发生机理、研发药物、探索更有效的治疗方案。

现代生物学技术的发展,不仅加快了人类疾病动物模型的研发进程,也为动物模型的种类和内容提供了更多可能性。因为动物模型很大程度上避免了直接对人体进行研究带来的人体伤害,并可进行一些不适于在人体开展的实验操作,所以动物模型在科学研究领域是研究人类疾病的重要工具。但是人类疾病的发生是十分复杂的,有时可能是几种疾病同时存在,加之患者年龄、性别、体质等因素的影响,人类疾病可在不同患者体内产生不同的病症。因此,从动物实验得出的结果不能简单推及人类自身,只能提供研究人类疾病的参考;要推及人类自身,还需要结合大量的临床研究相互验证。

(刘　茜　陈　龙　赵　东)

参考文献

[1] 中国疾病预防控制中心新型冠状病毒肺炎应急响应机制流行病学组. 新型冠状病毒肺炎流行病学特征分析[J]. 中华流行病学杂志,2020,(2):145 – 146.

[2] GUAN W J,ZHONG N S. Clinical Characteristics of Covid – 19 in China. Reply[J]. N Engl J Med,2020,382(19):1861 – 1862.

[3] DAVIES N G,KLEPAC P,LIU Y,et al. Age – dependent effects in the transmission and control of COVID – 19 epidemics[J]. Nat Med,2020,26(8):1205 – 1211.

[4] 陈蕾,刘辉国,刘威,等.2019 新型冠状病毒肺炎 29 例临床特征分析[J]. 中华结核和呼吸杂志,2020(3):203 – 204.

[5] SALEHI S,ABEDI A,BALAKRISHNAN S,et al. Coronavirus Disease 2019（COVID – 19）：A Systematic Review of Imaging Findings in 919 Patients[J]. AJR Am J Roentgenol,2020,215(1):87 – 93.

[6] XU X,YU C,QU J,et al. Imaging and clinical features of patients with 2019 novel coronavirus SARS – CoV – 2[J]. Eur J Nucl Med Mol Imaging,2020,47(5):1275 – 1280.

[7] 中华预防医学会新型冠状病毒肺炎防控专家组. 新型冠状病毒肺炎流行病学特征的最新认识[J]. 中国病毒病杂志,2020,10(2):86 – 92.

[8] MONTALVAN V,LEE J,BUESO T,et al. Neurological manifestations of COVID – 19 and

other coronavirus infections：A systematic review［J］. Clin Neurol Neurosurg, 2020, 194：105921.

［9］ YACHOU Y, EL I A, BELAPASOV V, et al. Neuroinvasion, neurotropic, and neuroinflamma-tory events of SARS - CoV - 2：understanding the neurological manifestations in COVID - 19 patients［J］. Neurol Sci, 2020, 41(10)：2657 - 2669.

［10］ YANG X, YU Y, XU J, et al. Clinical course and outcomes of critically ill patients with SARS - CoV - 2 pneumonia in Wuhan, China：a single - centered, retrospective, observational study［J］. Lancet Respir Med, 2020, 8(5)：475 - 481.

［11］ XU Z, SHI L, WANG Y, et al. Pathological findings of COVID - 19 associated with acute respiratory distress syndrome［J］. Lancet Respir Med, 2020, 8(4)：420 - 422.

［12］ 刘茜, 王荣帅, 屈国强, 等. 新型冠状病毒肺炎死亡尸体系统解剖大体观察报告［J］. 法医学杂志, 2020, 36(01)：21 - 23.

［13］ 王慧君, 杜思昊, 岳霞, 等. 冠状病毒肺炎的病理学特征回顾与展望［J］. 法医学杂志, 2020, 36(1)：16 - 20.

［14］ 陈远彬, 范斐婷, 吴镇湖, 等. 新型冠状病毒肺炎与传染性非典型肺炎的发病机制、病理改变和影像学特征比较［J］. 暨南大学学报(自然科学与医学版), 2020, 41 (5)：413 - 418.

［15］ BLANTON L S. The Rickettsioses：A Practical Update［J］. Infect Dis Clin North Am, 2019, 33(1)：213 - 229.

［16］ GREEN M S, LEDUC J, COHEN D, et al. Confronting the threat of bioterrorism：realities, challenges, and defensive strategies［J］. Lancet Infect Dis, 2019, 19(1)：e2 - e13.

［17］ 李兰娟. 传染病学［M］. 9 版. 北京：人民卫生出版社, 2018.

［18］ BASELER L, CHERTOW D S, JOHNSON K M, et al. The Pathogenesis of Ebola Virus Disease［J］. Annu Rev Pathol, 2017, 12：387 - 418.

［19］ 李国华, 夏咸柱. 埃博拉病毒研究进展［J］. 石河子大学学报(自然科学版), 2016, 34 (3)：265 - 269.

［20］ 王寒, 宋健, 高福, 等. 埃博拉病毒入侵宿主细胞的分子机制［J］. 科技导报, 2018, 36 (7)：56 - 63.

［21］ 杨婷, 陈清轩. 疾病模型动物简介［J］. 实验动物科学与管理, 2005, (2)：32 - 34.

第 10 章
生物安全相关死亡的管控、防范与预警

每一次突如其来的瘟疫大流行,都会给人类社会蒙上一层阴影。在应对疫情带来的死亡威胁时,快速、统一的社会管控已经被证实可以最大程度地降低伤亡、挽救生命、减少损失。对于社会资源的合理调配和精准投放,本身体现着政府的社会管理能力和大国责任担当。而长效、完善的生物安全防控体系则代表了社会的文明程度和国家的综合实力。因此,科学、合理地处置生物安全相关死亡案件,需要在应急反应、风险防控、预警监测等方面下大力气,需要在制度建设和技术研发等方面齐头并进。

本章将从生物安全相关死亡的风险评价与应急管理、人员培训和物资储备、临床诊疗与法医检验职业防护、死因诊断与死亡机制研究成果转化、生物安全大数据分析及预警等角度进行总结、分析,以期为构建生物安全防控长效机制贡献思路和方法。

10.1 风险评价与应急管理体系

新冠疫情在全球肆虐,给各国人民的日常生活与身体健康带来了前所未有的严峻威胁,这也成了世界各国政府必须面对的重大灾难与挑战。生物安全关系着个人、国家乃至全人类的安全,在以新冠疫情为代表的一系列生物安全威胁出现时,政府如何针对威胁类型进行分析与预警、对危害等级进行精准评价、及时对舆情与恐慌进行应对与正确引导等,已经成为我们能否打赢生物安全保卫战的重要决定因素。

生物安全风险评估可分为事前、事中和事后 3 个阶段。应急管理就是对事件全生命周期进行干预,其中,最基础、最关键的环节是安全风险识别与评价。有了准确的风险评价,后续环节才能更加精准。总之,我国应当尽快制定一套高效的、有中国特色的现代化

生物安全风险评价与应急管理体系,从而积极保障人民群众的生命健康安全,维护社会秩序与社会发展,全面推进国家治理能力与治理体系现代化。

2020 年 2 月 14 日,中共中央总书记、国家主席、中央军委主席、中央全面深化改革委员会主任习近平主持召开中央全面深化改革委员会第十二次会议并发表重要讲话。习近平主席强调,要强化公共卫生法治保障,全面加强和完善公共卫生领域相关法律法规建设,认真评价《传染病防治法》《野生动物保护法》等法律的修改完善。这表明,法律的制定和出台对生物安全的保障具有重要作用,国家应当高度重视建立起完善、高效的生物安全防护与治理法律体系。

2021 年 4 月 15 日,《生物安全法》正式施行。《生物安全法》是我国国家生物安全法治体系的基本法,其正式进入我国具体法治进程无疑具有重要的现实意义[1],对生物安全风险评价与应急管理措施也具有积极的指导意义。

10.1.1 生物安全风险评价

根据《生物安全法》第二条的规定:"生物安全是指国家有效防范和应对危险生物因子及相关因素威胁,生物技术能够稳定健康发展,人民生命健康和生态系统相对处于没有危险和不受威胁的状态,生物领域具备维护国家安全和持续发展的能力。"有学者认为,生物安全风险的来源,既包括自然界形成的生物灾害,也包括因生物技术发展带来的不利。长期以来,在我国生物安全领域,由于缺乏相应的法律武器,治理手段缺乏刚性和长期持久性,难以实现人民满意的目标。在新冠疫情暴发早期,由于生物安全风险防控与应急管理法律体系的缺陷,就出现过民众在缺乏信息渠道的情况下听信谣言、产生恐慌,下级政府依赖上级政府下达行政命令等一系列情况,进而导致疫情相关信息的通达出现滞后、对疫情防控措施的及时准确落实造成不利影响。风险评价是指如果风险事件一旦发生,对人们的生产生活、生命财产等方面可能造成的影响和损失进行量化评价。目前,地方政府普遍建立了应急管理制度,但许多地方政府还没有建立风险评价制度。为此,应尽快研究制定突发公共事件风险评价制度,做好不同种类突发公共事件的风险评价工作。

10.1.1.1 生物安全风险及其类型

什么是生物安全风险?风险与危害不同,危害是有科学证据证明损害后果会发生。风险是有科学证据证明损害后果可能会发生生物安全风险。根据 ISO 发布的 ISO 31000《风险管理指南》,风险可被理解为"不确定性对目标的影响"。因此,生物安全风险可以表达为影响生物安全的各种不确定性。围绕生物安全风险的行为及其相关管理活动,《生物安全法》进行了系统梳理与全面规范,主要包括 8 个方面:一是防控重大新发突发传染病、动植物疫情;二是生物技术研究、开发与应用;三是病原微生物实验室生物安全管理;四是人类遗传资源与生物资源安全管理;五是防范外来物种入侵与保护生物多样性;六是应对微生物耐药;七是防范生物恐怖袭击与防御生物武器威胁;八是其他与生物安全相关的活动。基于上述法律理念,结合"生物资源安全、生物生态安全、生物技术安全和生物武器安全"的生物安全4种基本形态理论,生物安全风险及其防范突出表现为以下几种类型。

1. 生物武器风险

关于生物武器的风险主要来自以下两方面:一是生物战的可能性并未因《生物和毒素武器公约》而被根除,一些军事强国将发展基因武器、可控制性传染病手段作为军事技术开发的重中之重,并已取得一定优势;二是掌握生物武器的非国家行为防不胜防,甚至疫苗和药物也可能被用作生物武器,以隐秘方式输出,而合成生物学只需很少的基础设备就可合成生物武器,更加方便了恐怖主义行为的实施。

2. 生物安全实验室风险

生物安全实验室的主要操作对象是高致病性病原微生物,兼具传染隐蔽性强、传播速度快、感染后不易察觉等特点。一旦实验室出现安全管理不当、实验环境不达标、实验操作员安全意识薄弱等情况,即可能发生两类风险:一是意外性质的生物因子感染与泄漏风险;二是生物因子被蓄意使用、释放、盗窃产生的风险。两者都可能扩大为突发公共卫生事件,威胁国家安全。典型案例如美国陆军德特里克堡生物实验室在其运行的数十年间就曾多次出现安全事故。

3. 传染病风险

传染病由各种病原体引起,能在人与人、动物与动物或人与动物之间相互传播,具有病原体、传染性和流行性等特点。传染病的流行除了自然诱因外,也可能是生物武器使用或生物实验室泄漏的后果。重大传染病通常会大范围危害人畜及农作物的生命与健康,导致巨大经济损失,甚至引起社会动荡和政治混乱,重创整个国家安全体系。典型案例如引发全球性恐慌的疯牛病疫情、禽流感疫情、新冠疫情及西班牙大流感疫情等。

4. 生物入侵危险

生物入侵是指某种生物从原来的分布区域扩展到新的地区,其后代可以繁殖、扩散并持续维持下去。入侵物种通常会改变入侵地的生态学特征,损害当地的生物多样性,威胁农业生态系统的生产和自然生态系统的结构与功能,严重危害国家生态安全、经济安全,尤其粮食安全。生态环境部发布的《2019 中国生态环境状况公报》显示,全国已发现 660 多种外来入侵物种。其中,71 种对自然生态系统已造成或具有潜在威胁并被列入《中国外来入侵物种名单》。67 个国家级自然保护区外来入侵物种调查结果表明,215 种外来入侵物种已入侵国家级自然保护区,如屡见报端的食人鲳、红火蚁、水葫芦等外来物种入侵。

除了上述四类主要生物安全风险之外,《生物安全法》还特别提及人类遗传资源与生物资源安全。随着生物技术的持续发展(特别是转基因动植物的改造和升级),不可预知的生物安全隐患可能会层出不穷。总之,当代的大多数生物安全风险都可溯源于生命科学的两用性研究特质,即"生命科学研究是改善公众卫生、保障国家安全的重要科技力量,但部分合法的科学研究可能被用于非法目的"。这种两用性加剧了大规模疫情、生物恐怖主义的现实威胁,而各类生物实验室往往是承载这些过程的必要平台,生物入侵也日益成为某些国家破坏他国生态环境的伎俩[2]。

10.1.1.2　生物安全风险评价

按照时间维度,可将生物安全风险评价分为事前评价、事中评价和事后评价。事前评价是对潜在生物安全突发事件危险程度的预测性评价,为减少风险提供决策依据。事中评价是针对生物安全突发事件中的人、物及突发事件本身状态的一类实时监测性评价,并随着事件的发展及时更新,直至事件结束,从而为应急处置提供及时有效的决策依据。事后评价是指在生物安全突发事件结束后,对事件和应急处置情况进行的实测性评价,包括损失评价和应急处置机构的能力评价等。

生物安全主要是指公共健康和生态系统免受危险生物因子侵害的相对稳定状态,生物安全法律规范整体归于风险防范范畴。《生物安全法》秉持生态整体主义立场,以风险预防为基本的指导原则[3]。《生物安全法》全链条构建了生物安全风险防控"四梁八柱",建立包括生物安全风险监测预警制度、风险调查评价制度、信息共享制度、信息发布制度、名录和清单制度、标准制度、生物安全审查制度、应急制度、调查溯源制度、国家准入制度和境外重大生物安全事件应对制度等 11 项基本制度。

1. 生物安全风险的事前评价

生物安全风险的事前评价是针对本生物因子在局部和大范围内可能带来的生物危害以及检测全过程中外部环境的变化可能引起的风险进行评价。

生物安全风险具有两个特点:第一个特点是高度的危险性,其能够对生命财产造成巨大危害;第二个特点是高度的不确定性,对其源头、传播途径、后果、演变形态的认定比较困难。风险预防是生物安全的核心原则,生物危害的发生具有严重巨大以及不可逆转的破坏性,如果不从源头开始预防生物危害,一旦发生,就会造成不可估量且难以挽回的损失。对生物安全风险进行事前评价,就是为了从源头上对风险类型能够有具体了解,以采取不同的应对措施。

《生物安全法》明确建立了国家生物安全风险防控体制,强化相应执法检查和法律责任,这是防范和应对生物安全风险的根本保障。该法第二十条明确了国家承担建立生物安全审查制度的义务,对于影响或者可能影响国家安全的生物领域重大事项和活动,获授权进行生物安全审查的主体仅限于国务院有关部门;第三十八条、第三十九条、第四十四条、第四十六条、第四十九条、第五十六条、第五十八条、第五十九条、第六十条等条款均明示了取得批准、履行备案手续、限定行动主体资质与批准主体层级等限制手段当中的一种或多种,通过这些条件为可能产生生物安全风险的各类行动的开展设置门槛。在抗生素药物等抗微生物药物使用(第三十三条)、生物技术研发应用(第三十四条)、病原微生物实验室生物状况(第四十二条)等方面加强安全管理的规定。第十八条明确了建立生物安全名录和清单制度的国家义务,其适用于生物技术的研究开发(第三十六条)、重要设备与特殊生物因子的购买引入(第三十九条)、外来物种入侵的应对防范(第六十条)等行动。管控清单制度意在直观地展示行政干预的限度与范围,为受规制对象形成相对稳定的预期提供了支撑,并构成权力干预的约束;同样发挥实体约束作用的还有那些列明受本法调整之行为、可依法采取的生物安全监督检查措施、应当经国务院科学技术主管部门批准的涉人类遗传资源之活动的条款,如第二条、第二十六条、第五十六条等。

2. 生物安全风险的事中评价

对生物安全风险的事中评价是通过分析影响应急管理措施和行动的相关因素,对有关突发事件的态势、发展趋势、受灾客体状况、应急主体的能力等进行的实时度量和评价,用以辅助应急管理者制定事态控制、受灾客体援助、隔离等应急决策。在生物安全风险发生时,应当对该类突发事件进行预估,从而采取合理的应对方式。《突发事件应对法》第三条规定:"按照社会危害程度、影响范围等因素,公共卫生事件分为特别重大、重大、较大和一般四级。法律、行政法规或者国务院另有规定的,从其规定。"如国家林业和草原局关于印发《境外林草引种检疫审批风险评价管理规范》的通知(林生规〔2019〕6号)中提出,组织专家对拟引种林草进行风险预估,并且进一步划分为 4 个风险等级,即特别危险、高度危险、中度危险、低度危险。

1982 年 2 月,我国颁布了第 1 部涉及生物安全的行政法规《国境口岸卫生监督办法》,其目的在于加强国境口岸和国际航行交通工具的卫生监督工作,改善国境口岸和交通工具的卫生面貌,控制和消灭传染源,切断传播途径,防止传染病由国外传入和由国内传出,保障人民身体健康。近年来对新型冠状病毒感染防控的经验显示,在此类生物安全风险已然发生时,及时依法采取指定口岸、医学检查等应对措施至关重要。对此,《生物安全法》在其第二十四条中规定:"国家建立境外重大生物安全事件应对制度。境外发生重大生物安全事件的, 海关依法采取生物安全紧急防控措施,加强证件核验,提高查验比例,暂停相关人员、运输工具、货物、物品等进境。必要时经国务院同意,可以采取暂时关闭有关口岸、封锁有关国境等措施。"《生物安全法》在此基础上针对生物类风险源头进行更加细致的规定。涉及管控的动植物(产品)、高风险生物因子国家准入制度和境外重大生物安全事件应对制度分别在第二十三条和第二十四条予以明确:"对于首次进境或暂停后恢复进境的动植物(产品)与高风险生物因子实行经评价的国境准入,若进出境或过境生物安全风险评价结论为高,则采取相对应的严格防控措施,并未彻底断绝高风险人、货、物的进境通道;对于境外发生的生物安全事件,若判定为重大级,则采取紧急的国境防控,暂停相关人、货、物的入境。"

3. 生物安全风险的事后评价

生物安全风险的事后评价能够对公共卫生事件本身进行总结分析,并据此提出今后的改进方案,为今后生物安全防范措施的制定和实施提供科学依据,从而将生物安全风险降至可接受的水平。同时,从生物安全风险的事后结果向前追溯是事后风险评价的重要举措之一,如果不能及时发现风险源头,未采取严格的生物风险管控措施,那么生物损害几乎是不可避免的。因此,有必要根据生物风险的来源与特质,构建不同于传统环境损害的监测预警体系,充分发挥法律的预防功能,留下充足的风险评价与预警决策空间,用以保障或旨在保障值得追求之目标而采取的行动方针,保持具体问题政策、规范制定的灵活性[4]。

生物安全事件调查溯源制度根据《生物安全法》的规定,生物安全涉及的领域较为庞杂。发生生物安全事件后,及时进行科学、严谨的调查溯源工作具有重要的意义。《生物安全法》第二十二条对生物安全事件溯源制度予以规定:"国家建立生物安全事件调查溯源制度。发生重大新发突发传染病、动植物疫情和不明原因的生物安全事件,国家生物安全工作协调机制应当组织开展调查溯源,确定事件性质,全面评价事件影响,提出意见建议。"

10.1.2　生物安全应急管理体系

应急管理是国家治理体系和治理能力现代化的重要组成部分。2019 年 11 月,习近平总书记在主持中央政治局第十九次集体学习时强调指出:"应急管理是国家治理体系和治理能力的重要组成部分,承担防范化解重大安全风险、及时应对处置各类灾害事故的重要职责,担负保护人民群众生命财产安全和维护社会稳定的重要使命。"生物安全作为国家安全的重要内容之一,对此领域的风险予以防范,科学规定相应的应急管理制度,是包括《生物安全法》在内的生物安全法律法规体系的重要内容。

"应急管理"是美苏冷战后出现的新名词,其代替过去常用的"民防"概念。应急管理的重点从传统军事威胁转向应对非传统的自然灾害和人为灾害。从作为专门学科的角度来看,应急管理包括预防灾害发生的减灾措施、对付可能发生灾害的整备工作、灾害发生时的抢救应变以及灾后的重建工作,也就是"减灾""整备""抢救应变"和"重建"。具体来说,减灾措施是针对灾害潜伏的因素而事先提出预防疏解的方法。整备也是在灾害暴发前的作为,但重点不是针对灾害潜伏的因素,而是提出万一灾害发生如何事先做好准备,以减少灾害可能造成的损失。因此,应急管理中的事先预防包括减灾和整备两个方面:减灾是针对潜伏的原因去化解;整备则是针对可能发生的后果去准备,以降低损害。抢救应变则是在灾害暴发时,如何迅速、有效地整合各项资源并进行抢救避难。重建则是灾害控制后进行重建复原的一系列活动。

10.1.2.1 生物安全应急管理法律体系

近年来,包括卫生应急体系在内的全国"一案三制"(应急预案和应急管理体制、机制、法制)建设成效斐然,应急能力持续提升。就卫生应急体系而言,我国建立了由卫生健康部门牵头、30多个部门参与的应对突发急性传染病疫情联防联控工作机制,强化了部门间、军地间、区域间、国家间的信息沟通,实现了跨部门、跨区域、跨国境的协调联动。突发公共卫生事件应对坚持以人为本、依法依规、公开透明、科学应对、监测预警、应急处置、医疗救治、物资保障、科技支撑等能力进一步提升。

如图 10.1 所示,我国应急管理法律体系框架基本形成。而生物安全相关突发事件的法律体系中已有《生物安全法》《传染病防治法》《食品安全法》《中华人民共和国疫苗管理法》等相关法律;同时,还有 2007 年颁布的《突发事件应对法》。几部法律的关系大致为:《突发事件应对法》是一般法,适用于自然灾害、事故灾害、公共卫生、社会安全等突发事件;《传染病防治法》等是特别法,只适用于传染病防治等专门领域。《中华人民共和国立法法》第八十三条规定:"同一机关制定的法律行政法规、地方性法规、自治条例和单行条例规章,特别规定与一般规定不一致的,适用特别条例。"

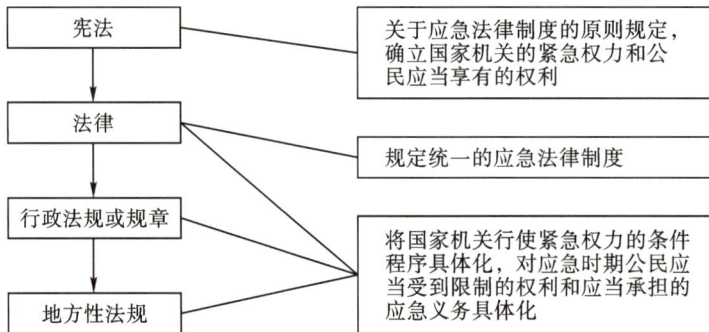

图 10.1 我国的应急法律规范体系

10.1.2.2 生物安全应急管理体系的完善思路与方向

习近平总书记强调,要从保护人民健康、保障国家安全、维护国家长治久安的高度,把生物安全纳入国家安全体系,系统规划国家生物安全风险防控和治理体系建设,全面提高国家生物安全治理能力。同时,要研究和加强疫情防控工作,从体制机制上创新和完善重大疫情防控举措,健全国家公共卫生应急管理体系,提高应对突发重大公共卫生事件的能力水平。构建生物安全应急管理体系可从以下几方面着手。

（1）改革完善疾病预防控制体系，坚决贯彻预防为主的卫生与健康工作方针，坚持常备不懈，将预防关口前移，避免小病酿成大疫。从现有的文件表述来看，我国仍然存在一些问题：（一）公共卫生体系亟待完善，重大疫情防控救治能力不强，医防协同不充分，平急结合不紧密；（二）优质医疗资源总量不足，区域配置不均衡，医疗卫生机构设施设备现代化、信息化水平不高，基层能力有待进一步加强；（三）"一老一小"等重点人群医疗卫生服务供给不足，妇女儿童健康服务、康复护理、心理健康和精神卫生服务、职业病防治等短板明显；（四）中医药发展基础还比较薄弱，特色优势发挥还不充分，中西医互补协作格局尚未形成。

（2）改革完善重大疫情防控救治体系，健全重大疫情应急响应机制，建立集中统一高效的领导指挥体系，做到指令清晰、系统有序、条块畅达、执行有力，精准解决疫情第一线问题。因此，生物安全公共卫生事件发生后，有关人民政府应当针对其性质特点和危害程度，依照《生物安全法》的规定和有关法律、法规、规章的规定采取应急处理措施。生物安全公共卫生事件发生后，有关人民政府可以针对性地采取人员救助、事态控制、公共设施和公众基本生活保障等方面的措施。公共卫生安全事件发生后，有关人民政府应当立即组织有关部门，依法采取强制隔离当事人封锁有关场所和及时控制有关区域和设施，加强对核心机关和单位的防疫等措施；发生严重生物安全公共卫生事件时，公安机关还可以根据现场情况依据采取相应的强制措施。

（3）健全重大疾病医疗保险和救助制度，完善应急医疗救助机制。在突发疫情等紧急情况时，确保医疗机构先救治、后收费，并完善医保异地即时结算制度。确保患者不因费用问题而影响就医。探索建立特殊群体、特定疾病医药费豁免制度，有针对性地免除医保支付目录、支付限额、用药量等限制性条款。探索建立疫情患者医疗费用财政兜底保障。健全重大疫情医疗救治医保支付政策，提高对基层医疗机构的支付比例。完善社会捐赠制度，健全完善捐赠物资分配审核流程，做好物资分配和信息公开。

（4）健全统一的应急物资保障体系，把应急物资保障作为国家应急管理体系建设的重要内容，按照集中管理、统一调拨、平时服务、灾时应急、采储结合、节约高效的原则，尽快健全相关工作机制和应急预案。例如，《交通运输部关于切实保障疫情防控应急物资运输车辆顺畅通行的紧急通知（交运明电〔2020〕37 号）》就从向社会公开应急运输电话、进一步简化《通行证》办理流程、切实保障应急运输车辆顺畅通行、进一步严格应急运输保障工作纪律等方面保障应急物资保障体系的顺利运行。

此外，在应急管理体系人员协同配置方面，根据《生物安全法》第二十一条规定，国家建立统一领导、协同联动、有序高效的生物安全应急制度。在该制度下，国务院有关部门、县级以上地方人民政府及其有关部门、中国人民解放军、中国人民武装警察部队都是参与主体，以上主体依照《生物安全法》的规定或者按照中央军事委员会的命令，从事组织、指导、督促制定生物安全事件应急预案,开展应急演练、应急处置、应急救援和事后恢复等工作,或者依法参加生物安全事件应急处置和应急救援工作。

10.2 临床诊疗及法医学检验防护措施

在临床诊疗及法医学检验过程中,工作人员与其他参与人员长期暴露于生物安全风险之中,难免会涉及生物安全相关死亡。生物安全相关死亡不仅包括普通的流感,还包括 AIDS、乙肝、丙肝等严重传染病以及在全球暴发的 2019 新冠疫情。无论是医疗机构还是司法机关在遇到生物安全风险时,应有一套系统完备的防护措施,从而降低生物安全风险。

本节主要介绍临床诊疗和法医学检验中有关生物安全相关死亡的防护。

10.2.1 临床诊疗的防护

10.2.1.1 临床诊疗防护的范围

在临床诊疗过程中,对生物安全相关死亡的防护主要是对传染病的防护。生物安全相关死亡很大一部分是由感染导致的。感染与传染是两个不同的概念。感染是一种个体现象,不一定具有传染性。传染病是狭义的,特指病原微生物和寄生虫感染人体所导致的、具有一定传染性、在一定条件下可造成流行的疾病,主要指国家规定的甲、乙、丙类传染病,共计 40 个病种。常见生物安全相关死亡的科室包括重症监护病房、急诊科、感染科、呼吸内科、消化内科、临床实验室等。

10.2.1.2 临床诊疗职业接触

1. 相关概念

职业接触是指劳动者在从事职业活动中,通过眼、口、鼻及其他黏膜、破损皮肤或非胃肠道接触含血源性病原体的血液或其他潜在传染性物质的状态。

非胃肠道接触是通过针刺、咬伤、擦伤和割伤等途径穿透皮肤或黏膜屏障接触含血源性病原体的血液或其他潜在传染性物质的状态。

2. 血源性病原体职业接触

血源性病原体是指存在于血液和某些体液中能引起人体疾病的病原微生物,如 HBV、HCV、HIV 等。临床诊疗过程中难免会使用注射器、穿刺针、手术刀等利器,以针刺伤最为常见。如果被患有经血液传播传染病患者使用过的锐器刺伤,则存在感染血源性病原体的风险。

3. 呼吸道病原体职业接触

呼吸道传染病是指病原体从人体的鼻腔、咽喉、气管和支气管等呼吸道感染侵入而引起的有传染性的疾病,其疾病具有传播范围广泛、传播途径较多等特点,其发病率一般在春冬季节比较高,对儿童、老年人及机体免疫力低下的人群有较高的发病率及致死率,危害很大。呼吸道传染病以短距离飞沫、空气、接触呼吸道分泌物为传播途径,传播性很强。

10.2.1.3　临床诊疗防护

1. 基本现状

据 WHO 报告,2002 年全世界医务工作者中,约发生了 300 万次经皮暴露的经血液传播的病原体针刺伤害,导致近 6.6 万医护人员感染 HBV、1.6 万医护人员感染 HCV 以及 200～5000 名医护人员感染 HIV。2010—2016 年 7 年间,我国护士锐器伤率、针刺伤率、污染针刺伤率分别高达 74.71%、68.82%、48.52%,相比较 2000—2009 年 10 年的数据有所降低,但防控形势仍然严峻。已证实可经针刺伤接种传播的病原体有 20 种,在针刺伤发生时,仅需 0.004 mL 血液便足以使受伤者感染 HBV。

呼吸道病原体也容易发生职业暴露。自新型冠状病毒感染暴发流行以来,截至 2020 年 2 月 11 日,全国共有 1716 名医务人员感染了新型冠状病毒,其中 5 人死亡。

2020 年 1 月 27 日—3 月 3 日,湖南省共上报 29 例新型冠状病毒感染救治相关的医务人员职业暴露,其中 27 例二级防护暴露者一致认为,护目镜、面屏和手套是导致职业暴露的重要原因。越高级别的防护设备意味着临床操作变得越不方便,从而加大了其他职业暴露的风险。因此在临床诊疗过程中根据不同情况选择合适的防护级别显得尤为重要。

2. 防护措施

(1)临床诊断:通过对既往史的调查、流行病学调查、症状以及传染病的实验室诊断等,综合确诊传染病,有必要的,如 HIV 感染,需上报当地疾病预防控制中心确诊。确诊传染病是临床诊疗正确采取防护措施的基础。

(2)消除风险:应当尽可能优先采用消除危害因素的措施,如将锐器和针具全部转移到工作场所之外,避免所有不必要的注射,清除不必要的锐器。据 WHO 估计,70% 用于医疗目的的注射是不必要的或是可以通过口服途径给药代替的。因此,从源头上减少医疗锐器的使用,在同等诊断治疗效果的情况下优先选择无创方式,可以降低血源性病原体职业接触的风险。

(3)工程控制:通过工程控制措施控制或转移工作场所的危害,如使用利器盒(也称为安全盒)或者立即回收、插套或钝化使用后的针具(也称为安全针具装置或有防伤害装置的锐器)。标本的运送与传递可采用气动运输、轨道式运输、智能机器人等无人运输设备,降低传染病标本在人工运输过程中感染的可能。

(4)管理控制:医疗机构等相关单位应该依照国家卫健委印发的有关指导原则(如

《医务人员艾滋病病毒职业暴露防护工作指导原则》等)制定适用于本单位的有关职业接触风险控制计划,并组建生物安全防控委员会、针刺伤害应急处置工作小组、新型冠状病毒感染应急处置小组等。

(5)个体防护:通过制定标准操作规程并培训改变医务工作者不良的操作习惯,建立起行为屏障。严格执行手卫生。根据《医务人员手卫生规范》(WS/T 313—2019),医务人员应当在接触患者前、清洁或无菌操作前、暴露患者血液体液后、接触患者后、接触患者周围环境后 5 个时刻采取手卫生措施。手卫生措施包括用流动水洗手和进行卫生手消毒等。正确穿戴个体防护设备,如护目镜、手套、口罩和防护服。个人生物安全防护分级见表 10.1。在诊疗、护理操作过程中,针对不同的暴露风险选择不同等级的防护用品,既要全面地保护自己,又要避免长期使用过度的防护会造成皮肤疾病和热应激,以及因防护设备带来的工作不便造成的其他种类的职业暴露。造成的医务人员手部皮肤发生破损,在进行有可能接触患者血液、体液的诊疗和护理操作时必须戴双层手套。

表 10.1　个人生物安全防护分级

安全等级	医用外科口罩	医用防护口罩(N95)	乳胶(或丁晴)手套	工作服	隔离服	医用防护帽	手卫生	鞋套(或防护靴)	防护服	护目镜	面屏	全面型呼吸防护器
一级生物安全防护	+	−	+	+	−	+	+	−	−	−	−	−
二级生物安全防护	−	+	+	+	+	+	+	−	−	*	−	−
三级生物安全防护	+	+	+	+	+	+	+	+	+	+	+	*

注:“+”代表应该选择,“*”代表根据暴露风险选择,“−”代表无须选择。

禁止将使用后的一次性针头重新套上针头套,确实需要回帽的针头应单手操作或使用器械辅助;禁止用手直接接触使用后的针头、刀片等锐器。

(6)加强清洁、消毒管理。严格落实《医疗机构消毒技术规范》(WS/T 367—2012)、《医院空气净化管理规范》(WS/T 368—2012),做好诊疗环境(空气、物体表面、地面等)、医疗器械、患者用物等的清洁、消毒。对一次性使用的医疗器械,应即用即弃;对可重复使用的医疗器械,应在每次使用后进行规范清洁、消毒,有条件的医疗机构宜专人专用。对诊疗环境优先选择自然通风,不具备自然通风条件的可选择机械通风或空气消毒措施,合理配置新风系统、回风系统和排风系统,建立上送风、下回风的气流组织形式。使用清水和清洁剂彻底清洁环境表面,并使用有效消毒剂对环境、物体表面(尤其是高频接触部位)进行规范消毒。对患者呼吸道分泌物、排泄物、呕吐物进行规范处理。

(7)规范医用织物和医疗废物管理。对确诊或疑似上述传染病病例救治过程中使用的医用织物,洗涤处置执行《医院医用织物洗涤消毒技术规范》(WS/T 508—2016);对救治过程中产生的医疗废物,严格执行《医疗废物管理条例》和《医疗卫生机构医疗废物管理办法》有关规定。集中隔离医学观察场所的医用织物洗涤处置和医疗废物管理,参照上述规定执行。

(8)终末消毒。患者出院或者在医疗机构死亡后,应对其所处的环境进行终末消毒,消毒可按照《医疗机构消毒技术规范》及《医疗机构内新型冠状病毒感染预防与控制技术指南(第三版)》的"附件 3　新冠肺炎常态化疫情防控医疗器械及环境物体表面消毒方法推荐方案"实施。消毒后按《疫源地消毒总则》(GB 19193—2015)进行消毒效果评价。

3. 接触后预防措施

(1)发生血源性传染病职业暴露后,应当立即实施以下措施。①用肥皂液和流动水清洗污染的皮肤,用生理盐水冲洗黏膜;如有伤口,则应当在伤口旁端轻轻挤压,尽可能挤出损伤处的血液,再用肥皂液和流动水进行冲洗;禁止对伤口进行局部挤压;对受伤部位的伤口进行冲洗后,应当用消毒液(如 75% 乙醇或者 0.5% 碘伏)进行消毒,并根据损伤情况包扎或者不包扎;对暴露的黏膜,应当反复用生理盐水冲洗干净。②医疗卫生机构应当对其暴露的级别和暴露源的病毒载量水平进行评估和确定,并对发生职业暴露的医务人员实施预防性用药方案。③对职业暴露情况进行登记,内容包括:职业暴露发生的时间、地点及经过;暴露方式;暴露的具体部位及损伤程度;暴露源种类和病原体种类;处理方法及处理经过,是否实施预防性用药;定期检测及随访情况等。④医疗卫生机构每半年应当将本单位发生职业暴露情况进行汇总,逐级上报至省级疾病预防控制中心、中国疾病预防控制中心。

(2)发生甲类(包括乙类按甲类处理)呼吸道传染病暴露后的处置。缺乏呼吸道防护措施、呼吸道防护措施损坏时(如口罩松动、脱落等)、使用无效呼吸道防护措施(如使用不符合规范要求的口罩)与患者密切接触;被病原体污染的手接触口鼻等状况属于呼吸道暴露。①医务人员发生呼吸道职业暴露时,应即刻采取措施保护呼吸道(实施手卫生消毒后,用手捂住口罩或紧急外加一层口罩等),按规定流程撤离污染区。②紧急通过脱卸区,按照规范要求脱卸防护用品。③根据情况可用清水、0.1% 过氧化氢溶液、碘伏等清洁、消毒口腔或(和)鼻腔,佩戴医用外科口罩后离开。④及时报告当事科室的主任、护士长和医疗机构的主管部门。⑤医疗机构应尽快组织专家对其进行风险评估,包括确认是否需要隔离医学观察、预防用药、心理疏导等。⑥对高风险暴露者按密接人员管理,隔离医学观察 14 d。⑦及时填写相关传染病医护人员职业暴露记录表,认真总结分析(尤其是暴露原因),预防类似事件的发生。

10.2.1.4 临床实验室防护

临床实验室是对来自人体的样本进行血液形态学、化学、生物化学、免疫学、分子生物学、微生物学、生物物理学等检验,并为临床提供医学检验服务的实验室。可以适用于二级(涵盖一级)生物安全防护水平的病原体检验,不适用三级生物安全防护水平的病原体检验。

1. 概述

临床实验室根据专业不同可以细分为标本采集组、前处理组、临床检验组、血液学组、生化组、免疫组、分子生物学组及微生物组等。从标本采集到实验完成后的标本处理,检验人员长期暴露在具有生物危害风险的环境中。各种临床标本包括血液、尿液、粪便、痰液、脑脊液、胸腹腔积液、鼻咽拭子等,其中以血液最为常见。新冠疫情的到来,增大了鼻咽拭子、痰液以及肺泡灌洗液等呼吸道相关标本的比例。此类标本的增多增加了经呼吸道或者黏膜传播传染病的风险,即使没有产生损伤,也可能因为产生了气溶胶而导致感染。从新冠疫情刚开始到医务工作者已经全面接种疫苗,检验科工作人员感染新型冠状病毒的新闻时有发生,临床实验室生物安全防控成了医疗机构临床诊疗防护的一大重点。

2. 实验室生物安全防护水平分级

根据对所操作生物因子采取的防护措施,可将实验室生物安全防护水平分为 4 级,分别以 BSL – 1、BSL – 2、BSL – 3、BSL – 4 表示,具体防护和用途见表 10.2。

表 10.2　生物安全实验室分级

实验室名称	实验室防护能力	实验室用途
BSL – 1	无、很低	基础教学、研究
BSL – 2	有	一般健康服务、诊断、研究
BSL – 3	较高	特殊的诊断、研究
BSL – 4	高	危险病原体

3. 实验室感染的主要途径

据统计,实验室感染病例中 80% 与人员暴露于感染性气溶胶有关。气溶胶导致的感染是由于实验室中的病原微生物以气溶胶的形式飘散在空气中,人呼吸了这种空气所致。导致感染最多的 4 种实验室事故是溢出和泼洒、针头和锐器刺伤、碎玻璃切割、动物或动物体外寄生虫的咬伤和抓伤。具体到医院的临床实验室,主要是由于对具有潜在感染性的患者标本进行检测,数量多而未知,因此是重要的潜在生物传染源。尤其是新型冠状病毒感染暴发以来,新型冠状病毒在相对密封的环境中长时间暴露于高浓度气溶胶的情况下存在经气溶胶传播的可能。这就加大了临床实验室工作人员的感染风险,因此,加强实验室生物防护极为重要。

4.临床实验室防护的措施

(1)实验室生物安全防护:临床实验室的设计原则与设施设备要求应符合《临床实验室生物安全指南》(WS/T 442—2014)的标准。临床实验室属于生物安全二级实验室,包括新型冠状病毒的核酸检测在内的大部分实验检测都应该在 BSL - 2 实验室内进行,其中新型冠状病毒的核酸检测必须在标准 PCR 实验室或负压 PCR 实验室中进行,严格遵守"试剂准备区—标本制备区—扩增区—扩增产物分析区"的单一流向原则,防止气溶胶逆向流动,造成污染。

(2)个人生物安全防护:①各实验室应制定本单位的程序文件和操作规程,详细说明实验室工作人员的权限及资格要求、危险因子、设施设备的功能、具体操作步骤、安全防护方法、应急措施、文件制定的依据等。应对工作人员进行常态化的考核和培训。工作人员在每一次检测操作中都应严格遵守标准操作规程,养成良好的工作习惯,以降低职业暴露的风险。例如,在对传染病患者标本离心的过程中,各个环节都可能产生含有传染病病原体的气溶胶。因此,正确地使用离心机显得尤为重要;熟练掌握各种锐利器具的使用,避免发生锐器伤;实验室内严格禁止进食、吸烟等不良现象。②正确使用个体防护用品。对一般标本的检验可采用一级生物安全防护;在进行新型冠状病毒核酸检测的过程中,对样本采集和检验人员采用三级生物安全防护,对样本传递和接收工作人员应采用二级生物安全防护。严格遵守防护用品的穿、脱流程,是保护检验人员、避免院内感染和传染病扩散的重点防护措施。③严格执行手卫生消毒。在接触过患者标本、摘脱防护用品后,可先使用有效消毒剂浸泡或擦拭手部,然后使用医用洗手液按照七步洗手法洗净双手,在整个清洗过程中应采用无接触洗手设备。

(3)标本运输与接收生物安全:对感染高致病性病原微生物的患者标本应单独运输。采集标本后,用合适的消毒剂喷洒标本采集管外部,使用有生物安全标识的专用一次性密封袋和转运箱;接收人员接到标本后,应先消毒转运箱外表面,静置 3 ~ 5 min,小心打开转运箱后,再使用消毒剂对转运箱内部、密封袋外表面、密封袋内部依次进行消毒,然后将标本装入专用标本盒中,置于 4 ℃环境中冷藏,待检验人员检测[6]。

(4)对分析后的标本和医疗废物的处理:对高风险传染病患者的标本,除要进行医学实验的外,检测结束后一般不保存,应立即处理。对检测过程中的利器盒及检测人员的防护服、手套、鞋套、帽子等废弃物,应用有效消毒剂消毒后收集于 3 层医疗废物包装袋内密封,并使用生物安全标识(对特殊病原体可使用特殊标识),经过高压灭活病毒后,由专人统一处理。

5.临床实验室操作失误或意外的处理

临床实验室发生高致病性病原微生物相关标本泄漏后,应立即采取控制措施,以防止高致病性病原微生物扩散,并同时向负责实验室感染控制工作的机构或人员报告。相关负责机构和人员接到报告后,应当立即启动实验室感染应急处置方案,并组织人员对该实验室的生物安全状况等进行调查。对确认发生高致病性病原微生物标本泄漏的,应当依照规定进行报告,并同时采取控制措施,对有关人员进行医学观察或者隔离治疗,封闭实验室及进出实验室的通道,以防止扩散。

10.2.2　法医学检验的防护

法医学检验包括法医临床学检验、法医生物学检验、法医病理学检验等。其中法医临床学检验的对象是活体,对其生物安全风险的防护可以参考临床诊疗患者的经验;法医生物学检验的对象是生物检材,对其生物安全风险的防控可以参考临床实验室的经验;法医病理学检验面对的检材是尸体或器官检材,主要参与现场勘验、尸体解剖、器官检验等工作,但法医对于处理高致病性病原体传染病尸体的能力尚存在不足,职业获得性感染的风险较大。因此,正确认识高危尸体以及采取有效的预防措施可以防止高危感染的发生。

高危尸检是指对患有或者可能患有严重传染性疾病的尸体进行解剖检验,该传染性疾病可能传染给尸体解剖检验的法医及其他高危人群,从而导致严重疾病或者引起死亡的检验[7]。

10.2.2.1　高危风险识别

国外法医学家认为,对于法医病理解剖来说,真正能起到保护作用的是知识、认知以及良好的尸检技术和安全尸检。在大多数情况下,最大的危险不是尸体或者设施不完善,而是病理学家对尸检的潜在风险缺乏正确的认知。因此,进行尸检前可以通过案件调查、现场勘验、病史调查等,综合研判相关案件尸体是否与生物安全有关。例如,死者生前居住在新型冠状病毒感染疫情高风险地区,应特别注意是否有新型冠状病毒感染的风险;案发现场出现注射器和针头可以提示有吸毒史,吸毒人员是乙肝、丙肝、AIDS 等传染病的高危人群,在此种情况下进行尸检时应格外注意防护。

综合报案情况、现场勘验情况、尸体情况、调查访问情况等,将尸检中的暴露风险由低到高分为以下三级。

(1)一级(低)职业暴露风险:尚未出现晚期尸体现象的;未发现可疑传染病依据的尸体;未发现有致病性毒物依据的尸体。

(2)二级(中)职业暴露风险:高度腐败尸体、恶病质尸体、霉尸;有吸毒史、肝病史、结核病史等情形之一的尸体;可能携带普通乙类传染病病原体的尸体;在甲类传染病疫区或采取甲类传染病预防控制措施的乙类传染病疫区发现的非正常死亡尸体。

(3)三级(高)职业暴露风险:危化品或放射性物质污染尸体;甲类传染病或采取甲类

传染病预防控制措施的乙类传染病(如 SARS、COVID – 19 等)的确诊或疑似人员尸体。

10.2.2.2　法医学检验的防护重点与难点

法医学检验的防护重点在于法医病理学检验。在对尸体进行检验时,法医工作人员通常采取穿戴解剖服、佩戴多层橡胶手套的方法,并注意在持续持刀切割或者持针缝合中规避手术刀、缝合针、骨折断端等锋利刃缘或尖端对自身造成的机械性损伤,从而避免因损伤导致的血源性传染病职业暴露,但往往会忽略在检验操作过程中产生的气溶胶颗粒。气溶胶在空气流动、液体飞溅的作用下即可飘散于环境空气中,这进一步提高了室内尸检和在场人员暴露、吸入致病性生物气溶胶的风险。

法医学检验中生物气溶胶主要产生于以下几个途径:冲洗尸体时的液体振荡、飞溅;暴露胸腹腔和检查消化系统(如胃、肠道等)时引起的腐败气体快速排出;机械工具产生的外科烟雾或骨粉颗粒等。

理论上讲,在进行法医学检验的过程中,可以通过减小水流、用湿毛巾遮盖或者改善电锯摆锯、湿润锯片、改用手锯切割骨质等手段来减少生物气溶胶的产生。但其减少程度远低于上述操作中气溶胶浓度的短期增长速度,因此,防护气溶胶的重点在于加强法医工作人员对气溶胶的认识,改善解剖实验室内的通气效果和空气质量,使用正确的个体防护用品,减少法医工作人员的职业暴露[8]。

10.2.2.3　尸检防护

1. 防护用品的选择

因为尸体解剖的特殊性,法医工作者的个体防护在表 10.2 个人生物安全防护分级的基础上略有不同。根据上述尸检暴露风险评级,法医及尸检相关工作人员应执行对应以下级别的防护,可在本级或高一级范围内选择使用合适的防护用品。

(1)一级防护:尸检工作人员可着一次性解剖服、一次性外科口罩、医用防护面罩、乳胶(或丁腈)手套、脚套,身体防护面积达体表面积的80%以上。

(2)二级防护:尸检工作人员可着医用防护服、医用防护口罩(N95)、带有过滤棉(N95 级别)或活性炭盒(能隔绝有机蒸气)的防毒面具或防毒面罩、棉线手套、乳胶手套、防割手套、雨靴、护目镜,身体防护面积达体表面积的95%以上。

(3)三级防护:尸检工作人员可着多层医用防护服、生化防护服、全面式医用防护口罩(相当于 N95 及以上级 + 医用防护面罩)、棉线手套,多层乳胶(或丁腈)手套、防割手套、长袖手套、长筒雨靴、护目镜、正压式防护服、防辐射服。身体防护面积达全身体表面积的100%[9]。

(4)特殊防护:开颅手术箱等新型法医学检验防护设备。在新型冠状病毒感染流行期间,哈斯米(Hasmi)等使用丙烯酸塑料设计了一种可重复使用的透明开颅箱(图 10.2、图 10.3)。经定量聚合酶链反应(quantitative PCR,qPCR)测试证实了这一额外的屏障可以给法医工作人员提供对开颅手术中产生的气溶胶的防护[10]。

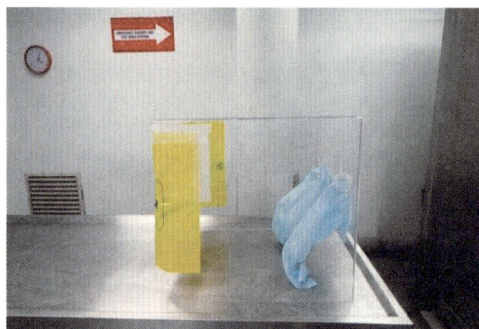

图 10.2　带一次性袖套的开颅箱[11]

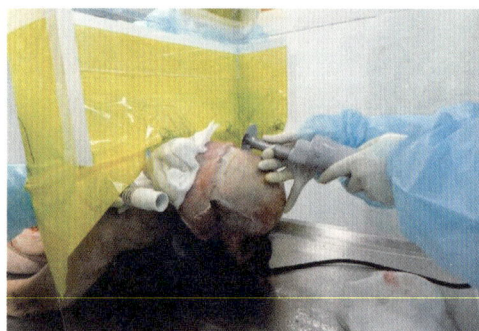

图 10.3　使用开颅箱的真空抽吸锯切过程[11]

2.解剖场所的选择

尸体解剖应在符合《尸体解剖检验室建设规范》(GA/T 830—2009)规定的普通尸体解剖间或者腐败尸体解剖间中进行,由有法医病理学检验资质的法医师操作。

对一级职业暴露风险的尸体,可在普通尸体解剖间进行解剖。对二级职业暴露风险的尸体,宜在腐败尸体解剖间或普通传染性尸体解剖间进行尸体解剖。对三级职业暴露风险的尸体,应根据危险因素的致病特性,按照法律法规及相关专业的要求执行,对经确诊属于Ⅰ类尸体的,系统解剖应首选具有 BSL-3 级标准的解剖间进行;没有条件在 BSL-3 尸体解剖室进行解剖的,也应保证在《尸体解剖检验室建设规范》中规定的普通传染性尸体解剖间条件以上的解剖室进行,具备充足照明、新风和排风系统、室内消毒、污水排放、废弃物收集等条件。良好的通风环境是保障解剖室安全工作的前提,这样可以最大程度地降低气溶胶的感染风险。考虑到疾病的传染性,对尸体应适当放置一段时间再进行尸检,以降低病毒活性,保障尸检人员的安全。

10.2.2.4　尸体及器官检材转运的防护

高风险尸体转运的防护可参照本书第 7 章的有关内容实施。

高风险器官检材的运输可按照《可感染人类的高致病性病原微生物菌（毒）种或样本运输管理规定》（卫生部第 45 号令）或国际民用航空组织文件《危险品航空安全运输技术细则》（Doc9284 号文件）的分类包装要求进行运输。在内层容器内，应对样品采用防水、防漏的内层容器包装并贴上指示内容物的标签；中层包装应防水、防漏、防穿透，应在中层包装与内层容器中间放置足够的吸水性材料；对外层包装应采用硬质包装。运输高风险器官检材时应由专人护送，并采取相应的防护措施[12]。

10.2.2.5　职业暴露后处置

法医工作人员在进行解剖、检验的过程中，如发生职业暴露，则应立即暂停检验操作，根据不同的暴露方式、已知暴露病原体等，参照临床诊疗的职业暴露后处置措施及时进行处置。

10.2.2.6　尸检完成后处置

（1）完成高致病性病原体相关尸检后，应注意清理，先后用 2 层以上尸体袋密封包装打结后，立即移交殡仪馆火化。具体措施可参照本章第 7 章的有关内容实施。

（2）进行环境、器械、场所消毒以及尸检废弃物等处理时，可按照临床诊疗的相关规定处理。

10.3　死因与死亡机制研究成果转化

10.3.1　死因与死亡机制研究的概念和意义

由损伤或疾病引起并最终导致死亡的病理生理过程称为死亡机制。常见的死亡机制有心脏停搏、酸碱及电解质平衡严重紊乱、重要脏器功能衰竭、生命中枢麻痹等。

对于生物安全相关死亡而言，一种生物安全相关致命因素可独立引起死亡，也可与其他因素共同引起死亡；既可通过损害单一器官引起死亡，也可通过损害多脏器、多系统引起死亡。不论是自然源性、实验室源性、现代生物技术源性，还是生物恐怖与生物武器源性，人类接触的生物安全相关致命因素在不断增多。其中，新发现或新接触的致命因素导致死亡的死因和死亡机制往往是未知且复杂的，迫切需要开展死因与死亡机制的研究。在生物安全的视角下，生物安全相关死亡的死因与死亡机制研究不仅是法医学的基本任务，而且可在临床医学和公共卫生等领域实现转化，为预防和减少生物安全相关死亡、提高生物安全相关疾病的诊治能力等提供重要依据，起到保护人民生命健康和社会安全的重要作用。

10.3.2　病原体相关生物安全死亡的研究

生物安全相关病原体可能既往已在人群中流行，可能为人类接触自然环境或动物后新近暴发,甚至可能是生物武器泄漏或袭击。死亡案例一旦出现,往往会被视为重大的生物安全威胁和公共安全问题,造成群众恐慌,影响国际贸易、交通和旅游业,对政治、经济和社会治理造成重大影响。本节将结合几次重大病原体相关生物安全死亡事件,论述死因和(或)死亡机制研究及其所起的作用。

10.3.2.1　1979 年苏联斯维尔德洛夫斯克炭疽泄漏事件

炭疽杆菌是引起人和动物炭疽的病原体,是人类历史上第一个被发现和被鉴定的病原菌。人通过接触患炭疽的动物及其制品,或接触土壤、空气等中存在的炭疽杆菌而感染,多引起皮肤炭疽,也有肺炭疽、肠炭疽和炭疽败血症等。

1979 年,苏联斯维尔德洛夫斯克市发生了炭疽杆菌的意外泄漏,这起有记录以来最大的人类肺炭疽疫情,造成了至少 66 人死亡。尽管疫情发生后苏联卫生部门很快启动了紧急应对措施,包括设置独立区域诊治疑似患者和解剖死亡患者、对尸体进行无害化处理、进行全身消毒、检查肉类、进行大规模免疫接种和预防性用药等,但因为苏联政府没收了患者病历和尸检报告,并隐瞒了有助肺炭疽诊断的相关证据,将疫情指向肠炭疽,所以患者的诊治和疫情处理受到了影响。根据保留下来的 2 名病理学家对 42 名死者的尸检记录,死者出现了肺炭疽常见的水肿、肺部病变、胸腔积液的征象,以及脑膜炎、胃肠道出血和败血症的并发症。1992 年,俄罗斯组织多国开展联合调查,证明了本次炭疽疫情是因吸入泄漏的炭疽杆菌孢子引起的。

在本案例中,病理学家对死者的尸检为揭示死者的真正死因和疫情真正起因起到了决定性作用。肺炭疽较为少见而死亡率极高,发病后常见支气管肺炎和胸腔积液,多并发脑膜炎,若继发炭疽败血症,可影响全身,尸检的发现与这些改变是相符的,后续调查也证明了尸检结论的正确。遗憾的是,尽管死因研究明确,为防控工作扫清了障碍,当时的政府部门却隐瞒事实,令疫情处置方向不明,没有让死因学及时发挥作用,没有指导临床诊治工作,付出了惨重的代价。本案例的教训告诫我们,出现生物安全相关死亡事件后,对其死因的研究应是科学的、及时的并且不受外界因素干扰的。

10.3.2.2　1999 年美国纽约西尼罗病毒感染事件

西尼罗病毒在分类上属于黄病毒属,因首次在乌干达西尼罗地区发热患者体内分离而得名。鸟等动物是西尼罗病毒感染重要的传染源,蚊子(主要是库蚊)是其主要传播媒介。西尼罗病毒感染可引起症状较轻的西尼罗热和死亡率很高的西尼罗脑炎。1999 年前,西尼罗病毒仅出现在非洲、欧洲、亚洲等地。

1999 年 8 月 23 日,美国纽约一位传染科医生向卫生部门报告了 2 例表现为发热、肌无力、神志改变、脑脊液异常的脑炎病例,而后卫生部门又接到了附近街区相似病例的报告。患者血清和脑脊液样本的检测结果提示为圣路易斯脑炎病毒感染。在人群暴发疾病的几周前,纽约发生了候鸟和宠物鸟不寻常的大规模死亡的情况。兽医解剖部分死鸟时发现了脑炎的病理改变。起初,兽医将之解释为候鸟迁徙的影响,直至在出现人脑炎病例报告后,相关部门才深入调查了鸟类死亡事件。RT－PCR 和测序结果发现了死鸟体内的西尼罗病毒。这一发现使卫生部门重新通过血清学检查、RT－PCR、测序和免疫组织化学检查被诊断为"圣路易斯脑炎病毒感染"的患者样本,并从中鉴定出了西尼罗病毒,证实了西尼罗病毒感染波及了美洲。在此次病毒流行期间,纽约及附近地区共有 62 人(包括 7 位经过尸检的死者)被确诊为西尼罗病毒感染。最初的圣路易斯脑炎病毒感染的误诊可能来源于 2 种病毒抗体的交叉反应。

生物安全相关死亡死因与死亡机制的研究责任不仅在于法医和病理学家。许多与生物安全相关的病原体是动物源性的和导致人畜共患病的,在引起人类疫情前可能首先表现为动物异常死亡,此时兽医工作者可以成为发现疫情的"哨兵"并着手开展调查。本案例中兽医通过对病鸟死因的研究修正了对人类疾病的诊断,其结论也在对人类死者的尸检中得到了证实。然而,本案例中医生与兽医同行的合作是不畅的、延误的。如果卫生部门能对动物大规模死亡的现象有所警惕,那么兽医部门就能更早地报告动物死亡和死因研究,卫生部门可以更早地着手处置疫情并阻止感染蔓延。

既往认为我国没有西尼罗病毒病例。2004 年,新疆维吾尔自治区发生了一起群体性的不明原因的病毒性脑膜脑炎流行事件,当地疾病预防控制部门对临床标本进行了检测,发现脑脊液和急性期血清标本乙型脑炎病毒 IgM 抗体阳性,提示本次疾病流行的病原体为乙型脑炎病毒。而后进一步检测发现所有标本中乙型脑炎病毒 IgM 抗体(ELISA法)和中和抗体检测呈阳性,但乙型脑炎病毒中和抗体阳性标本中西尼罗病毒中和抗体效价也较高,并呈现数倍差异,标本中乙型脑炎病毒抗体阳性可能是西尼罗病毒抗体效价较高而产生的交叉反应所致。因此,有学者认为我国新疆维吾尔自治区 2004 年疫情或是西尼罗病毒引起的感染性疾病。随着全球气候的变化、生态环境的改变、新型病原体和新的传播媒介不断被发现、对外交往的深入推进,各种传染病的流行范围不断扩大,我国不断有新发传染病报告,医学工作者对此应高度警惕,遇到不明死亡时不应抱有思维定式,而应首先通过尸检等手段查明死因,以便早期发现新发传染病流行。

10.3.2.3　2001 年美国炭疽袭击事件

2001 年美国炭疽袭击事件是著名的生物恐怖袭击事件之一。2001 年 10 月 4 日,美国佛罗里达州一名 63 岁男子被报告因肺炭疽死亡,成为袭击事件中的第一位受害者,卫生部门最初认为他可能是因狩猎而导致感染。炭疽杆菌通过邮寄信件传播到美国各地,导致至少 23 人感染,其中 5 人死亡。部分患者临床表现复杂多变,如一位妇女因"充血性心力衰竭、流感和肺炎"入院,一位 94 岁的妇女因"食欲下降和疲倦"入院,两人经血培养和尸检证实为肺炭疽,感染途径至今不明。

生物恐怖主义是生物安全领域的重要议题。尽管到目前为止,与传统恐怖袭击手段相比,全球范围内生物恐怖主义事件发生的比例要低得多,我国也尚未发生重大生物恐怖袭击事件,但考虑到其可能造成的严重后果,应未雨绸缪,研究如何预防和识别生物恐怖袭击。德贝克(Dembek)总结了11条线索指向"蓄意的流行":不寻常的大量死亡事件;发病率或死亡率显著高于预期;该地区的罕见疾病,通常不存在传播媒介;点源暴发,所有病例似乎在相似的潜伏期后同时发生;多种疾病,凶犯可能在不同位置释放不同病原体;受保护的个体发病率较低;发现大量死亡动物;反向传播,人类发病先于动物发病或人类与动物同时发病;不寻常的疾病表现;顺风向传播,表明气溶胶释放;凶犯留下的直接证据,如炭疽信件。

虽然这些线索可能随自然流行而出现,并不一定预示着为生物恐怖袭击,但它们的出现应使我们提高对蓄意事件的怀疑。在这11条线索中,第1条、第2条和第7条直接与死因、死亡机制研究有关,需要明确死因以澄清;第3条、第5条和第9条也与死因、死亡机制研究相关,以本节涉及的多起生物安全相关死亡为例,其疾病表现往往复杂、多变、少见和凶猛,导致临床诊治和一般的流行病学调查时出现错误,需要进行全面、系统的死因和死亡机制研究方能诊断,从而为该种疾病的出现是否"不寻常"定性。

在美国炭疽袭击事件中,凶犯在邮件中曾供认使用炭疽杆菌袭击,调查的方向是明确的,但由于使用邮件袭击,受害者是不确定的。对疑似炭疽杆菌袭击受害者的死因调查明确了袭击受害者,有助于切断相应的传播途径,保护易感人群,阻止感染的进一步扩大,仍然对防止生物安全相关死亡起到了重要作用。

10.3.2.4　2013—2016 年西非 EVD 暴发事件

EVD 是由丝状病毒科的 EBOV 导致人和非人灵长类动物发生急性感染的烈性出血性传染病,临床上主要以多脏器损害、发热、出血和腹泻为特征。1976 年 EVD 首次在苏丹和刚果(金)民主共和国暴发,此后在非洲中部和东部多次流行,主要局限在偏远农村。迄今为止最大的 EVD 暴发发生在 2013—2016 年的西非,它自几内亚开始,主要影响几内亚、塞拉利昂和利比里亚等国的大城市。本次 EVD 流行的发病率和死亡率非常高,共报告了超过 28000 起发病病例和 11000 起死亡病例,由于报告不足,真实数字会远高于此。

疫情暴发早期对于病原的认识经历了曲折的过程。研究认为,2013 年 12 月死亡的一名 2 岁的几内亚男孩可能是疫情的"零号病人"。他在接触蝙蝠后发病并死亡,他的家人随后也出现相似的症状并死亡。由于病症与西非流行的拉沙热相似,而且西非之前从未报告过 EBOV 感染暴发,这个病例被误诊为拉沙热。随后数月,疫情在卫生系统毫无防备的情况下蔓延,直到 2014 年 3 月 18 日,几内亚政府才报道出血热病例,并在 3 月 22 日证实为 EVD。随后,EVD 疫情自几内亚发展到利比里亚和塞拉利昂,并波及三国首都,在 EBOV 流行史上第一次在大城市造成大规模疫情。

西非 EVD 疫情的惨烈固然与西非国家人口稠密且流动性强、政治与社会不稳定等社会经济因素有关,自"零号病人"出现至政府发现与识别死因和病原之间近 3 个月的延迟也是一个重要因素。可见,若不能及时、准确地研究和掌握生物安全相关死亡的原因,那么处置生物安全相关死亡事件将无从谈起。

EBOV 主要侵袭淋巴细胞、肝细胞和内皮细胞等,其感染的死亡机制主要是出现全身炎症反应综合征、免疫抑制、凝血功能障碍和血管内皮损伤,最终引起 DIC 和多器官功能障碍甚至死亡。针对病原学的防治方案有疫苗、小分子抗病毒药物、siRNA、干扰素、单克隆抗体和恢复期血浆治疗。美国 FDA 仅于 2019 年批准将 Ervebo 作为 EBOV 的疫苗,2020 年批准将混合单克隆抗体 Inmazeb 用于 EVD 的治疗。考虑 EBOV 流行国家医疗卫生资源极度缺乏,这些治疗手段昂贵而不易得,如何利用廉价易得的治疗手段提高 EVD 的治疗效果是一个难题。一项对利比里亚蒙罗维亚收治的 EVD 患者的回顾性研究发现,根据临床表现,死者的死亡机制可以分为 3 种:①大出血,发病 5~7 d 后发生明显的出血后死亡;②脑病,发病 7~8 d 后意识障碍、发热、深长呼吸,意识障碍继续发展而死亡;③猝死,发病 10~12 d 后在病情严重程度中等、无明显出血的情况下死亡。在临床症状中,出现腹泻的 EVD 患者更容易死亡,并更可能以猝死的方式死亡。

EBOV 感染引起猝死的死亡方式较为特别。相关临床资料表明,EBOV 感染患者病情较轻,住院时间更长,看似更易存活。受制于有限的条件,研究没有尸检资料,不能排除患者因脑干等重要脏器突发出血而猝死的可能。然而,腹泻与死亡和猝死的相关性则提示了猝死可能与血管容量不足、液体复苏不力导致休克和电解质紊乱有关,这与其他研究的结果类似。此外,相比于历次在非洲中部暴发的 EVD 疫情,西非流行的 EBOV 毒株似乎更"温和",较少的患者因短期内的大出血死亡,更多的是在较长的发热、腹泻和乏力病程后死亡。这一结果对于 EVD 的诊疗有特别的意义。因为口服和静脉输液是当地在医疗资源匮乏的条件下相对容易获得的治疗方式。基于这些研究,目前针对 EVD 的诊疗方案均将液体复苏置为重要地位,特别是在流行区域医疗条件有限的情况下。由此可见,死因与死亡机制的研究不仅在生物安全相关死亡事件发生的初始调查阶段有重要作用,其发现还可以反哺临床实践,提高诊疗水平,从而避免更多的生物安全相关死亡。

10.3.3　现代生物技术相关生物安全死亡的研究

当今以基因工程、干细胞工程、组织工程及发酵工程为代表的现代生物技术发展迅猛,并日益影响和改变着人们的生产和生活方式。现代生物技术应用于医药产业,使得生物医药业成为最活跃、进展最快的产业之一,极大地丰富了人类对抗疾病的手段,提高了人类的健康水平。然而,现代生物技术也潜藏风险,利用不当会危害人类健康甚至造成死亡。

1999 年,美国一名 18 岁的患者基尔辛格(Kilsinger)在接受一项基因治疗临床试验后死去,震惊了学界和社会,媒体甚至以"死于生物技术"来形容。基尔辛格患有鸟氨酸氨甲酰基转移酶(ornithine carbamyl transferase,OCT)缺乏症,导致体内氨蓄积,自幼靠限制饮食和药物维持生命。为治愈疾病,基尔辛格前往宾州大学接受了一项腺病毒载体基因治疗 OCT 缺乏症的试验。继 17 名受试者后,1999 年 9 月 13 日,基尔辛格被注射了携带正常 *OCT* 基因的腺病毒,按设想,腺病毒会将 *OCT* 基因转运到肝细胞中,进而让他恢复OCT 的表达。然而,基尔辛格在注射当天陷入昏迷,并在 4 d 后发生脑死亡。

基尔辛格死后,研究人员对他进行了尸检,结果发现,他死于全身炎症反应综合征和DIC 造成的全身多脏器功能衰竭,体内存在高水平的白细胞介素 -6 和白细胞介素 -10。这一结果表明,病毒载体诱导先天免疫激活,导致炎症介质的急性释放,引发了受试者的死亡。在排除了载体受污染的可能性后,调查假设载体衣壳某些发挥功能所必需的蛋白会触发炎症反应,这一推论在对小鼠和非人灵长类动物的实验中得到了证实。基尔辛格在 17 名受试者完成试验后发生了最强烈的反应,可能是因为他对腺病毒的免疫记忆所致。

对基尔辛格死因的调查使基因治疗的热潮迅速降温,基因治疗及其明星载体腺病毒长期沉寂,后发展出腺相关病毒等载体。对基尔辛格死亡事件的调查发现了这项试验的多项过失和违规之处。美国 FDA 规定,临床试验必须由临床医生而非临床试验主导者招募,而基尔辛格是由这项试验主导者通过网站招募的。前期试验已经发现腺病毒会造成猴子肝损伤甚至死亡,之前的 2 位受试者也发生了肝功能损害,说明试验本身存在造成肝损伤的风险,而这些信息未在基尔辛格的知情同意书中披露,表明这项试验严重侵犯了受试者的知情权。这些伦理和法律问题一经曝光,就引起了公众对基因疗法和临床试验的广泛质疑,并促成监管部门加强管制。

可以看出,基尔辛格死亡事件的调查由两部分组成:一是通过全面尸检和针对性实验,研究死因和死亡机制,最终揭示了致命因素腺病毒载体和受试者死亡之间的关系,为基因治疗的完善提供新的理论基础;二是由监管等部门对试验相关的法律、程序和伦理等问题进行审查,以期规范生物技术有序、依法、依规发展,避免类似事故再次发生。

近年来,现代生物技术相关生物安全死亡事件较为著名的还有 2003 年英、法两国科学团队用 MoMLV 治疗重症联合免疫缺陷致白血病患者死亡事件、2016 年美国 Juno Therapeutics公司 CAR – T 免疫疗法 JCAR015 治疗白血病患者致脑水肿死亡事件、2017 年法国 Cellectis 公司 CAR – T 免疫疗法 UCART123 导致患者死亡事件、2020 年日本 Astellas Pharma 公司基因疗法 AT132 治疗 X 连锁肌管性肌病导致患者死亡事件、2020 年法国 Lysogene公司基因疗法 LYS – SAF302 治疗黏多糖贮积症导致患者死亡事件等。这些事件的死因与死亡机制研究有的已经有了比较明确的结论,如 MoMLV 通过过度激活 *LMO2* 基因引起白血病,有的还在研究之中。现代生物技术在带给人类高收益的同时,也带来了高风险性和不确定性,引起伤害和死亡难以完全避免。对死亡事件的死因和死亡机制进行研究可以汲取宝贵的教训,帮助人们修正技术方案,防范不良事件的发生,推动生物医学的进一步发展,不负前人的牺牲。

10.3.4　新型冠状病毒感染相关死亡的研究

新型冠状病毒感染是以 SARS－CoV－2 为病原体的一种新型急性传染病,自 2019 年末暴发并形成全球大流行,对人类生命健康造成了严重威胁。新型冠状病毒感染暴发初期,缺乏系统的尸体解剖资料,不利于研究疾病发病机制和致死机制,不利于临床开展有针对性的诊治。疫情面前,我国法医学工作者勇于担当,华中科技大学法医学系刘良团队在国家政策的支持下率先开展了完整、系统的尸体解剖[13]。此后,多国科学家通过尸体解剖、分子解剖和疾病模型构建等多重手段,在新型冠状病毒感染的死因和死亡机制研究方面取得了重要成果。

疫情早期的尸检发现,患者的肺部病变严重,后续研究结果逐步显示,病毒可侵犯肺外器官并造成严重病变[14-15],相关成果已引起临床重视。例如,尸检结果显示,死亡病例肺小气道有黏液栓堵塞,可能严重影响通气,肺纤维化发生早而广泛,可能需要早期干预[8];研究还发现,新型冠状病毒可直接损伤内皮,引起微血栓和炎症,导致疾病重症化[16],因此,高血压、糖尿病等可引起内皮损伤的基础疾病会成为重症的高危因素;尸检发现,脾普遍梗死、萎缩[14-15],结合临床患者白细胞计数和淋巴细胞计数降低的情况,提示免疫系统可能是新型冠状病毒的另一靶点;尸检发现,心肌组织内可分离出新型冠状病毒[16],住院感染者中 44% 患有心律失常,近 20% 出现心脏损伤[17];尸检还发现了胃肠道炎症和肝脏炎症等病变[18-19],这就可以解释部分患者以消化道症状为首要症状的情况;临床治疗数据还显示,5% ~ 10% 的患者存在神经系统症状,可表现为意识丧失、中风甚至嗅觉丧失,有病例报告显示,在患脑膜炎和脑炎的新型冠状病毒感染患者的脑脊液中发现了新型冠状病毒,表明该病毒可入侵神经系统[20],这就部分解释了患者出现神经症状的情况;而在死于肾衰竭的新型冠状病毒感染患者的肾脏电镜照片中也发现了病毒颗粒,这有助于解释临床患者出现急性肾损伤、肾衰竭的情况。

2021 年 4 月 15 日,《生物安全法》正式施行,表明国家把加强生物安全建设摆在了更加突出的位置,纳入国家安全战略体系,积极应对生物安全重大风险。涉及生物安全的各部门和各行业专家应当抱有大局观、整体观,多方交流合作,以促进生物安全建设。在生物医学科学内部,临床医学、基础医学、生物学、法医学、公共卫生、兽医学、护理学等学科应发挥平时融合发展和战时协同作用,不分边界,共同为国家生物安全服务;在生物医学科学以外,生物安全体系的构建离不开与公安、消防、农业、运输、民政的联防联动,各部门应构建高效、顺畅的沟通渠道,在生物安全相关死亡发生后共同研判,制定对策,早期行动。

10.4　生物安全大数据分析及风险预警

10.4.1　国际生物安全战略分析

在 21 世纪初期,生物安全主要指生物恐怖和生物武器,即人为蓄意释放细菌、病毒或毒素(生物制剂),以达到使人类及动、植物致病或死亡的目的。与其他的大规模杀伤性武器相比,生物制剂的成本低廉、杀伤力强,具有易行、散播、潜伏、突发、多样及伪装等特性。比如 2001 年美国在"9·11"恐怖袭击后发生的炭疽袭击事件、2011 年德国暴发的大规模大肠杆菌事件、2013 年奥巴马收到蓖麻毒蛋白信件事件等。近 20 年来,生命科学技术日新月异,合成生物学、遗传测序、基因编辑、神经生物学、传染病科技等高速发展,使生物安全的形势处于大变局的关键时期,其范畴扩大至技术安全、数据安全、研究安全,生物科技有可能从根本上改变国家安全图景。在这一趋势下,国际应对生物安全问题的政策和重点也发生了重大改变。生物安全关系到国家经济发展、社会稳定、国防安全,是国家安全的重要组成部分,近几年美国、英国、日本等发达国家陆续发布了一系列该国的国家生物安全相关战略[21]。接下来将对美国、英国、日本的国家生物安全战略要点进行介绍和分析。

10.4.1.1　美国生物安全战略的要点

美国政府的生物安全策略和重点一直处于动态变化中。2002 年美国政府签发的《公共卫生安全和生物恐怖防范应对法》主要针对生物恐怖和其他公共健康紧急事件的应对、生物制剂的控制、食药安全的保障,重点在管控和事后处理;而 2017 年发布的《确定合成生物学潜在生物防御漏洞的拟议框架》研究报告、2018 年发布的《国家生物防御战略》《关于支持国家生物防御的总统备忘录》关注的是新型技术和非传统威胁,将自然发生的、故意的和偶然的威胁全部纳入生物防御内容中,把工作重点转为风险防控,并将风险意识提高到国家战略层面,以促进更高效、更全面的生物防御;2019 年,美国卫生与公众服务部(HHS)发布的《国家卫生安全战略实施计划 2019—2022》从国家预防已有和潜在的卫生安全威胁、在卫生安全已受到破坏后应对、减轻并从中恢复能力等方面做出了周密部署和详细预案。美国高级情报研究计划局将生物安全和网络技术、人工智能列为国防安全的三大领域。

《国家生物防御战略》是美国首个全面解决各种生物威胁的系统性战略,该战略的目的是加强生物防御单位、建立分层风险管理方法,细分了以下 5 个目标,以应对生物威胁和事件。①强化风险意识,方便在生物防御单位中进行宣传决策。美国将在战略层面建立风险意识,通过分析和研究来描述蓄意、偶然和自然的生物风险。在业务层面,通过监测和检测活动来探测和识别生物威胁并预测生物事件。②确保生物防御单位能力,以防范生物事件的发生。预防或减少自然传染病的发生和传播,尽量避免发生实验室生物事故发展为流行病,阻止敌对势力获取生物武器及相关材料。③确保生物防御单位为减少生物事件做好准备。美国将采取措施减少生物事故的影响,包括维持一个充满活力的国家科技基地,以支持生物防御;确保强大的公共卫生基础设施;开发、更新和行使响应能力;建立风险沟通机制;开发和有效地分发医疗对策,并准备在全国和国际上开展合作支持生物防御。④迅速响应,以限制生物事件的影响。美国将迅速作出反应,通过信息共享和联网、协调响应行动和调查,以及利用有效的公共信息来限制生物事件的影响。⑤促进恢复,以消除生物事故发生后对社会、经济和环境的不利影响。美国将采取行动,重建关键基础设施服务和能力;协调恢复活动;提供恢复支持和长期缓解,并最大程度地减少世界其他地方的级联效应。

10.4.1.2　英国生物安全战略的要点

英国政府长期将公共卫生列为国家安全优先事项,并在生物安全立法与管理、保障生物安全方面有着丰富的实践经验。2018 年,英国发布《英国国家生物安全战略》,其中强调英国政府将全力保护英国及其利益免受重大生物安全风险的影响。2019 年,英国政府发起了以"生物安全和公共卫生:为传染病和生物武器威胁做好准备"为主题的调研活动,以评估政府在生物安全和公共卫生方面的工作情况,完善政府在处理生物安全威胁方面的预案。

《英国国家生物安全战略》是英国的首份国家生物安全战略,其中系统阐述了英国政府各部门在生物安全相关工作中的角色和如何协同整合,描述了英国生物安全体系的未来重点和工作方向。该战略还阐明了如何有效识别风险、防范风险,及时检测风险、快速处置生物安全事件,以保护英国国家安全及其利益:识别风险具体是指加强对各类生物安全情报的收集、分析和研判,以评估现存和未来潜在的生物安全风险;防范风险是指政府需加强与学术界、企业的合作,使用最新技术对影响国家利益及安全的生物安全风险进行防范;及时检测风险是指进一步完善生物安全风险检测体系,建立新的数据库及分析工具,一旦有生物安全事件发生时,能够及时检测并报告;快速处置生物安全事件是指对威胁英国利益的生物安全风险要迅速响应,并尽可能降低事件带来的危害,促进恢复。

10.4.1.3　日本生物安全战略的要点

日本对生物安全的关注由来已久,较早地与 WHO 等国际组织和英、美等发达国家接轨互动。日本地处岛国,是一个自然灾害较多的国家,因此日本政府及民众有着较强的忧患意识,早在 1890 年就制定了《日本传染病防治法》。2019 年日本政府发布《生物战略 2019》,展望日本将在 2030 年建成世界最先进的生物经济社会,并对生物技术产生的伦理问题进行了关注。

日本生物安全法律体系框架[22]大致分为以下 4 类。①传染病防控。由于地缘等原因,传染病防控相关法律一直是日本生物安全法律框架体系的重要组成部分。在传染病防控方面,日本制定有《传染病法》《检疫法》《新型流感等对策特别措施法》等法律。在动植物检疫及疫病防控方面,日本制定有《植物防疫法》《家畜传染病预防法》等法律。②病原体等安全管理。在日本的生物安全管理法规体系中,将病毒、细菌、真菌、寄生虫、朊病毒及微生物产生的毒素定义为"病原体等",视为危害人体健康的主要因素之一。日本公共机构制定的关于病原体等安全管理的法规包括 1981 年启动制定的《国立传染病研究所病原体安全管理条例》、1993 年制定的《家畜卫生试验场微生物等处理规程》、1998 年制定的《大学等研究用微生物安全管理手册》以及 2000 年制定实施的《生物制剂等制造厂的生物安全相关问题指南》等。③生物技术安全管理。日本非常重视对转基因等生物技术的安全监管,文部科学省于 1979 年颁布了《重组 DNA 实验指南》,其中规定无论是进行物理控制,还是进行生物控制的重组 DNA 实验都必须确保其安全性,并在其后多次修订相关管理办法。日本政府对近几年基因修饰、基因编辑等新技术的应用抱持审慎、积极的态度。2016 年,日本政府批准了利用受精后的人类卵细胞进行基因修饰的基础研究,但暂未批准相关临床研究。2019 年,日本卫生和科学部门发布实施了允许在人类胚胎中使用基因编辑工具的指导方针草案。④生物武器防御。1995 年,日本的邪教组织奥姆真理教制造了骇人听闻的东京地铁沙林毒气事件,日本政府在对此案的审查过程中发现,该组织此前还曾多次企图用肉毒杆菌和炭疽杆菌进行恐怖袭击,但由于当时所使用的菌株和传播设备不够强大而失败。日本政府在 1982 年制定法律,禁止生物武器的生产、拥有和转让以及生物制剂的扩散,并确保对违法行为予以惩罚。日本在 2018 年发布的新版《防卫计划大纲》中指出,国际社会在安全保障方面的课题正在向广泛化和多样化发展,来自核武器、生物武器和化学武器的威胁等继续成为重大课题。

10.4.2 我国的生物安全战略分析

10.4.2.1 我国的生物安全形势日益复杂

我国作为发展中的大国,面临着严峻的生物安全威胁,生物安全治理体系和治理能力亟待加强。近年来,我国的城镇化速度加快,导致出现了很多上千万常住人口的城市。铁路、航空、公路等交通网络空前发达,春运、国庆假期等人口大规模快速流动成为全球景观。一旦发生病毒传染疫情,将对公众健康、人民生活、生态环境和社会经济发展带来巨大影响。2003 年暴发的 SARS 疫情造成了重大的人员和经济损失;2019 年暴发的新型冠状病毒感染疫情,给人民生命安全、国家经济带来了巨大冲击。疫情防控中暴露的不足,促使我国加快推动生物安全体系建设的脚步。同时,我国还面临着人为生物技术滥用、误用等未知颠覆性威胁,生物安全风险日益严峻和复杂。2018 年 12 月,我国发生贺某某"基因编辑婴儿"的生物技术谬用事件后,生物安全问题引起了国家领导层的高度重视。

近年来,我国愈加重视生物安全相关立法工作,包括 2017 年 7 月发布和实施《生物技术研究开发安全管理办法》、2019 年 3 月发布和实施《中华人民共和国人类遗传资源管理条例》,建成并启用最高等级(P4)生物安全实验室,初步形成了国家生物安全实验室体系。全国人大常委会将生物安全法纳入十三届全国人大常委会立法规划和 2019 年度立法工作计划,交由全国人大环境与资源保护委员会负责牵头起草和提请审议。2019 年 9 月19 日,经全国人大环境与资源保护委员会第十八次全体会议审议通过《中华人民共和国生物安全法草案》(以下简称《生物安全法草案》)。2019 年 10 月 21 日,《生物安全法草案》首次提请十三届全国人大常委会第十四次会议审议。之后,又经过 2 次会议审议,《生物安全法》于 2020 年 10 月 17 日正式通过,自 2021 年 4 月 15 日起施行。

10.4.2.2　《生物安全法》的立法目的和主要内容

《生物安全法》第一条明确规定:"为了维护国家安全,防范和应对生物安全风险,保障人民生命健康,保护生物资源和生态环境,促进生物技术健康发展,推动构建人类命运共同体,实现人与自然和谐共生,制定本法。"由此可见,维护国家生物安全,防范和应对生物安全风险是总体要求,保障人民生命健康是根本目的,保护生物资源和生态环境、促进生物技术健康发展是主要任务。通过实现生物安全,促进人类命运共同体建设,是新时代中国特色社会主义外交方略的具体内容之一,体现和表达了我国寻求人类和谐共生的良好愿望和主张。

《生物安全法》确定的法律适用范围主要包括 8 个方面:一是防控重大新发突发传染病、动植物疫情;二是生物技术研究、开发与应用;三是病原微生物实验室生物安全管理;四是人类遗传资源与生物资源安全管理;五是防范外来物种入侵与保护生物多样性;六是应对微生物耐药;七是防范生物恐怖袭击与防御生物武器威胁;八是其他与生物安全相关的活动。这 8 个方面的行为及其相关管理活动,是《生物安全法》规范和调整的范围。明确《生物安全法》的适用范围,为该法的守法和执法、司法奠定了良好的基础。

10.4.3　生物安全大数据分析

生物安全大数据分析需要相关部门实现数据共享方能实现,这里以美国执法部门在生物安全事件中的职能为例进行分析。在生物安全范畴内,对重大突发传染病、生物技术谬用、生物恐怖袭击等事件的防控、应对、溯源等都离不开执法机关的人力、物力和技术支撑。接下来将以美国 FBI 在生物安全事件中的职能为例,分析在当前国际上最完善的生物安全体系下,其所具备的应对生物安全的体制和业务能力,以及如何实现部门协同、数据分享[23]。

2001 年,美国首例炭疽患者出现后,FBI 和 CDC 密切合作,协助各州、地方的公共卫生部门和执法机构进行调查。这次调查被认为是执法机构与公共卫生部门成功合作的典型案例,也是 FBI 积极参与当代生物安全工作的开端。《公共卫生安全和生物恐怖防范应对法》发布后,FBI 成立了专门应对生物安全问题的"生物对策小组"。随着生物安全形势的演变,该小组的职能范围逐渐扩大,兼具多样性、技术性和前瞻性。

10.4.3.1 与公共卫生系统的固定合作

生物恐怖事件、突发公共卫生事件需要执法机构和公共卫生部门的交流协作。按照生物恐怖事件的类别,二者的合作模式有所差别。在犯罪者明确的公开事件中,执法机构会先行发现线索,并通知公共卫生配合,比如 1995 年奥姆真理教袭击东京地铁事件。但是对于犯罪者未知的隐秘攻击,一般由公共卫生部门最先发现病例,并通过逐层调查确定事件性质。这需要执法和卫生部门在事件的风险评估、取证、溯源等各个环节紧密联络(图 10.4)。近 20 年的生物恐怖事件基本属于隐秘攻击。

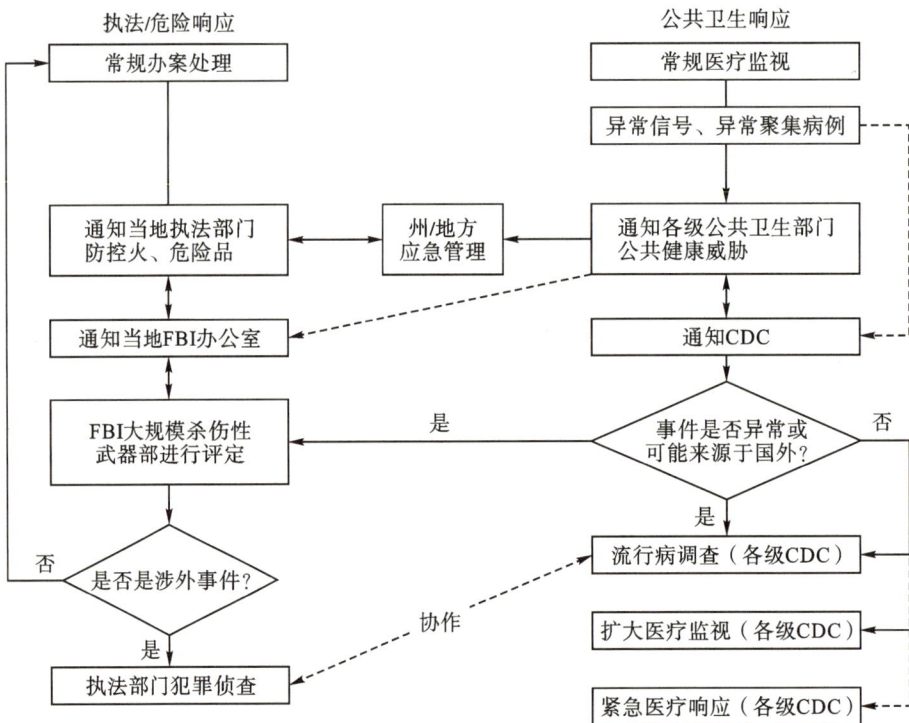

图 10.4　隐秘生物恐怖事件中执法和公共卫生部门的协作模式

在 2001 年的炭疽袭击事件中,FBI 和 CDC 建立了密切的合作并形成了常态化机制。自 2002 年起,CDC 开始总结存在生物恐怖威胁的病原体并进行等级划分,在之后若干年一直致力于完善相关机制,在《柳叶刀》子刊等著名医学杂志连续发表论文。比如,CDC

认为,在公共卫生事件中,卫生保健提供者应保持对具有生物恐怖主义潜力的生物制剂的认识,并考虑存在未知病原体等。FBI 由于工作的特殊性,很少公开发表论文,但“生物对策小组”一直活跃在相关领域。FBI 与 CDC 在多年合作的基础上,共同制定了《刑事和流行病学调查手册》(以下简称《手册》),并每隔几年对《手册》的技术方法和细节进行补充和更新。

根据 2016 年最新版《手册》的内容,FBI 在突发公共卫生事件、潜在生物恐怖事件中的责任包括:保护公众的健康和安全;防止后续攻击;识别、逮捕和起诉犯罪者,在此过程中保护执法人员。执法机构与公共卫生部门的合作重点包括尽早建立联系、信息共享、联合威胁评估、联合调查、制定备忘录/联合议定书及开展联合训练/练习。

《手册》指出,执法机构在调查过程中应当尽早与公共卫生部门建立联系,借助诸如公共卫生、微生物等专业领域专家的帮助,对生物威胁的可信度进行评估,包括评估病原体或毒素是否针对某一特定人群(如部门、族群或宗教组织)等。一旦怀疑犯罪发生,就应当通过执法和公共卫生 2 个系统来保证证据在调查和审判中能发挥应有的作用。在某些情况下,现场环境可能被污染,需要经过专门训练的执法团队来处理、收集污染环境中的证据,用于溯源案件,逮捕犯罪嫌疑人。

通过联合调查,双方建立了共同的目标。执法机构可以与公共卫生专家接触,了解疾病流行病学及相关的医疗信息;公共卫生部门可通过执法机构识别暴露源并控制暴发。

10.4.3.2　生物安全新战略模式下的多部门合作

新形势下,FBI 在生物安全领域的职能不再限于与 CDC 的合作,而是拓展到更多部门和更广阔的领域。2018 年,由美国国防部、HHS、国土安全部和农业部共同起草的《国家生物安全防御战略》(以下简称《战略》)正式发布,将生物安全上升至国家战略层面。新成立的生物防御指导委员会由 HHS 带领,负责总体协调、指挥、应对和评估工作。该委员会下设生物防御协作组,负责生物安全事件的具体预警、应对工作。生物防御协作组包括 21 个政府部门,FBI 和 CDC 在其中扮演着重要角色。生物防御协作组之下还有各地方的医疗机构、科研机构和非政府组织配合处理相关事件。美国生物安全防御战略的机构框架具体如下。第一级:总统国家安全事务助理。第二级:生物防御指导委员会。第三级:生物防御协作组。第二、第三级都由 HHS 总领,FBI 为第三级的参与单位。

美国尤其看重生物安全的预警工作。《战略》的第一大目标即要让风险意识贯穿生物防御单位的整个决策过程。生物防御协作组中的 FBI、中央情报局、国防情报局以及国家情报总监作为实战部门,能够为生物威胁预警提供及时的情报,这对于有效地阻止生物威胁(尤其是蓄意的生物威胁)具有重大意义。做好风险防控、及时预警,能够避免对人民生命安全、国家社会经济的巨大损失。美国 FBI 早在 10 年前就着手进行了生物安全的前瞻性调研和风险评估工作，《战略》文件采用了 FBI 调研报告的概念和建议。

10.4.3.3　防范民间新型生物技术滥用

FBI 对于生物安全问题的广泛性、前瞻性调研评估是从对生物黑客的关注开始的。生物黑客在 21 世纪初兴起，主要是指那些热衷于自己动手的生物学爱好者。这个群体包括一部分科班出身的生物学家，但更多的是对生物学感兴趣、通过自己的方式对生物技术潜力进行探索的人。黑客们聚集的社交群体、公共实验室等被称为生物 DIY 社区。

2009 年，FBI 在国际基因工程机器大赛（iGEM）上赞助了一个展位和研讨会，与美国的生物黑客建立了联络。FBI 的生物对策小组中包含多位具有微生物学、分子生物学、合成化学博士学位的探员，每年都会参加 iGEM 会议，并和美国比较出名的生物 DIY 社区保持联络。2012 年，FBI 专门组织了一次和生物黑客们的"桥梁会议"，意在建立一种互惠合作的长期关系：FBI 监管社区的规范性和科学实验的安全性，社区领袖们则会随时向 FBI 反馈有从事危险实验意图的黑客名单。FBI 还试图在欧洲也召开类似会议，与生物黑客建立联络，但大多数欧洲的生物黑客对此比较抵制。有些学者认为，相比于美国，欧洲对于基因编辑等生物技术的实验材料、实验伦理审查管制较严格，因此生物 DIY 社区的实验内容可以被限制在安全范围内。还有学者认为，黑客的技术水平较低，说他们存在威胁是"高估了他们的科研能力"，对他们进行监管是完全没有必要的。然而，近年来发生的一系列涉及生物黑客的生物安全事件，让欧洲执法机构不得不重新思考，并提议应该加紧推进类似美国 FBI 的监管政策。

2015 年，《自然》（Nature）杂志发表了一篇题为《生物黑客正准备进行基因组编辑》的文章，其中描述了美国民间的生物黑客采用 CRISPR 技术进行基因编辑的现状。很多生物黑客通过在网络上自学、参加黑客 DIY 社区交流来了解相关知识，并在家里就能做 CRISPR 实验。有的黑客 DIY 社区还可以提供实验平台供黑客们租借。虽然大多数黑客仅仅是想尝试酿造彩虹啤酒等安全的小实验，但也有人有培育人体器官、克隆猛犸象等大胆的想法。

2018 年，生物黑客在社交媒体上受到了很大的关注。一名 AIDS 患者曾在脸书"Facebook"上直播了注射某种基因材料对自己进行基因编辑治疗的过程。这款基因材料来自一个主要业务是"促进分散式药物试验"的初创小公司。不久后，美国国家航空航天局前研究人员约西亚·扎那（Josia Zayner）在网上上传了往自己身上注射 CRISPR 蛋白的视频，该视频被观看了超过 10 万次。约西亚·扎那创立的公司 The Odin 也出售许多 DIY 的生物产品，比如一桶桶装着用 CRISPR 技术切掉基因末端的酵母。早在 2016 年，约西亚·扎那就对自己的全身进行了微生物移植，将身体上的菌落去除并重建。近 2 年，不断有生物黑客尝试通过给自己注射各类 CRISPR、植入感官增强设备来进行人体改造。社交媒体上不断出现对自己进行人体改造、强化的生物黑客"网红"，并有许多年轻人表示羡慕,想要效仿。

以上事件明显带有生物安全和公共安全隐患,但是对生物 DIY 社区和生物黑客的监管存在很多实际困难:实验材料来源多样,除了社区实验室购买,还有小公司购买、黑客互赠等途径,材料类别是否合规也难以进行鉴别;实验对象可能是自己或者家人;实验场地分散。从长久来看,不排除出现偶然制造的生物威胁制剂、极端小团体的可能,恐怖分子也可能从社区获得材料、知识和志同道合的同伴。生物黑客的行为已引起了较大关注,随着生物技术的发展,他们可能会具有更大的影响力。因此,FBI 早就开展的深入社区、建立与黑客的互动反馈体系是十分必要的。

10.4.3.4　把握学科动态,全方面评估和预警

FBI 的生物对策小组近年来不断壮大,致力于招收具有生物学研究背景、工业开发背景、化学背景和计算机背景的理工科人才。除了 iGEM 会议,FBI 生物对策小组的成员也会参加包括美国细胞生物学学会年会等各种国际会议、研讨会,充分了解生物学和交叉学科的热点。

从 2015 年对华盛顿特区生物对策小组负责人的采访中,我们可以对该小组和 FBI 在生物安全方面的工作有一个较为全面的了解。总体来说,生物对策小组的一只脚在国家安全领域,另一只脚在生命科学研究领域:生物对策小组的首要任务是防止类似炭疽杆菌事件的生物袭击案件的发生;维护生命科学安全是生物对策小组的重要使命,其与多个部门(包括大学等研究机构、生物技术企业、黑客 DIY 社区甚至学生社区)保持着密切联系。

华盛顿特区生物对策小组负责人表示,生物大数据在将来可能比病原体、生物毒素等具有更大的生物安全威胁。比如说合成生物学这一 FBI 近年来重点关注的学科,其应用程序和技术完全依赖于数据,包括生物的所有组学。精准医疗甚至智能穿戴设备产生的个人生理、生活方式数据都存在潜在的隐私威胁,生物学将来几乎能与数字世界完全重叠。

2014 年,生物对策小组组织召开了美国前沿科学学术会议,会议主题是生命科学中大数据对国家和跨国安全的影响,目的是解决大数据领域的一些安全隐患。在这次会议上, Microsoft、Intel、IBM、Google 和 Amazon 的代表谈论了利用生物大数据进行创新的未来以及潜在的安全问题。通过这次会议,他们发现了不少安全问题,并形成了《生命科学领域大数据的国家与跨国安全影响》的报告。2014—2016 年,在 FBI 资助下,美国科学院先后召开了 3 次以捍卫生物经济为主题的研讨会,抽丝剥茧,逐步逼近新科技变革下的生物安全新面貌实质,提出网络生物安全的概念。

综上所述,FBI 在生物安全事件中的职能以与 CDC 在突发公共卫生事件、生物恐怖事件中的合作为开端,通过多年的工作积累,对生物安全问题有了全面、深刻的理解,进

行了大量具有前瞻性的工作。如今美国已初步建立了目前国际上最完善、多样的生物威胁防控体系,FBI 的生物对策小组的业务能力专业且广泛,形成了一张整合基础科研界、执法部门和公共卫生部门的"防范网",并且时刻紧随科学发展趋势,具有极强的先进性。

10.4.4　建立生物安全数据库全球风险预警

在全球化背景下,各个国家之间的信息、技术、人员等交流日益增多,生物安全问题已成为全球各国人民共同面临的一项重要问题。世界各国应当携起手来,共同构建生物安全数据库,开展全球监测分析、生物危害溯源、防控救治、资源调配等,以便在面临重大生物安全问题时做到全球预警、数据共享。

10.4.4.1　生物安全数据库概述

生物安全数据库是将病原学诊断技术、免疫学诊断技术、分子生物学诊断技术与计算机网络传输技术、大型数据库管理技术、人工智能等数字技术相结合而建立起来的,对各类生物安全相关病原体生物核酸、蛋白质、脂肪酸和其他表型成分等数据及相关案件信息或相关人员信息进行储存,并且实现远程快速对比、查询、溯源以及监测分析等的数据智能分析共享信息系统。

生物安全数据库的意义在于使被动地对生物安全相关死亡案件中的病原体进行检测诊断、对生物安全案件中患者进行治疗,转为主动对生物安全相关问题进行监测分析、病原体溯源、全球预警、防控救治等。

建立生物安全数据库首先应当建立病原体生物核酸、蛋白质、脂肪酸和其他成分的基础数据库,然后在此基础上结合当前人工智能、云计算等数字技术,监测各地方、各区域内有关生物安全相关死亡案件,分析并溯源案件中病原体生物核酸、蛋白质、脂肪酸和其他表型成分的数据等。一旦发现病原微生物具有传染性,则应立刻进行全球预警并共享已知数据,为防控、救治工作提供依据。

目前,国内外已建立了一些针对重大传染性疾病的风险评估和检测系统。例如,2000 年 4 月份,WHO 在日内瓦召开了一次关于如何应对新出现、易流行的疾病的会议,基于本次会议与会者一致同意建立全球范围的传染病暴发应急处置网络系统(Global Outbreak Alert and Response Network,GOARN)。历经 20 多年的发展历程,全球疫情警报和反应网络已与全球 200 多个机构建立了长期的合作,为近 90 个国家和地区提供援助。GOARN 系统可以对全球传染病进行监测与预警,并且加强国际应对措施的协调作用,包括对疫情的传播进行遏制以及确保遭受疫情影响的国家和地区可以获得技术援助等。中国疾病预防控制中心于 2007 年正式加入该系统,并且先后有 3 位专家入选该系统指导委员会委员。在国内,有针对 28 种法定报告传染病进行早期识别和预警的国家传染病自动预警系统、针对突发公共卫生事件的传染病信息实时采集与应急处置系统平台、针对境外传染病输入传播风险评估以及防控的中国输入传染病传播风险评估地理信息系统等,这些系统和平台为我国建立生物安全数据库构建了坚实的基础。

10.4.4.2　生物安全数据库的组成

1. 基础病原体生物数据库

病原体生物数据库是由自然界中能感染人体造成死亡的病毒、细菌、寄生虫等以及破坏生态平衡的入侵性外源性生物的基因图谱、蛋白质组、脂肪酸和其他表型及遗传特征等构成的数据库,病原体生物数据库对每类病原微生物都标记了其来源及常见地区。

除此之外,根据法医学日常检验工作,可以通过收集同一类型病原体感染的病理学资料来构建一幅此类病原体感染的病变谱,旨在系统反映病原体感染后的主要及次要病变类型、病变分布规律与动态演变过程(时空规律)以及各个病变与临床表型的对应关系。借助该病变谱,临床工作者可以在某病原体感染性疾病的暴发早期,根据临床表型对其病理特征和病理机制作出判断;而法医病理工作者则可据此指导每例患者的实际解剖工作,进而丰富此类疾病的病变谱。

2. 实验室源性生物安全相关死亡案件数据库

实验室源性生物安全相关死亡案件数据库是由实验室相关死亡中的化学源性死亡案件以及物理源性死亡案件的相关信息构成的数据库。其主要信息包括导致死亡的危险化学品的种类、来源、成分、结构、性质以及导致死亡的物理因素的种类、来源、性质等。

3. 现代生物技术源性生物安全数据库

现代生物技术源性生物安全数据库是由基因工程中导致死亡的转基因动物、植物、药物等的种类、来源、基因图谱等信息以及制造相关死亡的生物材料的种类、来源等信息构成的数据库。

4. 生物安全相关死亡案件信息数据库

生物安全相关死亡案件信息数据库是由已发生的生物安全相关死亡案件的相关信息构成的数据库。其主要信息包括致死病原体生物的来源、基因序列,以及案件发生地区、治疗情况、治疗方案等。

10.4.4.3　生物安全数据库的功能

生物安全数据库的功能主要有信息存储功能、自动比对功能、实时监测功能等。

信息存储功能主要包括病原体基本信息,病原体基因图谱、蛋白质组、脂肪酸和其他表型特征,管理信息。其中,基本信息是指病原体的种类、来源、常见宿主、发现地区等;病原体基因图谱、蛋白质组、脂肪酸和其他表型特征是指病原体的基因组序列、理化性质、致病机制、表型及遗传特征等;管理信息是指从受理检验、登记信息到病原学检验等的全过程(包括对结果的研判、病原体种属的确定、信息入库等)实验信息及实验人员管理信息、检验信息等。

生物安全数据库通过其数据监测分析、自动比对等功能最终完成对其是否属于生物安全相关死亡以及属于何种生物安全相关死亡的判断，并实时全球预警，及时开展防控与治疗措施。

10.4.4.4　生物安全数据库的质量控制

生物安全数据库的质量控制是其准确发挥作用的前提。其质量控制应当从标本采集运输储存过程、生物安全实验室基础建设、病原体分型等方面展开。参与建设生物安全数据库的实验室应当严格控制质量，各建设生物安全数据库的地区应使用共同的检验及分析标准。

对于生物安全数据库的建设与运行而言，获得各类生物标本的准确数据也是其质量保证的关键。因此，在标本采集、运输、储存过程中同样需要进行质量保障。与此同时，对生物标本的检验技术必须标准化。

生物安全实验室的质量控制包括：明确质量控制的目的和目标；明确所有参与检验的有关人员的职责、权利和相互关系等，无关及未进行专业培训人员严禁进入实验室；明确实验人员的资质要求；明确实验室内检验设备达到检验要求，对设备及程序及时进行检验、清洁并应有书面记录；明确病原体标本以及生物安全相关死亡案件中检材的管理制度，确保在各个环节中对标本及检材的监管，防止混淆、损失、污染或改变；最初的技术评估要有书面记录，在运用新的检验技术之前也要进行技术评估，以保证其准确性、精确性和可靠性，必须采用已有定论的方法；应遵循已有的经核准的检验方法，采用合适的对照和标准监控分析过程，定期检查检验程序，制定并执行相应的解释实验数据的手册；应使用适合于所选实验方法的仪器，并备有仪器设备校准的书面程序，严格按照程序执行仪器设备的正常保养；定期对实验室进行生物安全风险评估；定期对实验室按标准进行检查。

（赵　东　安志远　刘　超　黄二文）

参考文献

[1] 吴展.《生物安全法》正式施行：重要意义、主要内容与未来前瞻[J]. 口岸卫生控制，2021,26(1):10-14,38.

[2] 刘光宇,付宏,李辉.情报视角下的国家生物安全风险防控研究[J].情报杂志,2021,40(7):94-100.

[3] 秦天宝.论风险预防原则在环境法中的展开——结合《生物安全法》的考察[J].中国法律评论,2021(2):65-79.

[4] 吴树义.风险预防原则下生物风险监测预警制度构建[J].河北环境工程学院学报,2021,31(3):17-23.

［5］吴宗勇,齐军.临床检验标本运输方式研究［J］.检验医学与临床,2020,17(12)：1633 – 1635.

［6］李渊婷,高小玲,李永红.新型冠状病毒核酸检测实验室的生物安全防护探讨［J］.国际检验医学杂志,2020,41(13):1661 – 1664.

［7］刘夏,郑吉龙,杨胜杰,等.法医学高危尸检的风险识别与防护［J］.中国法医学杂志,2020,35(2):142 – 144.

［8］舒俊杰,刘凯,宋礼贵,等.生物气溶胶在法医尸体检验中的危害与防护［J］.中国法医学杂志,2021,36(4):411 – 414.

［9］何光龙,杨超朋,王坚,等.法医学尸体检验职业防护指南(建议稿)［J］.中国法医学杂志,2020,035(2):153 – 157.

［10］HASMI A H,KHOO L S,ZHAO P K,et al. The craniotomy box:an innovative method of containing hazardous aerosols generated during skull saw use in autopsy on a COVID – 19 body［J］.Forensic Sci Med Pathol,2020,16(3):477 – 480.

［11］HASMI A H,KHOO L S,KOO Z P,et al. The craniotomy box:an innovative method of containing hazardous aerosols generated during skull saw use in autopsy on a COVID – 19 body［J］.Forensic Sci Med Pathol,2020,16(3):477 – 480.

［12］邱海,王慧君,陈倩玲,等.新型冠状病毒疫情期法医学尸体检验的安全防护［J］.法医学杂志,2020,36(1):24 – 28.

［13］刘茜,王荣帅,屈国强,等.新型冠状病毒肺炎死亡尸体系统解剖大体观察报告［J］.法医学杂志,2020,36(1):21 – 23.

［14］BIAN X W,YAO X H,PING Y F,et al. Autopsy of COVID – 19 patients in China［J］.Natl Sci Rev,2020,7(9):1414 – 1418.

［15］LIU Q,SHI Y,CAI J,et al. Pathological changes in the lungs and lymphatic organs of 12 COVID – 19 autopsy cases［J］.Natl Sci Rev,2020,7(12):1868 – 1878.

［16］BRYCE C,GRIMES Z,PUJADAS E,et al. Pathophysiology of SARS – CoV – 2:the Mount Sinai COVID – 19 autopsy experience［J］.Mod Pathol,2021,34(8):1456 – 1467.

［17］SHI S,QIN M,SHEN B,et al. Association of Cardiac Injury With Mortality in Hospitalized Patients With COVID – 19 in Wuhan,China［J］.JAMA Cardiol,2020,5(7):802 – 810.

［18］XIAO F,TANG M,ZHENG X,et al. Evidence for gastrointestinal infection of SARS – CoV – 2［J］.Gastroenterology,2020,158(6):1831 – 1833.

［19］LAX S F,SKOK K,ZECHNER P,et al. Pulmonary arterial thrombosis in COVID – 19 with fatal outcome:results from a prospective, single – center, clinicopathologic case series［J］.Ann Intern Med,2020,173(5):350 – 361.

［20］ MORIGUCHI T, HAR Ⅱ N, GOTO J, et al. A first case of meningitis/encephalitis associated with SARS – Coronavirus – 2［J］. Int J Infect Dis,2020,94:55 – 58.

［21］ 陈方,张志强,丁陈君,等.国际生物安全战略态势分析及对我国的建议［J］.中国科学院院刊,2020,35(2):204 – 211.

［22］ 陈方,张志强.日本生物安全战略规划与法律法规体系简析［J］.世界科技研究与发展,2020,42(3):276 – 287.

［23］ 晋继勇.特朗普政府生物防御战略评析［J］.美国研究,2020,34(1):66 – 82.

索 引

A

阿尼齐科夫细胞　Anitschkow cell / 276

埃博拉病毒　Ebola virus,EBOV / 2

埃博拉病毒病　Ebola virus disease,EVD / 1

艾滋病　acquired immune deficiency syndrome,AIDS / 4

B

包膜糖蛋白　glycoprotein,GP / 284

保护性抗原　Protective antigen,PA / 283

变异型雅各布病　variant Creutzfeldt – Jakob disease,vCJD / 111

丙型肝炎病毒　hepatitis C virus,HCV / 42

病原微生物　pathogenic microorganism / 78

C

超级传播者　super spreader / 270

长末端重复序列　long terminal repeat,LTR / 132

成人 T 细胞白血病　adult T – cell leukemia,ATL / 48

传染性非典型肺炎　Infectious atypical pneumonia / 270

传染性海绵状脑病　transmissible spongiform encephalopathy,TSE / 110

磁共振成像　magnetic resonance imaging,MRI / 13

D

单纯疱疹病毒　herpes simplex virus,HSV / 45

蛋白质错误折叠循环扩增　Protein misfolding cyclic amplification,PMCA / 111

蛋白质印迹　Western blot,WB / 112

登革热　dengue fever,DF / 43

登革出血热/登革休克综合征　dengue hemorrhagic fever/dengue shock syndrome,DHF/DSS / 43

333